아름다움을 만날 수 있는 수학

제4판

조합적 곡면위상론

곽진호 · 이재운 지음

KM 경문사

수학을 사랑하시는 선배들과
수학의 아름다움을 찾는 동료, 후배들에게
이 책을 드립니다.

머리말

저자는 수학을 배워가던 학창시절에 수학자들이 "수학은 아름다운 학문"이라거나, 어떤 정리들을 보고 "아! 그것 참 기묘하다."라고 말할 때, 왜 그러는지 잘 이해하지 못할 때가 많았다. 하지만 세월이 흐르고 무조건 지식을 채워 가는 식의 수학공부를 탈피하면서, 수학의 아름다움을 조금씩 이해할 수 있었다. 이 책은 점 집합 위에서 다룬 소위 '일반위상수학' 과정을 마친 뒤 시작하는, '대수적 위상수학'의 입문서로서 '곡면위상수학'을 조합적 관점을 강조하여 저술한 학부 3-4학년, 혹은 대학원 과정 교재로서, 위상수학의 울타리 내에서 군론, 조합론, 곡면론의 만남이라고 할 수 있다.

위상수학 혹은 토폴로지(topology)란 다양한 물체의 모형을 연속적인 변화의 관점에서 바라보고 모형의 성질을 규명, 분류 또는 구별하는 수학을 총칭한 것으로 기하학에 가까운 학문이다. 이는 미분적분학을 중심으로 한 해석학 등에 비하면, 새로운 아름다움을 맛볼 수 있는 수학의 한 분야이다. 실제로, 저자는 이러한 맛을 독자들이 느낄 수 있도록 하는 데 노력하였다. 이 책에서는 가장 낮은 차원의 도형이라 할 수 있는 그래프와 곡면을 중심으로 토폴로지를 소개하고 있으며 대체로 저자들이 대학에서 강의한 내용을 바탕으로 하고 있다.

수학을 공부하는 가장 좋은 방법은 알려진 결과를 답습함에 그치는 것이 아니라, 이와 병행하여 스스로 문제를 차분히 만들고 풀이를 시도하는 것이다.

이 과정은 때로는 학생들에게 고통스럽게 느껴지기도 하지만, 스스로 문제를 어떻게 풀 것인가를 꾸준히 생각하고 시도해 본다면 새로운 아이디어와 함께 문제의 열쇠를 찾을 수 있을 것이다. 대부분의 학생들은 이 때에 수학의 묘미를 느끼게 되고, 또한 많은 훌륭한 수학자들도 이러한 묘미에 중독되어 있다고 하여도 과언이 아닐 것이다. 독자들도 이러한 관점에서 이 책을 즐길 수 있기를 바란다.

이 책의 제1장에서는 토폴로지의 기본 개념을 이해하고 도형을 관찰하는 위상적 문제를 소개하였다. 이들 문제를 연구하는 첫 단계로, 제2장에서 1차원 도형인 그래프를 다루고 Euler-Poincaré 정리와 Jordan 정리를 소개하였다. 제3장에서는 2차원 도형인 곡면을 소개하고, 이의 분류 정리와 아직도 미해결인 곡면의 정다면체 분할을 다루었다. 곡면을 대수적으로 연구하는 가장 기본적인 방법은 기본군 이론과 피복이론이다. 이를 제4장과 제5장에서 각각 다루었으며, 특히 곡면을 중심으로 이들의 계산법을 강조하였다.

본 교재는 이미 출판된 ≪조합적 곡면위상론 I≫(경문사, 2003)의 수정 보완 판이다. ≪조합적 곡면위상론 I≫의 출판시 저자가 약속한 ≪조합적 곡면위상론 II≫의 교재는 별도의 책으로 출간할 것이다. ≪조합적 곡면위상론 I≫의 1, 2판과 비교하면 본 교재에서는 피복이론을 좀 더 보강하고 본문내의 문제와 각 장의 마지막 절인 연습문제의 답이나 힌트를 수록한 '문제풀이 도우미'를 추가하였다. 지금의 교재를 위하여 ≪조합적 곡면위상론 I≫의 1, 2판의 독자들과 포항공과대학교에서의 수강생들이 보내 준 제언, 성원, 교정 등에 감사의 말을 여기서 전한다.

저자들은 비록 한글로 수학을 서술하는 데 여러 가지 어려움[1]을 느끼고 있지만, 유사한 내용을 다루는 다양한 국제적 도서와 비교하여 내용적으로 부족함이 없도록, 그리고 국내의 독자들에게 좀 더 쉽게 읽힐 수 있도록 서술하는 데 지난 15년간 틈틈이 노력하였다. 저자는 교과서적 내용 외에 독자들에게 전하고 싶은 이야기를 곳곳에 각주(footnote)로 남겨 두었다. 독자들에게 '수학의 아름다움'을 전해 주는 저서가 되기를 기대하면서 기탄없는 독자들의 의견을 위하여 e-mail 주소를 남긴다.

2007년 9월, 경주 보문호수에서

곽진호(jinkwak@postech.ac.kr)
이재운(julee@yu.ac.kr)

[1]한글판 저서에서 용어 선택은 쉽지 않았다. 고유명사는 원어를 그대로 쓰고, 강의실에서 흔히 쓰는 원어는 영어와 한글을 혼용하여 쓰기로 하였다. 훈민정음의 정신은 말하는 대로 쓰기가 아니었던가?

제4판을 내면서

제3판에서 매끄럽지 못했던 내용을 좀 더 다듬었으며 부드러운 표현으로 증판하려고 노력하였다. 제4판에서는 제4장 기본군의 마지막 절 4.9에 고차원 호모토피군의 간단한 소개를 추가하였고, 제5장 피복이론에서는 '5.8절 Fibre $p^{-1}(x)$상의 두 가지 군 작용'을 좀 더 분명히 기술하였다. 그리고 5.9절의 피복공간의 분류와 計數에 이어 5.10절에서 분지된 피복공간의 분류와 計數를 추가 기술하였다.

무엇보다 저자가 출간하기로 약속한 ≪조합적 곡면위상론 II≫의 교재를 ≪計數적 위상 그래프론≫이란 이름으로 동시에 출간하게 되어 늦게나마 독자와의 약속을 지키게되어 기쁜 마음이다.

2011년 1월, 팔공산 자락에서

곽진호(jinkwak@postech.ac.kr)

이재운(julee@yu.ac.kr)

차례

1 토폴로지의 기본 개념

1.1 토폴로지; 도형의 위치와 형상을 연구하는 학문

일상에서 접할 수 있는 물체의 도형에는 점, 직선이라는 단순한 모양을 비롯해서 삼각형, 사각형 등의 다각형, 정4면체, 정6면체 등의 정다면체, 구면(sphere, 球面)과 항아리, 토러스 등과 같은 복잡한 도형에 이르기까지 천차만별의 다양한 모양이 있다. 기하학이란 이러한 여러 가지 도형을 일정한 관점에서 바라보고 이들 도형의 성질을 조사한다든지 또는 분류, 구별하는 수학을 총칭한 것이다.

여기서 성질을 구별하는 관점에 따라 여러 가지 기하학이 나오게 된다.

토폴로지(topology)는 기하학의 한 분야라고 할 수 있다.[1] 토폴로지에서 도형을 관찰하는 관점은 한마디로 '유연하다' 또는 '연속적으로 변형된다'라고 하는 데에 있다. 예를 들면, 알파벳의 Y와 T의 글자모양은 유연하다는 관점에서, 또는 한 글자를 연속적으로 변형하여 다른 글자로 만들 수 있다는 관점에서 같은 도형이라고 볼 수 있다. 이들은 결국 세 가닥의 선이 한 점에서 모여 있는 도형이라고 할 수 있다. 또 정4면체나 정다면체 따위도 유연하다는 관점에서 바라보면 구면으로 바꾸어 놓을 수 있음을 직관적으로 알 수 있다. 말하자면 토

[1]한 동료 위상수학자는 토폴로지는 기하학의 한 분야라는 저자의 의견에 동의하지 않는다는 뜻을 보내왔다. 서로의 학문적 독립성이 강하다는 뜻이다. 하지만 저자는 기하학을 넓은 의미로 해석하고, 토폴로지(topology)라는 용어를 처음으로 만나는 독자들에게 토폴로지는 기하학의 한 분야라고 소개하고 싶다.

폴로지의 관점에서는 사면체의 표면, 달걀의 표면, 정6면체의 표면이 모두 같은 도형이며, 이들은 모두 구면이라고 할 수 있다(그림 1.1 참조).

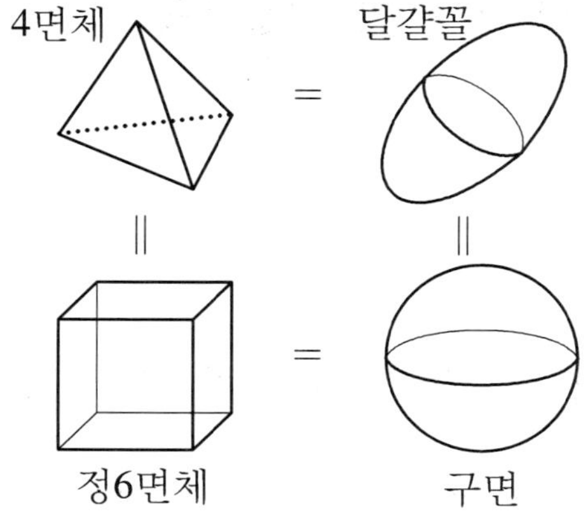

그림 1.1 연속적으로 변형될 수 있는 도형들

지구만큼 큰 구면이나 조그만 달걀 모양의 구면을 같은 도형으로 보는 수학이 아주 이상한 수학으로 보일 수 있다. 미분적분학이나 해석학의 관점에서는 넓이나 부피를 중요시하고 이의 계산에 관심을 두었다. 이런 관점에서는 지구와 달걀이 같을 수 없다. 이렇게 어떤 물체나 도형을 보는 관점에 따라 수학에서 대수학, 해석학, 기하학 등 서로 다른 분야가 생기게 된다. 정다면체와 구면을 같이 본다는 것도 매우 이상하게 보일 수 있다. 하지만 이런 점이, 선분의 길이나 두 선분 사이의 각을 중요시하는 전통적 기하학의 관점과는 다른, 위상수학(位相數學)적 관점이라 할 수 있다.

일반적으로, 토폴로지라는 용어는 '위상기하학(位相幾何學)'이라고 번역한다. 이 위상이라는 말은 상당히 잘 알려진 수학적 용어이지만, 물리학이나 공학에서는 다른 의미로 사용하기도 한다. 저자는 수학에서의 '위상'이란 (도형의) '**위**치(位置)와 형**상**(形象)'을 연구하는 학문으로 '位相數學'이 아니라 '位象數學'으

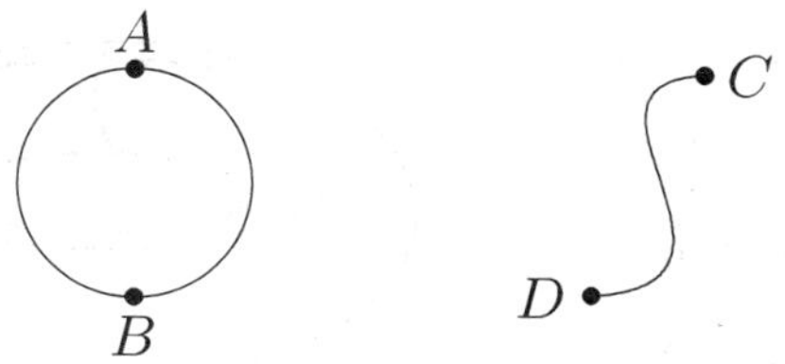

그림 1.2 원과 곡선

로 부르고 싶다. 말하자면, 토폴로지는 '위치와 형상의 기하학'이라고 말할 수 있다.

먼저 몇 개의 구체적인 도형의 예로부터 형상의 개념을 직관적으로 이해해 보자.

그림 1.2의 원과 곡선은 모양이 다르다. 왜냐하면 원을 아무리 유연하게 연속적으로 변형하더라도 한 점에서 절단하지 않고는 곡선 모양이 될 수 없기 때문이다. 이 때, 절단하는 변형은 인접해 있는 두 점이 멀리 떨어지게 되므로 유연하게 연속적으로 변형한다고 볼 수 없다.

구면(sphere, 球面)

$$S^2 = \{(x, y, z) \,|\, x^2 + y^2 + z^2 = 1,\ \ x, y, z\text{는 실수}\}$$

와 **토러스**(torus, 윤환면(輪環面))

$$T = \{(x, y, z) \,|\, (\sqrt{x^2 + y^2} - 2)^2 + z^2 = 1,\ \ x, y, z\text{는 실수}\}$$

도 모양이 다르게 보여진다(그림 1.3 참조). 비록 직관적이라 하더라도 다르게 보여지는 관점을 찾을 수 있겠는가? 이들의 다른 점을 찾는 수학적 방법 중 한 가지를 제4장에서 다룰 것이다.

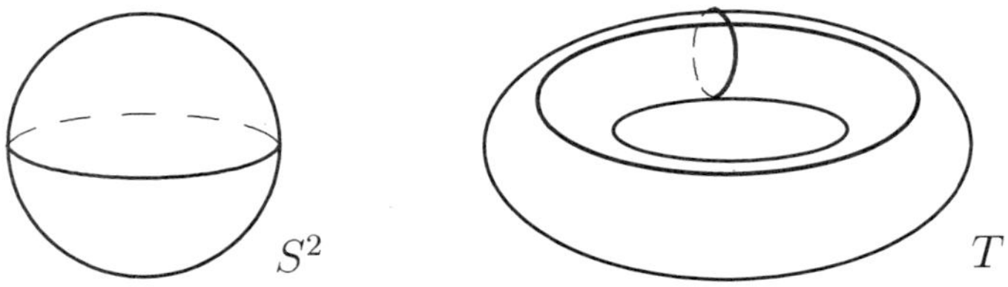

그림 1.3 구면과 토러스

문제 1.1 구면 S^2와 토러스 T의 차이점을 독자들의 견해에 따라 가능한 한 많이 들어 보아라.

그렇다면 원판과 속이 찬 삼각형은 어떠한가?(그림 1.4 참조) 독자들은 아직도 혼란스러워 다르다고 보는 의견도 있을 수 있으나 이들을 구별하지 않고 같은 도형으로 보는 것이 바로 앞에서 말한 유연하다는 관점으로 보는 것이다. 즉 원판을 유연하게 연속적으로 변형하여 속이 찬 삼각형을 만들 수 있다는 뜻이며, 동일한 관점에서 원판을 속이 찬 사각형이나 오각형으로도 변형할 수 있다.

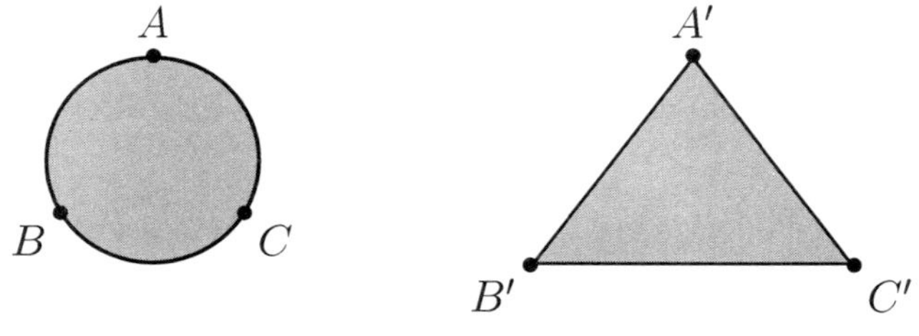

그림 1.4 원판과 삼각형

문제 1.2 알파벳 $A, B, C, \ldots, X, Y, Z$를 유연하다라는 관점으로 보아 같다고 생각할 수 있는 그룹으로 분류하고 각각을 구별할 수 있는 성질을 말해 보아라(우리는 이러한 성질을 찾아 갈 것이다. 문제 4.7 참조).

그림 1.5는 커피잔과 토러스가 유연하다는 관점에서는 구별할 수가 없음을, 즉 같은 도형[2]임을 보여준다.

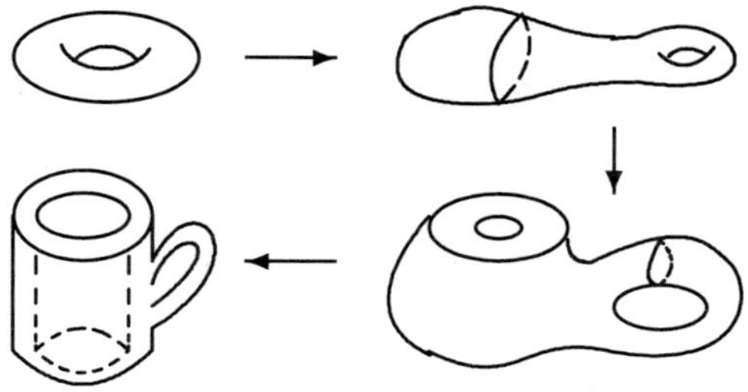

그림 1.5 토러스와 커피잔은 같은 도형이다

다음으로 몇 가지 예를 들어 위치의 개념을 직관적으로 이해해 보자. 도형의 위치란, 그 도형과 그 도형이 들어 있는 평면 또는 공간과의 관계를 의미한다. 예를 들어, 구면 안에 양끝이 구면에 붙어 있는 끈을 넣어 보자(그림 1.6 참조). (a)와 (b)는 넣는 방법이 다르다고 생각되는데, 과연 그럴까? 바로 이것이 위치의 문제라는 것이다.

마찬가지로 3차원 공간 안에 있는 원주(圓周)로 그림 1.7의 두 가지 경우를 비교해 보자. 이들은 다른 것으로 보아야 될 것이다. 왜냐하면, (a)는 매듭(knot)이 없지만[3] (b)는 매듭이 있기 때문이다. 그러나 이 곡선 위에만 기어다니는 개미는 이 곡선이라는 우주를 한 바퀴 빙 돌아 원래의 위치로 돌아왔을 때 (a)의 세계와 (b)의 세계를 구별할 수 없을 것이다. 이는 (a), (b)는 도형으로서는 모두 원주이고, 매듭이 있는가 없는가 하는 것은 어디까지나 외부와의 관계, 즉 원주의 위치 문제이기 때문이다.

---

[2]커피잔과 토러스의 형상(形象)이 같다는 것은 커피를 마시며 도넛(doughnut)을 먹는 것으로 아침식사를 하는 서양인들에게는 인상적으로 들리는 위상개념일 것이다. 이러한 의미에서 보통사람들은 위상수학을 이상한 이야깃거리의 학문이라 말 하지만 수학자들은 아름다운 학문이라고 종종 부른다.

[3]유연하게 연속적으로 변형하여 한 평면 위의 단위원으로 변형이 가능하면 매듭이 없다고 말한다.

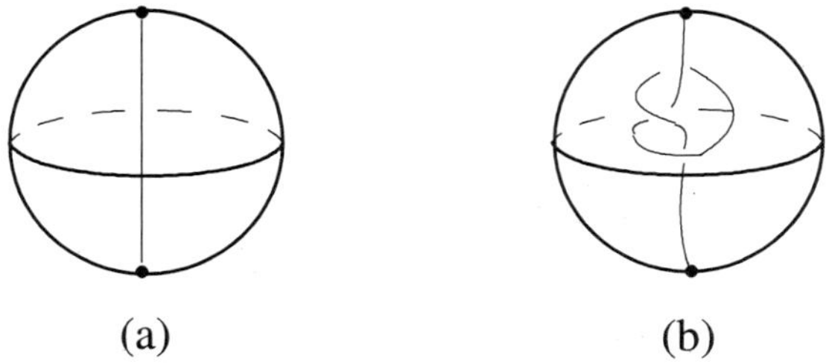

그림 1.6 구면 안에 끈 넣기

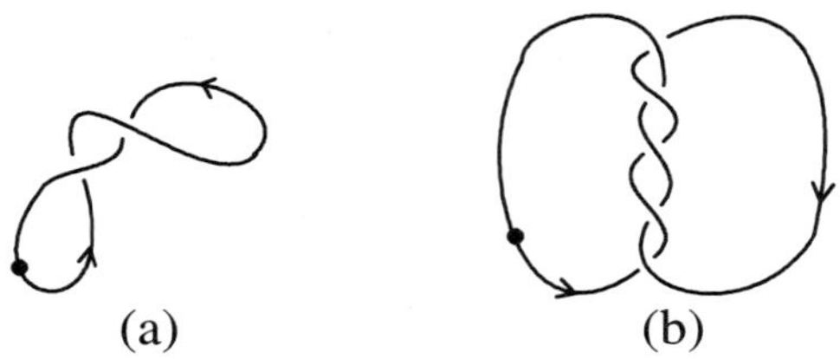

그림 1.7 매듭의 예

만약 외부의 세계가 아주 좁거나 굉장히 넓으면 이 위치 문제는 간단해진다. 예컨대, 평면 위에서는 원주를 어떻게 만들더라도, 그리고 이를 아무리 유연하게 연속적으로 변형하더라도 결코 매듭을 만들 수 없다(Jordan 곡선정리 참조). 즉, 매듭을 만들기에는 평면은 너무 좁다. 또 이 공간보다 넓은 공간, 예를 들어 4차원 공간(상세한 정의는 1.4절에서)에서는 만들어진 매듭도 유연하게 변형하면 모두 풀어지고 만다. 말하자면 4차원 공간은 매듭을 만들기에는 너무 넓다.

그림 1.8은 3차원 공간 안에 토러스를 그려 넣을 수 있는 두 가지 방법을 나타낸 것이다. 두 개의 구멍이 있는 토러스라면 좀 더 다양한 모양으로 나타날 수 있다(그림 1.9 참조). 다른 모형들도 생각해 보고 독자들의 상상력을 즐겨 보아라.[4]

---

[4]이렇게 다양한 모양을 만들어 보고 여기에서 스스로 문제도 만들어 보는 노력이 정리를 외우는 것보다 수학을 공부하는 데 훨씬 중요하다.

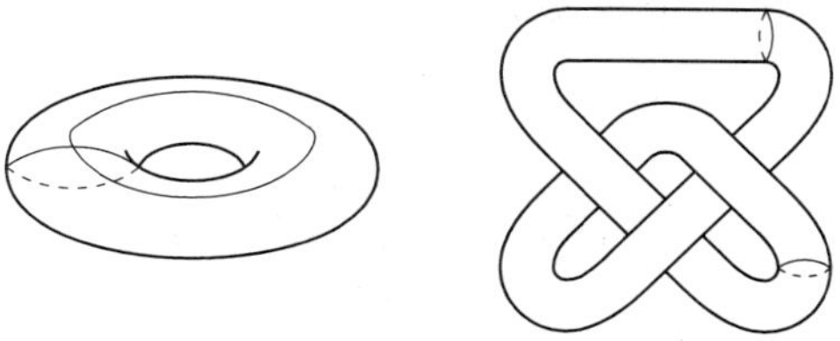

그림 1.8 공간에 그려진 토러스

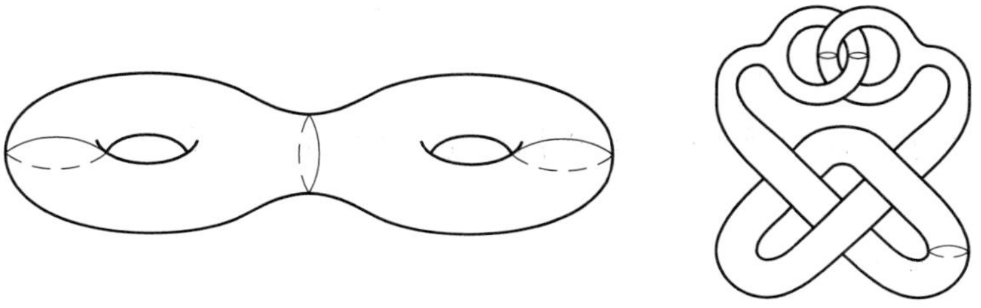

그림 1.9 공간에 그려진 이중 토러스

문제 1.3 3차원 공간에 구멍이 두 개인 토러스(이중 토러스(double torus)라고 부른다.)를 그려 넣을 수 있는 가능한 한 많은 방법을 생각해 보아라.

1.2 Euclid 공간의 토폴로지

우리는 보통 평면을 2차원, 공간을 3차원이라고 부른다. 그렇다면 4차원, 5차원 등의 고차원 공간은 어떻게 이해할 것인가?

실수 전체의 집합을 $\mathbb{R}$로 표기하고, n차원 공간 $\mathbb{R}^n$을

$$\mathbb{R}^n = \{(x_1, x_2, \ldots, x_n) \,|\, x_i \in \mathbb{R}, \ \ i = 1, 2, \ldots, n\}$$

로 정의한다. n차원 공간 $\mathbb{R}^n$의 두 점

$$\mathbf{x} = (x_1, x_2, \ldots, x_n), \quad \mathbf{y} = (y_1, y_2, \ldots, y_n)$$

에 대하여 $\mathbf{x}$와 $\mathbf{y}$ 사이의 거리 $d(\mathbf{x}, \mathbf{y})$를

$$d(\mathbf{x}, \mathbf{y}) = \sqrt{\sum_{i=1}^{n}(x_i - y_i)^2}$$

으로 정의하면[5], $d(\mathbf{x}, \mathbf{y})$는 다음과 같은 성질을 가진다.

정리 1.1 n차원 공간 $\mathbb{R}^n$의 임의의 세 점 $\mathbf{x}, \mathbf{y}, \mathbf{z}$에 대하여

(1) $d(\mathbf{x}, \mathbf{y}) = d(\mathbf{y}, \mathbf{x})$

(2) $d(\mathbf{x}, \mathbf{y}) \geq 0$이고 $d(\mathbf{x}, \mathbf{y}) = 0$이 되는 경우는 $\mathbf{x} = \mathbf{y}$인 경우 뿐이다.

(3) $d(\mathbf{x}, \mathbf{y}) + d(\mathbf{y}, \mathbf{z}) \geq d(\mathbf{x}, \mathbf{z})$

증명: (1)과 (2)는 쉽게 밝힐 수 있으므로 (3)을 증명해 보자. 임의로 주어진 세 개의 점 $\mathbf{x} = (x_1, x_2, \ldots, x_n)$, $\mathbf{y} = (y_1, y_2, \ldots, y_n)$ $\mathbf{z} = (z_1, z_2, \ldots, z_n)$에 대하여,

$$x_i - y_i = a_i, \quad y_i - z_i = b_i \quad (i = 1, 2, \ldots, n)$$

이라 두면

$$x_i - z_i = a_i + b_i.$$

따라서 다음 식을 밝혀 주면 된다.

$$\sqrt{\sum_{i=1}^{n} a_i^2} + \sqrt{\sum_{i=1}^{n} b_i^2} \geq \sqrt{\sum_{i=1}^{n}(a_i + b_i)^2}.$$

---

[5]이를 Euclid 거리(Euclid metric)라고 한다.

양변은 모두 양이므로 이들의 제곱을 비교해 보자. 그러면 다음 식을 얻는다.

$$\sum_{i=1}^{n} a_i^2 \ + \ 2\sqrt{\sum_{i=1}^{n} a_i^2 \sum_{i=1}^{n} b_i^2} \ + \ \sum_{i=1}^{n} b_i^2 \ \geq \ \sum_{i=1}^{n}(a_i+b_i)^2.$$

우변을 전개하여 다시 양변을 정리하고 제곱해서 결국 증명해야 할 식은

$$\sum_{i=1}^{n} a_i^2 \cdot \sum_{i=1}^{n} b_i^2 \ \geq \left(\sum_{i=1}^{n} a_i b_i\right)^2$$

이다(이 부등식을 **Schwarz 부등식**이라고 부른다). Schwarz 부등식을 증명하기 위하여

$$f(t) = \sum_{i=1}^{n}(a_i t - b_i)^2$$

를 t에 관한 이차식으로 생각하면, $f(t) \geq 0$이므로, 판별식은 ≤ 0이 된다. 즉,

$$f(t) = \left(\sum_{i=1}^{n} a_i^2\right) t^2 - 2\left(\sum_{i=1}^{n} a_i b_i\right) t + \sum_{i=1}^{n} b_i^2$$

로부터

$$\text{판별식} = \left(\sum_{i=1}^{n} a_i b_i\right)^2 - \sum_{i=1}^{n} a_i^2 \cdot \sum_{i=1}^{n} b_i^2 \ \leq \ 0$$

을 얻는다. □

정의 1.1 거리공간 $\mathbb{R}^n$을 n**차원 Euclid**[6] **공간**[7]이라고 부른다.

---

[6]Euclid는 기원전 3세기경 그리스의 위대한 수학자로 '기하학의 아버지'로 불린다. 그의 저서 ≪원론(The Elements)≫ 13권이 유명하며, 여기에서 이미 평면기하학, 수론, 다섯 개의 정다면체인 'Platon의 정다면체' 등을 다루었다.

[7]Euclid 거리에 바탕을 둔 Euclid 공간은 과학의 수준이 '지구는 무한한 평면 $\mathbb{R}^2$, 우주는

정의 1.2 Euclid 공간 $\mathbb{R}^n$의 부분집합 X와 한 점 $\mathbf{x} \in X$에 대하여

$$U_\varepsilon(\mathbf{x}) = \{\mathbf{y} \in \mathbb{R}^n \mid d(\mathbf{x}, \mathbf{y}) < \varepsilon\} : \ n\text{차원 열린 원판}$$

이라 두고(2차원 원판을 단순히 원판이라 부른다.)

$$U_\varepsilon(\mathbf{x}, X) = X \cap U_\varepsilon(\mathbf{x})$$

를 X에서 **$\mathbf{x}$의 ε-근방**이라고 부른다. 이것은 공간 X 위에서 $\mathbf{x}$로부터 거리가 ε 미만이 되는 점 전체를 나타낸다(그림 1.10 참조).

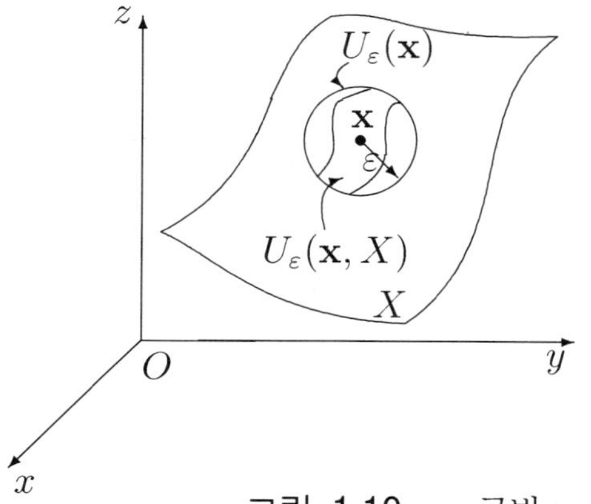

그림 1.10 ε-근방

정의 1.3 Euclid 공간 $\mathbb{R}^n$의 부분집합 X를 생각하자. 집합 X의 부분집합 U가 **열린 집합**(open set)이라는 것은 다음의 조건을 만족할 때를 말한다.

무한한 공간 $\mathbb{R}^3$'라고 알던 시절에 다루던 공간개념이다. 이 시절에는 Euclid 기하학, 오늘날 calculus로 불리는 미분 적분학에 바탕을 둔 해석학, Newton 역학 등이 발전하였다. 하지만 '지구는 유한한 구면 S^2, 우주는 4차원의 유한한 공간'으로 알고 있는 오늘날에는, 비유클리드 거리, 즉 일반위상수학에서 다룬 일반 거리공간(metric space)에 바탕을 둔 해석학(예: 실해석학(real analysis)), 비유클리드 기하학, Einstein 이론에 근거한 물리학 등을 다루고 있다. 본 교재에서도 제1장에서 Euclid 공간속에서 도형의 위상적 연구로부터 시작한다.

"*임의의* $\mathbf{x} \in U$*에 대하여 적당한 양수* ε*이 존재하여* $\mathbf{x} \in U_\varepsilon(\mathbf{x}, X) \subset U$"

그러면 X의 열린 집합들은 다음 세 조건을 만족한다.[8]

(1) $\emptyset$와 X는 열린 집합이다.

(2) 임의의 두 열린 집합의 교집합(intersection)도 열린 집합이다.

(3) 임의의 열린 집합족에 속하는 열린 집합들의 합집합(union)도 열린 집합이다.

(이를 증명하여라.) 이는 Euclid 공간 $\mathbb{R}^n$의 부분집합 X가 위상공간이 될 수 있음을 보여준다. 집합 X에서 정의된 이러한 위상을 **상용위상**(usual topology, 常用位相), 또는 X를 **상용위상공간**(usual space)이라 부른다.

문제 1.4 Euclid 평면 $\mathbb{R}^2$에서 울타리(boundary)[9]가 없는 원판은 열린 집합이고 울타리가 있는 원판은 열린 집합이 아님을 보여라. 하지만, 울타리가 있는 원판의 여집합(complementary, 餘集合)은 열린 집합이다. 어떤 집합의 여집합이 열린 집합일 때 이를 **닫힌 집합**(closed set)이라고 한다. Euclid 공간 $\mathbb{R}^2$에서 열린 집합도 아니며 닫힌 집합도 아닌 예를 찾아라.

---

[8] **정의:** 주어진 집합 X의 부분집합들의 집합족(family) $\mathcal{T}$가 다음을 만족한다고 하자.

(1) $\emptyset$와 X는 $\mathcal{T}$에 속한다.
(2) $\mathcal{T}$에 속하는 임의의 두 집합의 교집합(intersection)도 $\mathcal{T}$에 속한다.
(3) $\mathcal{T}$의 임의의 부분 집합족(subfamily)에 속하는 집합들의 합집합(union)도 $\mathcal{T}$에 속한다.

이 때, 쌍 $(X, \mathcal{T})$를 **위상공간**(topological space), $\mathcal{T}$는 X상에 **위상**(topology)이라고 부른다. 그리고 $\mathcal{T}$에 속하는 집합은 **열린 집합**(open set), 이의 여집합(complement)을 **닫힌 집합**(closed set)이라 부른다.

[9] 임의의 집합 $A \subseteq \mathbb{R}^2$에 대하여 $\mathrm{Cl}(A) - \mathrm{Int}(A)$를 A의 울타리(boundary)라 부르고 ∂A로 표기한다. 여기서 $\mathrm{Cl}(A)$는 A를 포함하는 최소의 닫힌 집합(closed set), 즉 폐포(closure)이고, $\mathrm{Int}(A)$는 A에 포함되는 최대의 열린 집합(open set), 즉 interior이다.

정의 1.4 공간 $\mathbb{R}^n$과 공간 $\mathbb{R}^m$의 부분집합을 각각 X, Y라 하고 X에서 Y로의 함수 $f : X \to Y$를 생각하자. 한 점 $\mathbf{x} \in X$에 대하여 $\mathbf{y} = f(\mathbf{x})$의 임의의 ε-근방 $U_\varepsilon(\mathbf{y}, Y)$이 주어질 때, 충분히 작은 $\mathbf{x}$의 δ-근방 $U_\delta(\mathbf{x}, X)$가 있어서

$$f(U_\delta(\mathbf{x}, X)) \subset U_\varepsilon(\mathbf{y}, Y)$$

를 만족할 때, f는 **$\mathbf{x}$에서 연속**(continuous)이라고 한다. 이것은 직관적으로 말해서, $\mathbf{x}$에 가까운 점을 함수 f로 보낼 때, 이들은 $f(\mathbf{x})$에 가까운 점으로 보내진다는 것을 말한다. 집합 X의 모든 점에서 f가 연속일 때, f를 X**상에서 연속** 또는 단순히 **연속함수**라고 부른다.

일반적으로, 위상수학에서 연속함수는 다음과 같이 정의된다.

정의 1.5 위상공간 X와 Y에 대하여, 함수 $f : X \to Y$가 다음 성질을 만족할 때 이를 **연속**(continuous)이라고 한다.

"Y에서의 각 열린 집합 U에 대하여 $f^{-1}(U)$는 X에서 열린 집합이다."

문제 1.5 Euclid 공간 $\mathbb{R}^n$이나 이의 부분공간 X 상에서 정의된 함수에 대하여 정의 1.4에 따른 연속함수의 개념은 이미 미분적분학이나 해석학에서 배운 "ε-δ"의 정의에 의한 연속함수의 개념과 일치한다. "ε-δ"의 정의에 따른 연속함수의 개념이 정의 1.5에서의 연속함수의 개념과 동치임을 증명하여라. (독자들은 스스로의 증명에 대하여 확신이 없다면, 여기에서 쉬어가자. 그리고 각자의 증명이 분명할 때까지 끈기 있게 생각하여 보아라.)

1.1절에서 직관적으로 다루었던, '유연하다'는 관점, 또는 '연속적으로 변형된다'는 관점에서 두 도형이 같다는 개념을 이제 수학적으로 정의해 보자.

정의 1.6 집합 X, Y를 각각 어떤 Euclid 공간의 부분집합, 즉 도형이라고 하자. 도형 X에서 Y로의 함수 $f : X \to Y$가 전단사(bijection, 全單射)이고 또 f, f^{-1}가 모두 연속일 때, f를 **위상동형함수**(homeomorphism, 位相同型函數)라고 말한다. 또한, 이러한 함수 f가 존재할 때, X와 Y는 **위상동형**(homeomorphic)이라고 말한다. 이것을

$$f: \ X \cong Y$$

로 표기하면, 이 '≅'이야말로 지금까지 '유연하다'라고 불러온 관계이다.

토폴로지에서는 서로 위상동형인 도형은 같은 도형으로 간주하며, 이들을 구별하지 않는다. 앞에서 거론된 바와 같이 정사각형은 유연하다는 관점에서 원으로 변형될 수 있고, 이는 이제 정사각형 $|x| + |y| = 1$과 원 $x^2 + y^2 = 1$은 위상동형이다라는 말로 표현된다. 또 앞에서 커피잔을 토러스로 변형하는 수단을 직관적으로 표현했으나, 실제로는 구체적인 어떤 위상동형함수에 의하여 위상동형이 되는 것이다. 다만, 위상동형함수를 구체적으로 구성하는 것은 복잡하고 어려운 수식문제이기에 직관적으로 이해했을 뿐이다. 여기에서 수식으로 나타낼 수 있는 몇 가지 예를 들어 보자.

예제 1.1 (1) 열린 구간 $(-\frac{\pi}{2}, \frac{\pi}{2})$와 1차원 Euclid 공간 $\mathbb{R}^1$은 위상동형함수 $y = \tan x$에 의하여 위상동형이다.

(2) $X = \{(x, y) \mid (x, y) \neq (0, 0)\}$: $\mathbb{R}^2$에서 원점을 제거한 도형,

$Y = \{(x, y, z) \mid x^2 + y^2 = 1\}$: 아래위로 무한히 긴 원통

이라고 하면 $X \cong Y$이다(그림 1.11). 구체적으로 위상동형함수 $f : X \to Y$를

$$f(x, y) = \left(\frac{x}{\sqrt{x^2 + y^2}}, \frac{y}{\sqrt{x^2 + y^2}}, \frac{1}{2}\log(x^2 + y^2) \right)$$

로 정의할 수 있다. (역함수 f^{-1}를 구체적으로 정의하여 보아라.)

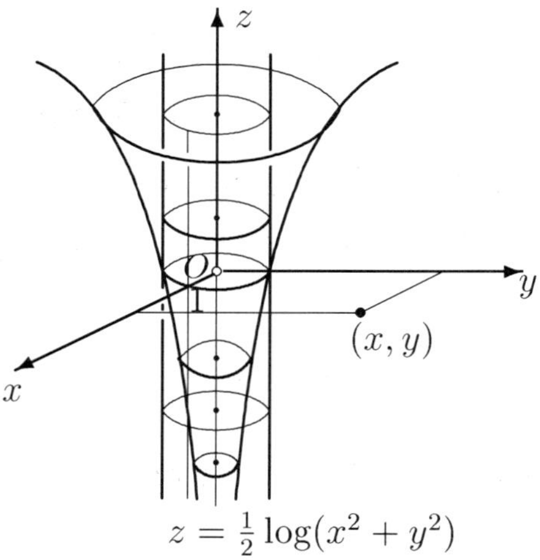

그림 1.11 위상동형인 무한 원통과 $\mathbb{R}^2 - (0,0)$

예제 1.2

$$\begin{aligned} X &= \{(x,y) : |x| + |y| = 1\} : \text{ 정사각형} \\ S^1 &= \{(x,y) \,|\, x^2 + y^2 = 1\} : \text{ 1차원 구} \end{aligned}$$

에 대하여, 함수 $f : X \longrightarrow S^1$을

$$f(x,y) = \left(\frac{x}{\sqrt{x^2+y^2}}, \frac{y}{\sqrt{x^2+y^2}} \right)$$

로 정의하면, 이는 정사각형에서 1차원 구로의 위상동형함수이다. 이의 역함수는

$$f^{-1}(x,y) = \left(\frac{x}{|x|+|y|}, \frac{y}{|x|+|y|} \right)$$

이다(그림 1.12 참조).

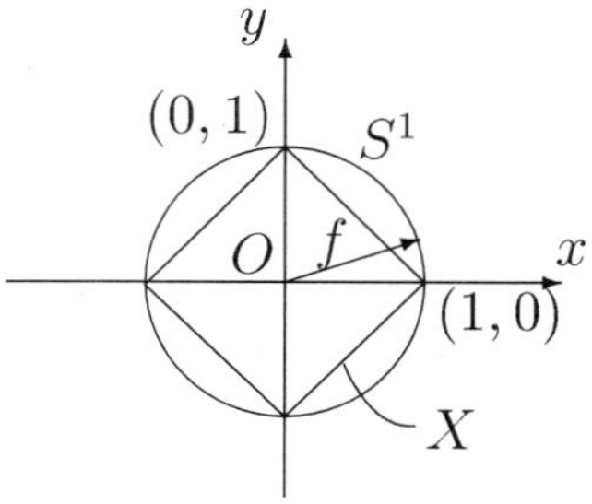

그림 1.12 정사각형과 1차원 구 S^1

문제 1.6 (1) (Euclid) 실수직선 $\mathbb{R}^1$, 1차원 구 S^1, 닫힌구간 $[0,1]$ 중 어느 두 공간도 위상동형이 아님을 보여라.

(2) $n > 1$일 때, Euclid 공간 $\mathbb{R}^1$과 $\mathbb{R}^n$은 위상동형이 아님을 보여라.

(3) $n \neq m$일 때, $\mathbb{R}^m$과 $\mathbb{R}^n$이 위상동형이 아님을 보일 수 있는가? (독자들은 아마 이 두 공간이 대수적인 벡터공간으로서는 같지 않음을 알고 있을 것이다. 벡터공간과 같은 대수적 공간이 아니라, 위상적 또는 기하학적 공간으로서 서로 같지 않음을 보일 수 있겠는가? 이 증명은 현재 수준에서는 쉽지 않고 '대수적 위상수학'을 배운 뒤에 가능하다.)

주어진 두 개의 위상공간이 위상동형이 아님을 보이는 문제는 주로 그 중 한 공간은 만족하지만 다른 공간은 만족하지 않는 위상적 성질, 또는 위상적 불변량(topological invariant, 位相的不變量)을 찾음으로써 가능하다. 예를 들면, 한 공간은 연결(connected, 連結), 또는 긴밀(compact, 緊密)이지만 다른 공간은 그렇지 않음을 보이면, 그 두 공간은 위상동형이 아니다.

1.3 Euclid 공간속에서 도형의 형상

앞서 말한 '유연하다'는 관점으로 Euclid 공간들을 약간 굽혀 변형해 보자. 이

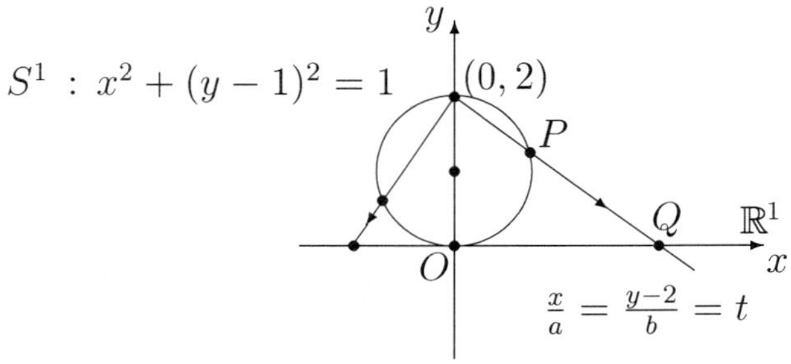

그림 1.13 1차원 구 S^1과 실수선 $\mathbb{R}^1$

를 위하여 우선 평면상에서

$$\text{원} \quad x^2 + (y-1)^2 = 1\text{과 } x\text{-축 } y = 0$$

을 생각하자(그림 1.13 참조). 평면 $\mathbb{R}^2$상에서 점 $(0, 2)$와 점 (x, y)를 지나는 직선

$$\frac{x}{a} = \frac{y-2}{b} = t$$

가 위의 원과 x축과 만나는 교점을 각각 P, Q라 하자. 그러면

$$P = \left(-\frac{2ab}{a^2+b^2}, \frac{2a^2}{a^2+b^2}\right), \qquad Q = \left(-\frac{2a}{b}, 0\right)$$

로 되는데, $\frac{b}{a} \to \pm\infty$로 하면 P와 Q는 모두 원점 $(0, 0)$으로 가까이 가고, 또 $\frac{b}{a} \to 0$으로 하면 $P \to (0, 2)$, $Q \to (\pm\infty, 0)$로 가까이 가기 때문에, 원 $x^2 + (y-1)^2 = 1$에서 점 (0, 2)를 제외한 도형과 x축은 이러한 P와 Q의 대응에 따라 일대일로 대응되며, 이는 원 S^1에서 한 점 (0, 2)를 제외한 도형에서 x축 $\mathbb{R}^1$으로의 위상동형함수인 연속함수를 보여 준다. 게다가 점 $(0, 2)$는 x축의 '양끝'을 하나의 점(무한원점이라 부른다)으로 보는 것에 대응되는 것으로 생각할 수 있다. 이 점을 ∞라는 기호로써 나타내고 여기에 $\mathbb{R}^1$의 '가장자리'를 갖다 붙이고 굽혀서 원 S^1이 이루어진 것이라고 생각할 수 있다.

이와 같은 방법은

$$2\text{차원 구면 } x^2 + y^2 + (z-1)^2 = 1 \text{ 과 } \quad xy\text{-평면}$$

에도 적용될 수 있다(그림 1.14 참조). 공간 $\mathbb{R}^3$상에서 점 $(0,0,2)$와 점 (x,y,z)를 지나는 직선

$$\frac{x}{a} = \frac{y}{b} = \frac{z-2}{c} = t$$

와 구면과의 교점, xy-평면과의 교점을 각각 P, Q라 하면

$$P = \left(\frac{-2ab}{a^2+b^2+c^2}, \ \frac{-2bc}{a^2+b^2+c^2}, \ \frac{2(a^2+b^2)}{a^2+b^2+c^2}\right),$$

$$Q = \left(-\frac{2a}{c}, \ -\frac{2b}{c}, 0\right)$$

로 되어 구면에서 점 $(0,0,2)$를 제거한 도형과 xy-평면 $\mathbb{R}^2$는 P와 Q를 일대일로 대응시키는 함수에 의하여 위상동형이다. 이런 위상동형함수 $P \mapsto Q$를 streographic projection[10]이라고 부른다. 다시 말하면, $\mathbb{R}^2$의 모든 '가장자리'를 무한원점 ∞로 본 것을 $(0,0,2)$에 대응시킴으로써 $\mathbb{R}^2$에 ∞를 덧붙여서 구면 S^2가 이루어진 것으로 생각할 수 있다.

문제 1.7 그림 1.14에서 점 P, Q의 좌표를 실제로 계산하여 보아라. 그리고 streographic projection $P \mapsto Q$와 이의 역함수 $Q \mapsto P$를 구하여라. 또 구면의 하반부에 대응하는 평면의 부분집합을 구하고 그림으로 나타내 보아라.

문제 1.8 그림 1.14에서 구면의 방정식을 $x^2 + y^2 + z^2 = 1$로 하여 구면의 적도가 xy-평면에 걸치게 할 때, streographic projection $P \mapsto Q$와 이의 역함수

[10] Streographic projection 함수는 구면의 북극점 $(0,0,2)$에 불을 밝힐 때 구면의 각 점 P를 xy-평면에 나타나는 그의 그림자, 즉 점 Q로 보내는 함수이다.

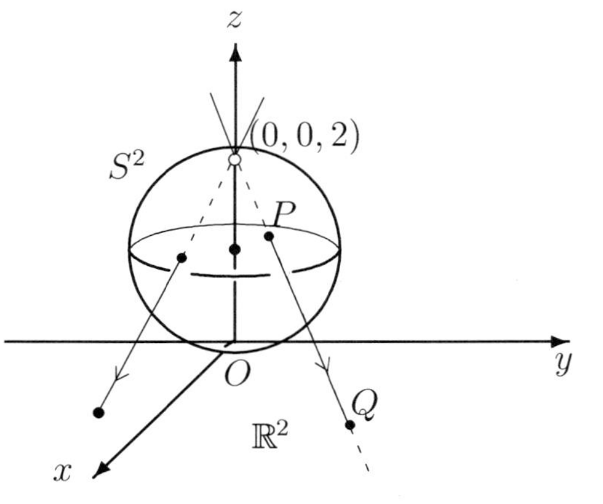

그림 1.14 구면 S^2와 xy-평면

$Q \mapsto P$를 구하여라.

이 사실은 차원을 올려도 성립한다. 일반적으로

$$S^n = \left\{ (x_1, \ldots, x_{n+1}) \mid \sum_{i=1}^{n+1} (x_i - a_i)^2 = r^2 \right\}$$

을 중심은 $(a_1, \ldots, a_{n+1})$, 반지름 r인 n**차원 구면**이라고 부른다. 따라서 n차원 공간 $\mathbb{R}^n$에 한 점을 덧붙여서 '가장자리'를 모으면 n차원 구면이 된다.

문제 1.9 중심은 $(0, 0, \ldots, 1)$, 반지름 1인 n차원 구면

$$x_1^2 + x_2^2 + \cdots + (x_{n+1} - 1)^2 = 1$$

과 공간 $\mathbb{R}^n$에 대해서 위에서 거론한 대응함수 $P \mapsto Q$와 이의 역함수 $Q \mapsto P$를 구하여라. 이를 n차원에서의 streographic projection이라고 부른다. (힌트: 점 $(0, \ldots, 0, 2)$와 구면상에서의 점 $P = (x_1, \ldots, x_{n+1})$을 지나는 직선의 방정식은 $\frac{x_1}{a_1} = \frac{x_2}{a_2} = \cdots = \frac{x_{n+1} - 2}{a_{n+1}} = t$이다.)

이와 같이 n차원 Euclid 공간의 가장자리에 한 점을 덧붙여서 만들어진 n차원 구면을 Euclid 공간의 **콤팩트화**(one-point compactification)라고 한다.

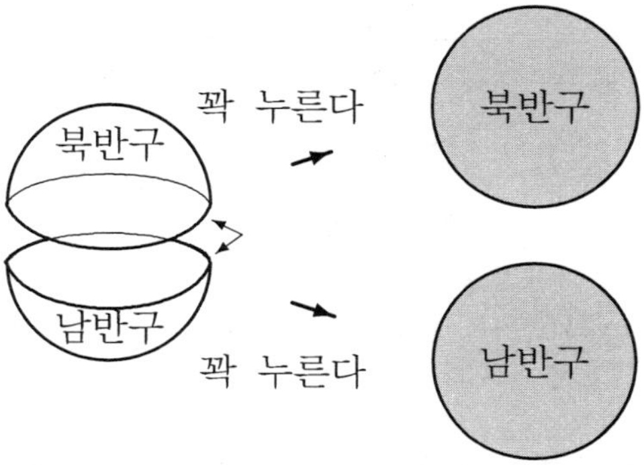

그림 1.15 구면 S^2의 분할

2차원 구면 S^2를 다시 생각해 보자. 이것을 지구의 표면으로 생각하고 적도를 따라 자르면 S^2는 남, 북의 두 반구로 나뉘는데, 이 반구 모양을 위에서 꽉 눌러보면 (함수로는 $x_3 \mapsto 0$를 취하면) 원판과 같은 모양이 된다(그림 1.15). 즉 S^2는 속이 찬 두 원판을 울타리를 따라 기워 붙여서 부풀린 것으로 볼 수 있다. 남반구를 꽉 눌러서 된 원판을 $x^2 + y^2 \leq 2$라고 하면, 그 내부를 $\mathbb{R}^2$에서 제거한 나머지 부분은 $x^2 + y^2 \geq 2$가 되고 이것에 무한원점을 덧붙인 것이 북반구가 된다(그림 1.16).

같은 방법을 3차원 구면 S^3에 적용해 보자. S^3는 속이 꽉 찬 두 개의 3차원 구체(3-dimensional ball)의 표면을 붙여서 만든 것과 같은데, 이것을 보기 위하여, $\mathbb{R}^3$에서 구체 $x^2 + y^2 + z^2 \leq 2$의 속을 제거해 보자. 공동(空洞)이 생긴 3차원 공간을 상상해서 그 공동 안에 들어가 보자. 무엇이 보일까? 그것은 바로 구면이다. 그러나 보통의 구면과는 달리 뒤집어 놓은 구면을 보고 있는 것이다. 그 구면의 반대편에는 무한히 펼쳐져 있는 3차원 공간이 있는데, 거기에 무한원

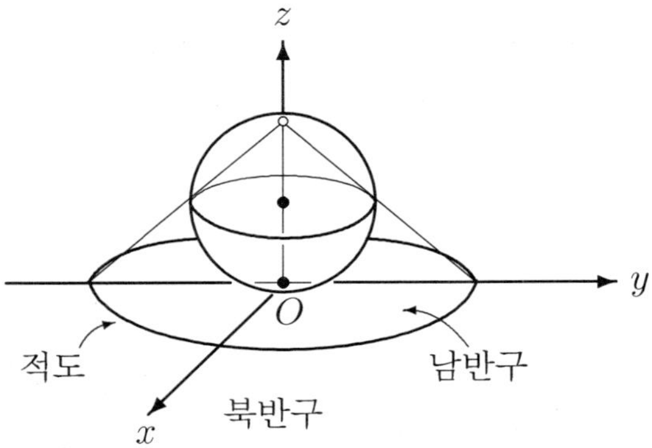

그림 1.16 북반구의 평면에서의 대응

점을 덧붙여서 콤팩트화하여 가장자리를 닫아버리면 속이 찬 3차원 구체를 얻을 수 있고(즉, $x^2 + y^2 + z^2 \geq 2$와 무한원점을 합친 것), 따라서 3차원 구 S^3는 두 개의 3차원 구체의 표면을 붙인 것으로 얻을 수 있다.[11]

3차원 구면 S^3는 두 개의 3차원 구체의 표면을 맞붙여 얻을 수 있다.

이제 3차원 구면 S^3를 만들기 위한 두 개의 3차원 구체에서 다음과 같은 '자르고 붙이기'를 생각해보자. 우선 한쪽 구체의 속으로 들어가서 그 안에 북극과 남극을 잇는 기둥을 하나 세워 보자(그림 1.17의 왼쪽 그림 참조). 다시 말하면, 한쪽 구체에 아래위로 터널을 내기 위하여 기둥 하나를 잘라내자. 그러면 남은 공간은 속이 찬 토러스가 된다. 이제 잘라낸 기둥을 남아 있는 또 하나의

[11] 초등학교 시절, 수학책에서 정6면체를 평면에 펼친 그림으로 그리던 때가 있었다. 공간개념이 약한 초등학생에게 평면의 그림으로 3차원 공간 도형을 이해시키려고 하였던 것이다. 3차원 구체(3-dimensional ball)나 3차원 구면(3-dimensional sphere)과 같이 4차원 이상의 공간에 있는 도형을 3차원의 도형으로부터 만들어 내는 방법을 찾는 것은 위의 펼친 그림에서와 같이 고차원의 도형을 이해하기 위하여 대단히 중요하다. 초등학생 때 평면에서 3차원의 도형을 이해하기위하여 노력했듯이 앞으로 4차원 이상의 도형을 상상할 수 있는 수학적 방법에 계속 관심을 가지기 바란다. 이러한 관심을 통하여 위상수학에 숨어있는 아름다움과 매력을 발견하게 될 것이다.

3차원 구체에 북극과 남극을 잇도록 바깥으로 붙여보자. 이 공간도 역시 또 하나의 속이 찬 토러스가 된다(그림 1.17의 오른쪽 그림 참조).

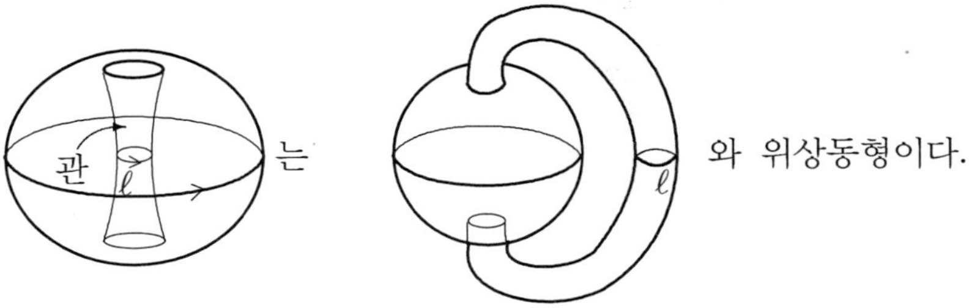

그림 1.17 뒤집어 놓은 토러스

이제 3차원 구 S^3에 대하여 다음과 같이 말할 수 있다.

S^3는 두 개의 3차원 구체의 표면을 맞붙여 얻을 수도 있고, 두 개의 속이 꽉 찬 토러스의 표면을 맞붙여서 얻을 수도 있는 기묘한 것이다.[12]

(“*아! 그것 참 기묘하다.*”라고 표현할 법하지 않은가?)

이렇게 맞붙인 것은 그림 1.17에서 보는 바와 같이 한 짝은 뒤집어서 맞붙어 있으므로, 각각에 붙어 있는 기둥에서 세로 돌림과 가로 돌림이 교대로 맞붙어 있는 것이다. 즉 그림 1.18[13]에서 왼쪽 그림의 가로 돌림 ℓ과 오른쪽 그림의 세로 돌림 m을 맞붙이고, 왼쪽 그림의 세로 돌림 m과 오른쪽 그림의 가로 돌림 ℓ을 맞붙이는 것이다. (세로 돌림과 세로 돌림, 가로 돌림과 가로 돌림을 맞붙이면 S^3로 되지 않는다. 이 때 어떤 도형이 되는지 상상해 보아라. $S^2 \times S^1$과 비교해 보아라.)

---

[12]이 또한 4차원 공간에 있는 (보이지 않는) 3차원 구면 S^3를 (눈에 보이는) 3차원의 도형으로부터 만들어 내는 방법이다.

[13]가로 줄을 표현하는 ℓ을 가로 돌림(longitude), 세로 줄을 표현하는 m을 세로 돌림(meridian)이라 부른다.

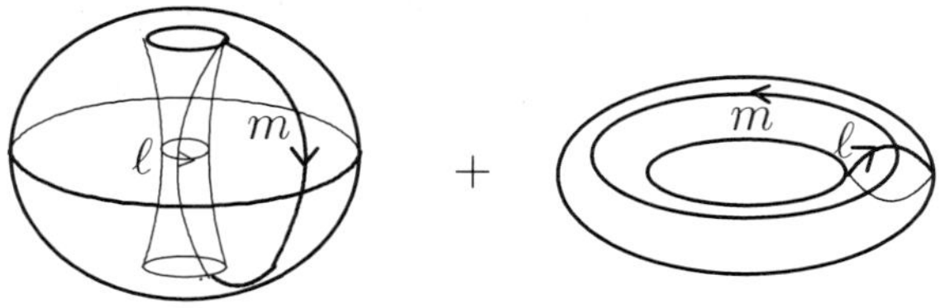

그림 1.18 3차원 구면 S^3

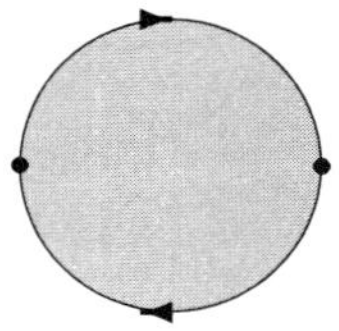

그림 1.19 원판에서의 울타리 꿰매기

Euclid 공간의 두 도형을 붙이거나 꿰매는 작업을 하면 새로운 도형을 얻게 된다. 만약 이 작업이 3차원 이하의 공간에서 일어난다면 새로 생긴 도형의 위상구조를 어렵지 않게 눈으로 파악할 수 있다. 그러면 4차원 이상에서는 어떠한가? 그림 1.19는 원판의 울타리에서 두 화살표를 가진 호(arc, 弧)가 일치하도록 꿰매는 것을 보여 주고 있다. 즉, 위쪽 반구를 따라가는 호(arc, 弧)가 아래쪽 반구를 따라가는 호(arc, 弧)와 일치하도록 울타리 점들을 꿰매는 것을 의미한다. 이렇게 해서 생긴 도형은 어떤 도형일까? 실은 이 도형은 3차원 공간에 그려 넣을 수 없다(증명은 쉽지 않다. 실제로 꿰매어 보아라!). 이러한 경우에 이 도형의 위상을 잘 설명하는 방법을 생각해 보자.

정의 1.7 위상공간 X, 집합 Y, 그리고 전사함수(surjection) $f : X \to Y$가 주어져 있다고 하자. 이 때, $\mathscr{U}_f = \{U \subset Y : f^{-1}(U)$가 X에서 열린 집합$\}$인 Y의 부분집합들을 생각하자. 그러면 $\mathscr{U}_f$는 Y에서의 한 위상(topology)이 되며, 이 위상을 f에 의해서 결정되는 Y에서의 **상위상**(quotient topology, 商位相) 또는 **동일시 위상**(identification topology, 同一視 位相)이라고 부른다.

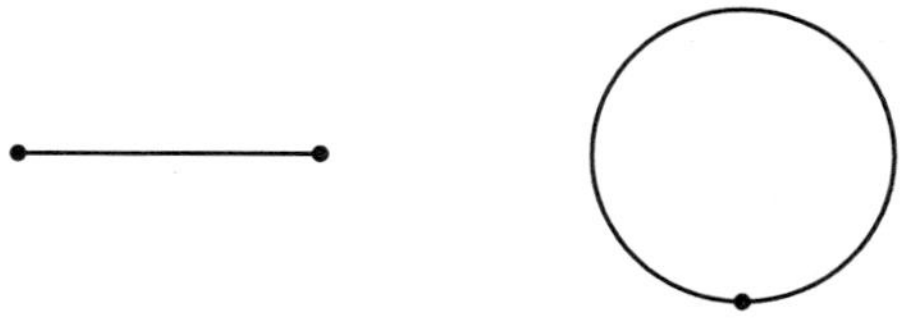

그림 1.20 닫힌구간과 원

주의: (1) 상위상 $\mathscr{U}_f$는 f를 연속함수가 되게 하는 Y상의 위상 중 가장 큰 것이다.

(2) 상위상공간 $(Y, \mathscr{U}_f)$에서 A가 닫힌 집합(closed set)이라는 것과 $f^{-1}(A)$가 X에서 닫힌 집합이라는 것은 동치이다.

예제 1.3 Euclid 공간 $\mathbb{R}^1$의 부분공간으로 닫힌구간 $X = [0, 2\pi]$를 생각하고 집합 Y를 $S^1 = \{(x, y) \mid x^2 + y^2 = 1\}$인 원으로 하자. 함수 $f : X \to Y$를 $f(t) = (\cos t, \sin t)$로 정의하자. 그러면 동일시 위상 $\mathscr{U}_f$는 원 Y상의 상용위상(usual topology)과 일치한다. 이 예는 닫힌 구간의 양 끝점을 한 점으로 동일시하여 얻어지는 도형은 원과 위상동형임을 보이고 있다.

예제 1.4 Euclid 공간 $\mathbb{R}^2$의 부분공간으로 사각형 $X = \{(x, y) \in \mathbb{R}^2 \mid 0 \le x \le 2\pi,\ 0 \le y \le 1\}$를 생각하고, 집합 Y는 원통 $Y = \{(x, y, z) \in \mathbb{R}^3 \mid x^2 + y^2 = 1, 0 \le z \le 1\}$라 두자. 함수 $f : X \to Y$를 $f(x, y) = (\cos x, \sin x, y)$로 정의하자. 그러면 동일시 위상 $\mathscr{U}_f$는 Y상의 상용위상(usual topology)과 일치한다. 이 예는 사각형의 한 쌍의 맞변을 동일시하면 원통과 위상적으로 동형임을 보여준다.

문제 1.10 위상공간 X, Y와 연속함수 $f : X \to Y$가 주어졌다고 하자. 만약 f가 열린 함수(open map)이고 전사(surjection)이면, Y상의 위상은 함수 f에 의한 동일시 위상 $\mathscr{U}_f$와 일치한다. 이를 증명하여라.

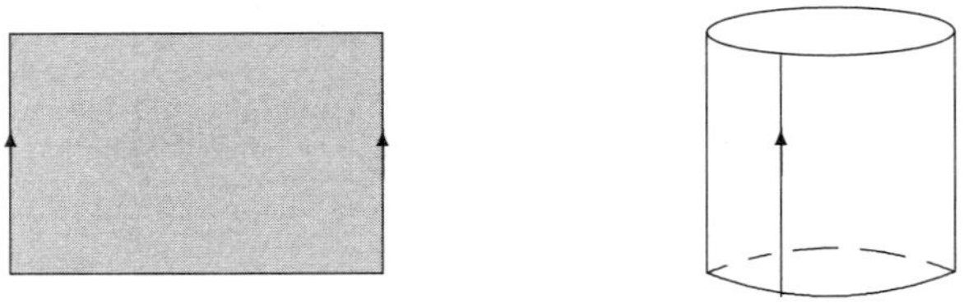

그림 1.21 사각형과 원통

위상공간 X와 그 상에서의 동치관계(equivalence relation) R을 생각하자. 그러면 $Y = X/R = \{[x] \mid x \in X\}$, 단 $[x] = \{y \mid xRy\}$라는 새로운 집합을 생각할 수 있다. 이제 함수 $f : X \to Y$를 $f(x) = [x]$로 정의하자. 이를 **자연 사영함수**(natural projection, 自然 射影函數)라 부른다. 그러면 f는 전사함수가 되고 우리는 Y상의 동일시 위상 $\mathscr{U}_f$를 얻는다. 이 위상은 도형에서 붙이기, 꿰매기 등에서 생기는 도형의 위상을 파악하는 중요한 도구가 된다.

예제 1.5 위상공간 $X = S^2 = \{(x, y, z) \mid x^2 + y^2 + z^2 = 1\}$상에서의 관계 R을 $\mathbf{x}R\mathbf{y}$(즉 $\mathbf{x}$, $\mathbf{y}$가 R의 관계에 있음)는 $\mathbf{x} = -\mathbf{y}$ 또는 $\mathbf{x} = \mathbf{y}$일 때로 정의하자. 그러면 R은 X상에서 동치관계가 된다. 또한 자연 사영함수에 의해서 생성되는 Y상에서의 동일시 위상은 그림 1.19에서 생성되는 도형의 위상과 같다. 구체적 위상동형함수의 구성은 독자에게 남긴다.

다음 정리는 주어진 도형에서 자르고, 붙이는 작업이 도형의 위상을 변화시키지 않는 경우를 보여준다.

정리 1.2 위상공간 X와 Y 사이에 위상동형함수 $f : X \to Y$와, X상에서 동치관계 R_X, Y상에서 동치관계 R_Y가 주어져 있다고 하자. 만약 xR_Xx'일 필요충분조건이 $f(x)R_Yf(x')$이면, 상공간 X/R_X와 Y/R_Y도 위상동형이다.

문제 1.11 정리 1.2를 증명하여라.

예제 **1.6** 그림 1.22(a)와 (b)에 의해서 생성되는 두 도형은 위상동형이다.

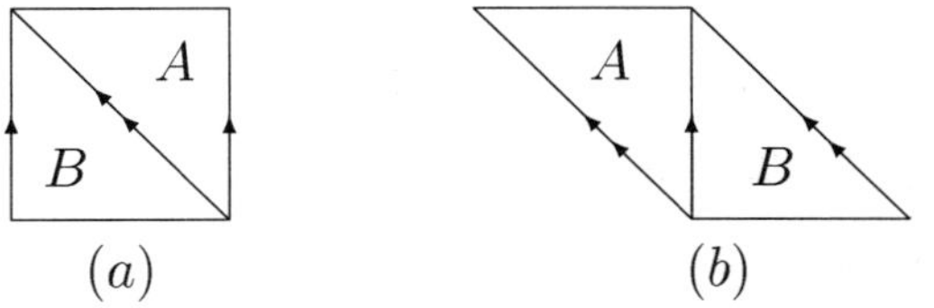

그림 1.22 자르고 붙이기(cutting과 pasting)

위상공간의 족 $\{X_\lambda \mid \lambda \in \Lambda\}$와 집합 Y를 생각하자. 그리고 함수족 $F = \{f_\lambda : X_\lambda \to Y \mid \lambda \in \Lambda\}$이 주어져 있다고 생각하자. 그러면

$$\mathscr{U}_F = \{U \subset Y \mid f_\lambda^{-1}(U)\text{가 } X_\lambda\text{에서 열린 집합}, \forall\lambda \in \Lambda\}$$

는 Y상에서의 위상이 된다. 실은, 이 위상을 앞으로 많이 다루게 될 것이다.

1.4 Euclid 공간속에서 도형의 위치

이 절에서는 Euclid 공간속에서 도형의 위치관계에 대해서 논하려고 한다. 우리는 이미 1.1절에서 위치관계에 대한 기본개념을 다루었다. 좀 더 명확히 하기 위하여 다음을 정의하자.

정의 1.8 함수 $f : X \to Y$가 연속인 단사함수(injection)이며 전단사함수 $f : X \to f(X)$가 연속인 역함수를 가질 때 함수 f를 **매장**(embedding, 埋藏)이라고 부른다.[14]

[14]이때, 공간 X는 Y의 부분공간 $f(X)$와 동일시될 수 있다. 연속이고, 단사인 함수는 만약 열린(open) 함수이거나 혹은 닫힌(closed) 함수이면 매장(embedding)이 된다. 하지만 열린 함수도 아니고 닫힌함수도 아닌 매장(embedding)도 존재한다.

Euclid 공간에서 도형 Y를 생각해 보자. 먼저 Y에 매장될 수 있는 도형들은 어떤 것들이 있는가? 만약 특정한 도형이 Y에 매장된다면 그 매장 방법은 얼마나 많이 있는가? 등의 문제를 생각할 수 있다. 여기서 특정한 도형의 두 매장이 같다는 것은 한 매장이 Y의 위상동형함수(homeomorphism)에 의하여 다른 매장으로 변환 가능할 때를 의미한다.[15]

먼저 X를 실수선 $\mathbb{R}^1$으로 생각해 보자. 그러면 X에 매장될 수 있는 도형 가운데 연결인 것들은 실수선 $\mathbb{R}^1$ 자신과, $(-\infty, a)$, $[0, \infty)$와 같은 형태의 반직선, $[0, 1]$, $(2, 5]$ 등의 유한구간이거나 점뿐이다. 이 경우 그들이 $\mathbb{R}^1$에 담기는 방법은 오직 하가지 뿐이다. 다음으로 X를 평면 $\mathbb{R}^2$로 생각해 보자. 그러면 $\mathbb{R}^2$에 매장될 수 있는 도형은 점, 선, 다각형, 원, 원판 등이 있다. 이제 이들이 매장되는 방법의 수를 알아내는 것은 간단하지가 않다. 예를 들면, 원(circle)이 평면에 매장되는 방법은 몇 가지가 있는가? 이 경우는 한 가지 방법뿐이라고 알려져 있으며 이를 **Schoenflies 정리**라고 한다. 증명은 간단하지가 않으며 이는 제2장에서 다시 다룬다. 마지막으로 X가 $\mathbb{R}^n$ $(n \geq 3)$인 경우와 Euclid 공간의 임의의 도형인 경우를 생각해 보자. 이 경우에 위치 문제는 어떠할까? 한 번 상상해 보기 바란다.

위의 경우와 반대로, 주어진 도형 X가 매장될 수 있는 도형은 어떤 것이 있는가? 예를 들어, 주어진 도형 X가 매장될 수 있는 Euclid 공간 $\mathbb{R}^n$중에 차원이 가장 낮은 n은 무엇인가? 이 경우 X가 매장되는 경우의 수는 얼마인가? 또한, 특정한 조건을 만족하는 X의 매장을 가지는 공간은 어떤 것이 있는가? 이 경우 X가 매장되는 경우의 수는 얼마인가? 등의 문제들을 생각해 볼 수도 있다.

먼저 X를 점으로 생각해 보자. 이 경우 X는 Euclid 공간의 모든 도형에 매장가능하다. 이제 X를 원으로 생각하고, X가 매장될 수 있는 공간 $\mathbb{R}^n$을 생

[15]물론, 다루고자 하는 대상과 X에 따라서 특정한 조건을 만족하는 위상동형함수(homeomorphism)들만을 허용하는 경우도 있다. 예를 들면, 길이를 보존하는 위상동형함수만을 허용하여 다루는 것이 Euclid 기하학에서 같다고 보는 관점이다.

각해 보자. 이 때에는 $n \neq 1$이다. 즉 원은 $\mathbb{R}^1$에는 매장될 수 없다.

정리 1.3 원 S^1에서 $\mathbb{R}^1$으로 대응시키는 임의의 연속함수 f에 대하여 $f(x) = f(-x)$를 만족하는 S^1의 원소 x가 적어도 한 개 존재한다. 따라서 원 S^1에서 $\mathbb{R}^1$으로의 매장은 존재하지 않는다.

증명: 함수 $f : S^1 \to \mathbb{R}^1$을 임의로 주어진 연속함수라 하자. 먼저 S^1을 복소평면에서 길이가 1인 복소수들의 모임으로 생각하고 $g : [0,1] \to S^1$을 $g(t) = \cos \pi t + i \sin \pi t$로 정의하자. 그러면 g는 연속함수이다. 이제 함수 $h : S^1 \to \mathbb{R}^1$을 $h(x) = f(x) - f(-x)$로 정의하자. 그러면 h는 연속함수이고 g와 h의 합성 $h \circ g : [0,1] \to \mathbb{R}^1$도 연속함수이다. 한편, $(h \circ g)(0) = h(1) = f(1) - f(-1)$이고 $(h \circ g)(1) = h(-1) = f(-1) - f(1) = -(h \circ g)(0)$이므로, 중간값 정리에 의하여 $(h \circ g)(t) = 0$인 t가 $[0,1]$에 존재한다. 이제 $x = g(t)$라 두면 $x \in S^1$이고 $f(x) - f(-x) = h(x) = h(g(t)) = 0$이다. □

위 정리 1.3은 원 S^1의 차원을 높여도 성립한다. 예를 들면, "구 S^2에서 $\mathbb{R}^1$으로 대응시키는 모든 연속함수 f에 대하여 $f(x) = f(-x)$를 만족하는 S^2의 원소 x가 적어도 한 개 존재한다." (이는 원 S^1을 구 S^2의 적도선으로 매장시키고 정리 1.3을 이용하여 증명할 수 있다. 이를 직접 보여라). 이는 지구상에 적어도 한 지점과 그 반대쪽이 같은 기온(또는 기압)을 가진다는 것을 보여준다.

위에서 원 S^1은 $\mathbb{R}^1$에 매장될 수 없음을 보였다. 하지만 2차원 이상의 Euclid 공간 $\mathbb{R}^n$에서는 원 S^1의 매장을 쉽게 구성할 수 있다. 이 때 매장 방법은 얼마나 많은가? $n = 2$이면 Schoenflies 정리에 의하여 매장 방법은 단 한 가지뿐이다. $n = 3$이면 위의 경우와 달리 문제가 훨씬 복잡하고 난해해진다. 이에 관한 이론을 **매듭이론**(knot theory)이라 부르며 많은 위상수학자들이 연구를 계속하고 있다. (이는 4.7절에서 다시 다룬다.) 만약 $n \geq 4$ 이상이면, $\mathbb{R}^n$ 내의 원의 매장은 매듭을 가지지 않는다(1.1절에서 언급한 바 있다). 즉 $\mathbb{R}^n$ $(n \geq 4)$내의 원의 매장은 한 가지뿐이라는 것이다. 이것을 증명하기 위해서는 4차원 공간 $\mathbb{R}^4$ 에서는 원의 모든 매장이 매듭을 가지지 않는다는 것을 보이면 충분하다. 이를 증명하기 위하여 $\mathbb{R}^4$ 안에서 두 직선

$$\ell_1 : \quad x_2 = x_3 = x_4 = 0,$$
$$\ell_2 : \ x_1 = x_4 = 0, \ \ x_3 = 1$$

을 생각하고, 도중에 만나는 일이 없이 ℓ_2를

$$\ell_3 : \ x_1 = x_4 = 0, \ \ x_3 = -1$$

로 옮길 수 있음을 보이고자 한다(그림 1.23 참조).

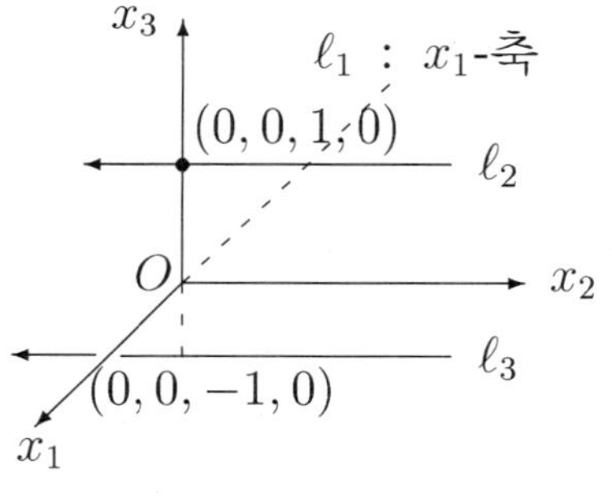

그림 1.23 $\mathbb{R}^4$의 $x_4 = 0$라는 단면

3차원 공간 $\mathbb{R}^3$ 에서는 ℓ_2를 ℓ_1에 닿지 않고 ℓ_3까지 옮겨 놓을 수 없지만, 4차원 공간 $\mathbb{R}^4$ 에서는 이러한 옮김이 가능하다.

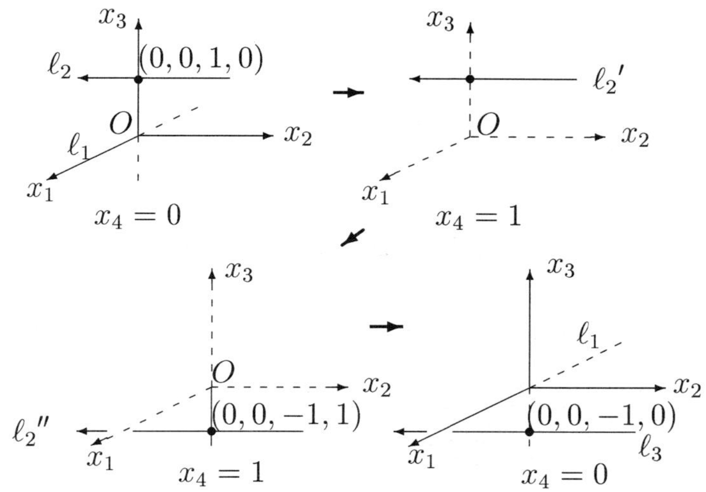

그림 1.24 $\mathbb{R}^4$에서 직선 옮기기

먼저 ℓ_2를 $x_1=0$, $x_3=1$, $x_4=1$까지 x_4-좌표를 따라 평행이동시킨다(그림 1.24). 다음에 그 직선 ℓ_2'를 $x_1=0$, $x_3=-1$, $x_4=1$까지 x_3-좌표를 따라 평행이동한다. 마지막으로 그 직선 ℓ_2''를 ℓ_3까지 x_4-좌표에 대해 평행이동한다. 각 단계에서 ℓ_1과 ℓ_2, ℓ_1과 ℓ_2', ℓ_1과 ℓ_2''가 서로 만남이 없이 이동하고 있음을 확인할 수 있다.

이와 같이 4차원 공간에서는 아래위 두 가닥의 직선이 서로 만나는 일 없이 그 위치를 교환할 수 있고, 따라서 모든 매듭은 풀릴 수 있다.

이제 원보다 더 복잡한 도형을 생각해 보자. 유한개의 정점(혹은, 꼭짓점)과 그 정점을 연결하는 선분으로 이루어진 도형을 그래프라 한다.[16] 그림 1.25는 그래프의 예이다. 그래프 G는 연결상태가 원과 같은 것일 수도 있으나, 일반적으로 원보다는 더 복잡한 도형이 될 것이다. 그래프 G는 Euclid 공간의 부분도형이 된다. 엄격하게 이야기하면 모든 그래프는 Euclid 3차원 공간에 매장될 수 있다. 그러면 주어진 그래프의 Euclid 3차원 공간 $\mathbb{R}^3$로의 매장법의 모든 경우

[16]여기서 그래프란 함수의 그래프와는 다른 의미이며, 정확한 정의는 제2장에서 다룬다.

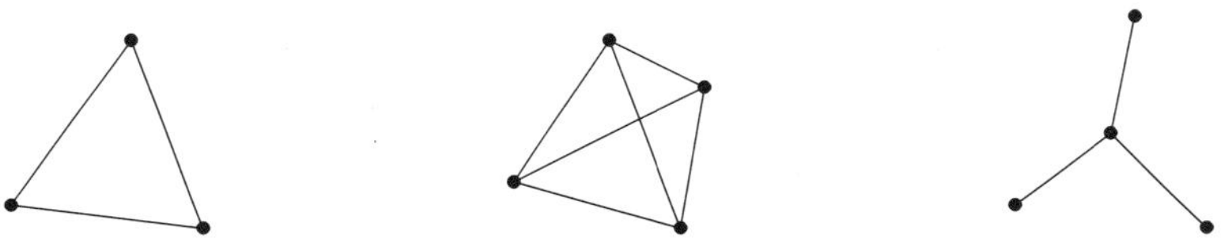

그림 1.25 그래프의 예

의 수는 얼마인가?[17] 또한, Euclid 2차원 공간 $\mathbb{R}^2$에 매장 가능한 그래프는 어떤 것이 있는가?[18] 일반적으로 곡면이 주어질 때 이 곡면에 매장 가능한 그래프는 무엇인가? 등의 문제를 생각할 수 있다. 이러한 질문은 제3장에서 다시 다루기로 한다.

1.5 토폴로지와 기하학은 어떻게 구별되나?

우리는 앞서 토폴로지(topology)는 도형이 유연하게 변형되든지, 또는 연속적으로 변형될 때 이를 같은 도형으로 보는 기하학의 한 분야라고 하였다. 따라서 도형에서 변들 사이의 각도나 넓이, 부피 등에는 관심이 없다. 하지만 기하학에서는 반드시 거리의 개념이 있고 이 거리의 개념에 따라 직선과 곡선의 차이, 각, 넓이, 부피 등에 크게 관심을 가진다. 따라서 기하학적인 도형, 특히 구면 S^2나 토러스 같은 곡면에서는 세 개의 직선이 이루는 3각형을 생각할 수 있다. 그리고 주어진 3각형의 내각의 합이 π보다 큰지, 작은지 혹은 π인지에 따라 기하학을 구별한다. (이를 각각 parabolic, hyperbolic, elliptic 기하학이라고 부른다.) 평면에서는 하나의 3각형이 주어지면 동일한 내각을 가지지만 면적이 무한이 커질 수 있는 다양한 3각형이 존재한다. 하지만 반지름이 1인 구면 S^2에서는 내각이 α, β, γ인 3각형이 주어지면 이의 넓이는 항상 $\alpha + \beta + \gamma - \pi$로 일정하다.

---

[17] 이것에 대하여 연구하는 분야를 공간그래프론(spatial graph theory)이라 부른다.
[18] 이것을 그래프의 평면성에 관한 연구라 부르며, Kuratowski에 의하여 해결되었다.

한편, 3각형의 내각의 합이 π보다 작은 hyperbolic 곡면에서도 (예: 복소평면상의 upper-half plane $\mathbb{H}^2$) 내각이 α, β, γ인 3각형이 주어지면 이의 넓이는 항상 일정하다. (뒤에 설명되는 sectional 곡률(curvature, 曲率)이 -1이면 넓이는 항상 $\pi - (\alpha + \beta + \gamma)$이다. 상세한 것은 hyperbolic 기하학 책 참조.)

또 하나의 기학학의 특징은 곡선이나 곡면의 휘는 정도를 중요시하고 이를 곡률(curvature, 曲率)이란 수치로 나타낸다.[19] 예를 들면, 반경이 r인 원(circle)의 곡률은 $1/r$로 반경이 작을수록 곡률값은 커져 곡선의 휘는 정도가 커짐을 보여준다. 따라서 직선의 곡률은 0이다. 일반적으로 평면에 있는 곡선상의 점 p에서의 곡률은 이 점에 접하는 원(osculating circle)의 곡률로 정의하고 이를 식으로 표현하면 다음과 같다.

매개변수로 표현된 평면 곡선 $\alpha(t) = (x(t), y(t))$의 곡률은 곡선 $\alpha(t)$의 단위접선벡터(unit tangent vector) T의 휘는 정도를 측정하는 값으로

$$\kappa = \frac{\dot{x}\ddot{y} - \dot{y}\ddot{x}}{(\dot{x}^2 + \dot{y}^2)^{3/2}}$$

이고[20], 음함수로 표현된 곡선 $f(x, y) = 0$의 곡률은

$$\kappa = \nabla \cdot \left(\frac{\nabla f}{||\nabla f||} \right), \quad \nabla = \left(\frac{\partial}{\partial x}, \frac{\partial}{\partial y} \right)$$

이다. 평면이 아닌 3차원 공간의 곡선에 대해서도 유사하게 곡률을 정의할 수 있다.

다음은 3차원 공간 $\mathbb{R}^3$에 포함되어 있는 곡면 S의 휘는 정도를 알아보자. 이를 측정하는 곡률에는 Gaussian 곡률과 Mean 곡률이 있다.

곡면 S상의 주어진 점에서 법선벡터(normal vector)를 고정하면 이 법선벡

[19] 독자는 본 절의 내용을 상세히 알려고 하기보다 개괄적으로 슬쩍 훑어보고 넘어가도 좋다.

[20] 여기서 $\dot{x}$, $\ddot{y}$는 각각 $\dot{x} = \frac{dx}{dt}$, $\ddot{y} = \frac{d^2x}{dt^2}$를 나타내는 기호로 기하학에서 흔히 쓰는 기호이다.

터를 포함하는 평면 P와 곡면 S의 교집합은 평면 P에서의 곡선이 된다. 이 곡선의 곡률을 생각하자. 여기서 만약 곡선이 주어진 법선벡터와 같은 방향으로 휘어 있으면 곡률을 양수로, 반대 방향으로 휘어 있으면 곡률을 음수로 정의한다. 이제 평면 P를 법선벡터를 축으로 회전하면 곡률값은 변하게 된다. 이들 값 중에 최댓값과 최솟값을 각각 k_1, k_2로 쓰고 principal 곡률이라고 부른다. 여기서 만약 법선벡터를 반대 방향으로 취하면 곡률의 값의 부호는 바뀌게 됨에 유의하자. 하지만 이들의 곱 k_1k_2의 값은 법선벡터의 선택과 무관하게 일정하고 평균 $\frac{k_1+k_2}{2}$의 부호는 바뀌게 된다. 이를 각각 Gaussian 곡률, Mean 곡률이라고 부른다. 예를 들면 반경이 ρ인 구면은 상수인 Gaussian 곡률 $\frac{1}{\rho^2}$를 가지며, 원통(cylinder)의 Gaussian 곡률은 0이다. 대체로 Gaussian 곡률이 양수인 점에서는 곡면이 구면과 유사하고, 음수인 점에서는 곡면이 말안장 모양(saddle)과 유사하다. 특히 0인 점에서는 평면 혹은 원통(cylinder)과 유사하다.

기하학에서 곡면의 휘는 정도, 즉 곡률은 곡면을 정의하는 거리(metric)에 따라 값이 틀릴 수 있지만, 곡면을 거리 개념이 없는 위상적 곡면으로 보았을 때 정의되는 Euler 표수(characteristic)(상세한 정의는 다음 장에서 주어진다)와 곡률 사이에 다음의 관계식이 존재한다.

정리 1.4 (Gauss-Bonnet 정리) 방향을 줄 수 있는 닫힌 (Riemann) 곡면 M의 Gaussian 곡률을 K라 하면

$$\int_M K dA = 2\pi\chi(M)$$

이다. 여기서 $\chi(M)$은 곡면의 구멍(hole) 개수를 보여주는 Euler 표수(Euler characteristic)이다.

위 Gauss-Bonnet 정리는 구면이나 토러스를 부드럽게 휘어도 이들의 total 곡률, 즉 정리의 왼쪽 적분값은 항상 일정함을 보여주며, 이 값은 위상적 곡면

M의 불변량이다. 예를 들면 단위 구면 S^2에서는 Euler 표수(characteristic)는 2이고 곡률은 $K = 1$, 따라서 $\int_M K dA = 4\pi$는 S^2의 표면적이다.

물론 Gauss-Bonnet 정리는 기하학에서 울타리를 가지는 곡면이나 n차원 구 등의 고차원 다양체로 확장이 가능하다.

마지막으로 Gaussian 곡률과 Mean 곡률의 차이점을 예제를 통하여 살펴보자. 평면에서는 모두 0의 값을 가지는 것은 자명하다. 하지만 원통(cylinder)에서는 Gaussian 곡률은 0이지만 ($k_2 = 0$이므로) Mean 곡률은 0이 아니다.

지금까지 보인 바와 같이 위상수학의 관점에서는 도형이 연속적으로 변형될 때 이들을 모두 같은 도형으로 보았지만, 기하학의 관점에서는 도형에 거리 개념이 도입되고 따라서 그 도형의 휘는 정도나 또는 그 도형 내의 곡선이나 곡면의 휘는 정도에 따라 서로 다른 도형이 된다. 하지만 위의 Gauss-Bonnet 정리와 같이, 주어진 도형의 위상적 관점과 기하학의 관점을 연결시켜주는 많은 정리들이 알려져 있다.

1.6 연습문제[21]

(1) 닫힌 구간 $[0,1]$은 연결(connected)이고 긴밀(compact)하다. 하지만 열린 구간 $(0,1)$은 연결이지만 긴밀하지는 않다. 이를 이들의 정의에 의하여 증명하여라.[22]

(2) 1차원 구 S^1은 연결이고 또한 긴밀함을 이들의 정의만 이용하여 보여라.

(3) 주어진 함수 $f : [a,b] \to \mathbb{R}$에 대하여, f가 연속이 될 필요충분조건은 f의 그래프 $G(f) = \{(x, f(x)) \mid x \in [a,b]\}$가 긴밀(compact), 혹은 동치적으로 닫힌 집합(closed set)임을 증명하여라.

[21] 공부하는 시간을 혼자 책을 읽는 데만 쓰지 말라. 어느 수학자는 학습시간의 1/3은 책 읽기에, 다음 1/3은 다른 수학자와 토론에, 나머지 1/3은 혼자 생각하는 데 쓰라고 조언하였다. 연습문제를 생각하는 시간을 아까워 말고 다른 사람과 토론하기를 주저하지 말라.

[22] 쉬운 문제인가, 어려운 문제인가? 저자는 대학원 입학시험의 구술고사에서 이 문제를 즐겨 물어 보지만 예상 외로 많은 학생이 분명한 답을 하지 못해 항상 아쉬움을 가지고 있다.

(4) **(Pasting Lemma)** X와 Y를 위상공간이라 하고 X는 두 닫힌 부분집합 A와 B의 합(union), $X = A \cup B$라 하자. $f : A \to Y$와 $g : B \to Y$가 각각 연속이고 $x \in A \cap B$에 대하여 $f(x) = g(x)$이면

$$h(x) = \begin{cases} f(x), & x \in A \\ g(x), & x \in B \end{cases}$$

로 정의된 함수 $h : X \to Y$도 연속임을 증명하여라.

(5) 위상공간 X와 Y에 대해서 함수 $f : X \to Y$가 전단사일 때 X의 임의의 부분집합 A에 대하여 $f(\bar{A}) = \overline{f(A)}$이면 f가 위상동형함수임을 보여라. 여기서 기호 $\bar{A}$는 집합 A를 포함하는 최소의 닫힌 집합(closed set), 즉 집합 A의 폐포(closure, 閉包)를 뜻한다.

(6) 주어진 위상공간 X와 Y 사이의 위상동형함수를 찾아라.

(a) $X = \{\mathbf{x} \in \mathbb{R}^2 \mid 1 \le \|\mathbf{x}\| \le 2\}$,
$Y = S^1 \times I = \{\mathbf{x} \in \mathbb{R}^3 \mid x_1^2 + x_2^2 = 1, 0 \le x_3 \le 1\}$

(b) $X = \mathbb{R}$, $Y = \{x \in \mathbb{R}^1 \mid 0 < x < 1\}$

(c) $X = \mathbb{R}^2 \setminus \{0\}$, $Y = S^1 \times \mathbb{R}^1 = \{\mathbf{x} \in \mathbb{R}^3 \mid x_1^2 + x_2^2 = 1\}$

(d) $X = \mathbb{R}^2 \setminus \{\mathbf{x} \in \mathbb{R}^2 \mid \|\mathbf{x}\| \le 1\}$,
$Y = \mathbb{R}^2 \setminus \{x$ 축에서 임의의 닫힌 구간 $[a, b]\}$

(e) $X = \mathbb{R}^2 \setminus \{\mathbf{x} \in \mathbb{R}^2 \mid \|\mathbf{x}\| \le 1\}$, $Y = \mathbb{R}^2 \setminus \{$임의의 $+$자형(십자형)$\}$.

(7) 세 점으로 구성된 집합 $X = \{a, b, c\}$상에서 정의되는 모든 위상을 구성하여라. 이들 중 서로 다른, 즉 위상동형이 아닌 것은 얼마나 되는지 헤아려라.

(8) 위상공간 $(X, \mathcal{T})$에서, $\mathcal{B}$를 $\mathcal{T}$의 부분 집합족(subfamily)이라고 하자. 만약 $\mathcal{T}$에 속하는 모든 열린 집합이 $\mathcal{B}$에 속하는 집합의 합집합(union)으로 나타날 수 있을 때, $\mathcal{B}$를 위상공간 X의 **기저(basis)**라고 부른다.

이제 어떤 집합 X의 부분집합들의 집합족(family) $\mathcal{B}$가 다음을 만족한다고 하자.

(a) $\mathcal{B}$에 속하는 집합들의 합집합(union)은 X이다.

(b) 만약 B_1, B_2가 $\mathcal{B}$에 속하고 $B_1 \cap B_2 \neq \emptyset$이면, 임의의 $x \in B_1 \cap B_2$에 대하여 $x \in B_3 \subset B_1 \cap B_2$를 만족하는 B_3가 $\mathcal{B}$에 존재한다.

이 때, 주어진 집합족 $\mathcal{B}$는 X상에 정의된 어떤 위상공간의 기저(basis)가 됨을 증명하여라.

(9) 1차원 Euclid 공간 $\mathbb{R}^1$의 부분공간으로 $\mathbb{Q}$와 $\mathbb{Z}$를 각각 유리수(rational number) 집합과 정수(integer) 집합이라 하자.

(a) 연속함수 $f : \mathbb{R}^1 \to \mathbb{Q}$ 또는 $f : \mathbb{R}^1 \to \mathbb{Z}$는 어떤 모양인가?

(b) $\mathbb{Q}$와 $\mathbb{Z}$는 위상동형인가, 아닌가?

(10) Euclid 공간 $\mathbb{R}^n$의 부분공간

$$A = \{(x_1, x_2, \ldots, x_n) \in \mathbb{R}^n \mid x_1^2 + x_2^2 + \cdots + x_n^2 \leq 1\},$$

$$B = \{(x_1, x_2, \ldots, x_n) \in \mathbb{R}^n \mid -1 \leq x_i \leq 1, \quad 1 \leq i \leq n\}$$

는 위상동형이다. 이를 보여라.

(11) 토러스는 $S^1 \times S^1$, 또는

$$\{(x, y, z) \in \mathbb{R}^3 \ : \ [(x^2 + y^2)^{1/2} - 2]^2 + z^2 = 1\}$$

로 표기될 수 있음을 보여라.

(12) 긴밀(compact) 공간에서 Hausdorff 공간으로 가는 연속이고, 단사인 함수는 매장(embedding)임을 보여라.

(13) 연속이고 전단사인 함수이지만 위상동형함수가 되지 않는 예를 들어라.

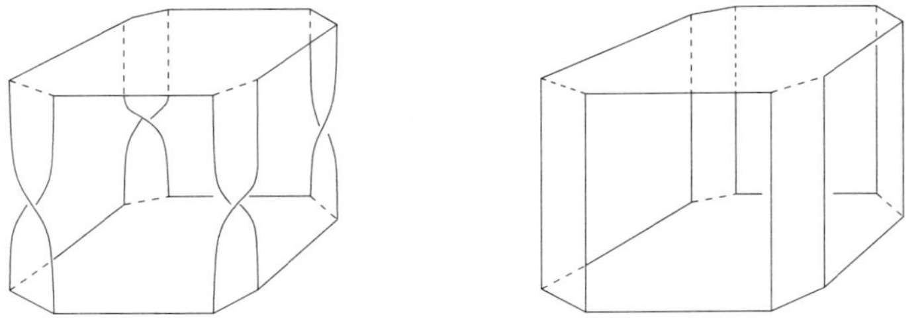

그림 1.26 두 탁자

(14) 그림 1.26의 두 탁자는 위상동형인가, 아닌가? 그 이유를 설명하여라.

(15) 연결(connected)이면서 국소 경로적 연결(locally pathwise connected)인 공간은 경로적 연결(pathwise connected)공간이 됨을 보여라. 그 역도 성립하는가?

(16) **(Lebesque Covering 보조정리)** 위상공간 X를 긴밀한 거리(compact, metrix) 공간이라 하고 이의 열린 덮개(open covering) $\{U_j : j \in J\}$가 주어졌다고 하자. 그러면 상수 $\delta > 0$ (이를, 덮개 $\{U_j\}$의 **Lebesque 수**라고 부름)가 존재하여 지름이 δ보다 작은 X의 각 부분집합은 적어도 한 개의 U_j에 포함된다. 이를 증명하여라. (Lebesque Covering 보조정리[23]가 중요하게 쓰이는 예를 한 가지 이상 들어라.)

[23]수학에서 위상공간의 성질이나 타 위상공간과의 관계는 때로는 함수에 의해서 표현된다. Lebesque Covering 보조정리는 주로 위상공간의 local한 성질이나 타 위상공간과의 local한 관계로부터 global한 성질을 유도하거나 타 위상공간과의 global한 관계를 유도할려고 할 때 쓰인다.

1차원 토폴로지와 그래프 2

2.1 쾨니히스베르크의 다리 이야기

토폴로지라는 기하학은 Henri Poincaré(1854-1912, 프랑스)가 그 기초를 마련하였다. Poincaré는 1895년에 123쪽이나 되는 논문 「Analysis situs」[1]를 발표하였는데, 오늘날 호몰로지(homology) 이론의 원형을 그 논문에서 발견할 수 있다. 그러나 토폴로지적인 발상이나 감각은 수학사를 더 거슬러 올라가야 한다. 일반적으로 Leonhard Euler(1707-1783, 스위스)[2]에 의하여 해결된 다음의 문제를 토폴로지의 근원으로 치고 있다.

쾨니히스베르크(Königsberg, 현재 러시아의 Kaliningrad)를 가로질러 흐르고 있는 프레겔 강에는 그림 2.1과 같은 모양으로 7개의 다리가 놓여 있었다. 이 다리를 꼭 한 번씩만 건너는 산책이 가능할까?

실제로, 그러한 산책길은 존재하지 않는다는 것을 Euler가 증명하였다. 여기에서 나타나는 수학은 도형을 취급하고 있지만 길이나 각도라는 성질과는 무관

[1] 이는 'Analysis of position'으로, 곧 위상에서 위치의 개념이다. 그 후, 'Geometry of position'의 용어도 쓰였지만, 1920년대에 'Topology'란 용어로 통일되었다.

[2] Euler는 스위스 바젤에서 태어나, 러시아의 상트페테르부르크(Saint Petersburg)에서 세상을 떠났다. 생애 530편의 책과 논문 업적을 남긴 천재 수학자이다. 그는 제타(zeta)함수를 처음 만들어 썼다. $\zeta(2) = 2\pi/6$임을 밝혀내고(1735년), 나아가 $\zeta(4) = 4\pi/90$, $\zeta(6) = 6\pi/945$ 등의 값을 구했고, 소수의 역수의 합이 발산한다는 결과도 알아냈다. 또한, Euler의 다면체 정리, 쾨니히스베르크(Königsberg)의 다리 문제, 즉 한붓그리기 문제 등의 업적으로 유명하다.

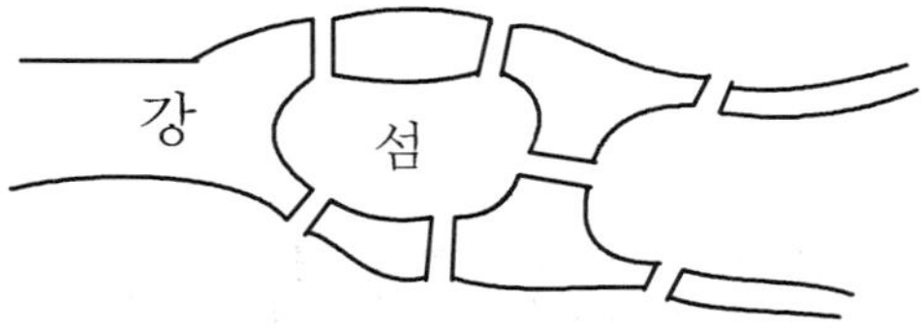

그림 2.1 프레겔(Pregel) 강

하다. 즉 여기에서는 다리의 길이나 섬의 크기라든지 다리와 다리가 이루는 각 따위는 모두 문제밖이고, 다만 다리, 섬, 강의 언덕이 어떻게 연결되어 있는지가 문제이다. 이것이 바로 우리들이 '유연하다'는 관점에서 보는 도형이다.

이 지도를 그림 2.2와 같이 간략하게 고쳐 보자. 즉, 강의 각 언덕과 각 섬을 한 점으로 나타내고, 다리를 이들 점을 잇는 선으로 나타내 보자.

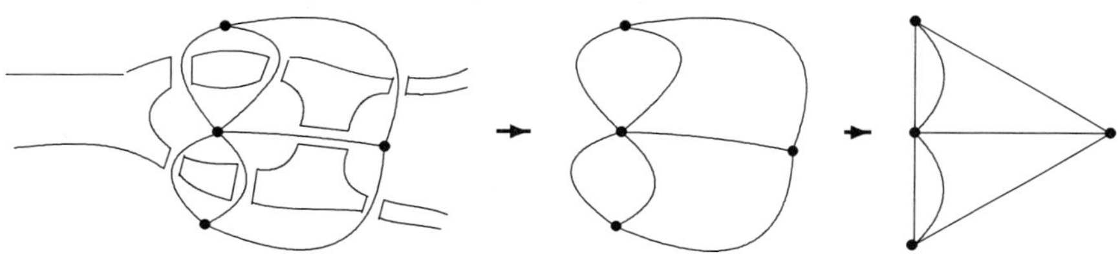

(a) (b) (c)

그림 2.2 프레겔 강의 그래프 표현

이제 산책길 문제는 그림 2.2(c)에서 모든 변을 꼭 한 번씩 통과하는 경로(산책길)가 있는가? 즉 그림 2.2(c)에서 **한붓그리기**가 가능한가라는 문제로 바뀐다.

이 문제를 일반화해 보기로 하자. 그림 2.2(c)와 같은 도형을 그래프라 한다. 좀 더 엄밀히 그래프를 정의하면 다음과 같다.

정의 2.1 유한개의 점을 유한개의 선으로 맺은 도형을 **그래프**(graph)라고 부른다. 다만 선의 가장자리는 점으로 되어 있다고 하자. 이들 점을 그래프의 **꼭짓점**(vertex), 선을 그래프의 **변**(edge) 혹은 **선분**이라고 부른다. 변은 직선이든 곡선이든 상관하지 않는다.

정의 2.1에서는 그래프가 다음과 같은 변을 가지는 것을 허용하고 있다(그림 2.3).

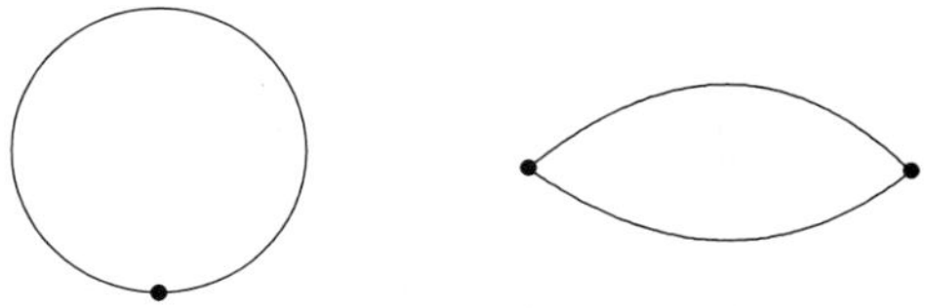

그림 2.3 루프(loop)와 다중변

(1) 루프: 한 꼭짓점에서 시작하여 자기자신에게 되돌아가는 변.

(2) 다중변(multiple edge, 多重邊): 두 개의 꼭짓점을 맺는 두 개 이상의 변.

예제 2.1 그림 2.4는 그래프의 예이다.

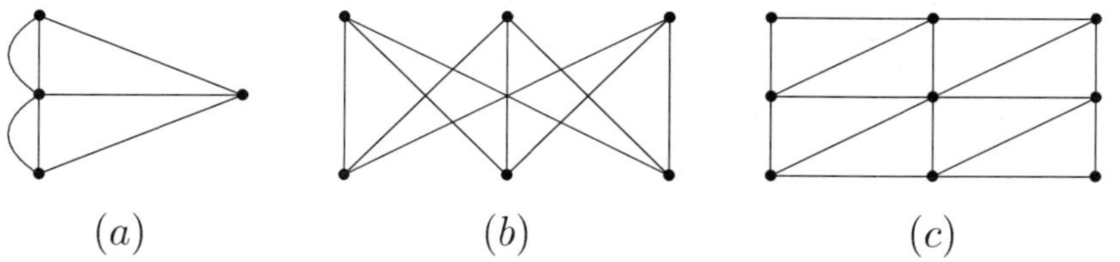

그림 2.4 그래프의 예

그래프의 종류는 여러 가지가 있으나, 그 중 특별한 몇 가지를 소개하겠다.

모든 꼭짓점들 사이를 중복연결 없이 한 개의 변으로 연결한 그래프를 **완전 그래프**(complete graph)라 부르며, 특히 꼭짓점의 수가 n인 완전그래프를 K_n으로 표기한다. 그림 2.5는 완전그래프의 예를 보여준다.

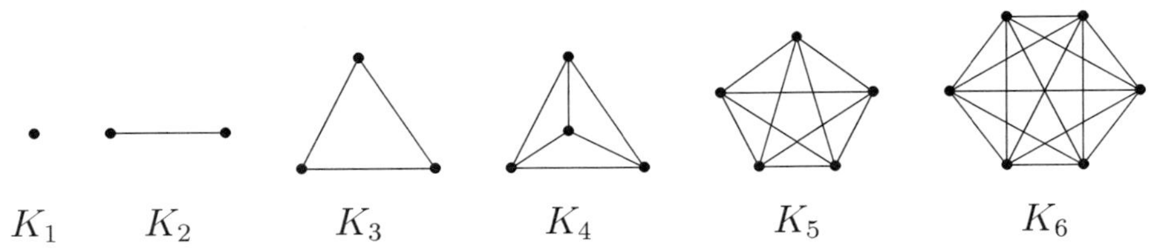

그림 2.5 완전그래프 K_n

꼭짓점의 집합이 두 개의 서로 만나지 않는 집합 U와 V로 분리되어서 U안의 원소들끼리는 변으로 연결되어 있지 않고, V안의 원소들끼리도 변으로 연결되어 있지 않으며 오직 변은 U의 한 점과 V의 한 점을 연결하는 경우에, 주어진 그래프를 **이분그래프**(bipartite graph)라 부른다. 이분그래프 가운데 U안의 각 꼭짓점이 V안의 모든 꼭짓점들과 변으로 연결되어 있는 그래프를 **완전이분그래프**(complete bipartite graph)라 부른다. U의 원소의 개수가 m이고 V의 원소의 개수가 n인 완전이분그래프를 $K_{m,n}$으로 표기한다. 그림 2.6은 이분그래프의 예를 보여준다.

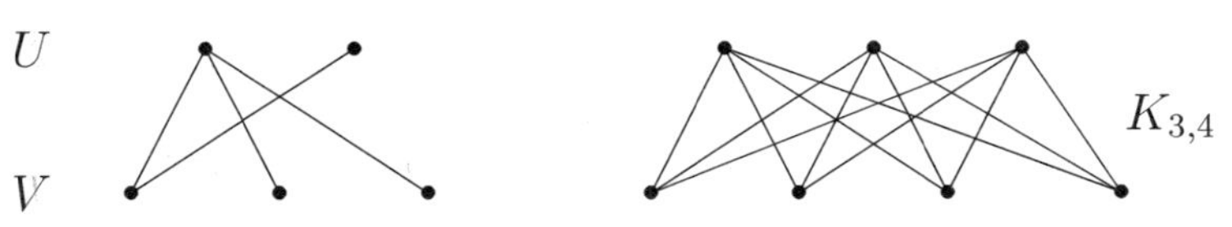

그림 2.6 이분그래프의 예

문제 2.1 완전그래프 K_n과 완전이분그래프 $K_{m,n}$에서 변의 개수를 구하여라(이와 같은 計數문제는 때로는 조합론에서 중요한 문제가 된다).

프레겔 강변의 산책길 문제는 그래프의 한붓그리기 문제로 일반화된다. 그래프의 한붓그리기 문제 해결을 위하여 다음의 용어를 도입하자.

정의 2.2 그래프의 꼭짓점에 모인 변의 수를 꼭짓점의 **차수**(degree 혹은 valency)라 부르고, 꼭짓점 x의 차수를 $\deg x$라고 쓴다. 단, 꼭짓점 x에 닫혀 있는 각 루프는 x의 차수를 2만큼 증가시킨다. $\deg x$가 짝수일 때는 **짝수꼭짓점**, $\deg x$가 홀수일 때는 **홀수꼭짓점**이라고 부른다.

예를 들면, 그림 2.3에서 각 꼭짓점의 차수는 2이고, 그림 2.6의 그래프 $K_{3,4}$에서 위쪽 세 꼭짓점은 짝수꼭짓점이고, 아래쪽 네 꼭짓점은 홀수꼭짓점이다.

정리 **2.1** 모든 그래프에서 꼭짓점의 차수의 합은 짝수이다.

증명: 그래프 G의 꼭짓점을 $x_1, x_2, \ldots, x_n$이라 하고 변의 개수를 e라 하자. 각 꼭짓점에서 차수를 헤아릴 때, 한 개의 변은 그 양끝의 꼭짓점에서 각각 한 번씩 헤아려지므로

$$\deg x_1 + \deg x_2 + \cdots + \deg x_n = 2e$$

가 되어 짝수이다. □

따름정리 **2.2** 모든 그래프에서 홀수꼭짓점의 개수는 짝수이다.

이제 한붓그리기 문제로 되돌아가 보자. 그래프 G의 꼭짓점이 한붓그리기 도중에 통과하는 꼭짓점이라면 거기에는 들어가는 변과 나가는 변이 반드시 있으므로 그 꼭짓점에 모이는 변의 수는 짝수이다. 따라서 그 꼭짓점은 짝수꼭짓점이 된다. 한편, 꼭짓점 x가 시작점 또는 끝점이라 하자. 시작점과 끝점이 일치하지 않으면 x에서는 나가는 변 또는 들어가는 변이 한 개 더 많으므로, x는 홀수꼭짓점이 되고, 시작점과 끝점이 일치하면 x는 짝수꼭짓점이 된다.

즉 그래프 G가 한붓그리기 가능이라면 G는 두 개의 홀수꼭짓점을 가지거나 또는 모든 꼭짓점이 짝수꼭짓점이라야 한다.

이것이 그래프가 한붓그리기가 가능하기 위한 필요조건이다. 이의 역이 성립할까? 이것은 애석하게도 성립하지 않는다. 예를 들면, 그림 2.7의 그래프는 짝수꼭짓점만 가지고 있으나 한 번에 그릴 수 없다.

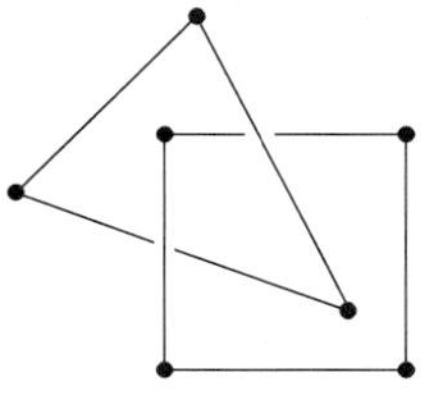

그림 2.7 연결이 아닌 그래프

프레겔 강변에서의 산책길과 같이 주어진 그래프에서 서로 이어져 있는 변들의 나열, 즉

$$x_1 e_1 x_2 e_2 x_3 \cdots x_{n-1} e_{n-1} x_n$$

(여기서 e_i는 꼭짓점 x_i와 x_{i+1}을 연결하는 변이다)을 꼭짓점 x_1과 x_n을 연결하는 **이음길**(walk) 혹은 단순히 **길**(walk)이라고 부른다.

정의 2.3 그래프 G의 임의의 두 꼭짓점 x, y에 대해서 x와 y 사이에 변의 이음길(walk)이 있을 때 G는 **연결**(connected, 連結)이라고 혹은 연결되어 있다고 말한다.

그림 2.7의 그래프는 연결이 아닌 예이다. 이제 연결인 그래프에 대하여 다음 정리가 성립한다.

정리 2.3 (Euler 정리) 연결인 그래프 G가 한붓그리기 가능하기(eulerian)[3] 위한 필요충분조건은 G의 홀수꼭짓점의 개수가 0 또는 2이다.

[3]한붓그리기 가능한 그래프를 eulerian 그래프라고 부른다.

증명: (1) G가 홀수꼭짓점을 가지지 않는 경우

G의 임의의 꼭짓점을 x라 하고 x에서 시작하여 G의 변을 임의로, 하지만 한 번 지나간 변은 다시 지나지 않고, 순차적으로 따라가 보자. 그러면 G의 모든 꼭짓점은 짝수꼭짓점이기 때문에 이 길이 x 이외의 꼭짓점에서 끝나지 않고 결국 x로 되돌아 오게 된다. 이 길 L이 G의 모든 변을 다 지난다면 이것이 구하려는 G의 한붓그리기이다. G의 모든 변을 다 지나지 않을 때는 이들 길 L을 G에서 제거하고 남은 그래프를 G_1이라 하자. 이 때 G_1의 각 꼭짓점의 차수는 짝수이고 또 G가 연결된 그래프이기 때문에 $L \cap G_1 \neq \emptyset$이다.

다음에 L과 G_1이 공유하는 꼭짓점 중 하나를 x_1이라 하고 x_1과 G_1에 대하여 앞의 경우와 똑같은 작업을 되풀이하고 x_1에서 시작하여 x_1에서 마치는 G_1에서의 길을 L_1이라 하자.

여기에서 L과 L_1으로부터 다음과 같이 새로운 길을 만든다. x에서 시작하여 L의 길을 따라 x_1에 도달하면 여기에서 L_1에 옮아가서 L_1의 길을 따라간다. L_1은 x_1에서 끝나므로 다시 L의 남은 길을 따라간다. 이 길을 $L + L_1$이라고 쓰기로 할 때 $L + L_1$이 G의 모든 변을 다 지나간다면 이것이 구하려는 한붓그리기이다.

$L + L_1$이 G의 변을 다 지나가지 못한다면 G에서 $L + L_1$의 길을 제거하고 남은 그래프를 G_2라 하고 G_2에 대하여 위와 같은 방법을 되풀이하자. 결국에는 G의 변을 남기지 않는 길 L_n을 구하게 되고, 이리하여 G의 한붓그리기

$$L + L_1 + L_2 + \cdots + L_n$$

을 얻는다.

(2) G가 두 개의 홀수꼭짓점을 가지는 경우

G의 두 개의 홀수꼭짓점을 x, y라 하고, x, y를 새로운 변 e로써 맺은 새

로운 그래프를 G'라 하자(그림 2.8 참조). G'는 홀수꼭짓점을 가지지 않으므로 (1)에 의하여 G'의 임의의 꼭짓점에서 임의의 변을 시작하여 자기에게 되돌아오는 한붓그리기가 존재한다. 이제 시작점을 x, 최초의 변을 e로 하는 한붓그리기를 L이라 하자. 그러면 L에서 e를 제거한 길은 G의 꼭짓점 y에서 시작하여 꼭짓점 x에서 끝나는 한붓그리기가 된다. □

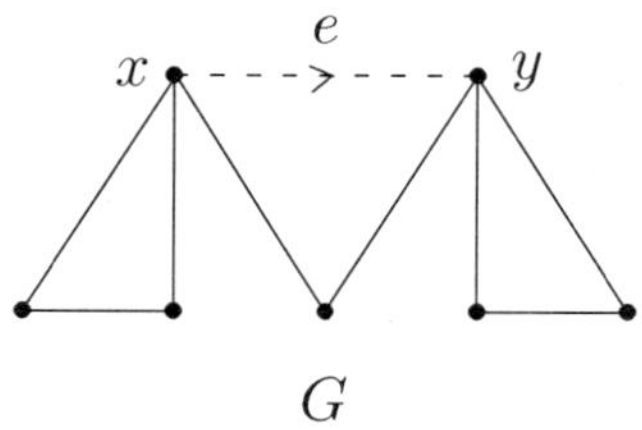

그림 2.8 그래프 $G' = G + e$

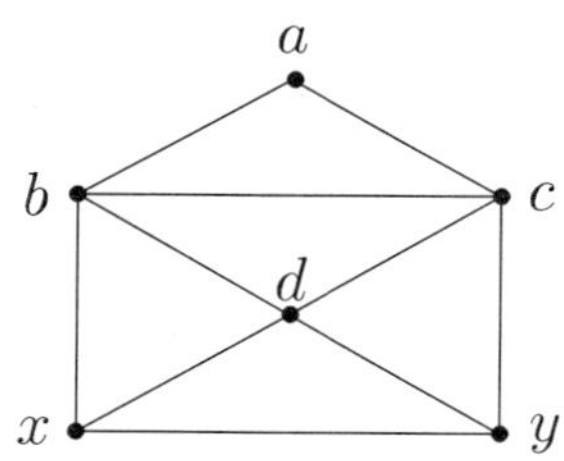

그림 2.9 두 개의 홀수꼭짓점을 가진 그래프

이제 정리 2.3에 의하여 쾨니히스베르크 다리 문제에서 7개의 다리를 단 한 번씩만 건너는 산책길은 존재하지 않는다는 사실을 알 수 있다. 이는 그림 2.2(c)의 그래프에서 홀수꼭짓점의 개수가 네 개이기 때문이다.

또한 정리 2.3의 증명은 한붓그리기 할 수 있는 그래프 G에 대해서 구체적으로 한붓그리기를 찾는 수순(手順)을 보여 주고 있다. 그림 2.9의 그래프에서 그 수순을 생각해 보자. G는 두 개의 홀수꼭짓점 x, y를 가지고 있으므로 먼저 x, y를 새로운 변 e으로 맺어 e를 최초의 변으로 취하자(그림 2.10). 이제 L을

$$x \xrightarrow{e} y \to x \to d \to b \to x$$

으로 하고 이를 G에서 제거하면 G_1은 그림 2.10과 같이 된다.

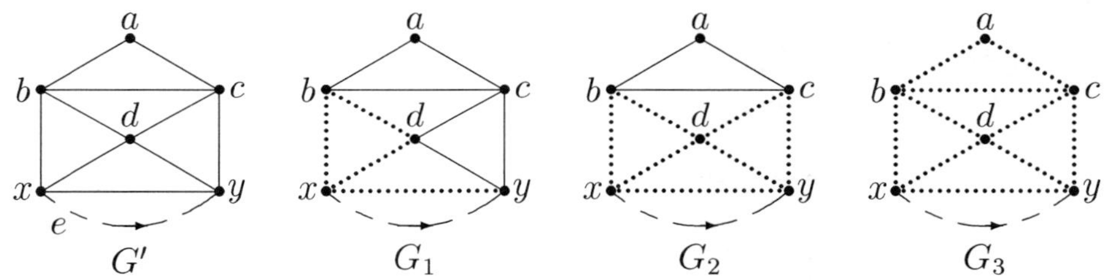

그림 2.10 한붓그리기의 수순

G_1의 꼭짓점 d를 잡고 L_1으로써

$$d \to c \to y \to d$$

를 취하자. $L + L_1$은

$$x \xrightarrow{e} y \to x \to \overbrace{d \to c \to y \to d}^{L_1} \to b \to x$$

으로 된다. G에서 $L + L_1$을 제거하여 남은 것을 G_2라 하고 이의 꼭짓점 c를 취하여 L_2를

$$c \to a \to b \to c$$

라 하자. 그러면 $L + L_1 + L_2$는

$$x \xrightarrow{e} y \to x \to \overbrace{d \to \underbrace{c \to a \to b \to c}_{L_2} \to y \to d}^{L_1+L_2} \to b \to x$$

이며, 이것은 G'의 모든 변을 꼭 한 번씩 통과하므로 G'의 한붓그리기인데, 이것으로부터 선두의 변 e를 제거하면 G의 한붓그리기를 얻을 수 있다.

문제 2.2 그림 2.11의 그래프는 한붓그리기가 가능한가? 가능한 그래프에 대해서는 그 수순을 찾아 보아라.

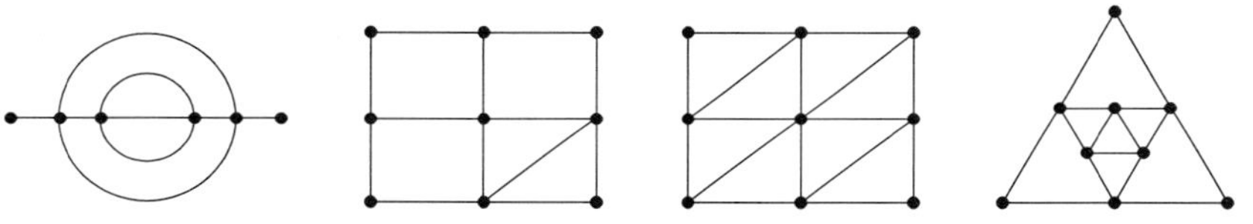

(1) (2) (3) (4)

그림 2.11 한붓그리기 찾기

2.2 Euler-Poincaré 정리(1)

루프와 다중변을 가지지 않는 그래프를 **단순그래프**라고 부른다. 앞으로는 특별한 언급이 없는 한 단순그래프만 생각하기로 하자.

정의 2.4 단순그래프에서 x, y 사이의 변을 xy라고 표기한다. 특히 변에서 양 끝점을 제거한 것을 **열린 변**(open edge)이라 부른다(그림 2.12).

이제 두 개의 그래프 대하여 '유연하다'라는 관점을 도입해 보자.

그림 2.12 열린 변과 변 xy

정의 2.5 두 그래프 G와 H를 생각해 보자. 그래프 G의 꼭짓점에 H의 꼭짓점을 대응시키는 함수 $f: G \to H$에 대하여, xy가 G의 변일 때 $f(x)f(y)$가 H의 꼭짓점이거나 변이 된다면, f를 **그래프 함수**(graph map)라고 부른다. 여기서 $f(x) \neq f(y)$이면 $f(x)f(y)$는 변이 되고, $f(x) = f(y)$이면 $f(x)f(y)$는 꼭짓점이 된다. 그래프 함수 $f: G \to H$가 전단사이고 이의 역함수 f^{-1}도 그래프 함수일 때 f를 **그래프 동형함수**(graph isomorphism)라 부르며, 이런 동형함수가 존재할 때, G와 H는 **동형**(isomorphic, 同型)이라 하고,

$$G \cong H$$

라고 표기한다.

예제 2.2 (*동형함수 구하기*) 그림 2.13에서 그래프 G와 H에 대하여 같은 번호를 붙인 곳으로 꼭짓점을 대응시키면 동형이라는 것을 알 수 있다. 그림 2.14에서 G와 H도 동형이다.

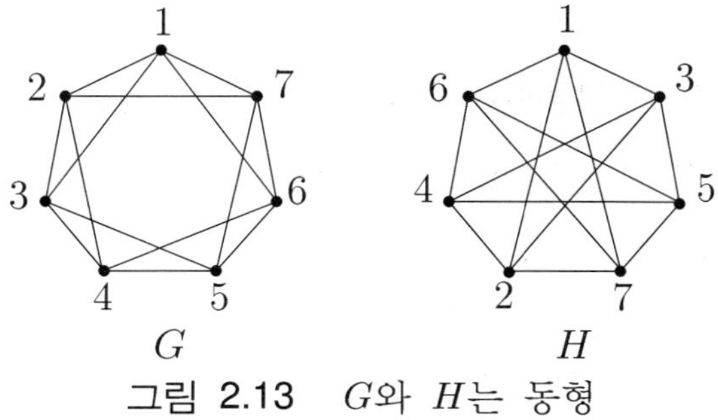

그림 2.13 G와 H는 동형

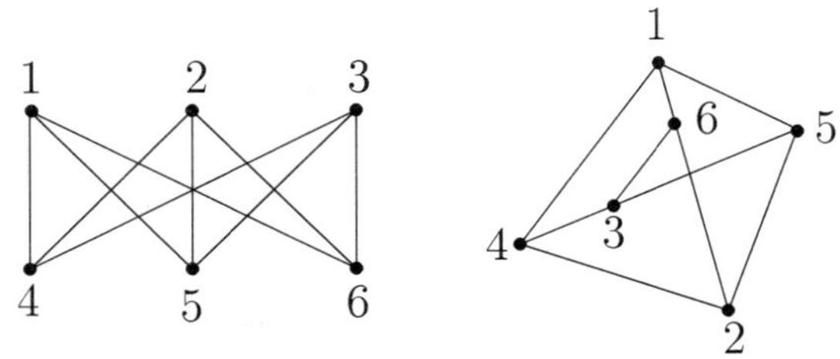

그림 2.14 G와 H는 동형

문제 2.3 그림 2.15의 그래프 가운데 어느 것이 동형인가? 구체적으로 동형함수를 구성해 보아라.

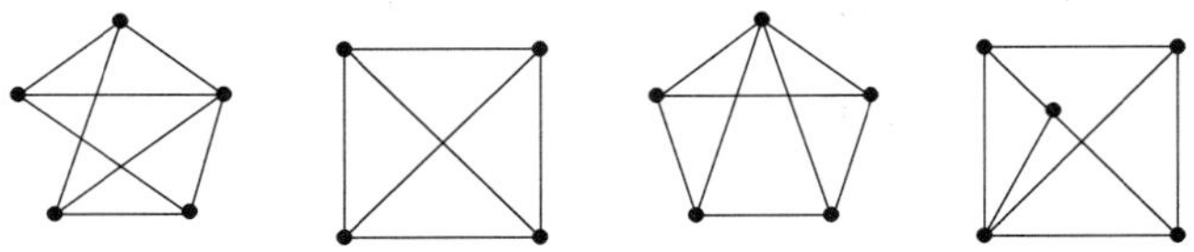

그림 2.15 동형인 그래프 찾기

이제부터 동형인 그래프는 모두 같은 것으로 취급하기로 하자.

정의 2.6 그래프에서 변의 나열(sequence)

$$x_0x_1,\ x_1x_2,\ x_2x_3,\ \ldots,\ x_{n-1}x_n$$

을 꼭짓점 x_0, x_n을 잇는 **이음길**(walk) 혹은 단순히 **길**(walk)이라고 부른다.[4] 이때, $x_0 = x_n$이고 나머지 x_i가 전부 다른 꼭짓점일 때 이 길을 **순환길**(cycle)이라고 정의한다. 또 그래프 G가

$$G = G_1 \cup G_2 \cup \cdots \cup G_s$$

[4] 길의 정의는 42쪽에서 여기와 다른 표현의 정의가 있었다. 앞으로 필요에 따라 편리한 쪽을 택한다.

으로 나뉘어 각 G_i가 연결이고 또 G_i와 G_j가 만나지 않을 때, 말하자면

$$G_i \cap G_j = \emptyset \quad (i \neq j)$$

일 때, G는 s개의 연결성분을 가진다고 하고, 각 G_i를 **연결성분**(connected component, 連結成分)이라고 부른다.

정의 2.7 (1) 그래프 G의 연결성분의 개수를 G의 0**차원 베티수**(betti number)라 부르고, $\beta_0(G)$라고 쓴다.

(2) 연결그래프 G에 대하여, 연결성을 상실하지 않고 제거할 수 있는 열린 변의 최대수를 G의 **절단수**(cutting number, 切斷數)라고 한다. 때로는, 이를 G의 **1차원 베티수**[5]라고 부르고, $\beta_1(G)$라고 쓴다.

(3) 그래프가 연결이 아닌 경우도 1차원 베티수를 다음과 같은 방법으로 정의한다. (연결이거나 혹은 연결이 아닌) 그래프 G에 대해서 연결성분의 수를 증가시키지 않고 제거할 수 있는 열린 변의 최대수를 G의 **1차원 베티수**라고 하고, $\beta_1(G)$라고 쓴다.

1차원 베티수 $\beta_1(G)$는 G의 고도의 연결성을 헤아린다. 말하자면 선분과 3각형 K_3는 그 연결의 정도가 다르다고 할 수 있다.

예제 **2.3** 그림 2.16은 그래프의 1차원 베티수를 계산한 것이다.

문제 2.4 임의의 정수 $n \geq 0$에 대해서 $\beta_1(G) = n$인 그래프 G를 구성해 보아라.

---

[5]흔히 그래프 G의 1차원 베티수를 단순히 그래프의 베티수라고 부르고 $\beta(G)$라고 쓴다.

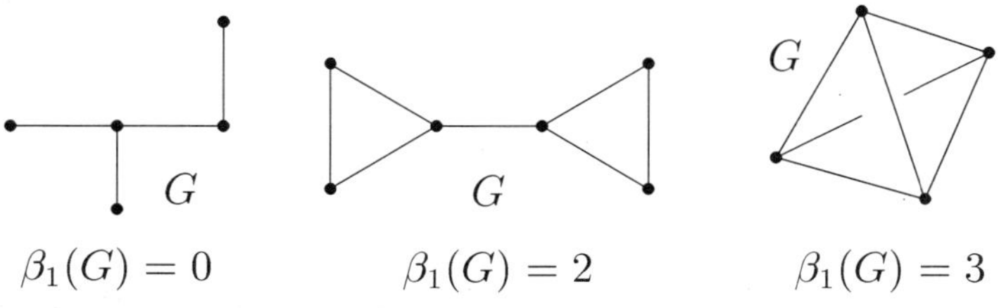

그림 2.16 1차원 베티수 $\beta_1(G)$

정의 2.8 그래프 G에 대하여

$$\chi(G) = \beta_0(G) - \beta_1(G)$$

를 G의 **Euler 표수**(characteristic, 標數)라고 부른다.

베티수 $\beta_0(G)$, $\beta_1(G)$의 정의로부터 다음 정리는 자명하다.[6]

정리 2.4 $G \cong H$이면 $\chi(G) = \chi(H)$이다.

따라서 두 개의 그래프 G, H에 대하여 $\chi(G) \neq \chi(H)$이면 G와 H는 동형이 아니다.

예제 2.4 그림 2.17에서 $\chi(G)$를 계산해 보자.

문제 2.5 그림 2.18에 주어진 그래프 G의 Euler 표수를 계산해 보아라.

다음의 정리는 Euler 표수의 간단한 계산법을 보여 준다.

[6] 自明하다: 추가 증명이나 설명의 필요 없이 명백하다는 뜻이다. 본 교재에서는 trivial group도 자명한 군이라고 표현한다.

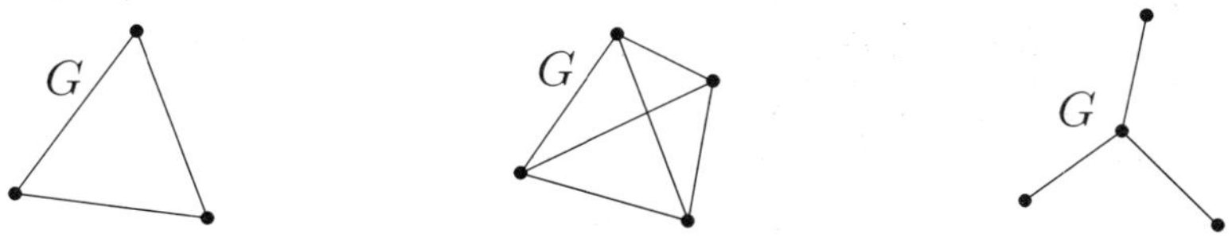

$\beta_0(G) = 1,\ \beta_1(G) = 1$ $\quad$ $\chi(G) = 1 - 1 = 0$

$\beta_0(G) = 1,\ \beta_1(G) = 3$ $\quad$ $\chi(G) = 1 - 3 = -2$

$\beta_0(G) = 1,\ \beta_1(G) = 0$ $\quad$ $\chi(G) = 1$

그림 2.17 Euler 표수 $\chi(G)$

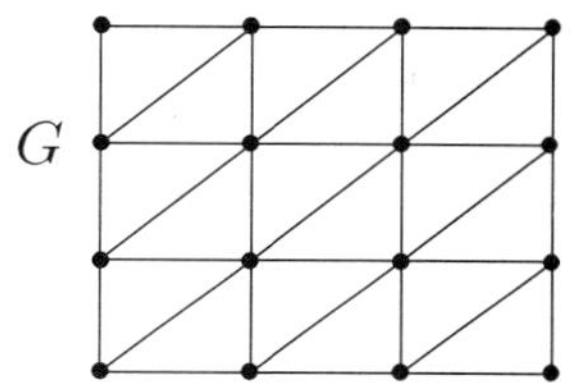

그림 2.18 $\chi(G) =?$

정리 2.5 Euler-Poincaré 정리(1) 그래프 G의 꼭짓점의 수를 v, 변의 개수를 e라고 할 때 다음 식이 성립한다.

$$\chi(G) = \beta_0(G) - \beta_1(G) = v - e.$$

우선 예제 2.4에 주어진 그래프에 대하여 정리 2.5가 성립한다는 것을 확인해 보아라. Euler-Poincaré 정리(1)의 증명을 특수한 그래프에 대하여 먼저 생각해 보자.

정의 2.9 연결인 그래프 G에 대하여

$$\beta_1(G) = 0$$

일 때, G를 **나무**(tree)라고 한다. 즉 나무는 순환길(cycle)이 존재하지 않는 연결된 그래프이다. 또 각 연결성분이 나무가 되는 그래프를 **숲**(forest)이라고 부른

꼭짓점의 개수	1	2	3	4	5	6	7	8	⋯
나무들의 개수	1	1	1	2	3	6	11	23	⋯

표 2.1 나무의 개수

다.

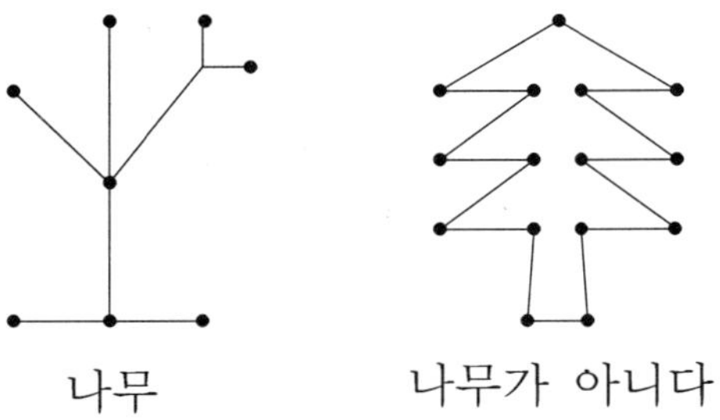

그림 2.19 나무의 예

문제 2.6 표 2.1은 각 꼭짓점의 개수에 대하여 동형이 아닌 나무들의 개수이다(이는 흥미로운 計數 문제이다). 이 나무들을 그려 보아라.

나무에 대해서 다음 정리가 성립한다.

정리 2.6 나무 G의 꼭짓점의 개수를 v, 변의 개수를 e라 하면

$$v - e = 1.$$

따라서 나무 G에 대해서 Euler-Poincaré 정리(1)이 성립한다.

증명: 그래프 G의 변의 개수 e에 대하여 귀납법으로 증명해 보자.

(1) $e = 0$일 때, G는 한 개의 꼭짓점일 수밖에 없고, 따라서 $v - e = 1$이다.

(2) $e = k-1$인 모든 나무에 대하여 정리가 성립한다고 가정하고, 나무 G에서 $e = k$일 때; 먼저 G는 적어도 한 개의 $\deg x = 1$인 꼭짓점 x를 가짐을 증명해 보자. 만약 나무 G의 모든 꼭짓점의 차수가 2 이상이라고 가정하면, 2.1절의 Euler 정리의 증명과 마찬가지로 G의 어떤 꼭짓점으로부터 시작해서 거기에 되돌아오는 순환길 C가 존재한다. 이 때 C의 한 개의 열린 변을 G에서 제거해도 G는 연결되어 있으므로, 이것은 G가 나무라는 것, 즉 $\beta_1(G) = 0$이라는 데 모순이다. 따라서 G는 적어도 한 개의 $\deg x = 1$인 꼭짓점 x를 가진다.

G에서 x와 x를 끝점으로 하는 열린 변을 제거한 그래프를 G'라고 하면 $\beta_1(G')$가 $\beta_1(G)$보다 크게 되는 일이 없으므로

$$\beta_1(G') = 0$$

이다. 그러므로 G'는 변의 개수가 $k-1$인 나무가 된다. 따라서 귀납법의 가정에 의하여 G'의 꼭짓점의 개수를 v', 변의 개수를 e'라고 하면

$$v' - e' = 1.$$

한편 G'의 구성에서

$$v = v' + 1, \quad e = e' + 1$$

이므로

$$v - e = (v'+1) - (e'+1) = v' - e' = 1$$

이다. □

따름정리 **2.7** 그래프 G가 숲일 때, G의 꼭짓점의 개수를 v, G의 변의 개수를

e라고 하면

$$\beta_0(G) = v - e, \quad \beta_1(G) = 0.$$

따라서 숲 G에 대해서, $\chi(G) = v - e = \beta_0(G) - \beta_1(G)$, 즉 Euler-Poincaré 정리(1)이 성립한다.

이제 임의의 그래프에 대하여 Euler-Poincaré 정리(1)을 증명해 보자.

Euler-Poincaré 정리(1)의 증명: 그래프 G에 대하여 $\beta_0(G) = r$, $\beta_1(G) = s$라 하자. 그리고 G의 꼭짓점의 개수를 v, 변의 개수를 e이라 하자. G에서 적당한 s개의 열린 변을 제거하면(이때, 양끝의 꼭짓점은 남겨 둔다.) G는 숲 G'가 되고 $\beta_0(G') = r$이 된다. 또 G'의 꼭짓점의 개수는 v, 변의 개수는 $e - s$이므로 따름정리 2.7에 의하여 $v - (e - s) = \beta_0(G') = r$, 즉,

$$v - e = r - s = \beta_0(G) - \beta_1(G)$$

이다. □

이제 그래프의 Euler 표수를 계산하기 위해서는 G의 꼭짓점과 변의 개수를 헤아리면 충분하다.

예제 **2.5** (*Euler 표수 구하기*) Euler-Poincaré 정리(1)을 이용하여 그림 2.20의 그래프에 대한 Euler 표수를 쉽게 계산할 수 있다.

예제 **2.6** (*Euler 표수는 같지만 동형이 아닌 예*) 그림 2.21의 예로부터 $\chi(G)$가 같다 해도 동형이 아닌 여러 가지 그래프가 있음을 알 수 있다.

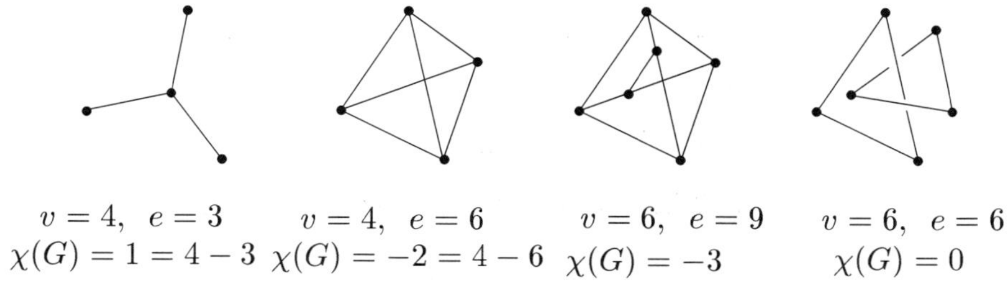

그림 2.20 Euler 표수 $\chi(G)$의 계산

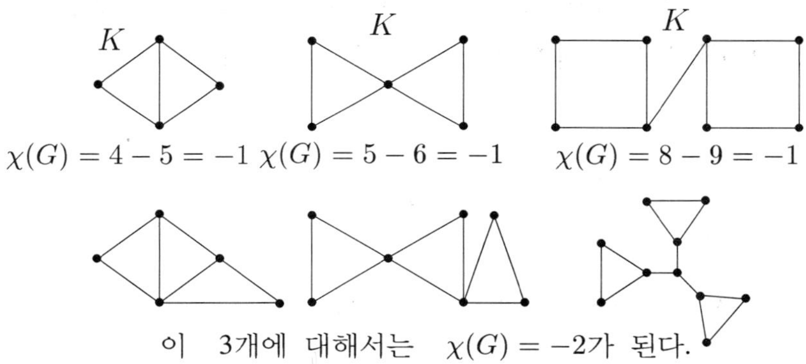

그림 2.21 $\chi(G)$가 같으나 비동형인 그래프

문제 2.7 임의의 정수 n에 대하여 $\chi(G)=n$인 그래프를 구성해 보아라.

두 개의 그래프 G, H에 대하여

$$G \cong H \text{ 이면 } \chi(G)=\chi(H)$$

이지만, 역은 성립하지 않음을 보았다. 하지만 그림 2.22에서의 그래프들은 유연하다는 관점에서는 같다고 할 수 있다. 이러한 개념을 도입하기 위하여 그래프 동형이라는 개념을 확장해 보자.

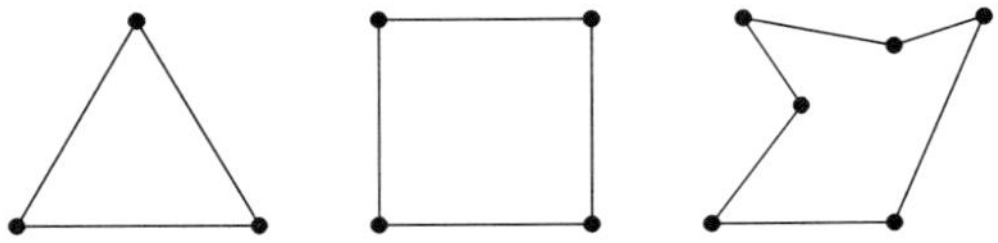

그림 2.22 비동형이지만 유사한 그래프

정의 2.10 (1) 변 xy 위에 꼭짓점 z를 취하여, 변 xy를 xz와 zy로 분할하는 것을 변 xy를 **세분**(subdivision, 細分)한다고 말한다.

(2) 그래프 G의 변들의 전부 혹은 일부를 반복적으로 세분하여 얻을 수 있는 각각의 그래프를 G의 **세분**이라 하고 G'라고 쓴다.[7]

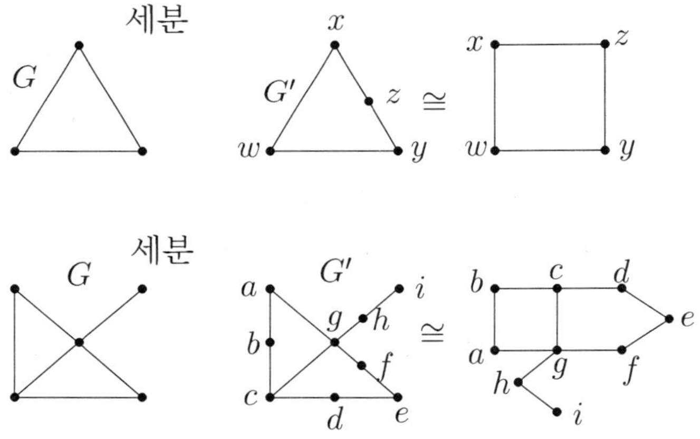

그림 2.23 그래프의 세분

정의 2.11 그래프 G와 H에 대하여, G의 세분 G'과 H의 세분 H'를 적당히 선택하여 $G' \cong H'$이 되도록 할 수 있을 때, G와 H를 **조합적 동형**(combinatorially equivalent, 組合的 同型)이라고 부르고,

$$G \approx H$$

[7]정의에 의하여 그래프 G의 세분 G'은 무한히 많이 있다.

로 표기한다.

조합적 동형이라는 관점에서 삼각형의 둘레와 사각형의 둘레는 같은 것이며, 이것도 그래프라는 도형에서 '유연하다는 관점'이다. 여기에서 조합적 동형인 그래프는 같은 Euler 표수를 가짐을 밝혀보자.

정리 **2.8** 그래프 G, H에 대하여

$$G \approx H\text{이면 } \chi(G) = \chi(H)\text{이다.}$$

증명: 그래프 G'이 G의 한 개의 변을 1회 세분하여 얻은 그래프일 때

$$\chi(G') = \chi(G)$$

를 밝히면 충분하다. 주어진 그래프 G의 꼭짓점, 변의 개수를 각각 v, e라고 하면 G'의 꼭짓점, 변의 개수는 $v+1$, $e+1$이다. 따라서 다음을 얻는다.

$$\chi(G') = (v+1) - (e+1) = v - e = \chi(G).$$

□

2.3 평면 그래프와 Euler-Poincaré 정리

지금까지는 그래프가 어떤 Euclid 공간 안에 들어갈 수 있는가에는 관심을 두지 않고 그래프 자체의 성질만 취급해 왔다. 이 절에서는 Euclid 공간 안에서 그래프의 위치 관계에 주안점을 두고자 한다.

그래프의 표현에는 평면에 변이 교차하도록 그린 것도 있고 때로는 3차원 공간에 그려서 그 교차점을 없애기도 한다. 그래프를 평면에 변이 교차하도록 그린 것 가운데 잘 변형하여 변의 교차함이 없도록 평면에 다시 그릴 수 있는 것은 없을까? 또는 3차원 공간에 그린 것 가운데 잘 변형하여 평면 위에 변의 교차없이 그릴 수는 없을까라는 문제를 생각해 보자.

실제로 변을 교차하지 않고는 평면에 그릴 수 없는 그래프들이 있다. 이 절에서는 어떤 그래프가 평면 위에 변의 교차없이 그릴 수 있는가(즉, 매장될 수 있는가)를 조사하고, 평면에 매장된 그래프에 대하여 Euler-Poincaré 정리를 소개하고자 한다.

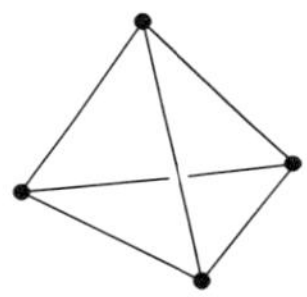

$\mathbb{R}^3$에서 표현

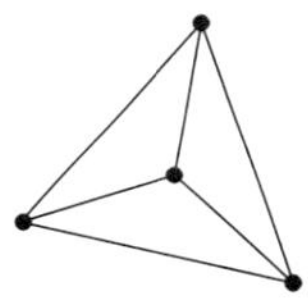

$\mathbb{R}^2$에서 표현

그림 2.24 Euclid 공간에서 K_4의 표현

정의 2.12 그래프 G가 Euclid 공간 $\mathbb{R}^n$에 매장되지만 $\mathbb{R}^{n-1}$에는 매장되지 않을 때, G의 **매장차원**(embedding dimension, 埋藏次元)을 n이라 하고,

$$\mathrm{Embdim}(G) = n$$

으로 표기한다.

예제 **2.7** 다음은 그래프들의 매장차원을 구한 것이다(차후에 증명한다).

Embdim () $= 2$, Embdim () $= 1$,

Embdim () $= 2$, Embdim () $= 3$.

앞으로 모든 그래프 G는 $\beta_0(G) = 1$, 즉 연결인 것만 생각하기로 하자. 먼저

$$\mathrm{Embdim}(G) \leq 2$$

일 조건을 구해 보자. $\mathrm{Embdim}(G) \leq 2$인 그래프 G를 $\mathbb{R}^2$ 위에 매장하면 $\mathbb{R}^2$는 몇 개의 영역으로 분할된다(이 사실의 정확한 이유는 2.5절에서 밝혀지겠지만 여기에서는 직관적으로 명백한 것으로 가정함). 이와 같이 분할된 영역은 바깥에 무한히 펼쳐진 무한영역과 몇 개의 닫혀진 유한영역으로 이루어진다. 모든 영역의 개수를 f라고 하자(그림 2.25). 이 때 G의 꼭짓점의 개수를 v, 변의 개수를 e라고 하면 다음 정리가 성립한다.

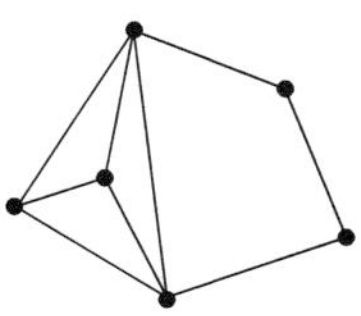

그림 2.25 영역의 개수가 $f = 5$인 매장

보조정리 2.9 연결인 그래프 G가 $\mathbb{R}^2$에 매장되어 있을 때 영역의 개수가 f이면, G의 절단수(cutting number)는

$$\beta_1(G) = f - 1$$

이다.

증명: 그래프 G의 매장그래프를 H라 할 때 $\beta_1(G) = \beta_1(H)$이므로 $\beta_1(H)+1 = f$를 밝히면 충분하다. $\beta_1(H)$의 정의에 따라 매장그래프 H에서 적당한 $\beta_1(H)$의 열린 변을 제거하면 나무 T의 매장을 얻게 되고 이 때 영역의 개수는 1이다. 이제 제거한 열린 변을 하나씩 붙여가면 영역의 개수는 하나씩 증가한다. 따라서 정리가 증명된다. □

연결인 그래프 G(즉 $\beta_0(G) = 1$)에서는 Euler-Poincaré 정리(1)에 의하여 항상

$$\chi(G) = 1 - \beta_1(G)$$

이지만, 보조정리 2.9로부터

$$\mathrm{Embdim}(G) \leq 2$$

일 때 매장된 H가 정하는 영역의 개수를 f라 하면

$$\chi(G) = \beta_0(G) - \beta_1(G) = 1 - (f-1) = 2 - f$$

가 된다. 따라서

$$\chi(G) + f = 2.$$

즉 다음 두 정리가 성립한다.

따름정리 2.10 연결인 그래프 G에 대하여 만약

$$\mathrm{Embdim}(G) \leq 2$$

이면, G가 정하는 영역의 개수는 G에서 $\mathbb{R}^2$로의 매장 방법에 상관없이 일정하다.

정리 2.11 (Euler-Poincaré 정리(2)) 연결인 그래프 G에서 꼭짓점의 개수를 v, 변의 개수를 e라 하자. 그래프 G가 $\mathbb{R}^2$로 매장될 때 $\mathbb{R}^2$를 분할하는 영역의 개수를 f라고 하면

$$v - e + f = 2$$

이다. 이를 **Euler 공식**이라 부른다.

예제 2.8 ($\mathbb{R}^2$로 *매장된 그래프에서 영역의 크기 구하기*) 그림 2.26의 매장은 세 개의 영역, 즉 삼각형, 사각형, 구각형(바깥의 무한영역)을 가진다. 이 구각형에서 서로 다른 변은 7개이다.

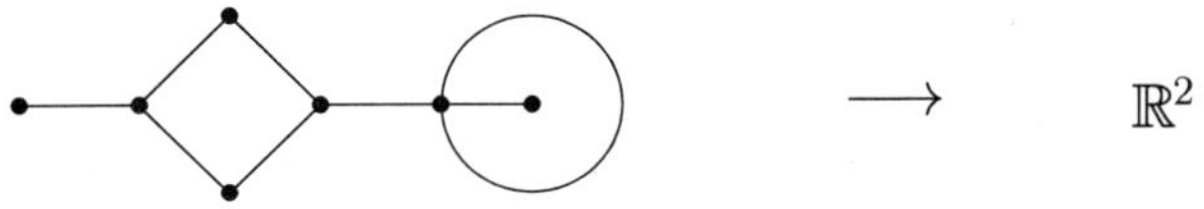

그림 2.26 $\mathbb{R}^2$로의 매장

문제 2.8 [일반화된 Euler 공식] 반드시 연결일 필요가 없는 그래프에 대해서도 $\text{Embdim}(G) \leq 2$이면 Euler 공식 $v - e + f = 1 + \beta_0(G)$가 성립함을 증명하여라. (힌트: $\beta_0(G) = t,\ G = G_1 \cup G_2 \cup \cdots \cup G_t$라 할 때 $G_1, G_2, \ldots, G_t$를 $\mathbb{R}^2$ 안에서 변으로써 맺은 그래프를 생각해 보아라.)

문제 2.9 Euler-Poincaré 정리(2)를 그래프의 1차원 베티수 $\beta_1(G)$에 대한 귀납법을 이용하여 증명하여 보아라.

Euler 공식의 응용으로 정다면체는 다섯 종류밖에 없다는 것을 보일 수 있다.

정리 **2.12** 정다면체는, 정4면체(Tetrahedron), 정6면체(Cube), 정8면체 (Octahedron), 정12면체(Dodecahedron), 정20면체(Icosahedron)의 다섯 종류밖에 없다.

이는 철학자 Plato가 기원전 4세기에 밝혔다. 따라서 이들을 종종 'Plato 정다면체'라고 부른다[8]

증명: 정다면체에서 한 개의 영역을 제거하고 그곳을 펼침으로써 정다면체를 평면상에 매장할 수 있다(그림 2.27).

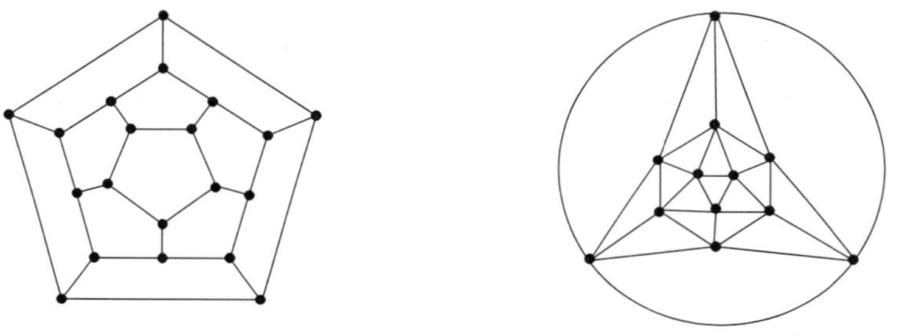

그림 2.27 정12면체와 정20면체의 펼친 그림

이 때, 제거된 영역은 무한영역으로 나타나며, 평면으로 매장된 그래프를 얻게 된다. 이 그래프의 꼭짓점의 개수를 v, 변의 개수를 e, 분할된 영역의 개수를 f라 하면 Euler 공식으로부터

$$v - e + f = 2.$$

[8]곡면 S^2와 위상동형인 정다면체는 정4면체(Tetrahedron), 정6면체(Cube), 정8면체(Octahedron), 정12면체(Dodecahedron), 정20면체(Icosahedron)의 다섯 종류밖에 없다. 이 다섯 가지의 정다면체는 그리스의 철학자 Plato(기원전 427-347)에 의하여 밝혀졌다. Plato는 이 다섯 가지 정다면체를 정4면체⟷불(fire), 정6면체⟷지구(earth), 정8면체⟷공기(air), 정12면체(Dodecahedron)⟷우주 천체를 형성하는 원소 에테르(aether), 정20면체⟷물(water)로 대응하여 설명하였으니 흥미로운 일이다. 이런 이유에서 상기의 다섯 종류의 정다면체를 오늘날 Platonic solid(고체)라 부르기도 한다.

한편, 한 개의 변은 두 개 영역의 울타리이고, 또 한 개의 변은 두 개의 꼭짓점을 가지므로 이 정다면체의 각 면이 정n각형이고 각 꼭짓점의 차수가 m이라고 하면($\deg x = m$)

$$nf = 2e, \quad mv = 2e$$

이다. 따라서

$$v - e + f = \frac{2e}{m} - e + \frac{2e}{n} = 2$$

이고, 이를 정리하면

$$e(2n - mn + 2m) = 2mn > 0$$

를 얻는다. 즉

$$2n - mn + 2m > 0$$

인데, 이 식을 변형하면

$$(m-2)(n-2) < 4$$

이다. 이것을 성립시키는 양의 정수 m, n을 모두 구해보자. $n \geq 3$이므로

$$\begin{aligned} n = 3\text{일 때는} \quad & m = 3, 4, 5, \\ n = 4\text{일 때는} \quad & m = 3, \\ n = 5\text{일 때는} \quad & m = 3, \\ n \geq 6\text{일 때는 해가 없다.} & \end{aligned}$$

따라서 정다면체로 될 수 있는 n, m의 쌍 (n, m)은

$$(3,3), \ (3,4), \ (3,5), \ (4,3), \ (5,3)$$

밖에 없는데, 이들은 실제로 정다면체를 구성한다. 즉 $(3,3)$은 정4면체, $(3,4)$는 정8면체, $(3,5)$는 정20면체, $(4,3)$은 정6면체, $(5,3)$은 정12면체이다(그림 2.28 참조). □

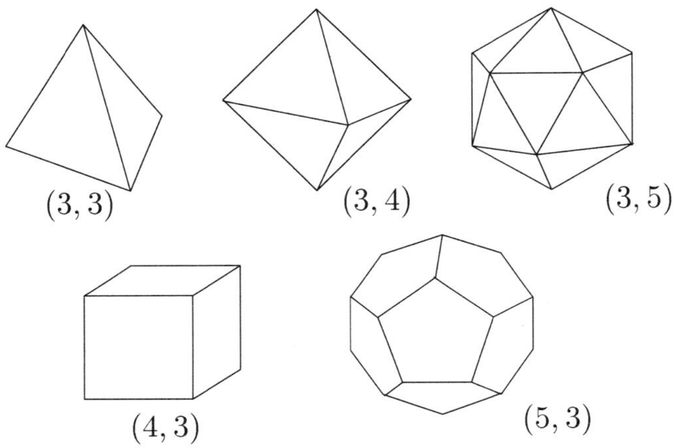

그림 2.28 다섯 개의 정다면체

도전문제 2.1 축구공은 정5각형과 정6각형의 면을 규칙적으로 붙여서 구면을 만든 모양이다. 실은 정20면체를 좀 더 구면에 가깝도록 하기 위하여, 12개의 꼭짓점 근방의 모서리를 평면이 되도록 잘라내면 정5각형을 얻게 되고, 정20면체의 20개 면은 정6각형으로 변형되어 축구공을 얻게 된다. 이 때, 하나의 정5각형 주위에는 다섯 개의 정6각형이 둘러싸고, 하나의 정6각형 주위에는 세 개의 5각형과 세 개의 6각형이 둘러싸고 있다. 이런 의미에서 축구공을 유사 정다면체로 부를 수 있다. 축구공이 아닌 정m각형과 정n각형으로 된 유사 정다면체를 구성하여 보아라.

2.4 평면에 매장 가능한 그래프

다시

$$\text{Embdim}(G) \leq 2 \text{ 이고 } e \geq 3$$

인 그래프 G를 생각해 보자. 그래프 G를 $\mathbb{R}^2$에 매장했을 때 각 영역의 울타리를 만드는 변의 개수는 3 이상이다. 그리고 각 변은 많아야 두 개의 영역의 울타리이므로

$$3f \leq 2e, \quad \text{즉} \quad f \leq \frac{2}{3}e$$

이다.

문제 2.10 등식 $3f = 2e$가 성립되는 것은 어떤 경우인가? 예를 보여라.

여기에, Euler 공식 $v - e + f = 2$를 쓰면

$$v - e + \frac{2}{3}e \geq 2$$

이다. 이제 분모를 없애고 정리하면

$$e \leq 3v - 6$$

을 얻는다.

이상을 요약하면 다음 정리를 얻을 수 있다.

정리 2.13 그래프 G가 연결이고 $\text{Embdim}(G) \leq 2$라 하자. 그래프 G가 $\mathbb{R}^2$로 매장될 때 꼭짓점, 변 그리고 $\mathbb{R}^2$를 분할하는 영역의 개수를 각각 v, e, f라 하면 항상 부등식

$$\frac{3}{2}f \leq e \leq 3v - 6$$

이 성립한다.

이는 그래프가 평면에 매장되기 위해서는 변의 개수가 꼭짓점의 개수와 비교하여 적절히 적어야 함을 보여준다. 또한 그래프가 평면 혹은 구면에 매장되기 위해서는 매장에서 만들어지는 면의 개수도 주어진 그래프의 꼭짓점의 개수, 혹은 변의 개수와 비교하여 적절히 적어야 함을 보여준다.

예제 2.9 (*평면 $\mathbb{R}^2$에 매장되지 않는 그래프*) 그림 2.29의 완전그래프 K_5는 평면 $\mathbb{R}^2$에 매장되지 않는다.

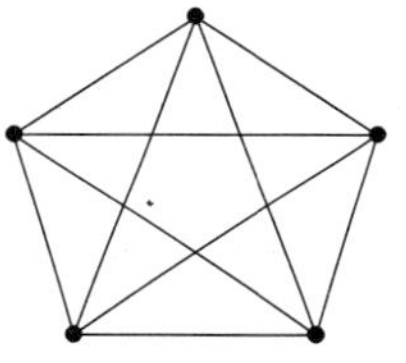

그림 2.29 완전그래프 K_5

풀이: 완전그래프 K_5에 대해서는 $v = 5,\ e = 10$이다. 따라서 만일 K_5가 $\mathbb{R}^2$에 매장된다고 가정하면 $e = 10 > 9 = 3v - 6$가 되어서 정리 2.13에 모순이다. □

완전그래프 K_5가 3차원 공간 $\mathbb{R}^3$에 매장될 수 있다는 것은 그림 2.30에서 명백하다.

예제 2.10 (*평면 $\mathbb{R}^2$에 매장되지 않는 그래프*) 그림 2.31의 완전이분그래프 $K_{3,3}$도 평면 $\mathbb{R}^2$에 매장될 수 없다.

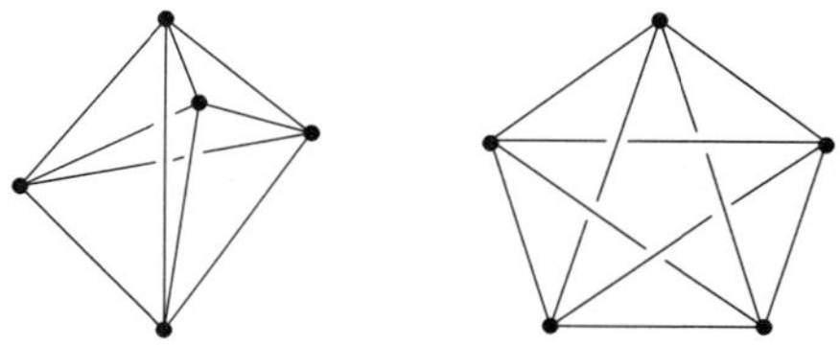

그림 2.30 K_5의 $\mathbb{R}^3$ 안으로의 매장

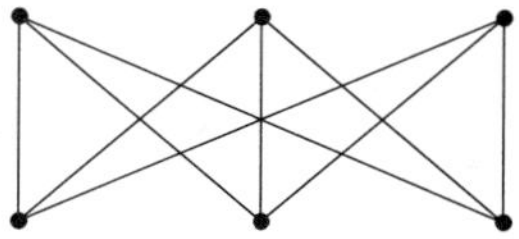

그림 2.31 완전이분그래프 $K_{3,3}$

풀이: 완전이분그래프 $K_{3,3}$에 대해서는 $v = 6$, $e = 9$이다. 따라서 완전이분그래프는 부등식 $e \leq 3v - 6$을 만족한다. 또한, $K_{3,3}$ 자신이 $\mathbb{R}^2$에 매장된다면 Euler 공식에 의하여

$$f = 2 - v + e = 2 - 6 + 9 = 5$$

로 된다. 이는 부등식 $\frac{3}{2}f \leq e$을 만족한다. 따라서 정리 2.13을 적용하여 완전이분그래프 $K_{3,3}$가 평면에 매장되지 않는다는 것을 보일 수는 없다. 다른 방법을 찾아보자. 먼저 이분 그래프 $K_{3,3}$의 각 꼭짓점으로부터 시작해서 자신에게 되돌아오는 길은 적어도 네 개의 변을 필요로 함으로 이 그래프의 매장이 정하는 영역은 적어도 네 개의 울타리 변을 가지고 있다는 사실에 주목하자. 한편, $K_{3,3}$ 자신이 $\mathbb{R}^2$에 매장된다면 그것이 정하는 영역의 수가 5임을 알고 있다. 이때 $K_{3,3}$의 매장에서 정해지는 영역 중 울타리를 만드는 변의 개수가 k인 영역의 개수를 f_k라 하자. 그러면

$$18 = 2e = 4f_4 + 5f_5 + \cdots \geq 4(f_4 + f_5 + \cdots) = 4f = 20$$

이 되어 모순이다. (예제 2.9의 풀이에도 같은 방법을 적용할 수 있는가?) □

그래프 $K_{3,3}$가 3차원 공간 $\mathbb{R}^3$에 매장될 수 있다는 것은 그림 2.32에서 명백하다.

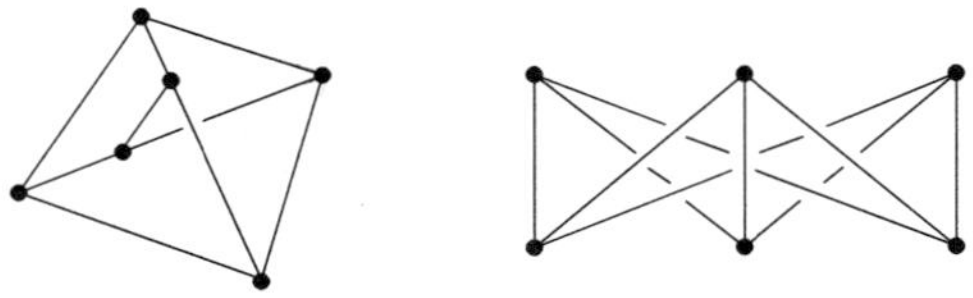

그림 2.32 $K_{3,3}$의 $\mathbb{R}^3$ 안으로의 매장

지금까지 완전그래프 K_5와 완전이분그래프 $K_{3,3}$가 평면 $\mathbb{R}^2$에 매장될 수 없다는 것을 보였다. 따라서

Embdim (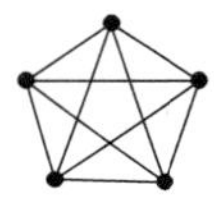) $= 3$, Embdim (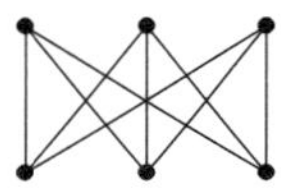) $= 3$

이다.

연결인 그래프 G에 대하여 G의 어떤 세분 G'이 평면상에 매장되면 그래프 G 자신이 평면으로 매장된다는 것은 자명하고 그 역도 성립한다.

평면에 매장 가능한 그래프에 대하여서는 다음 정리가 알려져 있다.

정리 2.14 [Fary] 연결된 그래프가 평면에 매장 가능하면, 모든 변들이 직선이 되도록 매장할 수 있다.

Fary 정리를 증명하기 위하여 몇 가지 보조정리가 우선 필요하다.

보조정리 2.15 G를 평면 위의 연결그래프라 하면 G는 차수가 5 이하인 꼭짓점을 적어도 한 개 가진다.

증명: 주어진 그래프 G의 모든 꼭짓점의 차수가 6 이상이라고 가정해 보자. 그러면 모든 꼭짓점의 차수의 합은 $6v$ 이상이다. 한편 각 변은 두 개의 꼭짓점을 끝점으로 가지므로 꼭짓점의 차수의 합은 $2e$이다. 따라서 $6v \leq 2e$, 즉 $3v \leq e$. 이것은 정리 2.13의 부등식, $e \leq 3v - 6$에 모순이다. □

정의 2.13 평면 $\mathbb{R}^2$상의 그래프 G가 결정하는 영역이 모두 삼각형일 때 이를 G에 의한 **평면의 삼각화**(triangulation)라고 부르고(그림 2.33) 이를 줄여서 간단히 **삼각화**라고 부른다. 또한 이 평면 위의 그래프 G를 **삼각그래프**라 부른다.

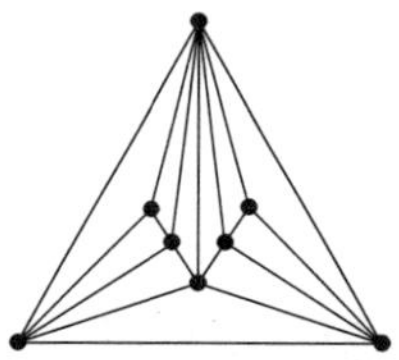

그림 2.33 그래프에 의한 평면의 삼각화(triangulation)

보조정리 **2.16** 꼭짓점을 네 개 이상 가지는 삼각그래프 G는 차수가 1 또는 2인 꼭짓점을 가지지 않는다.

증명: 그래프 G가 차수가 1인 꼭짓점을 가진다고 가정하자. 그러면 그 꼭짓점을 울타리의 부분으로 가지는 영역은 적어도 네 개의 변을 울타리로 가지게 되어 G가 삼각그래프라는 사실에 모순이다(그림 2.34). 그래프 G에 차수가 2인 꼭짓점 y가 있다고 하자. 그러면 G가 단순그래프이므로 변 xy, yz를 울타리의 일부로 하는 영역 중에 (영역이 무한영역, 유한영역 어느 쪽이든) 변의 수가 4 이상인 것이 존재하여 G가 삼각그래프라는 사실에 모순이다. □

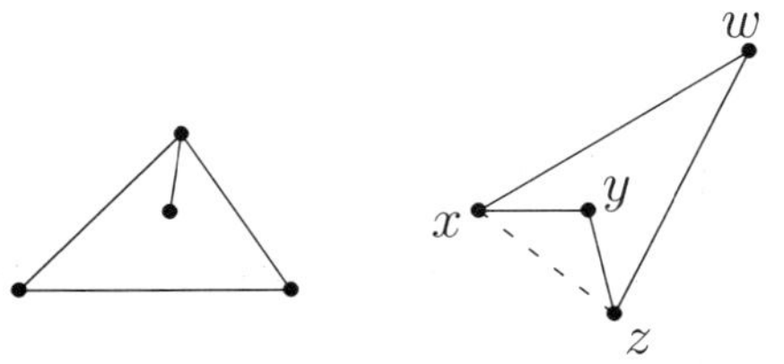

그림 2.34 삼각형이 아닌 영역

보조정리 **2.17** 꼭짓점을 네 개 이상 가지는 삼각그래프 G는 차수가 5 이하인 꼭짓점을 적어도 네 개 가진다.

증명: 그래프 G가 정하는 영역의 개수를 f, 꼭짓점의 개수를 v, 변의 개수를 e이라 하자. G는 삼각그래프이므로

$$3f = 2e$$

이고, Euler의 공식($v - e + f = 2$)으로부터

$$3v - 3e + 2e = 6.$$

즉,

$$3v - e = 6, \quad \text{즉} \quad 6v - 2e = 12$$

를 얻는다. 그래프 G에서 차수 i의 꼭짓점의 개수를 x_i라고 하면 보조정리 2.16으로부터 $x_1 = x_2 = 0$이다. 그러므로

$$x_3 + x_4 + x_5 + \cdots = v\text{이고} \quad 3x_3 + 4x_4 + 5x_5 + \cdots = 2e.$$

따라서 $6v - 2e = 12$에 대입하면

$$6(x_3 + x_4 + x_5 + \cdots) - (3x_3 + 4x_4 + 5x_5 + \cdots) = 12$$

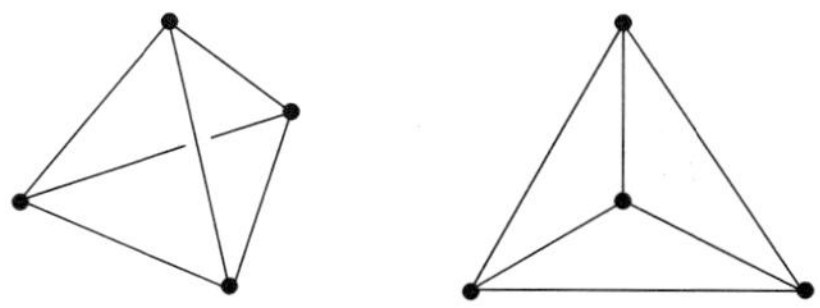

(a) (b)

그림 2.35 그래프의 평면화

이다. 즉,

$$3x_3 + 2x_4 + x_5 - x_7 - 2x_8 - \cdots = 12.$$

그러므로

$$3x_3 + 2x_4 + x_5 \geq 12$$

가 되어

$$x_3 + x_4 + x_5 \geq \frac{1}{3}(3x_3 + 2x_4 + x_5) \geq 4$$

이다. □

이제 Fary 정리를 증명해 보자.

Fary 정리의 증명: G의 꼭짓점의 개수 v에 대한 귀납법으로 증명해 보자.

(1) $v = 1, 2, 3, 4$일 때: 꼭짓점의 개수가 4 이하인 모든 연결 그래프는 모든 변들이 직선이 되도록 평면으로 매장이 가능하다(참조: 그림 2.35의 (a)가 $\mathbb{R}^2$ 위에서 (b)의 모양으로 표현될 수 있음).

(2) $v \leq k-1$인 모든 그래프에 대하여 정리가 성립한다고 가정하고, 그래프 G가 k개의 꼭짓점을 가진다고 하자. 그리고 G'을 G의 세분으로써 $\mathbb{R}^2$에 표현된 그래프라 하자. 그런데 이 증명에서는 G의 변을 세분했을 때 나타나는 차수 2의 꼭짓점을 무시하고 G'의 영역의 울타리를 헤아리기로 한다. 우선 G를 이러

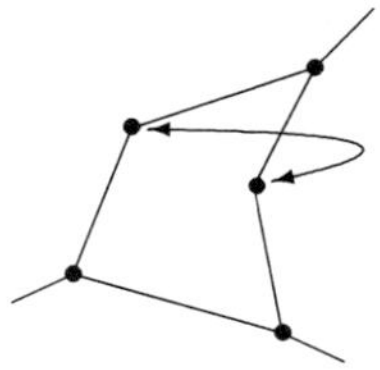

그림 2.36 그래프의 세분화

한 의미에서 삼각그래프로 고쳐보자. 이는 G'가 정하는 각 영역 위에 필요한 절선을 취하여, 각 영역을 그 절선에 의해 형성되는 삼각형으로 바꾸면 된다. 예를 들면, 그림 2.37에서와 같이 필요한 절선을 추가하자. 이 때, G'의 각 절선이 직선으로 표현될 수 있다면 G가 $\mathbb{R}^2$ 위에 표현된 것이 된다. 보조정리 2.17에 의하여 G'는 차수가 3, 4, 5 중 어느 하나인 꼭짓점을 적어도 네 개 가지며, 그 중 적어도 한 개(x라 하자)는 무한영역의 둘레 위에 있지 않는 것이 존재한다(무한영역도 삼각형이므로). 즉 x는 그림 2.38의 어느 하나의 모양을 하고 있다.

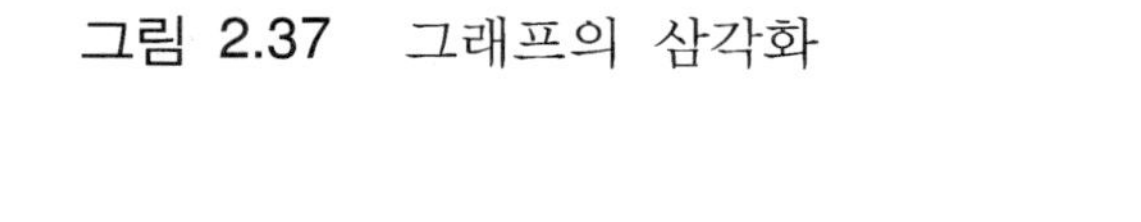

그림 2.37 그래프의 삼각화

G'로부터 x를 제거하고 x를 끝점으로 하는 변을 모두 제거하면 그것에 대응하는 G의 꼭짓점과 그와 맺어진 변은 제거된다. 따라서 귀납법의 가정에 의하여 G'에서 x를 제거한 그래프는 G에서 x를 제거한 그래프와 동형으로 각 절선을 직선으로 고칠 수 있다. 여기에서 (a), (b)의 경우는 그림 2.39와 같이 해서 x와

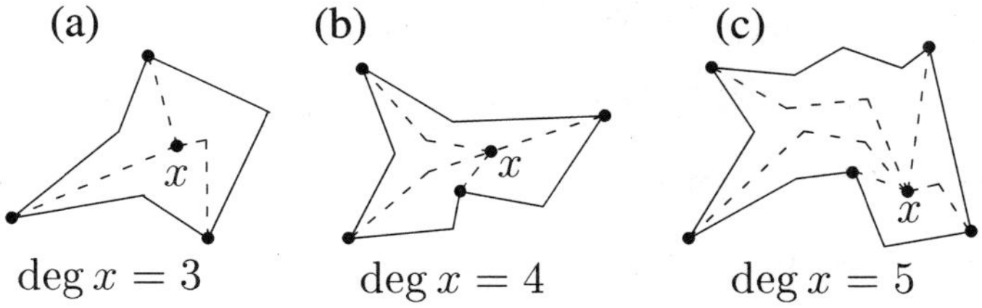

그림 2.38 G의 세분 그래프 G'

그와 맺어진 변을 부활시킬 수 있다. x의 차수가 5인 경우는 그림 2.39(c)와 같이 두 가지 경우가 가능하며, 이 때 오각형을 대각선으로써 세 개의 삼각형으로 나누어 한가운데의 삼각형(그림에서 $\triangle ABC$)에서 적당히 x를 취하면 역시 G를 복원할 수 있다. □

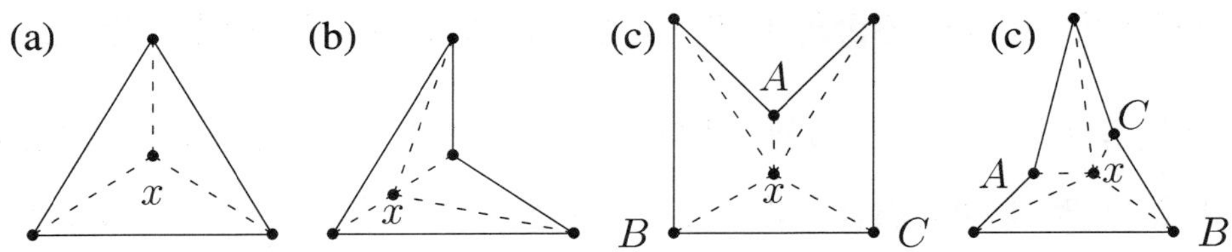

그림 2.39 그래프의 복원

문제 2.11 위의 사실은 육각형에 대해서는 성립하지 않는다. 즉 여섯 개의 모든 꼭짓점 전체를 전망할 수 있는 점을 내부에서 취할 수 없는 육각형이 존재한다. 이와 같은 육각형을 만들어 보아라.

Fary 정리의 증명 (1)에서 보인 바와 같이, 네 개 이하의 꼭짓점을 가지는 연결인 모든 그래프는 선분이 직선이 되도록 평면에 매장할 수 있다. 그러나 다섯 개의 꼭짓점을 가진 그래프 K_5는 평면에 매장할 수 없다. 하지만 그래프 K_5에서 네 개의 꼭짓점과 그들 사이의 선분을 xy-평면에 매장한 뒤 다섯 번째의 꼭짓점을 3차원 공간에서 xy-평면에서 벗어나 z축의 값이 양이 되도록 취하면, 3차원 공간 $\mathbb{R}^3$에 모든 선분이 직선이 되도록 하는 그래프 K_5의 매장을 얻는다. 이렇게 꼭짓점을 3차원 공간에서 z축의 값을 다양하게 취함으로써 모든 그래프는 $\mathbb{R}^3$에 매장이 가능하다.

Euclid 평면으로의 매장 가능성에서는 이미 완전그래프 K_5와 완전이분그래프 $K_{3,3}$는 불가능하다는 것을 알고 있다. 따라서 이들로부터 세분된 그래프나 혹은 이들 중 하나를 포함하고 있는 그래프는 평면에 매장될 수 없다. 다음 정리는 이런 경우를 제외하고는 모든 연결그래프가 평면으로 매장될 수 있음을 암시해준다. 이의 증명은 어렵지 않지만 제법 길기 때문에 생략하기로 한다.[9]

정리 2.18 [Kuratowski][10] 연결인 그래프 G에 대하여

(1) $\mathrm{Embdim}(G) \le 3$이고,

(2) $\mathrm{Embdim}(G) \le 2$가 될 필요충분조건은 G가 완전그래프 K_5, 또는 완전이분그래프 $K_{3,3}$와 조합적 동형인 부분 그래프를 포함하지 않는다는 것이다.

임의로 주어진 그래프 G에 대하여, G를 3차원 공간 $\mathbb{R}^3$에 매장함으로써 Euclid 공간 $\mathbb{R}^3$의 부분집합으로 간주하여 G를 상용위상을 가지는 위상공간으로 볼 수 있다. 이 때, 그래프 G와 이의 한 변을 세분하여 얻어지는 그래프 G'는 위상적으로 동형이다. 따라서 주어진 두 그래프가 조합적으로 동형이면 이들은 위상적으로 동형이 됨을 알 수 있다.[11]

문제 2.12 $\mathrm{Embdim}(G) = 1$이 되기 위한 그래프 G의 조건은 무엇일까? 그래프 G가 $\mathbb{R}^1$ 안에서 매장되는 것은 G가 그림 2.40의 모양을 하고 있는 경우밖에 없다. 이를 밝혀보아라. 즉 $\mathrm{Embdim}(G) = 1$이 될 필요충분조건은 G가 변 xy와 조합적 동형인 것이다.

---

[9]증명은 J.L. Gross and T.W. Tucker, *Topological Graph Theory*, John Wiley & Sons, New York(1987) 참조.

[10]Kazimierz Kuratowski(1896-1980)는 폴란드 수학자로 토폴로지와 집합론 연구자로 Warsaw대학교의 교수로 있었다.

[11]이의 일반적인 성질은 'Hauptvermutung'이란 이름으로 제3장에서 다시 논할 것이다.

그림 2.40 $\mathrm{Embdim}(G) = 1$인 예

2.5 Jordan의 닫힌 곡선 정리; 평면에서 circle의 위치

Fary 정리에서 고찰한 바와 같이 완전그래프 K_3와 조합적 동형인 그래프는 평면 $\mathbb{R}^2$에 매장된다. 이 때 단순한 볼록다각형으로 매장되어 있다면 이 다각형이 $\mathbb{R}^2$를 두 개의 부분, 다각형의 내부와 외부로 분리한다는 것은 명백하다 (다각형 자신을 고려한다면 내부와 외부 그리고 다각형의 세 부분이 된다). 그렇다면, $\mathbb{R}^2$로의 매장이 아주 복잡한 경우도 이 사실이 성립할까?

예제 2.11 그림 2.41은 평면 $\mathbb{R}^2$상에 완전그래프 K_3의 매장 중 하나이다.

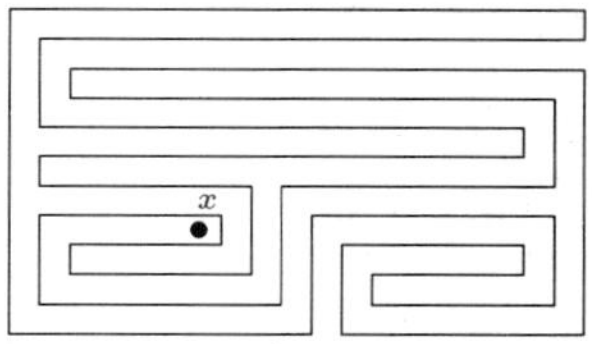

그림 2.41 K_3의 $\mathbb{R}^2$로의 매장의 예

이 때, 그림 2.41에 있는 점 x는 이 다각형의 내부에 있을까, 아니면 외부에 있을까? 이것은 얼핏 보아서는 알 수 없다. 더욱 복잡한 다각형이라도 안팎이 있다는 것은 직관적으로 알고 있지만 그것을 구별해서 파악하는 것은 그리 간단한 일이 아니다.

문제 2.13 그림 2.41에서 주어진 점이 다각형의 내부에 있는가, 외부에 있는가를 판정하는 방법을 찾아보아라.

위의 사실은 일반적인 닫힌 곡선에 대해서도 성립한다. 즉 원주 S^1과 위상적 동형인 $\mathbb{R}^2$ 위의 도형[12] C는 평면을 두 개의 부분, 내부와 외부로 나누고 C는 그 울타리가 된다. 이 사실은 직관적으로는 명백하다. 예컨대, 호수의 주위가 아무리 복잡한 모양을 하고 있다 하여도 수면과 지면은 확실히 구별되어 있다. 그러나 이 문제가 수학의 정리로서 확실하게 인식된 것은 1893년, C. Jordan[13]의 저서에서 나타난 것이 처음이었다. 그래서 이 사실을 **Jordan 곡선정리**라고 부른다. 이의 증명은 복잡하여, 이 절에서는 닫힌 곡선이 다각형 모양으로 매장되는 경우에만 증명하기로 한다.

정의 2.14 완전그래프 K_3와 조합적 동형인 그래프를 **Jordan 곡선**이라고 부르자.

정리 2.19 (Jordan 곡선정리) Jordan 곡선 G를 평면 $\mathbb{R}^2$ 위에 (각 선분이 직선이 되도록) 매장했을 때 G는 $\mathbb{R}^2$를 두 개의 연결성분 I와 E로 분할하고, I, E는 각각 다음의 성질을 가진다: I 안에서 두 점, 혹은 E 안에서 두 점을 취하면 그들은 G와 만나지 않는 절선으로 맺을 수 있지만, I와 E에서 각각 한 점씩 취하면 그들이 맺는 절선은 반드시 G와 만난다.

증명: 그래프 G의 변은 유한개밖에 없으므로 이들 변 중 어느 것과도 평행이 아닌 방향(즉 직선의 기울기)을 $\mathbb{R}^2$상에서 하나 정할 수 있다. 그래프 G에 속하지 않는 $\mathbb{R}^2$상의 한 점을 x라 하고, x에서 시작하고 정해진 방향에 평행인 반직선을 ℓ_x라 하자(그림 2.42 참조). 집합 $\ell_x \cap G$는 유한개의 점을 가지는데 여기서

[12]이를 simple closed curve 혹은 Jordan 곡선이라고 한다.

[13]Camille Jordan(1838-1922)은 프랑스 수학자로 Ecole Polytechnique의 교수를 지냈으며, Jordan 곡선정리, Jordan 대수 등으로 유명하다.

I와 E를 다음과 같이 정한다.

$$\begin{aligned} I &= \{x \mid x \in \mathbb{R}^2 - G\text{이고 } \ell_x \cap G\text{가 홀수 개의 점으로 이루어진다}\} \\ E &= \{x \mid x \in \mathbb{R}^2 - G\text{이고 } \ell_x \cap G\text{가 짝수 개의 점으로 이루어진다}\} \end{aligned}$$

단, ℓ_x가 G의 꼭짓점과 만날 때는 그림 2.43에 주어진 헤아림에 의하여 교점의 개수를 헤아리는 것으로 약속한다. 주어진 점 x를 G와 만나지 않는 선분을 따라 움직일 때 $\ell_x \cap G$의 개수는 ℓ_x가 G의 꼭짓점을 통과할 때마다 변화할 가능성이 있지만 (a)의 경우(그림 2.44(a) 참조)는 교점수가 둘씩 증감하고, (b)의 경우(그림 2.44(b) 참조)는 교점수가 변화하지 않는다. 따라서 x를 G와 만나지 않는 절선을 따라 움직일 때 $\ell_x \cap G$가 짝수 개인가 홀수 개인가는 변화하지 않는다. 따라서 I의 점 u와 E의 점 v는 G와 만나지 않는 절선으로는 맺을 수 없다.

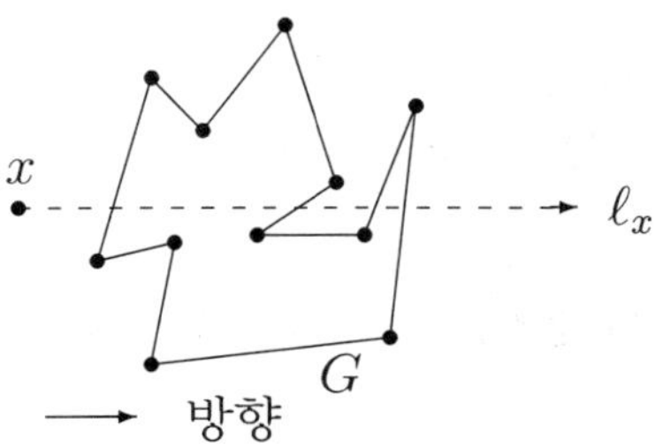

그림 2.42 반직선 ℓ_x

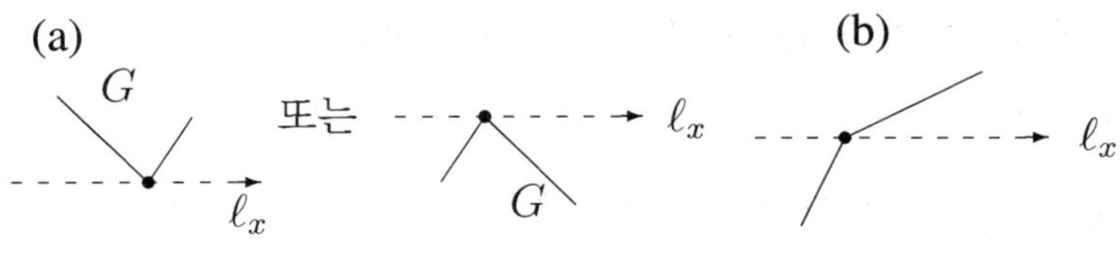

그림 2.43 (a)의 경우는 0개, (b)의 경우는 한 개로 한다.

다음에 I 또는 E안의 두 점 u, v는 G와 만나지 않는 절선으로 맺을 수 있음을 밝혀보자. u, v를 맺은 선분을 uv라고 하자(그림 2.45). 이 때 $uv \cap G = \emptyset$이면 uv가 구하는 절선이다. uv가 G와 만난다고 하면 이 교점은 적어도 두 개이다. 왜냐하면, 만일 $uv \cap G$가 한 개라고 한다면 점 x를 uv를 따라 u에서 v로 움직일 때 $\ell_x \cap G$의 개수는 홀수 개만큼 변화하게 되어 u, v가 동시에 I 또는 E 안에 있다는 사실에 모순이다.

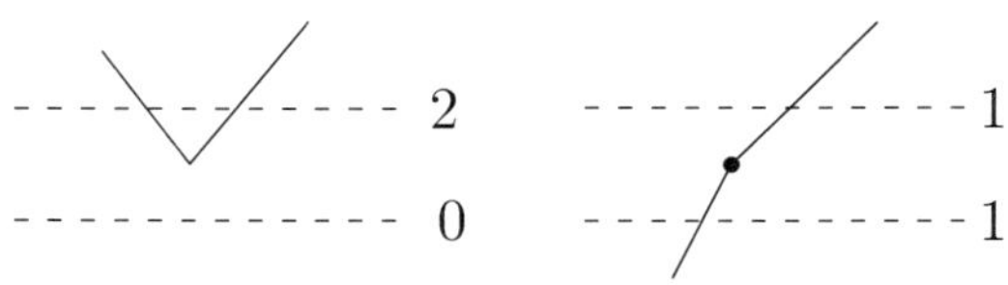

(a) (b)

그림 2.44 $\ell_x \cap G$의 개수

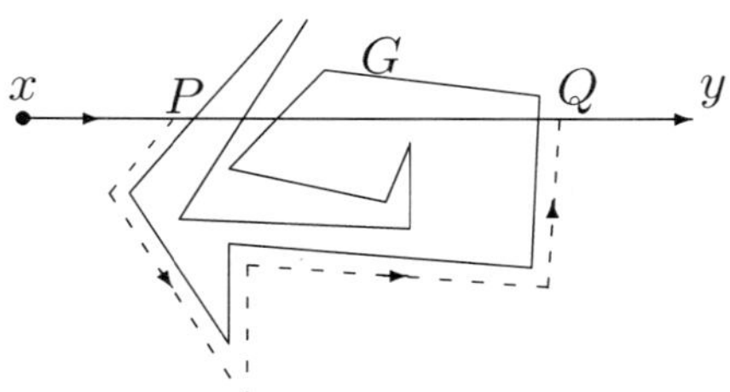

그림 2.45 x, y를 맺는 선분

여기에서 $uv \cap G$의 교점 중에서 u에 가장 가까운 점을 P, v에 가장 가까운 점을 Q라 하고 다음과 같은 절선을 생각하자. u에서 uv를 따라 P 바로 앞에까지 가서, 다음에 G를 따라 Q 가까이까지 가서 최후로 Q 가까이에서 uv를 따라 v에 간다(그림 2.45의 점선).

마지막으로 이 절선이 G와 만나지 않는다는 것을 보여야 한다. 절선의 구성법으로부터 절선과 G가 만난다면 그것은 Q 가까이에서 절선이 Q를 중심으로 v의 반대쪽에서 uv와 만날 수밖에 없다. 그러나 이 때 앞에서와 마찬가지로

$\ell_u \cap G$의 개수와 $\ell_v \cap G$의 개수는 홀수만큼 다른 것으로 되어 모순이다. 따라서 이 절선은 G와 만나지 않는다. □

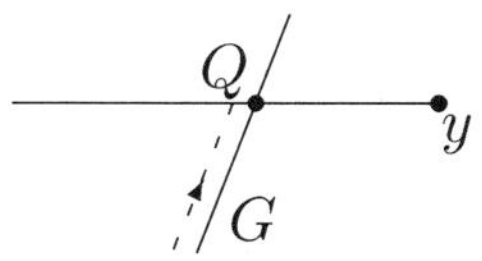

그림 2.46 절선

문제 2.14 두 점 u, v 모두 I 또는 E에 놓여 있고, 선분 uv와 G의 교점이 유한개라면 그 교점수는 짝수임을 증명하여라. (이때 교점수는 그림 2.43에서와 같이 헤아린다.)

정의 2.15 Jordan 정리를 증명하는 가운데 I를 폐다각형의 **내부**(interior), E를 **외부**(exterior)라고 부른다.

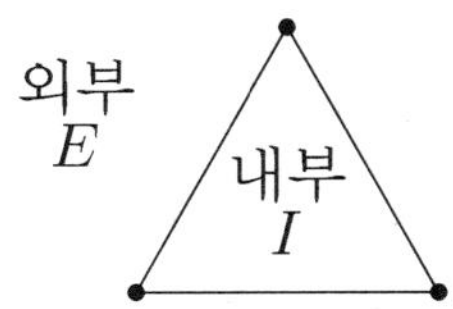

그림 2.47 다각형의 내부와 외부

Jordan 정리는 그림 2.47과 조합적 동형인 그래프 자신의 성질이 아니라 어떤 종류의 위치 문제라는 데 주의해 두자. 즉 Jordan 정리는 Jordan 곡선 G가 평면 $\mathbb{R}^2$ 안에 매장되어 있을 때를 고찰하고 있는 것이고, 같은 G일지라도 3차원 공간 $\mathbb{R}^3$ 안에서는 안쪽도 바깥쪽도 구별할 수 없다(그림 2.48).

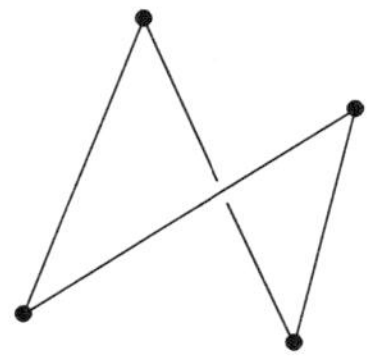

그림 2.48 $\mathbb{R}^3$ 안의 다각형

폐다각형의 평면으로의 매장에 대하여 Jordan 정리보다 강한 정리를 증명없이 소개한다.

정리 **2.20** [Schoenflies] 평면 $\mathbb{R}^2$ 상에서 원점을 중심으로 하고 반지름이 1인 원을 S^1이라 표기하자. 그러면 평면에 매장된 임의의 Jordan 곡선(simple closed curve) C에 대하여 평면에서 평면으로 대응시키는 위상동형함수 h가 존재하여 h에 의한 C의 상이 S^1이 되도록 할 수 있다. 즉 $h(C) = S^1$인 위상동형함수 $h : \mathbb{R}^2 \to \mathbb{R}^2$가 존재한다.

Schoenflies 정리는 평면상에서 폐다각형의 위치관계는 평면상에서 S^1의 위치관계와 같다는 것이다. 즉, 폐다각형을 평면에 매장하는 방법이 위상적으로는 한 가지뿐이라는 것이다. 그러나 2차원 구면 S^2를 3차원 Euclid 공간 $\mathbb{R}^3$로 매장할 때는 이러한 성질을 만족하지 않는다. 그 예로 3차원 공간 $\mathbb{R}^3$의 부분공간으로써 구면 S^2외에도 뿔 달린 구(1921, Antoine)가 있다.

또 어떤 종류의 곡면에서는 Jordan 정리는 성립하지 않는다. 이것은 다음 장에서 다룰 곡면의 분류문제와 관련되지만 우선 Jordan 정리가 성립하지 않는 다음의 예를 소개해 둔다.

예제 **2.12** 구면 위에서는 Jordan 정리가 성립한다. 단 내부·외부의 구별은 의미가 없다. 그리고 수영튜브(혹은 토러스) 위에서는 Jordan 정리가 성립하지 않는 닫힌 곡선 K가 존재한다(그림 2.49 참조).

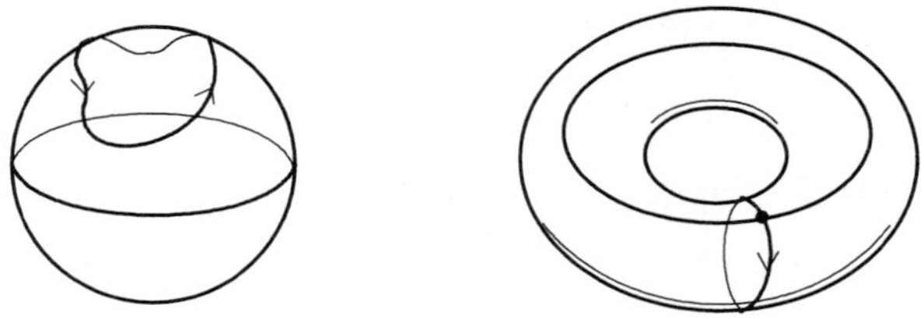

그림 2.49 구면이나 토러스상의 닫힌 곡선

주의: Jordan 곡선정리는 고차원 공간에서 다음과 같이 확장된다. n-차원 구 S^n을 $(n+1)$-차원 Euclid 공간 $\mathbb{R}^{n+1}$에 매장했을 때 그의 상(image) X는 공간 $\mathbb{R}^{n+1}$를 두 개의 연결성분 I와 E로 분할하고, I, E는 각각 다음의 성질을 가진다: 연결성분 I와 E는 모두 경로적 연결(pathwise connected) 공간이고, I는 유계(bounded)이지만 E는 유계(bounded)가 아니다. 그리고 그들은 X를 공통된 울타리로 가진다.

이 확장정리는 L.E.J. Brouwer에 의하여 1911년에 소개되었으며 이리하여 Jordan-Brouwer의 분리(separation)정리라고 불린다. 이의 증명은 호모로지(homology) 이론을 필요로하므로 증명없이 정리만 소개하고 이 장을 마친다..

2.6 연습문제

(1) G를 홀수꼭짓점이 없는 연결된 그래프라고 하자. 이 때, G가 한붓그리기가 가능할 필요충분조건은 G의 변들의 집합이 순환길들의 합(union)으로 나타난다는 것이다. 이를 증명하여라.

(2) (Hyper) n-cube 그래프 Q_n은 꼭짓점 집합은 $V = \mathbb{Z}_2 \times \cdots \times \mathbb{Z}_2$ (n번 곱), $\mathbb{Z}_2 = \{0, 1\}$이고, 두 꼭짓점 $(a_1, \ldots, a_n), (b_1, \ldots, b_n)$이 단 한 개의 좌표에서 틀리고 나머지 모든 좌표에서는 일치할 때 선분으로 연결한 그래프이다. 이 때, Q_n의 꼭짓점의 개수는 몇 개인가? 또 변의 개수는 몇 개인가?

(3) n-cube 그래프 Q_n을 일반화하여 그래프 T_n을 꼭짓점 집합은 $V = \mathbb{Z}_3 \times \cdots \times \mathbb{Z}_3$ (n번 곱), $\mathbb{Z}_3 = \{0, 1, 2\}$이고, 두 꼭짓점 $(a_1, \ldots, a_n), (b_1, \ldots, b_n)$이 단 한 개의 좌표에서 틀리고 나머지 모든 좌표에서는 일치할 때 선분으로 연결하는 그래프라 하자. 이 때, T_n의 꼭짓점의 개수는 몇 개인가? 또 변의 개수는 몇 개인가?

(4) 임의의 두 그래프가 그래프동형이면 위상동형인가, 아닌가? 또 역은 성립하는가?

(5) 적어도 두 개의 꼭짓점을 가지는 모든 연결그래프는 어떤 이분그래프와 조합적 동형임을 보여라.

(6) 그림 2.50에서 두 그래프는 동형임을 보여라.

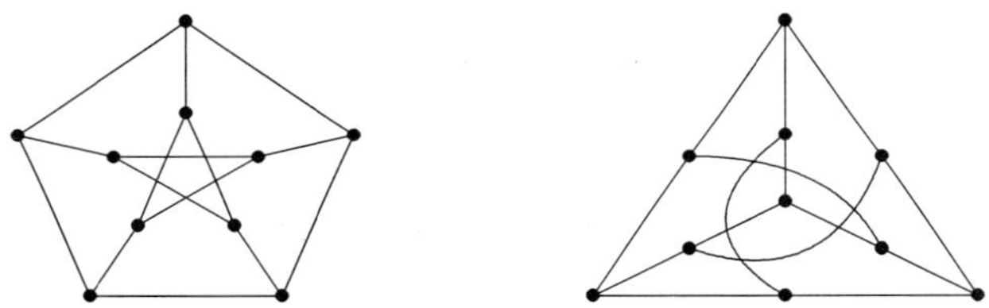

그림 2.50 동형인 두 그래프

(7) 완전그래프 K_n과 완전이분그래프 $K_{m,n}$에서 한붓그리기가 가능한 경우의 자연수 m,n을 찾아라.

(8) 꼭짓점의 개수가 20개이고 한붓그리기가 가능한 그래프 중에서 변의 개수가 가장 큰 것과 가장 작은 그래프를 구하고 각각의 경우에 변의 개수를 구하여라.

(9) 다음의 두 사실이 동치임을 증명하여라[14].

(a) 그래프 G는 나무(tree)이다.

(b) 그래프 G의 임의의 꼭짓점 u, v에 대하여, u와 v를 맺는 길이 존재하되 길에 나타나는 꼭짓점이 단 한 번씩만 나타나는 것이 유일하게 존재한다.

---

[14]이는 두 사실이 항상 true다(眞이다)는 의미는 아니다. 동시에 眞이던지 아니면 모두 眞이 아니다는 뜻이다. 즉 한 가지가 眞이면 나머지도 眞이다는 뜻이다.

(10) 그래프 G가 연결이고 T를 G의 부분그래프(그래프이고 G의 부분집합)로서 나무라 하자. "T가 가장 많은 수의 변을 갖는 나무이다."라는 명제와 "T가 G의 모든 꼭짓점을 포함하고 있다."는 명제가 서로 동치임을 증명하여라.

(11) 임의의 자연수 n에 대하여 $\chi(K_n)$을 계산하여라.

(12) 임의의 자연수 m, n에 대하여 $\chi(K_{m,n})$을 계산하여라.

(13) 완전그래프 K_5는 $\mathbb{R}^2$에 매장되지 않는다. 그렇다면 토러스에는 매장되는가? 또 완전이분그래프 $K_{3,3}$는 어떠한가?

(14) 완전그래프 K_6가 토러스에 매장된 그림을 그려라.

(15) (**공간을 채우는 곡선**) 위상공간 X에서 곡선이란 연속 함수 $\alpha : [0,1] \to X$를 말한다. 특히, $\mathbb{R}^2$ 혹은 $\mathbb{R}^3$ 상의 곡선을 평면곡선 혹은 공간곡선이라고 한다. **공간을 채우는 곡선**이란 곡선이 (정확히 말하여 곡선 α의 상(image)이) 평면에서는 원판이나 이와 위상동형인 영역, 3차원 공간에서는 속이 찬 구나 이와 위상동형인 영역을 포함하는 평면곡선 혹은 공간곡선 α를 말한다. 이러한 곡선은 1890년 이탈리아 수학자 Giuseppe Peano에 의하여 처음 발견되었으며, 이를 **Peano 곡선**이라고 부르고 다음과 같이 구성이 가능하다.

이산(discrete) 위상공간 $\mathbb{Z}_2 = \{0, 1\}$의 Cartesian 곱인 $2^{\mathbb{N}} = \mathbb{Z}_2^{\mathbb{N}}$을 생각하고, 이들의 원소를 $0, 1$의 무한수열 $a_1, a_2, \ldots$로 생각하자. 그러면 함수 $\iota : \{a_n\} \mapsto \sum_{n=1}^{\infty} \frac{2a_n}{3^n}$은 공간 $2^{\mathbb{N}}$에서 Cantor 집합[15] C로의 위상동형함수가 된다. (Cantor 집합은 complete 거리공간이고, 나아가 긴밀공간(compact)이고 totally disconnected이다.[16]) 더욱이 Cartesian 곱 $2^{\mathbb{N}} \times 2^{\mathbb{N}}$는 공간 $2^{\mathbb{N}}$과 위

[15]Cantor 집합은 다음과 같이 정의된다. 닫힌 구간 $[0,1]$에서 이의 중간의 $1/3$ 구간 즉 $(1/3, 2/3)$을 제외한다. 이의 나머지 구간 $[0, 1/3]$와 $[2/3, 1]$에서 같은 방법으로 각각의 중간의 $1/3$ 구간을 제외한다. 이를 계속하여 남은 모든 구간들의 $1/3$ 구간을 제외하고 최종적으로 남는 점들의 집합을 Cantor 집합이라고 한다.

[16]모든 연결성분(component)이 한 점인 위상공간을 totally disconnected라고 한다. 위상공간 X가 totally disconnected일 필요충분조건은 X의 임의의 서로 다른 두 점 x, y에 대하여 $U \cap V = \emptyset$이고 $U \cup V = X$인 x, y의 열린 근방(open neighborhood) $x \in U$, $y \in V$가 존재하는 것이다.

상동형이며, 따라서 모두 Cantor 집합과 위상동형이다. (이를 보여라.)

그림 2.51에서와 같이 정의된 함수 $c : [0,1] \to [0,1]$을 Cantor 함수라 부르고, 이는 해석학에서 연속인 실변수 함수로서 Cantor 집합의 모든 점에서 미분 불가능한 함수의 예로 등장한다. (함수 c는 Cantor 집합의 구성 과정을 따라 구간 $[\frac{1}{3}, \frac{2}{3}]$에서는 함숫값을 $\frac{1}{2}$; 구간 $[\frac{1}{9}, \frac{2}{9}]$에서는 함숫값을 $\frac{1}{4}$; 구간 $[\frac{7}{9}, \frac{8}{9}]$에서는 함숫값을 $\frac{3}{4}$ 등으로 정의한다.) 이제 이 함수를 Cantor 집합상에 제한한 함수를 h라 하면, 이는 Cantor 집합에서 닫힌 구간 $[0,1]$로 전사인 연속함수가 된다. (이를 보여라.)

이제 위의 사실로부터, 닫힌 구간 $[0,1]$의 긴밀한 부분공간인 Cantor 집합 C에서 속이 찬 정사각형 $[0,1] \times [0,1]$로의 전사인 연속함수

$$g : 2^{\mathbb{N}} \times 2^{\mathbb{N}} \to [0,1] \times [0,1]; \quad (x,y) \mapsto ((h \circ \iota)(x), (h \circ \iota)(y))$$

를 얻게 된다. 이제 $2^{\mathbb{N}} \times 2^{\mathbb{N}}$를 Cantor 집합으로 보고 Tietze 확장 정리[17] 를 이용하면 함수 g는 닫힌 구간 $[0,1]$상의 연속함수로 확장이 가능하고 이 확장된 함수는 바로 **공간을 채우는 곡선**이 된다.

(16) 2차원 공간 $\mathbb{R}^2$상에서 선분(arc)은 (Jordan 곡선과 같이) $\mathbb{R}^2$를 두 개의 부분으로 분할 할 수 없음을 증명하여라. 여기서 선분은 매장 함수(embedding) $\alpha : [0,1] \to \mathbb{R}^2$를 말한다.

---

[17]**Tietze 확장 정리:** 위상공간 X에 대하여 다음은 동치이다: (1) X는 normal이다. (2) X의 닫힌 부분집합 A상에서 정의된 모든 연속함수 $f : A \to [0\ \ 1]$는 전 공간 X의 연속함수로 확장이 가능하다. 즉, 모든 점 $a \in A$에서 $F(a) = f(a)$인 연속함수 $F : X \to [0\ \ 1]$가 존재한다.

주의: : 위 집합 X와 A에 대하여 열린 구간 $(0\ \ 1)$에서 값을 가지는 연속함수 $f : A \to (0\ \ 1)$가 주어지면 이 함수도 전 공간 X의 연속함수 $F : X \to (0\ \ 1)$로 확장이 가능하다.

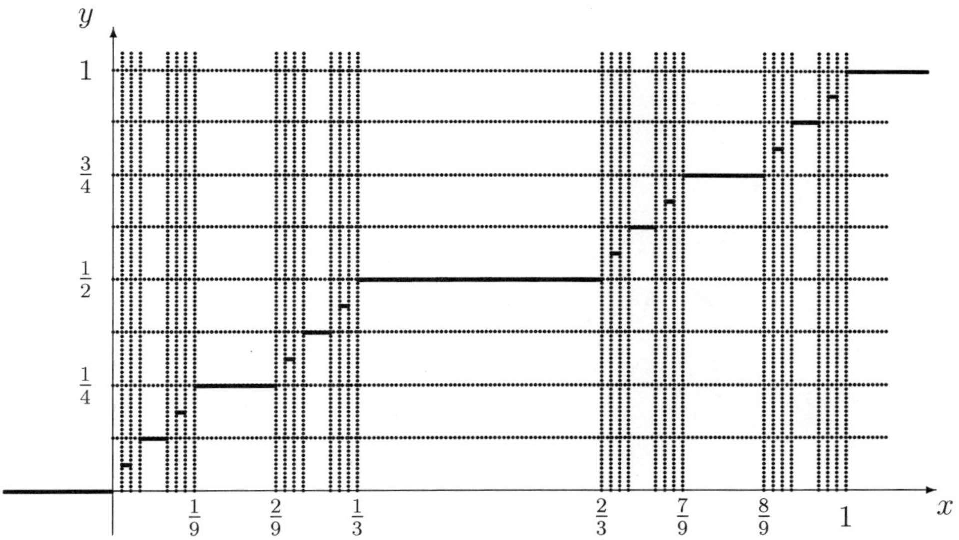

그림 2.51 Cantor 함수의 그래프

곡면론

3

3.1 복체란 도형의 조합적 표현이다

주어진 도형의 위상적 성질을 규명하고 위상적 불변량을 찾는 것은 위상수학의 중요한 연구 방법 중 하나이다. 하지만 주어진 도형의 위상적 성질을 밝히는 것은 때로는 어려운 일이며 아직도 풀리지 않은 많은 문제들이 남아있다. 이러한 문제들의 구체적 접근을 위하여, 위상수학자들은 종종 주어진 도형을 이산적 혹은 조합적으로 표현하고 있다. 이를 보이기 위하여 우선 낮은 차원의 cell 개념부터 소개해 보자.

(0) 0-차원 cell은 한 점(꼭짓점이라고도 함) A이다.

(1) 1-차원 cell은 선분(line segment 또는 edge) $a = AB$이다. 이 때, 선분 $a = AB$의 울타리에는 꼭짓점 A, B가 있으며, 이를 $A < a$, $B < a$로 표기한다.

(2) 2-차원 cell은 다각형(polygon, 多角形)이다. 예를 들면, 삼각형 $\sigma = \triangle ABC$는 2-차원 cell이며, 이의 울타리에는 선분 AB, BC, AC와 꼭짓점 A, B, C가 있다. 이 때, $AB < \sigma$, $A < AB < \sigma$ 혹은 $A < \sigma$ 등으로 표기한다(그림 3.1 참조).

(3) 3-차원 cell은 울타리로 다각형과 선분, 꼭짓점을 갖는 속이 찬 다면체(solid polyhedron, 多面體)이다.

여기서 1-cell(선분)의 울타리는 0-cell이고, 2-cell(다각형)의 울타리는 1-cell (선분)과 0-cell(꼭짓점)로 구성되어 있음을 알 수 있다(그림 3.2).

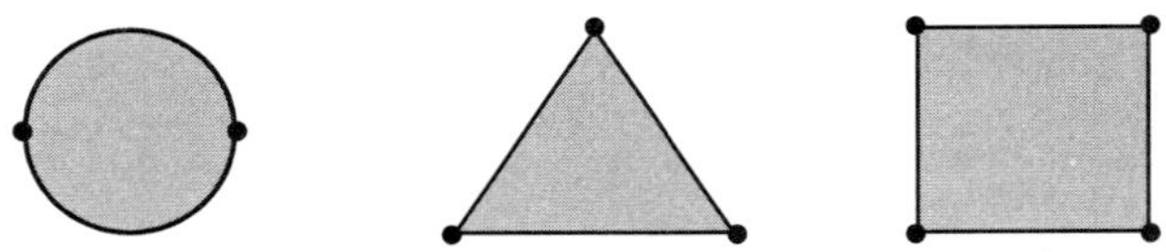

그림 3.1 다각형의 예

그림 3.2 0-, 1-, 그리고 2-cell

이제 고차원 cell을 귀납법적으로 정의해 보자.

정의 3.1 Euclid 공간의 부분집합 σ에 대하여 이의 내부 int(σ)가 n차원 열린 원판 $D^n = \{\mathbf{x} \in \mathbb{R}^n : \|\mathbf{x}\| < 1\}$과 위상동형이며 σ의 울타리가 차원이 낮은 유한개의 cell들(이를 **외면**(face, 外面)이라 부르고 τ가 σ의 외면일 때 $\tau < \sigma$로 표기함)로 이루어져 있을 때, 이를 n**차원 cell** 혹은 간단히 n-**cell**이라 부른다.

예제 **3.1** 그림 3.3의 (a)는 cell이 아니고, (b)는 cell이다. 왜냐하면, (a)의 울타리는 원 S^1으로서 이는 cell이라고 할 수 없지만 (b)의 울타리는 세 개의 0-cell과 세 개의 1-cell로 구성되어 있기 때문이다.

(a) (b)

그림 3.3 cell의 경우

정의 3.2 cell들의 유한집합 K가 다음을 만족할 때 **cell 복체**(cell complex, 複體)라 한다.

(1) σ가 K에 속하는 cell이라면, σ의 모든 외면도 K에 속한다.

(2) σ와 τ가 K에 속하는 cell이라면, $\text{Int}(\sigma) \cap \text{Int}(\tau) = \emptyset$이다.

K의 차원은 K에 속하는 cell의 차원 중에서 가장 높은 차원으로 정의하며 $\dim(K)$로 표기한다.

위 정의에서 조건 (2)는 그림 3.4에서와 같은 경우를 배제하여 복체의 구조를 단순화하기 위해서이다.(그림의 마지막 경우는 속이 빈 삼각형과 속이 찬 삼각형의 만남임).

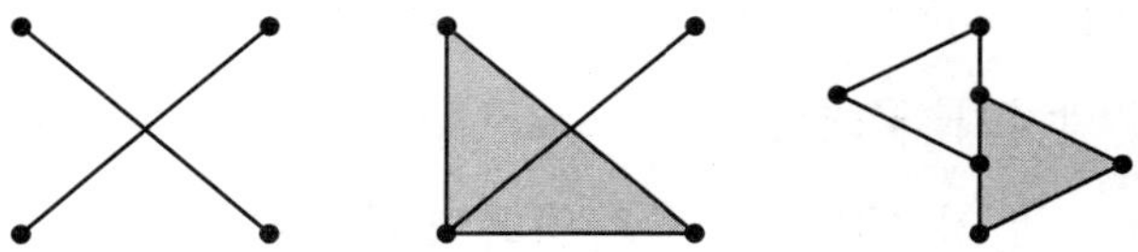

그림 3.4 복체가 아닌 도형

복체에 속하는 임의의 2-cell σ, τ에 대하여, $\sigma \cap \tau$는 σ의 외면인 (역시 τ의 외면이기도 한) $\emptyset$, 꼭짓점 혹은 선분이라야 하며, 이는 고차원 cell에서도 마찬가지이다. 그림 3.5는 복체의 예들이고 그림 3.6은 2차원 구면을 나타내는 복체들이다. 예를 들면, 그림 3.6의 사면체는 네 개의 꼭짓점인 0-cell, 여섯 개의 선분인 1-cell, 그리고 네 개의 삼각형인 2-cell로 이루어진 복체이다.

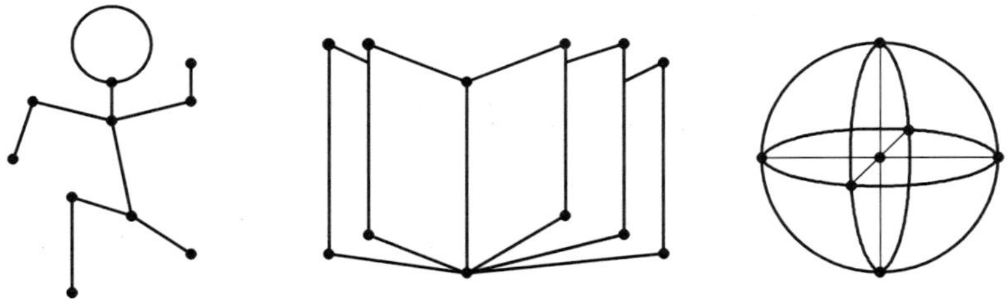

그림 3.5 복체인 도형

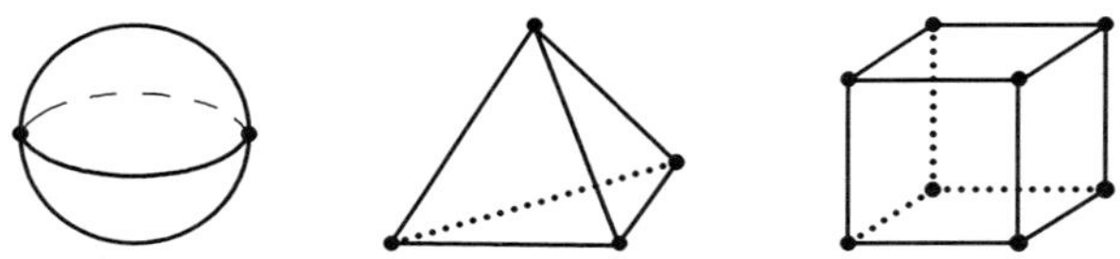

그림 3.6 구면의 복체

복체를 구성하기 위해서 cell을 붙일 때 선분은 선분과 꼭짓점은 꼭짓점과 붙여야 하며, 이는 고차원 cell에서도 같은 방법으로 붙여야 한다(예를 들면, 그림 3.1에서 오른쪽의 삼각형과 사각형은 다같이 2-cell이며, 위상동형이다. 하지만 3차원 이상의 복체를 구성하기 위해서 이들 삼각형과 사각형을 동일시하여 붙여서는 안 된다). 즉 cell을 붙일 때는 같은 차원의 같은 모양의 cell들을 붙여야 한다.

정의 3.3 K가 복체일 때, K의 **ℓ-골격(ℓ-skeleton)**은 K에서 차원이 ℓ 이하인 모든 cell의 모임 $K_\ell = \{\sigma \in K : \dim(\sigma) \leq \ell\}$을 의미한다. 여기서 K_ℓ은 ℓ차원 복체이고 $K = \cup_{\ell=0}^{n} K_\ell$ $(n = \dim(K))$이다.

문제 3.1 속이 찬 정다면체는 3차원 cell 복체임을 보여라. 각 복체에 대하여 ℓ-골격을 찾아라($\ell = 0, 1, 2, 3$).

문제 3.2 그림 3.7의 복체에 대하여 ℓ-골격을 찾아라($\ell = 0, 1, 2, 3$). 단, (a)는 속이 찬 삼각뿔, (b)는 속이 찬 정6면체와 속이 빈 공을 변으로 연결한 것이다.

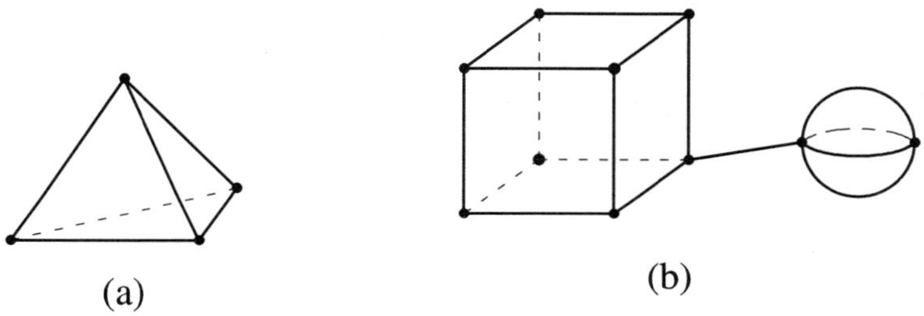

그림 3.7 복체의 예

지금까지 Euclid 공간에서 주어진 도형을 cell 복체(complex)를 이용하여 표현하는 방법을 보았다. 하지만 때로는 좀 더 추상적인, 하지만 조합적으로 다루기에는 편리한 다음 방법이 이용되기도 한다.

정의 3.4 유한개의 점 집합 V와 이의 부분집합의 모임인 K의 쌍 (V, K)가 다음 조건을 만족할 때 이를 (추상적) **단순복체**(simplicial complex, 單純複體)라고 부른다.

조건: σ가 K의 원소이면, σ의 모든 부분집합도 K의 원소이다.

이 때, V의 각 원소는 **꼭짓점**이라 하고, K의 각 원소는 **단체**(simplex, 單體)라 부른다.

특히 빈 집합(emptyset) $\emptyset$도 K에 속하고 이를 편의상 (-1)-차원 cell이라 부른다.

정의 3.5 Euclid 공간에서 $k+1$개의 점 $x_0, x_1, \ldots, x_k$가 $(k-1)$-차원의 어떠한 초공간(hyperplane, 超空間)에도 동시에 속하지 않을 경우, 혹은 동치적으로 $x_1 - x_0, x_2 - x_0, \ldots, x_k - x_0$가 (벡터로서) 일차독립일 때, 이들을 **아핀(affine)독립**이라 부른다. $k+1$개의 점으로 이루어진 아핀독립인 집합을 포함하는 최소의 볼록체(convex hull)를 **기하학적 k-단체**(k-simplex)라 부르고, Δ^k로 표기한다(그림 3.8 참조).

k-단체 Δ^k는 주어진 점 $x_0, x_1, \ldots, x_k$가 아핀독립이기만 하면 이들 점들의 선택에 관련없이 모두 위상동형이며 이의 표준형은

$$\Delta^k = \left\{ \sum_{i=0}^{k} a_i x_i \mid a_i \in [0,1], \ \sum_i a_i = 1 \right\}$$

이다.

예를 들어, 평면상에 세 점이 아핀독립이면 이를 포함하는 최소의 볼록체는 삼각형이지만, 아핀독립이 아니면 동일한 직선상에 놓이게 되어 이를 포함하는 최소의 볼록체는 선분이 된다. 그림 3.8은 저차원의 기하학적 단체를 보여준다.

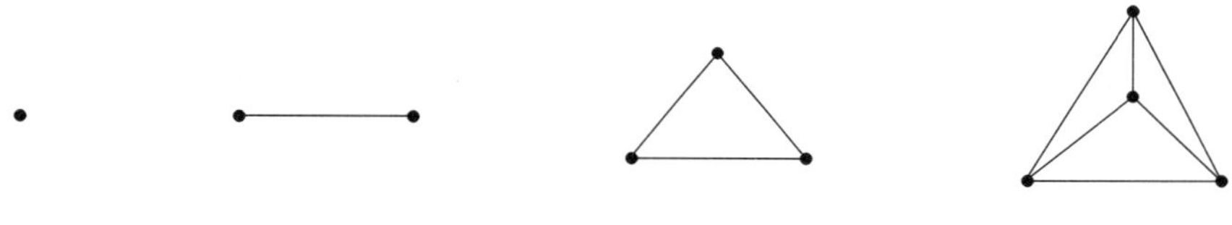

Δ^0 Δ^1 Δ^2 Δ^3

그림 3.8 기하학적 단체

단순복체 (V, K)의 기하학적 표현을 위하여, $\sigma \in K$가 $k+1$개의 점 집합일 때 σ를 기하학적 k-단체 Δ^k와 동일시하자. 이 때, 집합 σ의 각 원소는 k-단체 Δ^k의 꼭짓점과 동일시된다. 한편, K의 원소 σ와 τ에 대하여 $\sigma \cap \tau$가 $\ell + 1$개

의 점 집합일 때 σ와 τ에 대응되는 기하학적 단체는 기하학적 ℓ-단체를 외면으로 공유하게 된다.

정의 3.6 (cell 혹은 단순) 복체 K의 cell(혹은, 기하학적 단체)의 합집합(union)

$$|K| = \bigcup_{\sigma \in K} \sigma$$

를 K가 표현하는 **도형** 혹은 **다면체**(polyhedron, 多面體), 혹은 복체 K에 의하여 표현되는 위상공간이라 부른다(여기서 K가 단순복체이면 이의 원소 σ는 이에 대응되는 기하학적 단체를 의미한다). 실제로 이 때의 위상공간 $|K|$는 Euclid 공간의 부분공간과 동일하다.

예제 3.2 (*cell 복체이지만 단순복체가 아닌 예*) 그림 3.6에서 보여준 2차원 구면을 나타내는 세가지의 cell 복체 중에서 중앙의 정4면체만 단순복체이고 나머지는 단순복체가 아니다. 단순복체에서의 2-cell은 항상 삼각형임에 유의하자.

또 다른 예로 그림 3.9를 보자. 이는 토러스 T, 사영평면 P^2, Klien 병 K^2를 cell 복체를 이용하여 표현한 것이다. 여기서 동일한 기호 a, b 혹은 c로 이름 붙여진 선분은 동일한 1-cell을 의미한다. 이들 경우에 σ와 τ가 복체 K에 속하는 cell이라면, $\mathrm{Int}(\sigma) \cap \mathrm{Int}(\tau) = \emptyset$이지만 σ와 τ의 공통부분 $\sigma \cap \tau$는 σ와 τ의 단 한개의 외면(face)이 될 필요는 없다. 따라서 이들은 cell 복체이지만 단순복체는 아니다. 그림 3.9에서 보여주는 토러스 T, 사영평면 P^2, Klien 병 K^2는 다음 절에서 다시 상세히 다룰 것이다.

이제 독자들이 생각하는 도형을 복체를 이용하여 다면체로 표현해 볼 수 있을 것이다[1].

[1]위상공간의 이러한 조합적 표현은 대수적 위상수학에서 homology 군이나 cohomology 군의 계산을 위하여 대단히 중요하다.

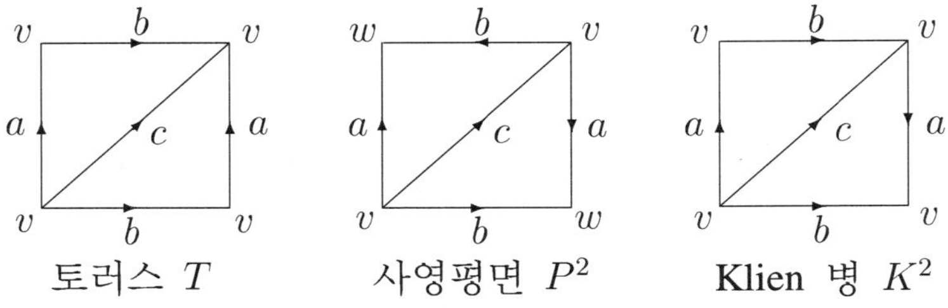

그림 3.9 cell 복체이지만 단순복체가 아닌 예

예제 **3.3** (*3차원 구를 표현하는 단순복체*) $V = \{v_0, v_1, v_2, v_3\}$는 꼭짓점 집합, 복체 K는 V의 모든 부분집합의 모임, L은 K에서 V 자신을 뺀 부분집합이라 하자. 그러면 K는 기하학적으로 삼각뿔(그림 3.7(a)인 속이 찬 삼각뿔)을 나타내는 단순복체이며 L은 정4면체를 나타내는 단순복체이다. 따라서 $|K|$는 속이 찬 3차원 구와 위상적으로 동형이며 $|L|$은 (속이 빈) 3차원 구와 위상동형이다(그림 3.6의 사면체 참조).

문제 3.3 그림 3.7(a)의 속이 찬 정4면체를 표현하는 복체와 이의 2-골격을 단순복체로 표현해 보아라. 한편, 그림 3.7(b)의 복체는 단순복체가 아니다. 그 이유를 보여라.

정의 3.7 두 개의 (cell 혹은 단순) 복체 K와 L을 생각해 보자. K의 꼭짓점 집합 V와 L의 꼭짓점 집합 W 사이에 전단사함수 f가 있어서 이 함수가 K와 L 사이에도 전단사함수를 유도할 때, 즉 전단사함수 $f : V \to W$가 존재하여 $f(\sigma) \in L$일 필요충분조건이 $\sigma \in K$일 때 f를 **복체동형함수**(complex isomorphism)라고 부르며, 이런 동형함수가 존재할 때, K와 L은 **동형**(isomorphic, 同型)이라 하고,

$$K \cong L$$

로 표기한다.

(cell 혹은 단순) 복체 K에 의하여 표현된 다면체 $|K|$의 위상적 구조를 밝히기 위하여 $|K|$상의 각 점의 근방(neighborhood)을 조사해 보자. 복체 K의 각 n-cell σ의 Int(σ)는 $\mathbb{R}^n$에서 n차원 열린 원판 $U_\varepsilon(x)$와 같은 위상구조를 가진다. 이제 $|K|$상의 위상은 K를 구성하는 각 cell의 위상을 이용하여 동일시 위상(identification topology)으로 정의된다. 즉 K내의 각 cell σ에 대하여 포함함수 $i_\sigma : \sigma \to |K|$를 생각할 때, 집합족

$$\mathscr{U} = \{U \subset |K| : i_\sigma^{-1}(U)\text{가 } \sigma\text{에서 열린 집합, } \forall\sigma \in K\}$$

는 $|K|$상에서 위상이 된다.

이를 2차원 복체를 예로 들어 자세히 설명해 보자. 우선 복체의 형성과정을 살펴보고 그 근방을 정의해 보자. 그림 3.10의 예를 살펴보자. 먼저 사각형에서 a_1과 a_2로 표기된 유향선분을 방향이 서로 맞도록 동일시하여 원통(cylinder)을 얻고 삼각형에서 유향선분 a_3를 다시 a_1과 동일시하여 원통에 붙이고 난 후, 마지막 선분에서 꼭짓점 B_4를 앞의 꼭짓점 B_1과 동일시하면 마지막 네 번째 도형 K를 얻는다.

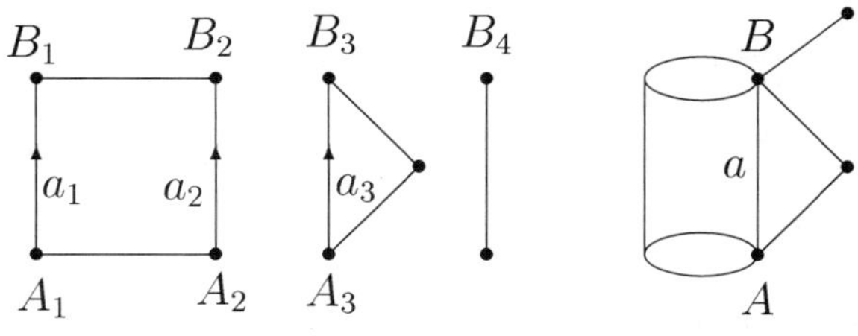

그림 3.10 복체 K의 구성

실제로, 복체 K는 주어진 4각형, 3각형과 한 개의 선분에서 a_1, a_2, a_3로 표기된 유향선분을 동일시하여 선분 a를 만들고, 꼭짓점 A_1, A_2, A_3를 동일시하여

꼭짓점 A를 만들고, 꼭짓점 B_1, B_2, B_3, B_4를 동일시하여 새로운 꼭짓점 B를 만드는 과정을 거쳐 구성된다. 화살표는 선분을 동일시할 때 그 동일시하는 방향에 대한 정보를 준다. 또한 K의 선분 a 위의 한 점은 다각형들에서 서로 다른 세 점이 동일시된 것이고, 꼭짓점 A는 세 점, 꼭짓점 B는 네 점이 각각 동일시된 것이다. 결과적으로 복체 K는 네 개의 꼭짓점, 네 개의 선분, 두 개의 루프, 2-cell인 삼각형과 사각형으로 이루어져 있다.

이제 2차원 복체 K에 의하여 표현되는 위상공간 $|K|$상의 각 점의 근방(neighborhood)을 조사해 보자. 공간 $|K|$상의 점은 다음 세 가지 경우 중 하나에 속한다. 어떤 2-cell의 내부에 속하는 점(즉 삼각형과 사각형의 내부에 속하는 점), 어떤 1-cell의 내부에 속하는 점(즉 선분의 내부에 속하는 점), 마지막으로 0-cell, 즉 꼭짓점인 경우이다.

2-cell의 내부점 x: 이 경우는 그 다각형의 내부에 속하는 작은 열린 원판을 근방으로 한다.

선분의 내부점 y: 이 경우는 세 가지로 나누어 생각한다. 먼저 y가 2-cell의 울타리가 아닐 때는 y의 근방은 그 선분의 내부에 속하는 작은 열린구간이다. 다음으로 y가 선분 a_i들을 동일시한 선분 a에 속하는 경우를 생각해 보자. 그러면 각 선분 a_i에 y와 동일시되는 점 y_i들이 있다. 그러면 삼각형 혹은 사각형 내에는 y_i를 포함하는 반쪽 원판(half-disk)인 근방이 있다. 이 반쪽 원판들은 (반경을 충분히 작게 잡아서) 서로 만나지 않고, 꼭짓점을 포함하지 않으며 반경이 같은 것들로 잡을 수 있다. 이제 선분 a_i들을 동일시하여 a를 얻으면 반원판들은 합쳐져서 K내에서 y의 근방을 이룬다(그림 3.11 참조). 마지막은 y가 선분 a를 제외한 삼각형의 나머지 울타리 선분이나 두 개의 루프에 속하는 경우로 이 때는 삼각형 혹은 사각형에서 반쪽 원판을 근방으로 가진다.

꼭짓점: 꼭짓점 B는 B_1, B_2, B_3, B_4가 동일시된 점이다. 꼭짓점 B_1, B_2, B_3에 대해서는 이들이 사각형 혹은 삼각형에 있으므로, 이 다각형에서 원판의 조각 모

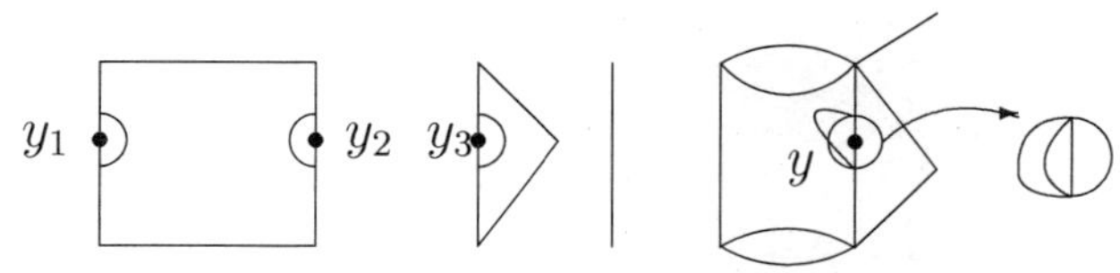

그림 3.11 cell의 내부에 있는 점 y의 근방

양인 근방을 잡는데 서로 만나지 않고 다른 꼭짓점을 포함하지 않으며 반경이 같도록 취한다. 꼭짓점 B_4에서는 이 점이 선분상에 있으므로 B_4를 끝점으로 하는 위에서와 같은 반경의 반 열린구간을 근방으로 잡는다. 이제 이 근방들을 동일시하면 K내에서 B의 근방을 얻는다. 꼭짓점 A에서는 꼭짓점 B의 경우와 유사하고 나머지 꼭짓점의 근방을 찾는 것은 독자에게 남긴다.

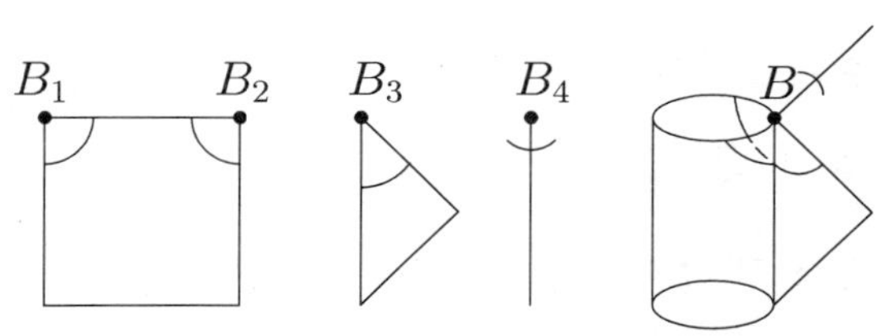

그림 3.12 꼭짓점 B의 근방

위에서 본 바와 같이 복체가 표현하는 도형에서는 각 점의 근방이 반드시 열린 원판이 아님에 주의해야 한다. 그러나 이와 같이 정의한 도형 $|K|$상의 위상은 $|K|$를 $\mathbb{R}^n$의 부분집합으로 생각할 때 유도되는 부분공간의 위상과 일치한다. 이러한 구성방법은 앞으로 도형을 이해하는 데 많은 도움을 줄 것이다.

3.2 곡면의 조합적 표현과 펼친 그림

우선 원통을 생각해보자. 원통은 사각형에서 한 쌍의 맞변을 붙인 것으로 생각할 수 있다. 그림 3.13에서 왼쪽 표현을 원통의 **펼친 그림**(polygonal

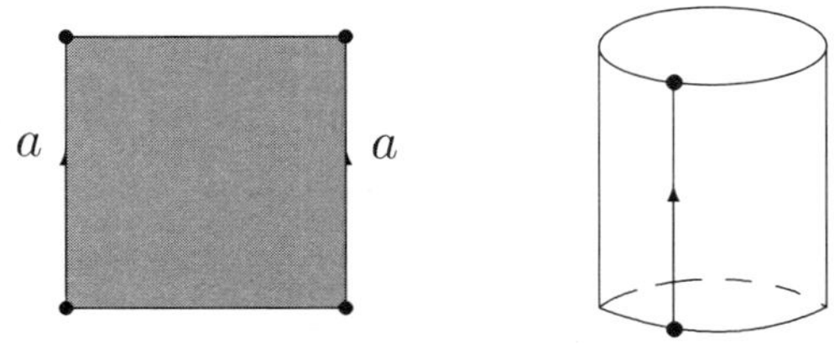

그림 3.13 원통(cylinder)의 펼친 그림

representation)이라고 한다. 원통의 cell 구조는 원통의 펼친 그림과 그것으로부터 얻은 원통 양쪽 모두에서 알아낼 수 있다. 그러나 원통의 펼친 그림에서 cell 구조를 살필 때는 동일시해야 하는 cell들에 주의해야 한다. 그림 3.13의 펼친 그림은 두 개의 꼭짓점, 한 개의 선분, 두 개의 루프, 2-cell인 사각형으로 이루어진 복체로 표현된 원통을 보여주고 있다. 원통은 비단 사각형뿐만 아니라 다른 다각형으로도 표현가능하다. 일반적으로 다각형의 변들에 동일시하는 정보를 준 그림을 어떤 도형의 펼친 그림이 된다.

예제 3.4 (*구면과 토러스 만들기*) 사각형에서 두 쌍의 맞변을 각각 동일시하여 또 다른 위상공간을 만들 수 있다. 그림 3.14에서와 같이 사각형을 굽혀 두 쌍의 맞변 a, b를 각각 붙이면 수영튜브의 표면과 같은 곡면을 얻게 되며 이것이 바로 토러스 T이다. 이는 한 개의 꼭짓점, 두 개의 루프, 한 개의 사각형으로 이루어진 복체의 표현이다. 또한 원판의 울타리를 그림 3.15에서와 같이 붙여서 구면 S^2를 얻을 수도 있다.

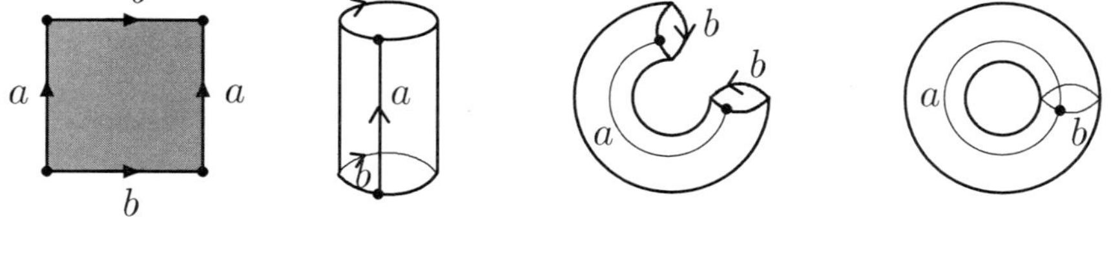

그림 3.14 토러스 T의 펼친 그림

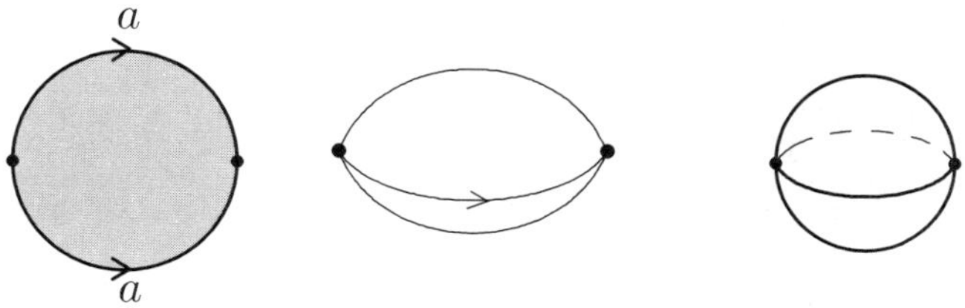

그림 3.15 구면 S^2의 펼친 그림

동일한 곡면을 표현하는 서로 다른 복체가 여러 개 존재하는 것과 마찬가지로 동일한 곡면을 표현하는 서로 다른 펼친 그림(polygonal representation)도 여러 개 존재할 수 있음에 유의하자.

예제 3.5 (*원통과 Möbius 띠의 차이점*) 그림 3.16에서와 같이 주어진 사각형의 맞변을 (한번) 꼬아 붙이면 Möbius 띠(Möbius band)[2]를 얻게 된다. 원통의 펼친 그림과 비교해 보자. 원통은 안쪽면과 바깥면의 양면을 가지고 있지만 Möbius 띠는 한쪽 면만 있음을 볼 수 있다(원통과 Möbius 띠의 면에 색칠을 하여 보아라.)

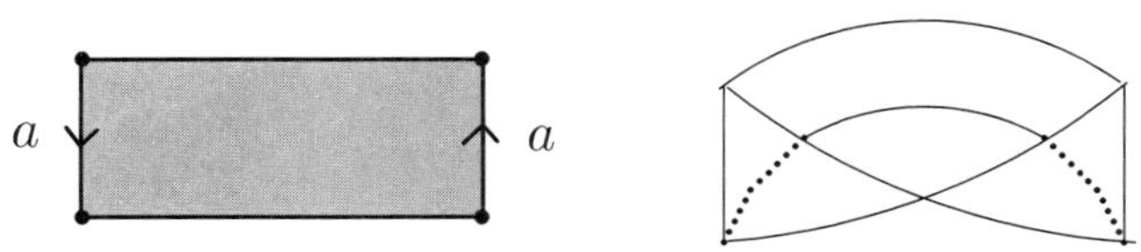

그림 3.16 Möbius 띠의 펼친 그림

Möbius 띠의 또 다른 흥미로운 성질은 띠의 중심선을 따라 가위로 자를 때 나타난다. 이는 그림 3.17의 펼친 그림에서 점선을 따라 자르는 것을 말하며 그 결과는 원통이 됨을 보여 주고 있다. 그러나 실제 종이로 만들어진 Möbius 띠 모형에서 가위로 중심선을 따라 자르면 이는 사각형 모양의 펼친 띠를 두 번 꼬

[2]August Ferdinand Möbius(1790∼1868)는 독일 수학자이며 천문학자로, 한쪽 면만을 가진 2차원 곡면인 Möbius 띠로 유명하다. 이는 위상수학이 학문으로 태어나는 동기가 된다.

인 후 맞변을 동일시하여 붙인 도형이 된다(그림 3.17 참조). 여기에서 주목하여야 할 것은 두 번 꼬인 띠의 맞변을 동일시하여 붙인 도형과 (꼬임없이 맞변을 동일시하여 붙인) 원통은 서로 위상동형이라는 것이다. 하지만 이들이 3차원 공간 $\mathbb{R}^3$에 매장되어 있는 모양은 다르게 보인다. 제1장에서 언급한 바와 같이 같은 도형이라도 공간상에 다양하게 매장될 수 있으므로 가능한 모든 매장을 조사하는 것 또한 위상수학의 중요한 한 연구분야이다.

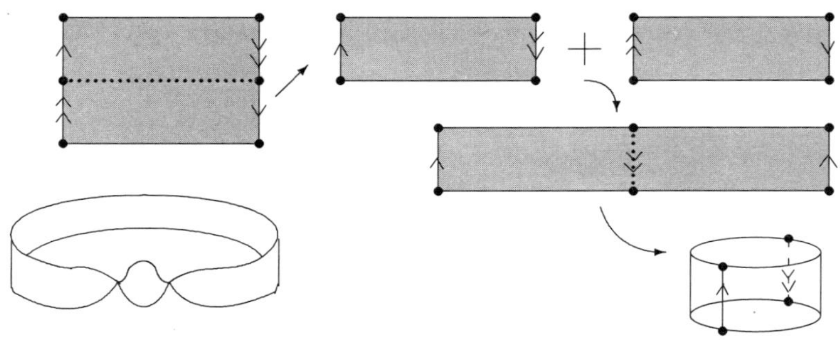

그림 3.17 Möbius 띠의 중심선 자르기

문제 3.4 Möbius 띠를 중심선 대신에 1/3선을 따라 자르면 어떻게 될까? 또한 1/4 선을 따라 자르면 어떻게 될까? 일반적인 답을 구하여라.

다시 복체의 이야기로 되돌아가 보자. 두 개의 n차원 복체 K와 L에 대하여 이들이 표현하는 다면체 $|K|$와 $|L|$이 위상적으로 동형이라 하더라도 복체 K와 L은 동형이 아닐 수 있다.

예제 3.6 (*복체동형과 위상동형의 차이점*) 단순복체 K와 K'이 다음과 같다고 하자.

$$V = \{v_0, v_1\}, \qquad K = \{\{v_0\}, \{v_1\}, \{v_1, v_2\}, \emptyset\},$$
$$V' = \{v_0, v_1, v_2\}, \quad K' = \{\{v_0\}, \{v_1\}, \{v_2\}, \{v_0, v_1\}, \{v_1, v_2\}, \emptyset\}.$$

그러면 K와 K'는 그림 3.18에서와 같은 그래프로 표현된다. 따라서 $|K|$와 $|K'|$는 위상동형이다. 그러나 V와 V'의 꼭짓점의 수가 다르므로 (V, K)는 단순복체로서 (V', K')과 동형일 수 없다. 여기서 그래프 K'는 K의 세분임에 유의하자.

그림 3.18 $|K| = |K'|$이나 $K \neq K'$인 예

이제 제2장 정의 2.10에서 다룬 그래프 세분을 복체의 세분으로 확장해 보자.

정의 3.8 n차원 cell 복체 K에 대하여 K_ℓ을 K의 ℓ-골격이라 하자. 그러면 K_1은 1-차원인 그래프이다. K_1의 각 선분 σ의 중점을 새로운 꼭짓점으로 취한 세분을 L_1이라 하자. 이제 K_2의 각 2-cell τ에 대하여 int(τ)의 중심점(barycenter, 重心點)을 새로운 꼭짓점 v_τ로 취한 뒤 이를 τ의 울타리로 나타나는 L_1의 모든 cell들과 결합(join)하여 K_2의 세분인 L_2를 얻게 된다(그림 3.19 참조). 이제 귀납법적으로 K의 모든 ℓ-cell ς의 중심점을 새로운 꼭짓점 v_ς로 취한 뒤 $\sigma < \varsigma$인 $L_{\ell-1}$의 cell들과 결합(join)하여 K_ℓ의 세분 L_ℓ을 정의할 수 있다. 이러한 과정을 K의 모든 차원의 cell에 취하여 새로운 복체를 만들고 이를 복체 K의 **첫 번째 세분**(barycentric subdivision, 細分)이라고 한다.

일반적으로 K의 모든 혹은 일부의 cell에 대하여 위와 같은 세분을 반복적으로 취하여 얻어지는 각각의 복체를 K의 **세분**이라 하고 K'라고 쓴다.

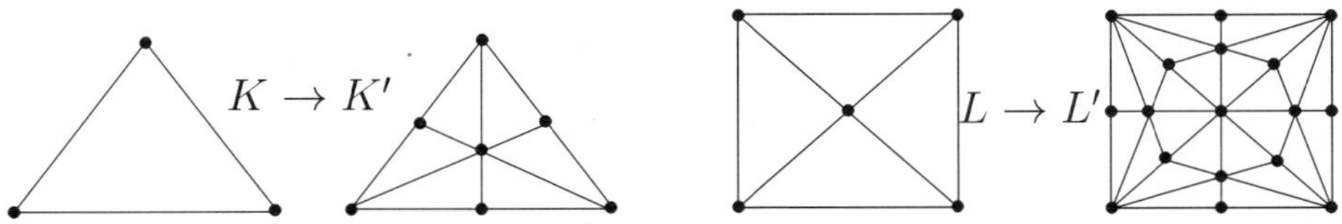

그림 3.19 복체의 첫 번째 세분

정의 3.9 두 개의 n차원 cell 복체(혹은, 단순복체) K와 L에 대하여 이들의 세분 K'와 L'을 적당히 선택하여 $K' \cong L'$(동형)되게 할 수 있을 때, 복체 K와 L을 **조합적 동형**(combinatorially equivalent)이라고 부르고,

$$K \approx L$$

로 표기한다.

복체 K'이 복체 K의 세분이라면 이들이 표현하는 위상공간은 항상 동형이다($|K'| = |K|$). 따라서 두 개의 n차원 복체 K와 L이 조합적 동형이면(즉 $K \approx L$), 이들이 표현하는 다면체 $|K|$와 $|L|$은 항상 위상동형이다. 하지만 이의 역은 쉬운 문제가 아니다.

Hauptvermutung[3]: 두 개의 n차원 cell 복체(혹은, 단순복체) K와 L에 대하여 $|K|$와 $|L|$이 위상동형일 때 K와 L은 조합적 동형인가?

물론, 그래프에 대하여는 이것은 참이다. 일반적으로 n차원 다양체에 대하여 Hauptvermutung은 차원이 1, 2, 3이면 참[4]이고, 6차 이상이면 거짓[5]이라는 것이 알려져 있다. 다양체의 정의는 다음 절에서 소개된다.

문제 3.5 그림 3.19 복체의 두 번째 세분을 구하여라.

---

[3] Main Conjecture란 뜻이며, 1908년 Steinitz에 의하여 제기됨.

[4] E.E. Moise, *Geometric Topology in Dimensions 2 and 3*, Springer-Verlag, New-York (1977) 참조.

[5] J. Milnor, *Two Complexes which are Homeomorphic but Combinatorially Distinct*, Ann. of Math. 74 (1961), 575-590 참조.

정의 3.10 위상공간 X가 **삼각화 가능(triangulable)**하다는 것은 X가 어떤 단순복체 (V, K)에 의하여 표현되는 위상공간 $|K|$와 위상동형임을 말한다. 이 경우 K를 X의 **삼각화(triangulation)**라고 부른다.

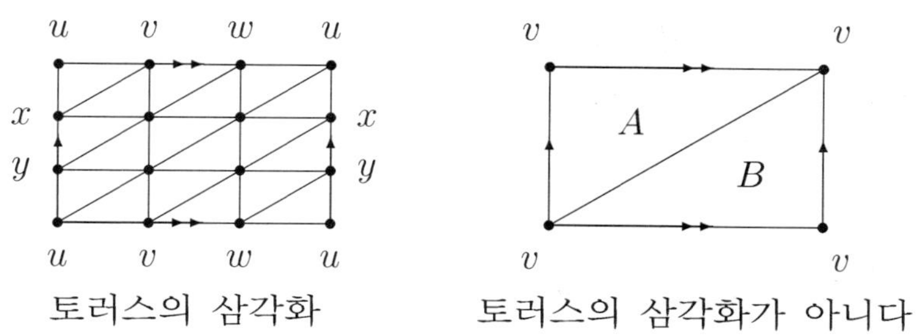

그림 3.20 삼각화(triangulation)의 예

자연스럽게 어떤 위상공간이 삼각화가 가능한지 궁금해진다. 더욱이 가능하다면 얼마나 많은 삼각화가 있는가? 앞에서 다룬 Hauptvermutung은 세분을 허용할 때 삼각화가 유일한가라는 질문이다. 다음 절에서 다양체의 정의를 공부한 뒤 어떤 다양체에서 삼각화가 가능한지 다시 다루기로 하고 여기서 이만 줄인다.

예제 3.7 (*단순복체는 cell 복체이지만 역은 성립하지 않는다*) 그림 3.20은 토러스의 삼각화(triangulation)에 대한 예이다. 오른쪽 도형에서는 2차원 단체 A, B에 대하여 교집합 $A \cap B$는 세 개의 선분과 꼭짓점 v로 이루어져 있어서 $A \cap B$가 단체가 될 수 없다. 따라서 이는 삼각화(triangulation)가 아니다(즉 오른쪽 도형은 cell 복체이지만 단순복체는 아니다).

주의: 그래프 G가 다중변이나 루프를 가지면, G는 단순복체의 1차원 골격이 될 수 없다. 그러나 모든 그래프의 2차 세분은 항상 단순그래프가 되어 이는 1차원 단순복체이다.

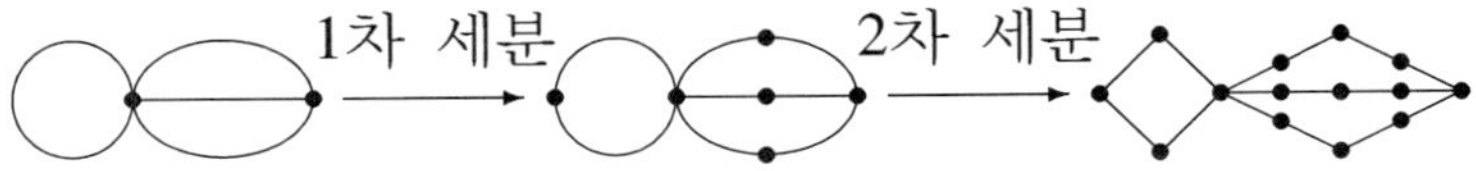

그림 3.21 그래프의 세분

더욱이 어떤 cell 복체(cell complex)도 2차 세분하면 단순복체(simplicial complex)가 된다는 것은 알려진 사실이다.

3.3 다양한 곡면 만들기

우리는 이미 곡면에 관련된 이야기를 해 왔다. 이 절에서는 곡면의 개념을 정립하고 다양한 곡면들을 소개하고자 한다.

정의 3.11 Hausdorff 위상공간 M에서 모든 점이 n차원 열린 원판 $D^n = \{\mathbf{y} \in \mathbb{R}^n \ : \ \|\mathbf{y}\| < 1\}$과 위상동형인 근방(neighborhood)을 가질 때 공간 M을 **n차원 다양체**(n-dimensional manifold, 多樣體)라고 한다.[6] 특히 2차원 다양체를 **곡면**(surface, 曲面)이라 부른다.

2차원 Euclid 공간 $\mathbb{R}^2$와 구면 S^2는 2차원 다양체, 즉 곡면이다. 구면 S^2를 3차원 Euclid 공간 $\mathbb{R}^3$의 부분공간으로 생각해 보자. 구면 S^2상의 임의의 x에 대하여 x의 근방

$$N = \{y \in S^2 \ : \ \|x - y\| < r\}, \quad \left(r < \frac{1}{3}\right)$$

[6]이를 구체적으로는 위상다양체라 부른다. 그리고 countable 기저(basis)를 가지거나 para-compactness를 정의에 요구하기도 하지만 본 교재에서는 복잡성을 피하기 위하여 생략하기로 한다.

을 생각하자. 이러한 근방은 마치 약간 휘어진 2차원 열린 원판과 같다. S^2의 펼친 그림에서는 내부에 있는 x의 근방은 쉽게 설명할 수 있다. 또한, 변에 있는 점 y의 근방은 그림 3.22와 같다. 이 펼친 그림의 선분을 동일시하면 반쪽 원판 두 개가 하나의 원판을 형성하며 이는 2차원 열린 원판과 위상동형이다.

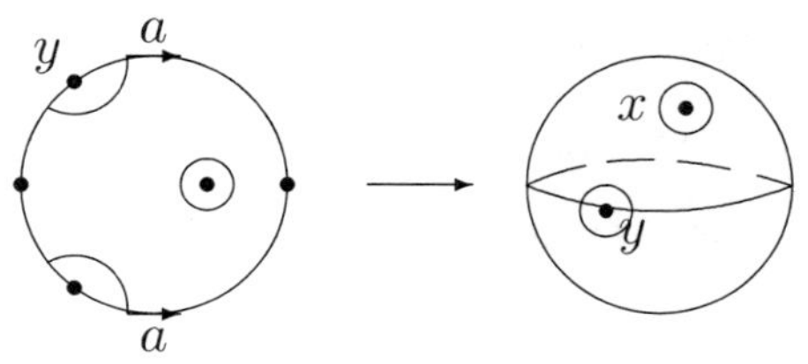

그림 3.22 구면에서 점의 근방

같은 방법으로 토러스가 3차원 공간 $\mathbb{R}^3$에 매장되어 있다면, 한 점의 근방은 마치 약간 휘어진 원판과 같다. 펼친 그림으로 작성된 토러스 T에서, 내부 점은 2차원 열린 원판과 위상동형인 근방을 가진다. 펼친 그림의 변의 점(edge point)들은 거기에 접하는 두 개의 반원판으로 이루어진 근방을 가진다. 사각형의 네 개의 모퉁이 점들은 모여서 토러스 T의 한 점을 형성하고 이 점은 그림 3.23에서 나타난 근방을 가진다. 즉 선분의 동일시 정보를 따라 이어 붙일 때, 네 개의 사분원은 2차원 열린 원판을 형성한다.

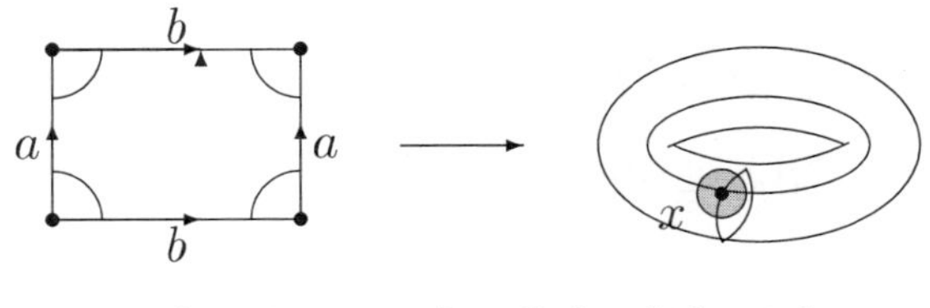

그림 3.23 토러스에서 점의 근방

울타리를 가지는 원통과 Möbius 띠는 열린 원판이 아닌 반쪽 원판 모양의 근방만 가지는 (울타리)점들이 있기 때문에 엄격한 의미에서 곡면이라 할 수 없다.

정의 3.12 Hausdorff 위상공간 M의 각 점이 n차원 열린 원판 $D^n = \{\mathbf{x} \in \mathbb{R}^n \ : \ \|\mathbf{x}\| < 1\}$, 혹은 반쪽 원판(half-disk)

$$D^n_+ = \{\mathbf{x} = (x_1, x_2, \ldots, x_n) \in \mathbb{R}^n \ : \ \|\mathbf{x}\| < 1 \text{ 이며 } x_n \geq 0\}$$

과 위상동형인 근방(neighborhood)을 가질 때 공간 M을 **울타리를 가지는 n차원 다양체**(manifold with boundary)라고 한다. 반쪽 원판과 위상동형인 근방은 가지지는, 따라서 열린 원판 D^n과 위상동형인 근방은 가질 수 없는 점들을 **울타리점**(boundary point)이라 하고 이들의 집합을 ∂M으로 표기한다(그림 3.24 참조). n차원 다양체 M이 긴밀(compact)하고 울타리점을 가지지 않을 때(즉 $\partial M = \emptyset$) 이를 **닫힌(closed) 다양체**라고 부른다.

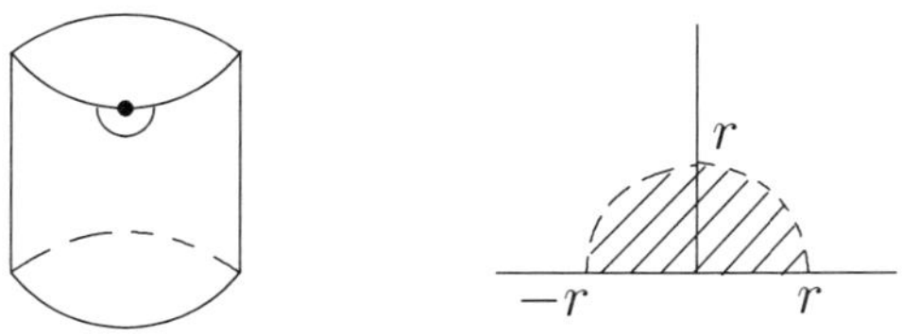

그림 3.24 울타리점과 그 근방

원통의 울타리는 두 개의 원주로 이루어져 있으나 Möbius 띠의 울타리는 한 개의 원주로 이루어져 있다. 그러나 구면과 토러스는 울타리가 없는 곡면이다.

주의: (1) 울타리를 가지는 곡면의 정의를 자연스럽게 하기 위해서는 n차원 열린 원판 D^n과 반쪽 원판 D^n_+은 위상적으로 동형이 아님을 보여야 한다. 직관적으로 보아, 열린 원판 D^n은 울타리점이 없지만 반쪽 원판 D^n_+은 울타리점이 있다. (제4장의 기본군을 배운 뒤 다른 증명 방법을 볼 수 있다.)

(2) 위상공간 X의 각 점이 열린 원판 D^n(혹은, $\mathbb{R}^n$)과 위상동형인 근방을 가진다

면 X는 Hausdorff인가? 답은 부정적이다. 예를 들면, 집합 $X = (-1,1) \cup \{p\}$이라 두자. 집합 X상의 위상 $\mathscr{U}$를 집합족

$$\{(\alpha,\beta) : -1 \leq \alpha < \beta \leq 1\} \cup \{[(\alpha,\beta) - \{0\}] \cup \{p\} : -1 \leq \alpha < 0 < \beta \leq 1\}$$

을 포함하는 최소의 위상이라 하자. 그러면 $(X, \mathscr{U})$는 Hausdorff는 아니지만, 각 점이 1차원 $\mathbb{R}^1$과 위상동형인 근방을 가진다(이를 증명해 보아라). 따라서 n차원 다양체 정의에서 Hausdorff라는 조건은 중요하다.

예제 3.8 (*다양체의 예*)

(1) n차원 다양체의 열린 부분집합은 역시 n차원 다양체이다.

(2) $S^n - \{\text{한 점}\} \cong \mathbb{R}^n$이기 때문에, S^n은 n차원 다양체이다(문제 1.9 참조).

(3) m차원 다양체 M과 n차원 다양체 N의 Cartesian 곱(product) $M \times N$은 $m+n$차원 다양체이다. 왜냐하면, $\mathbb{R}^m \times \mathbb{R}^n \cong \mathbb{R}^{m+n}$이기 때문이다. 따라서 $S^1 \times S^1$은 2차원 다양체이고, $S^1 \times S^1 \times \cdots \times S^1$($n$번 곱)은 n차원 다양체이다.

(4) 원통 $\{(x,y) \in \mathbb{R}^2 \mid 1 \leq x^2 + y^2 \leq 4\}$은 두 개의 원을 울타리로 가지는 2차원 다양체이다.

(5) 1차 연속함수 $y = f(x)$의 회전체 표면은 곡면이다(그림 3.25 참조).

예제 3.9 (*사영평면 P^2의 구성*) (1) 2차원 구면

$$S^2 = \{(x_1, x_2, x_3) \in \mathbb{R}^3 \mid x_1^2 + x_2^2 + x_3^2 = 1\}$$

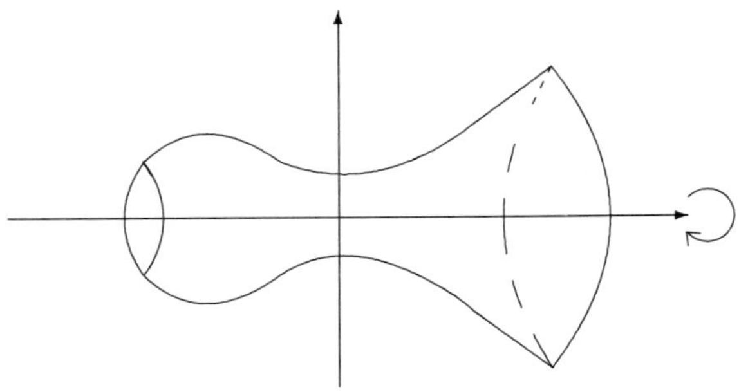

그림 3.25 회전체로 만들어진 곡면

상에서 동치관계(equivalence relation) $\sim$를 다음과 같이 정의하자. S^2상의 점 $x = (x_1, x_2, x_3)$, $y = (y_1, y_2, y_3)$에 대하여

$$x \sim y \quad \Leftrightarrow \quad x = y \quad \text{또는} \quad x = -y.$$

여기에서 자연 사영함수 $p : S^2 \to S^2/\sim$, $p(x) = \{x, -x\}$에 의하여 유도되는 상위상공간 $S^2/\sim$를 **사영평면**(projective plane, 射影平面)이라 하고, 이를 P^2로 표기한다. 이 때 사영함수 $p : S^2 \to P^2$는 국소동형함수이고 따라서 P^2는 2차원 다양체이다.

(2) S^2상의 각 점 x는 그의 원점에 대한 대칭점 $-x$와 동일시되어 P^2에서 한 점으로 나타난다. 특히 S^2의 남반구의 모든 점은 북반구의 대응점과 동일시되므로 사영평면 P^2는 적도(이는 원 S^1이다.) 위의 북반구에서 적도상의 점들을 원점에 대한 대칭점과 동일시하여 얻어지는 상공간과 위상동형이다(그림 3.26 참조). 이제 그림 3.26의 북반구를 위에서 바라보면 그림 3.27에서 닫힌 원판의 상공간으로 표현된다. 여기에서 이름이 붙어진 두 개의 호 a는 주어진 방향을 따라 기워 붙임을 의미한다.

(3) 그림 3.27의 펼친 그림(polygonal representation)에서[7] 선분 a의 근방을 남

[7]헝겊과 바늘과 실을 이용하여 펼친 그림 3.27에서와 같이 그 울타리를 기워보아라. 끝까지

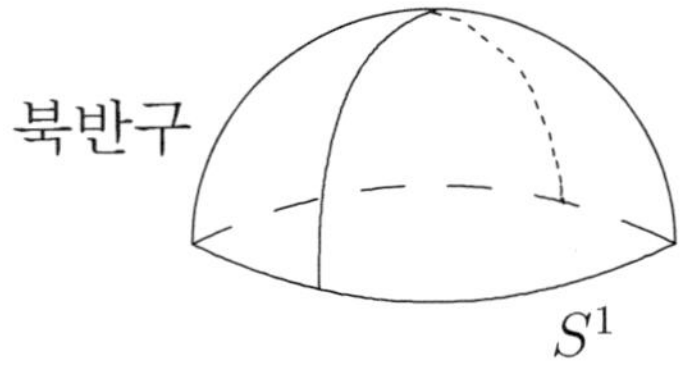

$$x \sim -x, \quad \forall x \in S^1$$

그림 3.26 사영공간 P^2의 표현

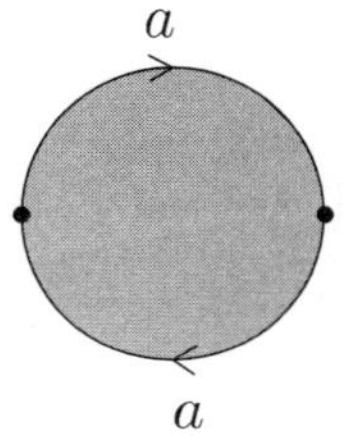

그림 3.27 사영평면의 펼친 그림

겨두고 중심점 근방의 작은 원판을 잘라내면, 남는 도형은 Möbius 띠가 된다(이를 보여라). 따라서 사영평면은 Möbius 띠를 포함하고 있음을 알 수 있다. 역으로, 구 S^2의 표면에서 한 개의 열린 원판을 잘라내면 남는 도형은 닫힌 원판이 되며, 이의 울타리인 원주에 Möbius 띠의 울타리를 따라 붙이면, 사영평면을 얻는다. 이와 같이, 곡면에서 원판을 잘라내고 그 울타리에 Möbius 띠를 붙여서 얻어지는 부분을 **crosscap(고깔)**이라고 부른다. 즉 사영평면은 한 개의 crosscap(고깔)을 가지는 구면이라고 말할 수 있다. 그림 3.28의 왼쪽 그림은 Möbius 띠를 보여주며 여기에서 이름이 붙어진 호 a b는 a는 a와 그리고 b는 b와 각각 짝지어 (방향을 따라) 기워 붙임을 의미한다. 그림 3.28의 오른쪽 그림에서 곡면이 8자 모양으로 돌면서 수직방향의 선분에서 서로 만나는 것처럼 그려져 있지만 실제로는 만나지 않는다. 이는 4차원 공간에 있는 사영평면을 3차원 공간에서 그림으로 나타낼 때 나타나는 현상이다. 그림 3.30의 Klein 병에서도 마찬가지이다.

기울 수 있는가?

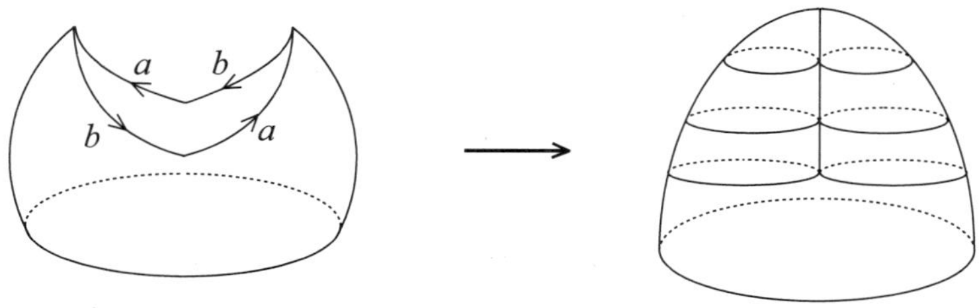

그림 3.28 Möbius 띠를 이어 붙어 crosscap(고깔) 만들기

예제 **3.10** (*곡면이 아닌 예*) 그림 3.29의 도형들은 곡면이 아니다. 왜냐하면 이들은 점 p에서 열린 원판이나 혹은 반 열린 원판과 위상동형인 근방을 가질 수 없기 때문이다.

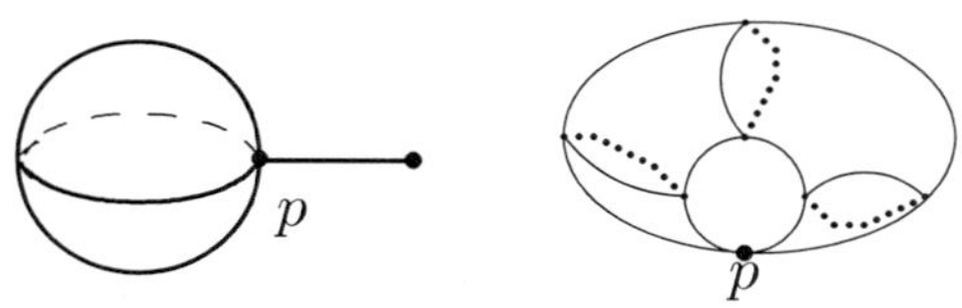

그림 3.29 곡면이 아닌 예

지금까지와는 다르게 그림 3.30과 같이 사각형의 변을 동일시해 보자. 이렇게 해서 얻은 곡면을 **Klein 병**(Klein bottle)[8]이라 하고 K^2로 표기한다. Klein 병은 3차원 공간에는 매장되지 않는다. 즉 펼친 그림의 정보대로 3차원 공간에서는 동일시할 수 없다(쉽지 않지만 그 이유를 밝히기를 시도해 보아라).

그림 3.31에서와 같이 한 평면에 주어진 무한 직선 ℓ과 그의 양변에 있는 점 A, B에서 ℓ과 만나지 않도록 평면상에서 점 A와 B를 선분으로 연결할 수 있

[8]Felix Klein(1849～1925)은 독일 수학자로서 '기하학이란 어떤 변환군에 의해 불변인 성질을 연구하는 것'이라고 강조하였다. 위상동형함수로 된 변환군을 취할 때 위상수학의 연구가 된다는 뜻이다.

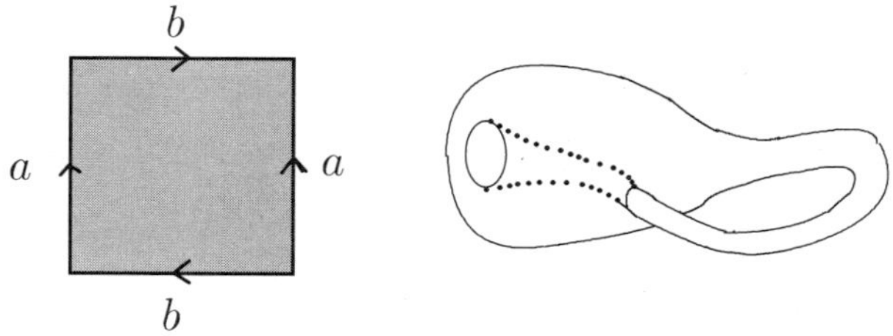

그림 3.30 Klein 병, K^2

겠는가? 이는 불가능하지만 3차원 공간 $\mathbb{R}^3$에서는 직선 ℓ을 뛰어넘음으로 가능하다. 같은 이유로 Klein 병은 4차원 공간 $\mathbb{R}^4$에 매장될 수 있다. Klein 병은 울타리가 없이 닫혀 있지만 토러스와 같이 한 개의 빈 공간을 에워싸지는 않는다(그림 3.30의 Klein 병에 물을 채워 넣는 것을 상상해 보아라!).

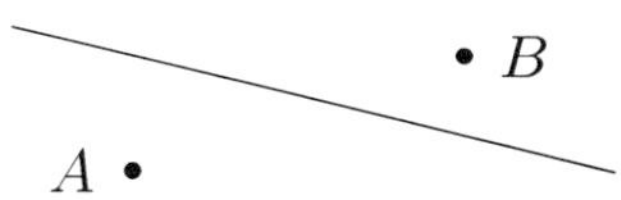

그림 3.31 A와 B를 분리하는 선분

Klein 병과 토러스의 또 하나의 다른 점은 Klein 병은 Möbius 띠를 포함하고 있다는 것이다. 사실은, Klein 병이 Möbius 띠를 가지고 있기 때문에 하나의 빈 공간을 에워쌀 수 없다. 그림 3.30과 3.32에서 Möbius 띠를 따라서 움직여 보아라. 그러면 Klein 병에 담긴 음료수는 Möbius 띠를 따라 병의 내부에서 외부로, 외부에서 내부로 흐를 수 있음을 알 수 있다.

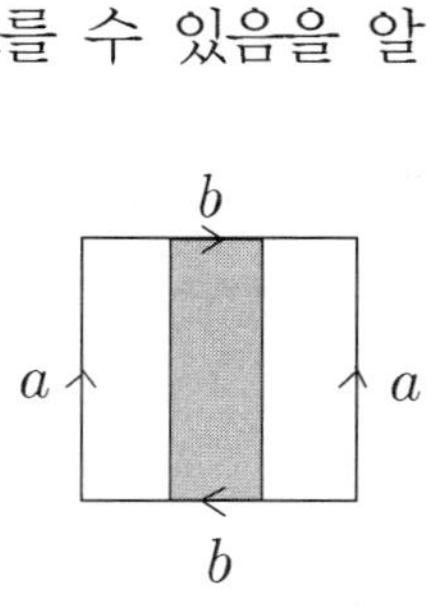

그림 3.32 Klein 병에 포함된 Möbius 띠

문제 3.6 사영평면(project plane) P^2는 3차원 실수 벡터공간 $\mathbb{R}^3$에서 모든 1차원 부분벡터공간들이 이루는 위상공간과 위상동형이다. 이를 보여라.

문제 3.7 Klein 병은 두 개의 crosscap(고깔)을 가지는 구면임을 보여라(그림 3.42 참조).

이제 곡면의 방향성에 대하여 공부해 보자.

정의 3.13 곡면 S가 다음 조건을 만족하는 2-cell들로 분해(decomposition)가 가능할 때, S를 **방향을 줄 수 있는 곡면**(orientable surface)이라고 부른다.

방향가능조건: 각 2-cell에 시계방향 혹은 반시계방향으로 방향을 정의하되, 인접하는 두 2-cell이 공통 울타리로 1-cell을 공유할 때, 이 두 2-cell은 같은 방향을 가진다. 이는 각 2-cell에 그림 3.33에서와 같이 시계 혹은 반시계방향을 화살표로 표시할 때, 공유하는 1-cell의 좌우 근방에서 한쪽이 올림화살방향이면 다른쪽은 내림화살방향이 됨을 의미한다.

S가 위의 방향가능조건을 만족하는 2-cell들로 분해될 수 없는 경우 S를 **방향을 줄 수 없는 곡면**(nonorientable surface)이라고 부른다.

예제 3.11 (*방향을 줄 수 있는 곡면과 방향을 줄 수 없는 곡면*) 원통은 방향을 줄 수 있지만, Möbius 띠는 방향을 줄 수 없다. 따라서 어떤 곡면이 Möbius 띠를 부분 공간으로 가질 때는 방향을 줄 수 없는 곡면이 된다. 그림 3.34에서 위의 세 곡면은 방향을 줄 수 있고 아래의 세 곡면은 방향을 줄 수 없는 곡면이다.

예제 3.12 (*곡면의 방향 주기*) 원통은 그림 3.33에서와 같이 각 2-cell에 시계방향으로 방향을 줄 수도 있지만 각 2-cell에 시계 반대방향으로 방향을 줄 수도 있다. 이와 같이 *방향을 줄 수 있는 모든 곡면에는 방향을 주는 방법이 항상 두 가지가 있다.* 예를 들어 구면 S^2를 구면 밖에서 보아 시계방향으로 방향을 고정하자. 이를 구면 속에 들어가서 보면 방향이 반대 방향으로 보일 것이다. 이와 같이 방향이 고정된 곡면을 **방향이 주어진(oriented) 곡면**이라고 부른다.

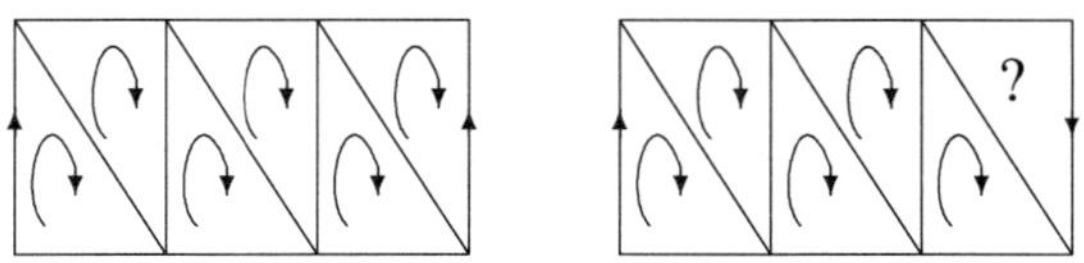

그림 3.33 원통과 Möbius 띠의 방향주기

문제 3.8 사영평면 P^2와 Klein 병 K^2의 삼각화(triangulation)를 구하여라. 그리고 방향을 줄 수 있는지 여부를 조사해 보아라.

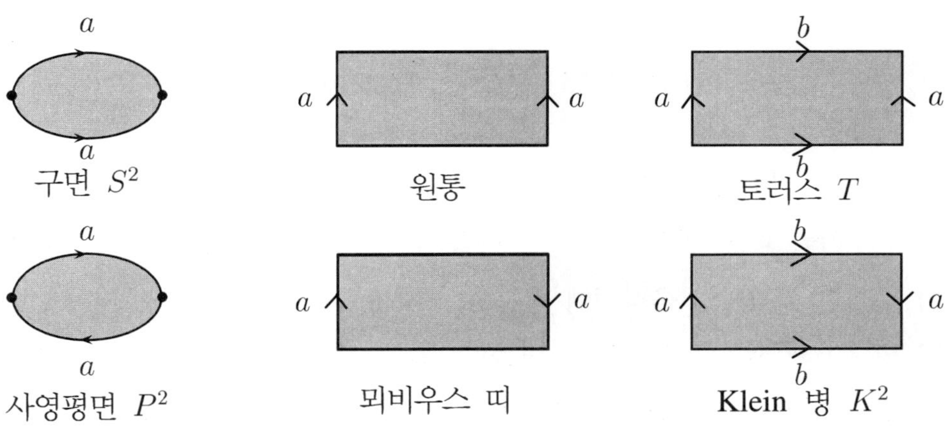

그림 3.34 여러 곡면의 펼친 그림

예제 **3.13** 그림 3.35(a)는 이중 토러스(쌍둥이용 수영튜브)의 펼친 그림이고, 그림 3.35는 그의 동일시(identification) 과정을 보여준다. 이중 토러스는 방향을 줄 수 있는 곡면이다.

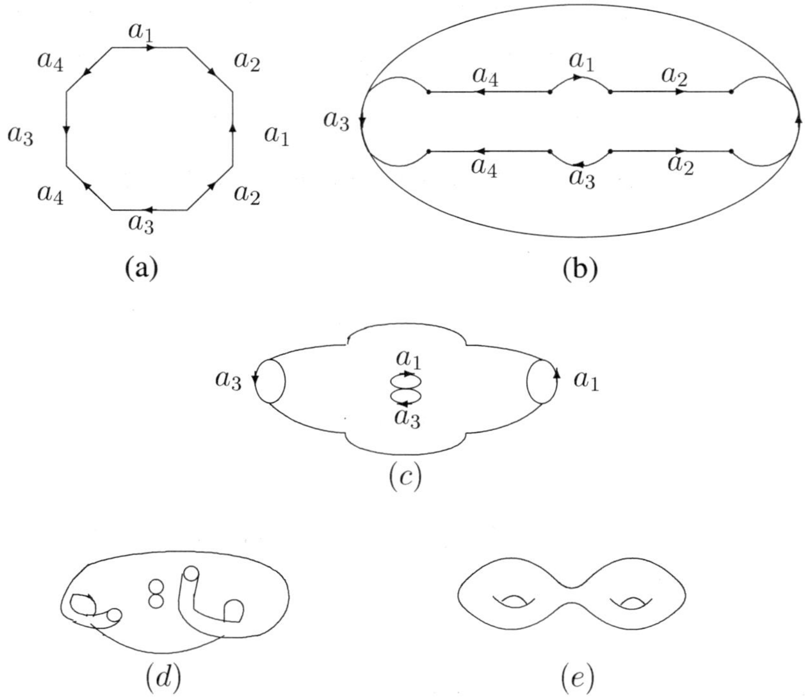

그림 3.35 이중 토러스의 구성 과정

지금까지 살펴본 바와 같이 다각형의 울타리에서 같은 이름을 가진 변들을 화살표를 따라 이어 붙이면 곡면을 만들 수 있다. 곡면의 또 다른 표현법을 위하여 주어진 다각형의 울타리에 방향을 고정해 두자. 예를 들어, 시계방향을 고정된 방향이라 생각하고 울타리 변들의 이름을 시계방향을 따라 읽어 보자. 울타리 변의 방향이 고정된 시계방향과 반대이면 이름에 지수 -1을 붙여서 표기하기로 하자. 이를 이용하여 펼친 그림(polygonal representation)의 울타리 변들의 이어 붙이기 정보를 보여주는 수열을 구할 수 있다. 이를 펼친 그림의 대수적 표현(algebraic presentation)이라고 한다. 예를 들면, 그림 3.36과 같다. 이때 시작하는 울타리 변의 선택은 중요하지 않다. 따라서 $aba^{-1}b^{-1}$, $ba^{-1}b^{-1}a$, $a^{-1}b^{-1}ab$ 등은 모두 토러스의 펼친 그림의 대수적 표현이다. 정확히 말하면 울타리 변들의 순환수열(cycle)이 펼친 그림의 대수적 표현(algebraic presentation)이다.

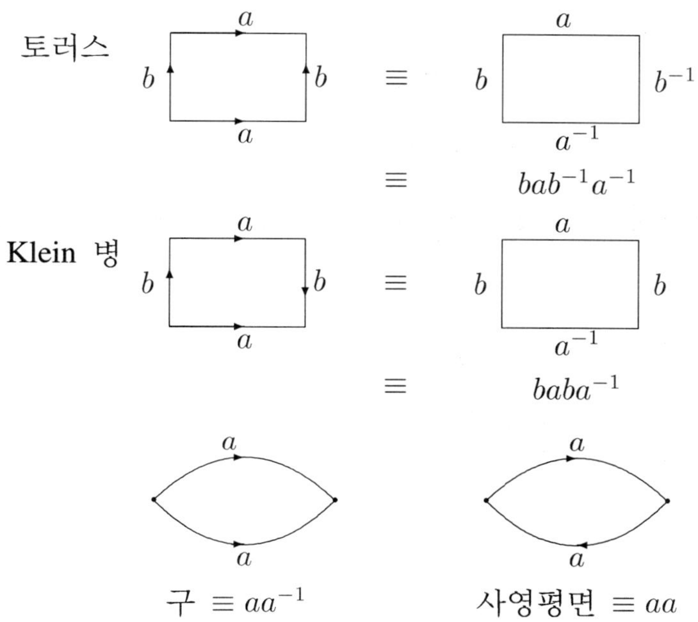

그림 3.36 곡면의 펼친 그림과 대수적 표현

모든 복체(complex)를 분류하고 위상적으로 동형이 아닌 모든 복체를 나열하는 것은 수학적으로 대단히 흥미로운 일이다. 예를 들어, 임의로 주어진 자연수 m, n에 대하여 m개의 꼭짓점을 가지는 n차원 단순복체로서 서로 동형이 아닌 복체를 모두 나열할 수 있겠는가? 하지만 이는 생각보다 복잡한 미해결 문제이므로[9] 곡면을 분류하는 문제로 제한하기로 하자. 그림 3.34에 있는 곡면의 특성을 살펴보자. 원통과 **Möbius** 띠는 울타리가 있으나 나머지는 울타리가 없는 닫힌 곡면들이다. 구면과 토러스는 모두 빈 공간을 하나 에워싸고 있다. 토러스는 그림 3.37 모양의 손잡이를 부분집합으로 가지고 있다. 이 부분집합을 손잡이(handle)[10]라 부른다. Klein 병은 손잡이는 없지만 crosscap(고깔)은 가지고

[9] F. Harary, *Graph Theory*, Addison-Wesley, Reading, Massachusetts, (1969) 참조.

[10] 그림 3.37의 손잡이가 부드러운 고무로 만들어졌다고 가정하고 안팎으로 뒤집기를 시도해 보아라. 가능한가?

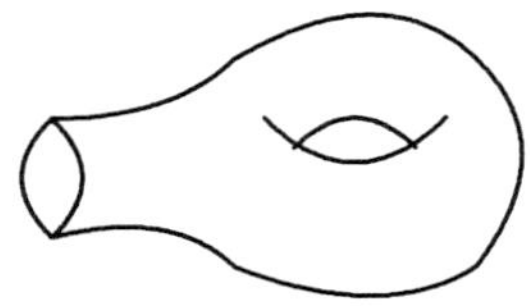

그림 3.37 손잡이(handle)

곡면의 예	울타리	공간 에워싸기	손잡이 혹은 고깔	방향주기
구면	없음	가능	없음	가능
토러스	없음	가능	있음	가능
원통	있음	불가능	없음	가능
Möbius 띠	있음	불가능	없음	불가능
Klein 병	없음	불가능	있음	불가능

표 3.1 곡면의 위상적 특성

있다.

지금까지 곡면의 몇 가지 예와 이들의 특성을 살펴 보았다. 표 3.1의 모든 특성은 위상동형함수에 의하여 불변인 성질이다. 그러면 이 특성들이 곡면을 완전히 결정하는가? 예를 들어, 주어진 곡면 S가 방향은 줄 수 있고, 손잡이와 울타리는 없고, 빈 공간을 하나 에워싸는 곡면이라면 이는 구면과 위상동형이라야 하는냐라는 질문을 생각할 수 있다.

정의 3.14 S_1과 S_2를 두 개의 곡면이라 하자. 각 곡면에서 적당히 작은 열린 원판을 제거하고 이들의 울타리인 원주를 마주 붙임으로써 새로운 곡면을 얻을 수 있다. 이를 곡면 S_1과 S_2의 **연결합**(connected sum, 連結合)이라 정의하고 $S_1\#S_2$로 표기한다(그림 3.38 참조).

주의: (1) 두 곡면 S_1과 S_2의 연결합 $S_1\#S_2$는 역시 곡면이다.

(2) 연결합 $S_1\#S_2$는 각 곡면에서 원판을 선택하는 위치에 무관하게 잘 정의된

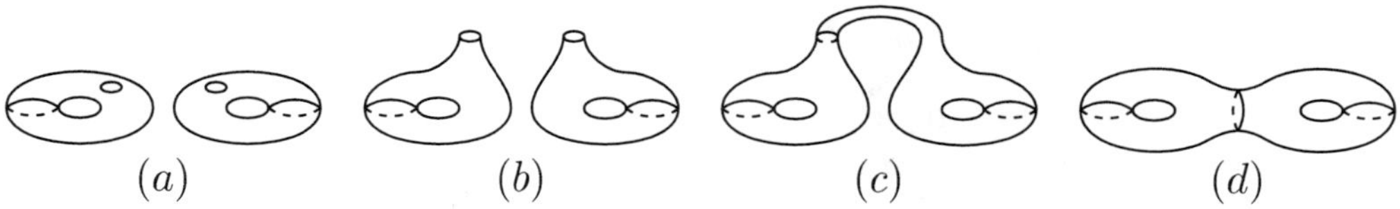

그림 3.38 곡면의 연결합 과정

다.

문제 3.9 두 곡면의 연결합이 곡면이 됨을 증명하고 모든 곡면 S에 대하여, $S\#S^2 \cong S$임을 보여라.

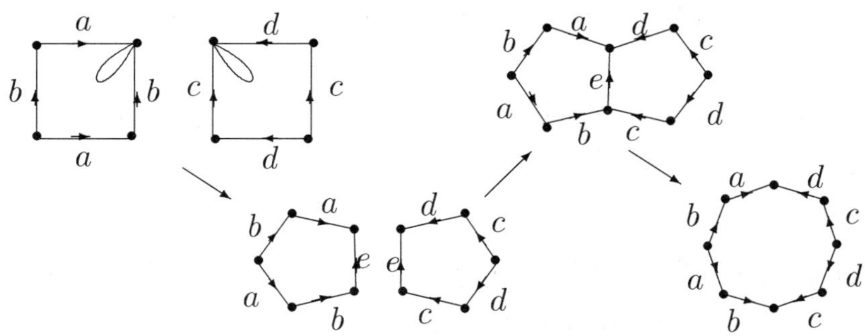

그림 3.39 토러스의 연결합 $T\#T$

연결합은 펼친 그림을 이용하여 설명할 수도 있다. 그림 3.39에서와 같이 $T\#T$를 구성해 보자. 각 T에서 조그마한 열린 원판을 제거하여 구멍을 만든다. 이해를 돕기 위해 꼭짓점을 울타리로 포함하는 열린 원판을 선택하여 구멍을 만드는 것이 편리하다. 각각의 구멍을 뻗쳐 열고 그 울타리를 따라 붙이면 손잡이가 두 개인 토러스의 펼친 그림을 얻게 된다. 이를 일반화하여 그림 3.40의 펼친 그림에서와 같이 n개 토러스를 연결합한 곡면을 구할 수 있다. 그림 3.40은 변이 $4n$개인 다각형에서 변에 짝을 지어 붙이는 정보를 준 것으로, 변의 방향

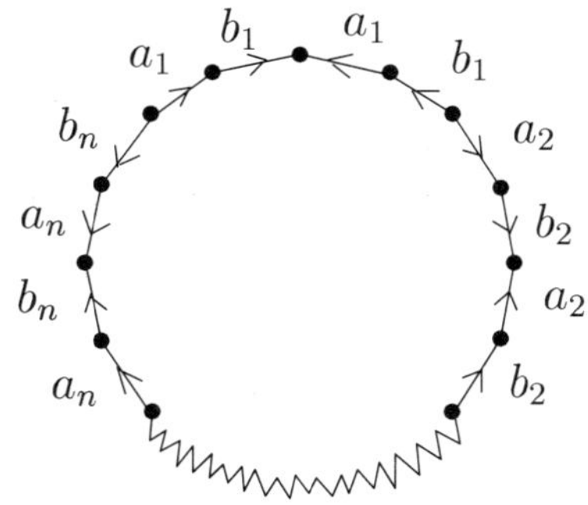

그림 3.40 n개의 손잡이를 가진 곡면 nT의 펼친 그림

이 반시계방향일 때 변의 이름 위에 지수 -1을 붙여서 시계 방향으로 변의 나열을 나타내면,

$$S_n: \ a_1 b_1 a_1^{-1} b_1^{-1} a_2 b_2 a_2^{-1} b_2^{-1} \cdots a_n b_n a_n^{-1} b_n^{-1}$$

이 된다. 이를 주어진 곡면 S_n의 표준형의 대수적 표현(algebraic presentation)이라고 한다.

예제 3.14 (*방향을 줄 수 있는 곡면과 방향을 줄 수 없는 곡면의 펼친 그림*) 짝수 개의 변을 갖는 다각형에서 변을 짝지어 붙이면 이는 곡면이 된다. 이 때 붙이는 방법을 나타내기 위하여 각 변에 방향을 표시한다. 그림 3.40의 펼친 그림에서는 각각의 짝지어진 변에서 한 개는 시계방향, 다른 한 개는 반시계방향으로 되어 있다. 만약 어느 짝지어진 변이 모두 시계방향이거나 모두 반시계방향이면, 이 곡면은 Möbius 띠를 가지게 되어 방향을 줄 수 없는 곡면이 된다(그림 3.41 참조). 따라서 모든 짝지어진 변이 서로 다른 방향을 가지면 곡면은 방향을 줄 수 있는 곡면이 된다.

연결합을 이용하여 많은 새로운 곡면들을 구성할 수 있다. 예를 들면, n개의 토러스의 연결합, Klein 병들과 토러스들의 연결합, 혹은 Klein 병들의 연결합

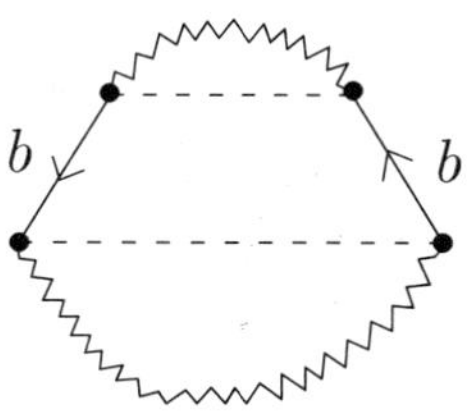

그림 3.41 펼친 그림 속의 Möbius 띠

을 생각할 수 있다. 사영평면 두 개의 연결합 $P^2\#P^2$를 생각하자(그림 3.42). 여기서 $P^2\#P^2$는 Klein 병임을 알 수 있다.

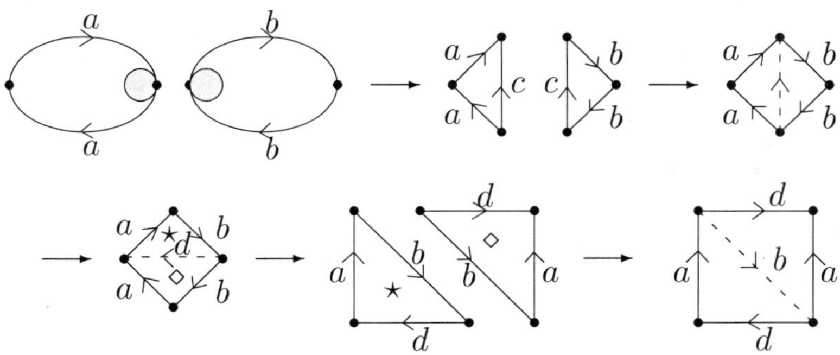

그림 3.42 $P^2\#P^2 \cong$ Klein 병

이렇게 자르고 붙이는 작업을 마음대로 해도, 처음 곡면과 마지막 곡면이 위상적으로 동형이 되겠는가라는 의문을 가질 것이다. 그러나 각 단계는 역으로 시행할 수 있고, 임의로 자른 것 같지만 실제로 동일시한 위상공간에서는 달라짐이 없다. 따라서 각 단계에서 도형의 위상이 바뀌지는 않는다.

정리 3.1

$$T\#P^2 \cong P^2\#P^2\#P^2.$$

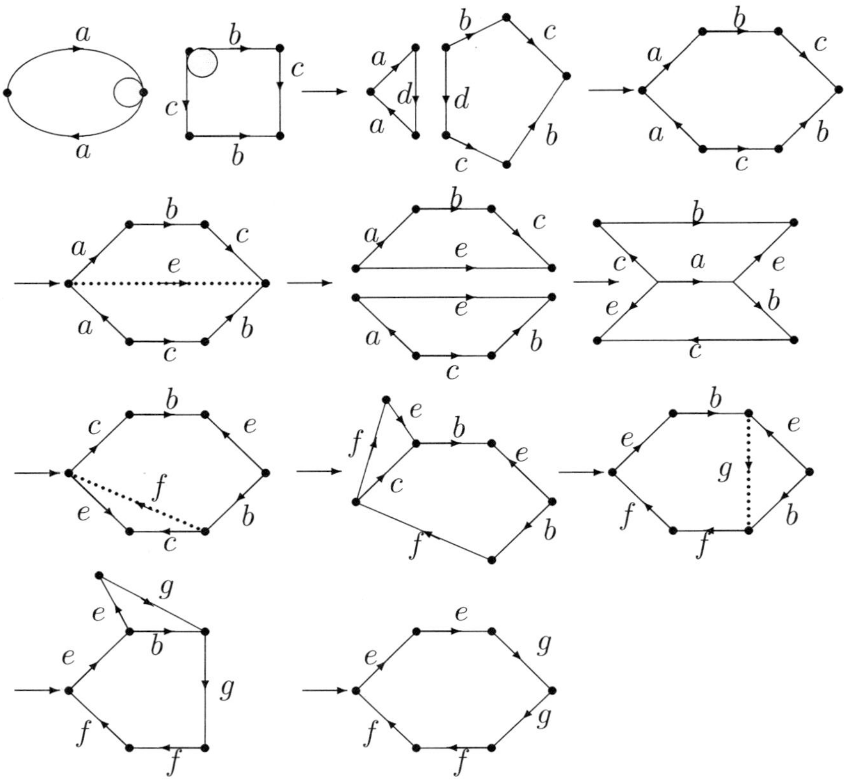

그림 3.43 $T\#P^2 \cong P^2\#P^2\#P^2$

증명: 그림 3.43을 참고하라. □

그림 3.44는 n개의 사영평면들을 연결합한 곡면의 펼친 그림이다. 이는 대수적으로

$$N_k : a_1a_1a_2a_2\cdots a_na_n$$

으로 표기한다. 이를 곡면 N_k의 표준형의 대수적 표현(algebraic presentation)이라고 한다.

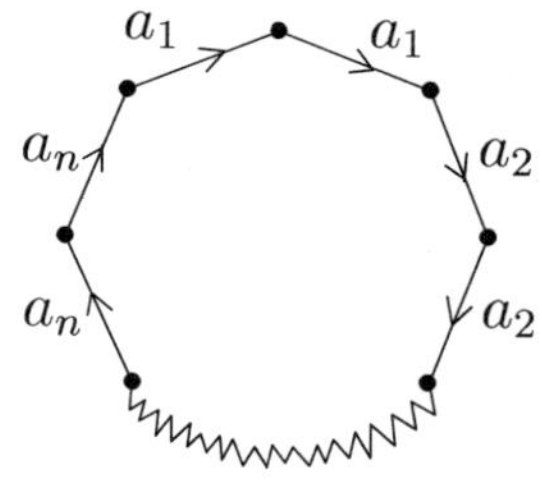

그림 3.44 n개의 crosscap(고깔)을 가지는 곡면 nP^2의 펼친 그림

주의: (1) 임의의 곡면 S에 대하여, 연결합 $S\#T$는 S에 손잡이 하나를 추가로 붙인 것이다 (그림 3.45 참조).

(2) 곡면 S에서 두 개의 서로 만나지 않는 열린 원판을 잘라내어 구멍을 만든 후에 두 구멍의 울타리에 원통의 각 울타리를 기워 붙이자. 각 울타리를 깁는 방법에 따라 두 가지 경우가 일어난다 (그림 3.46 참조).

(3) $S\#P^2$는 S에 열린 원판을 잘라내어 구멍을 내고 그 구멍의 울타리를 따라 Möbius 띠를 기워 넣는 것과 같다. 왜냐하면, $P^2 - \{$열린 원판$\}$은 Möbius 띠와 동형이기 때문이다(각자 증명해 보기 바란다). 따라서 $S\#P^2$는 한 면만을 가지게 되어 방향을 줄 수 없는 곡면이 된다. 실은, 곡면 S가 방향을 줄 수 없을 필요충분조건은 S가 Möbius 띠를 하나 포함하는 것임을 다음 절의 곡면의 분류에서 알게 된다.

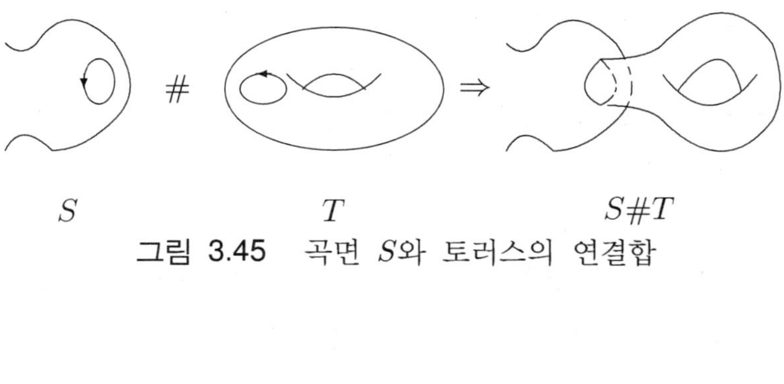

그림 3.45 곡면 S와 토러스의 연결합

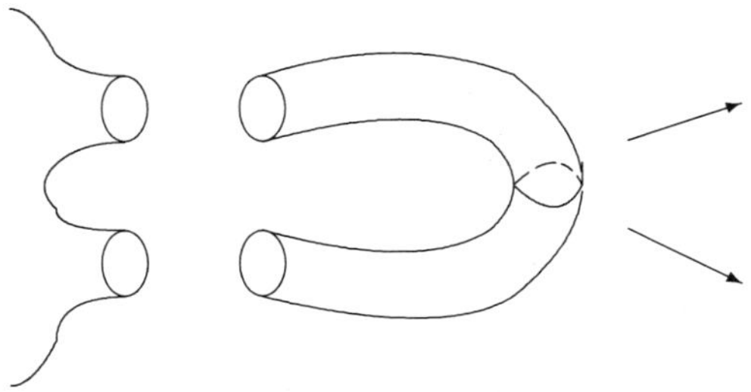

그림 3.46 곡면에 두 개의 구멍을 낸 후 원통을 깁는다.

문제 3.10 Klein 병과 사영평면은 방향을 줄 수 없는 곡면, 토러스와 이중 토러스는 방향을 줄 수 있는 곡면임을 이들의 대수적 표현을 이용하여 보여라.

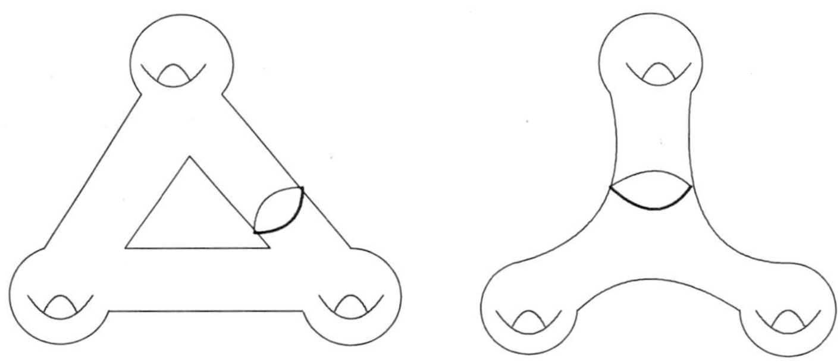

그림 3.47 두 곡면의 예

문제 3.11 그림 3.47의 두 곡면은 위상적으로 동형인가?

문제 3.12 Möbius 띠의 울타리는 원이다. 이 원을 한 점으로 축약하면 어떤 도형을 얻을 수 있는가?

앞 절에서 거론한 위상공간의 삼각화 가능성, 즉 단순복체의 구조를 가지는지의 이야기로 되돌아가 보자. 일반적인 답변은 너무 어려워 이를 긴밀 다양체에 국한하여 생각해 보자.[11] 알려진 사실은 3차원 이하의 다양체는 모두 삼각화(triangulation)가 가능하고[12] 더욱이 Hauptvermutung에 의하여 삼각화는 유일하다. 따라서 3차원 이하의 다양체는 조합적 표현과 조합적 연구가 가능하다. 하지만 4차원 다양체에는 삼각화가 불가능한 예[13]가 있고 5차원 이상에서는 아직 알려진 바가 없다. 하지만 단순복체 구조 대신에 cell 복체 구조를 가지는가 하는 문제는, 모든 4차원 다양체에서는 아직 알려진 바가 없고 모든 5차원 이상의 다양체는 cell 복체 구조를 가지는 것으로 알려져 있다.[14]

이와 같이 3차원 이상의 다양체를 다루는 일은 매우 어려운 수학에 속한다.

3.4 곡면 그래프와 **Euler-Poincaré** 정리; 곡면의 분류

2.3절에서는 어떤 그래프를 평면 $\mathbb{R}^2$에 매장할 수 있는가, 혹은 어떻게 매장되는가를 살펴보았다. 여기에서는 그래프를 주어진 곡면에 매장하는 방법을 조사해 보기로 하자.

정의 3.15 그래프 G를 변들이 공유하는 꼭짓점에서만 만나도록 곡면 S에 그린 그림을 그래프 G의 곡면 S로의 **매장**(embedding)이라고 말한다. 다시 말하면, 그래프 G의 곡면 S로의 **매장**이란 단사인 연속함수 $\imath : G \to S$를 말한다.

---

[11] 모든 미분가능다양체(smooth 다양체)는 삼각화가 가능하다. 이는 일찍이 1935년 S.S. Cairns에 의하여 밝혀졌다. 하지만 본 교재에서는 위상다양체만 다루고 있다.

[12] E.E. Moise, *Affine structures in 3-manifolds. V. The triangulation theorem and Hauptvermutung*. Ann. of Math. (2) 56(1952) 96–114 참조

[13] E_8이란 다양체가 있다. 1985년 A.J. Casson에 의하여 주어짐. S. Akbulut, J.D. McCarthy, *Casson's invariant for oriented homology 3-spheres. An exposition. Mathematical Notes,* 36. Princeton University Press, Princeton, NJ, 1990. 참조

[14] R. Kirby & L. Siebenmann, Ann. of Math Studies 88, 1977과 M. Freedman & F. Quinn, *Topology of 4-manifolds*, Princeton Univ. Press, 1990 참조.

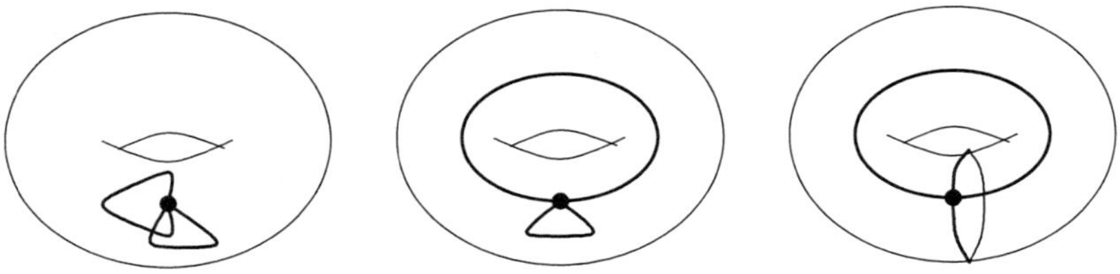

그림 3.48 토러스상의 매장과 2-cell 매장

$\imath : G \to S$가 매장(embedding)일 때 G와 $\imath(G)$를 때로는 동일시 한다.

정의 3.16 그래프 G가 곡면 S에 매장되어 있을 때 $S - G$의 연결성분을 주어진 매장에 대한 **영역** 또는 **면**(region 또는 face)이라고 말한다. 만약 모든 영역이 열린 원판과 동형이면 그 매장을 **2-cell** (혹은 **celluar**) **매장**이라고 말한다. 때로는 2-cell 매장 $\imath : G \to S$를 **map**이라고 부른다.[15]

예제 **3.15** 한 개의 꼭짓점과 두 개의 루프로 이루어진 그래프 B_2를 생각하자. 그림 3.48에서, 첫 번째 그림은 매장이 아니다. 겹치는 점에서 단사함수라는 조건이 충족되지 않기 때문이다. 두 번째 그림은 하나의 면이 원통이 되기 때문에 매장은 되지만 2-cell 매장은 아니다. 세 번째 그림은 2-cell 매장이다.

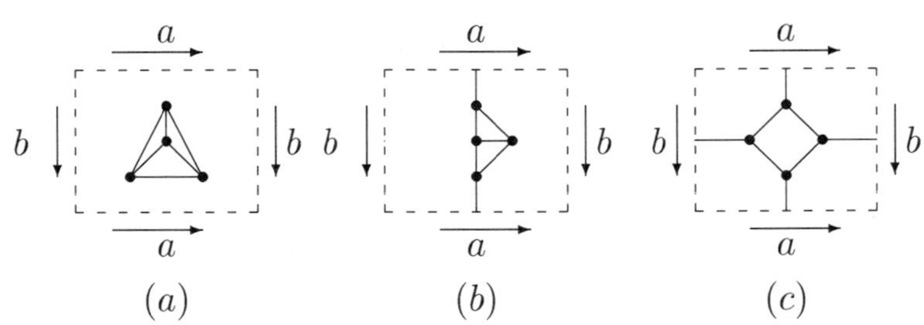

그림 3.49 K_4의 다양한 매장

[15]실은 $\imath(G)$를 곡면 S상의 **map**으로 볼 수 있다.

예제 3.16 그림 3.49는 K_4가 토러스에 매장되는 세 가지 경우를 보이고 있다. 그러나 그 중 (c)만이 2-cell 매장이다.

지금부터 그래프 G의 곡면 S로의 매장은 2-cell 매장만 다루기로 하고 $G \looparrowright S$로 표기하자.

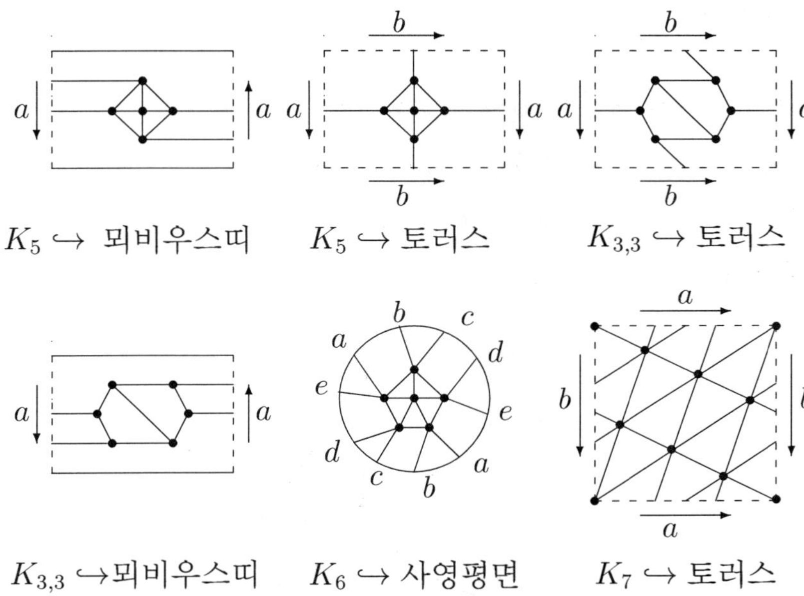

그림 3.50 곡면상의 그래프 매장

예제 3.17 그림 3.50은 그래프를 곡면에 (2-cell) 매장하는 다양한 방법을 보여 준다.

주의: (1) 2-cell 매장에서 영역의 폐포(closure)가 항상 닫힌 원판과 동형일 필요는 없다(그림 3.49(c) 참조).

(2) Möbius 띠는 울타리를 가지는 곡면이다. 이 울타리에 닫힌 원판의 울타리

를 기워 붙이면 사영평면이 되기 때문에, 어떤 그래프가 Möbius 띠에 매장된다면 그것은 사영평면에 매장될 수도 있다.

정의 3.17 곡면 S상에 2-cell 매장 $G \hookrightarrow S$이 주어졌다고 하자. 이 때 dual 매장 $G' \hookrightarrow S$는 다음과 같이 구성된다. 그래프 G'의 꼭짓점은 매장 $G \hookrightarrow S$의 영역(혹은 영역의 한 내부점)으로 하고, G'의 두 꼭짓점이 G'에서 선분으로 연결되는 경우는 매장 $G \hookrightarrow S$에서 선분을 공유하고 있는 경우이다.

그림 3.51에서 가는 선으로 그려진 그래프의 매장은 굵은 선으로 그려진 그래프의 dual 매장이다. 정의에 의하여 2-cell 매장 $G \hookrightarrow S$의 꼭짓점, 변, 영역의 개수를 각각 v, e, f라 하고, 이의 dual 매장의 꼭짓점, 변, 영역의 개수를 각각 v', e', f'라 하면, $v' = f, e' = e, f' = v$이다.

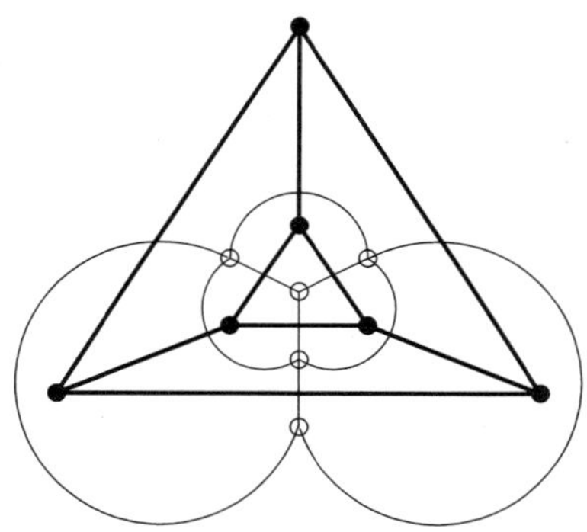

그림 3.51 그래프 매장의 Dual

문제 3.13 (1) 그림 3.50의 각 매장에서 영역(face)의 개수를 구하여라.
(2) 그림 3.50의 첫 세 매장에 대하여 이의 dual을 구하여라

주어진 그래프 G를 Euclid 공간 $\mathbb{R}^3$에 매장하여 그래프 G의 위상을 $\mathbb{R}^3$의 부분공간(subspace)으로 정의할 수 있었다. 두 그래프 G와 H의 각각의 어떤

세분 G'와 H'에 대하여 G'와 H'가 동형그래프(isomorphic)이면 G와 H는 실제로 위상동형(homeomorphic)이다. 따라서 2-cell 매장 $G \looparrowright S$는 단사이고 연속인 함수 $imath : G \to S$로 정의할 수 있다.

임의의 그래프 G에 대하여 구 S^2로의 2-cell 매장 $G \looparrowright S^2$가 주어지면, stereographic projection을 이용하여 $\mathbb{R}^2$로의 2-cell 매장 $G \looparrowright \mathbb{R}^2$를 구할 수 있다. 이의 역도 사실이다.

구 S^2나 $\mathbb{R}^2$가 아닌 곡면에 그래프를 매장하는 문제는 다음에 다시 다루기로 하고 여기서는 이만 줄인다.

정의 3.18 곡면 S를 S_g 또는 N_k라 하자. 여기서

$$S_g = S^2 \# T \# \cdots \# T;\ \ g\text{개의 손잡이를 가지는 방향을 줄 수 있는 곡면},$$
$$N_k = S^2 \# P^2 \# \cdots \# P^2;\ \ k\text{개의 고깔을 가지는 방향을 줄 수 없는 곡면}$$

이다.

(1) 그래프 G의 2-cell 매장 $G \looparrowright S$에 대하여 이의 Euler 표수(characteristic)는

$$\chi(G \looparrowright S) = \text{꼭짓점의 수} - \text{변의 수} + \text{영역의 수}$$

로 정의한다.

(2) 곡면 S의 Euler 표수 $\chi(S)$는 다음과 같다.

방향을 줄 수 있는 곡면 S_g에 대하여, $\chi(S_g) = 2 - 2g$이고,
방향을 줄 수 없는 곡면 N_k에 대하여, $\chi(N_k) = 2 - k$이다.

우리가 잘 아는 곡면에 대한 Euler 표수는 $\chi(S^2) = 2$, $\chi(P^2) = 1$, $\chi(T) = 0$, $\chi(K^2) = 0$이고, 그 외 모든 곡면의 Euler 표수는 음수이다.

다음 정리는 곡면의 분류정리이다.

정리 **3.2** 두 개의 연결인 닫힌 곡면이 위상동형일 필요충분 조건은 그들이 같은 Euler 표수를 가지면서, 모두 방향을 줄 수 있거나 또는 모두 방향을 줄 수 없는 곡면이 되는 것이다.

증명: 다음의 세 단계를 거쳐서 증명된다[16].

단계 1: 방향을 줄 수 있는 곡면 S_g에 대하여 $\chi(G \looparrowright S_g) = 2 - 2g$를 만족하는 그래프 G와 map $G \looparrowright S_g$가 존재한다. 방향을 줄 수 없는 곡면 N_k에 대해서는 $\chi(H \looparrowright N_k) = 2 - k$를 만족하는 그래프 H와 map $H \looparrowright N_k$가 존재한다. 실제로 곡면의 펼친 그림(polygonal representation)이 이를 만족한다(정리 3.3).

단계 2: S_g상의 모든 map $G \looparrowright S_g$에 대하여 $\chi(G \looparrowright S_g) = 2 - 2g$이고, N_k상의 모든 map $H \looparrowright N_k$에 대하여 $\chi(H \looparrowright N_k) = 2 - k$이다(정리 3.4).

단계 3: 닫힌 연결곡면은 S_g나 N_k 중 어느 하나와 위상동형이다(정리 3.6). □

정리 **3.3** 곡면 S가 S_g이거나 N_k일 때, 식

$$\chi(G \looparrowright S) = v - e + f = \chi(S)$$

을 만족하는 적당한 그래프 G와 S로의 2-cell 매장 $G \looparrowright S$가 존재한다.

[16] 독자들은 증명을 생략하고 정리를 받아 들여도 좋다.

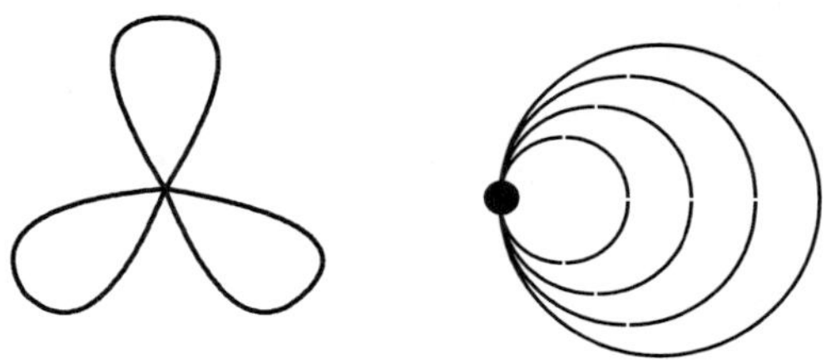

그림 3.52 3잎 bouquet B_3와 4잎 bouquet B_4

증명: 곡면 $S = S_g$에서 $g = 0$일 때, 즉 $S = S^2$는 앞에서 밝힌 바 있다(정리 2.11, Euler-Poincaré 정리(2) 참조).

$g > 0$일 때, S_g의 펼친 그림으로써 변이 $2g$개인 다각형에 그 울타리를 꿰매는 대수적 표현이 $a_1b_1a_1^{-1}b_1^{-1}\cdots a_gb_ga_g^{-1}b_g^{-1}$(그림 3.40 참조)인 것을 생각해 보자. 이제 울타리만을 생각하자. 위의 대수적 표현대로 울타리를 동일시하면 꼭짓점 한 개와 그 꼭짓점을 공유하는 $2g$개의 루프를 가지는 그래프 B_{2g}가 된다(이를 때로는 $2g$잎의 bouquet라고 부른다. 그림 3.52 참조). 이는 B_{2g}가 S_g에 매장되어 있음을 뜻한다. 더욱이 S_g의 펼친 그림에서 울타리를 제거하면 한 개의 열린 원판이므로, 이 매장은 2-cell 매장이다. 따라서 이 매장의 Euler 표수는 $\chi(B_{2g} \hookrightarrow S_g) = 1 - 2g + 1 = 2 - 2g = \chi(S_g)$이다.

방향을 줄 수 없는 곡면 $N_k(k > 0)$에서도 이의 표준형 대수적 표현인 $N_k : a_1a_1a_2a_2\cdots a_na_n$를 가지는 펼친 그림을 생각하자(그림 3.44 참조). 원판의 울타리에서 이 표현은 꼭짓점 한 개와 k개의 잎을 가지는 bouquet B_k가 곡면 N_k에 2-cell 매장되어 있음을 보여주고, 이 때 영역의 수는 한 개이다. 따라서 이 매장의 Euler 표수는 $\chi(B_k \hookrightarrow N_k) = 1 - k + 1 = 2 - k = \chi(N_k)$이다. □

정리 3.4 (Euler-Poincaré 정리(3)) 곡면 S가 S_g이거나 N_k일 때, 임의의

2-cell 매장 $G \hookrightarrow S$에 대하여

$$\chi(S) = v - e + f = \chi(G \hookrightarrow S)$$

이다.

증명: 방향을 줄 수 있는 곡면 $S_g\,(g \geq 0)$에 대하여 우선 증명하자. S_g의 손잡이의 개수 g에 대하여 귀납법적으로 증명해 보자. $g = 0$인 경우는 이미 참임을 밝힌 바 있다(정리 2.11 (Euler-Poincaré 정리(2)) 참조). 귀납법 이용을 위하여, 곡면 S_g에 대하여 정리가 성립한다고 가정하고, 임의의 그래프 G가 손잡이의 개수가 $g+1$인 곡면 S_{g+1}에 2-cell 매장되어 있다고 하자. 그리고 이 매장의 꼭짓점, 변, 영역의 개수를 각각 v, e, f라 하자. 이제 증명을 위하여 다음과 같은 방법으로 새로운 그래프 G_1과 이의 매장 $G_1 \hookrightarrow S_g$를 구성하자.

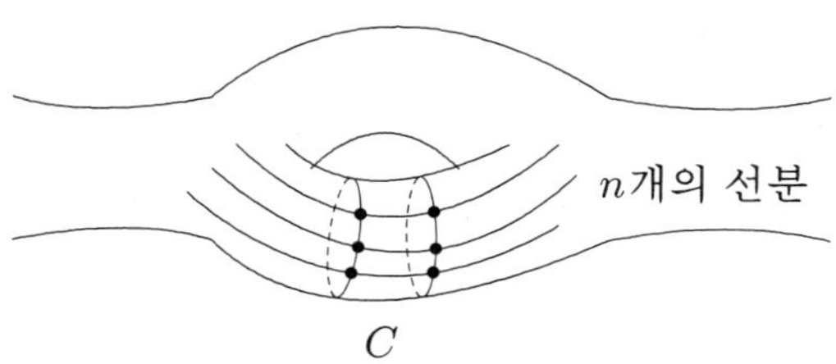

그림 3.53 곡면에서 원통을 잘라내기

그림 3.53에서와 같이 곡면 S_{g+1}상에서 원통 C를 생각해 보자. 이 때 원통 C의 높이를 충분히 작게 하여 원통 C에는 그래프 G의 꼭짓점이 포함되지 않도록 하자. $G \hookrightarrow S_{g+1}$이 2-cell 매장이므로 적어도 한 개의 G의 선분이 원통 C를 지나야 한다. 원통 C를 지나는 G의 선분의 개수를 n이라 하자. 이제 곡면 S_{g+1}에서 원통 C를 잘라내고 이 때 생기는 두 구멍에 두 개의 원판을 채워 넣는다(이때, 손잡이의 개수가 하나 줄어든다). 여기에서 새로운 그래프 매장 $G_1 \hookrightarrow S_g$를 구성하게 된다. 그래프 G_1의 꼭짓점은 그래프 G의 꼭짓점과 그래

프 G와 원통 C의 울타리 $\partial(C)$와의 교차점으로 구성된다. 그래프 G_1의 선분은 원통 C를 만나는 n개의 선분을 제외한 G의 모든 선분, 그래프 G와 원통 C의 울타리 $\partial(C)$와의 $2n$개의 교차점에서 원통의 바깥방향으로 이어진 $2n$개의 선분, 두 개의 원주인 $\partial(C)$상에서 $2n$개의 교차점을 이어가는 $2n$개의 선분들로 이루어진다. 새로운 매장 $G_1 \hookrightarrow S_g$에서 꼭짓점, 변, 영역의 개수를 각각 v', e', f'라 하면,

$$v' = v + 2n, \ \ e' = e + 3n, \ \ f' = f + n + 2$$

이고 귀납법의 가정으로부터

$$\chi(S_g) = 2 - 2g = v' - e' + f' = \chi(G_1 \hookrightarrow S_g)$$

이다. 따라서

$$\chi(G \hookrightarrow S_{g+1}) = v - e + f = v' - e' + f' - 2 = 2 - 2(g+1) = \chi(S_{g+1})$$

을 얻는다.

방향을 줄 수 없는 곡면 $N_k(k \geq 0)$에 대하여도, k에 대한 귀납법으로 증명해 보자. 고깔의 개수가 k이거나 k보다 작은 모든 곡면에 대하여 정리가 성립한다고 가정하고, 임의의 그래프 H가 N_{k+1}에 매장되어 있고 이 매장의 꼭짓점, 변, 영역의 개수를 각각 v, e, f라 하자. 그리고 새로운 그래프 H_1과 이의 매장 $H_1 \hookrightarrow N_k$를 구성해 보자. 곡면 N_{k+1}에서 한 개의 crosscap(고깔)을 고정하고 여기서 나타나는 Möbius 띠의 중앙선이 그래프 H과 p개의 선분에서 만난다고 하자. 더욱이 어떤 선분도 중앙선과 두 번 이상 만나지 않는다고 가정하자.

그림 3.54에서와 같이 중앙선을 따라 얇은 판의 근방(이는 작은 폭의 Möbius 띠이다.)을 잘라내고 여기서 생기는 (한 개의) 구멍에 원판을 채워 넣는다(이때,

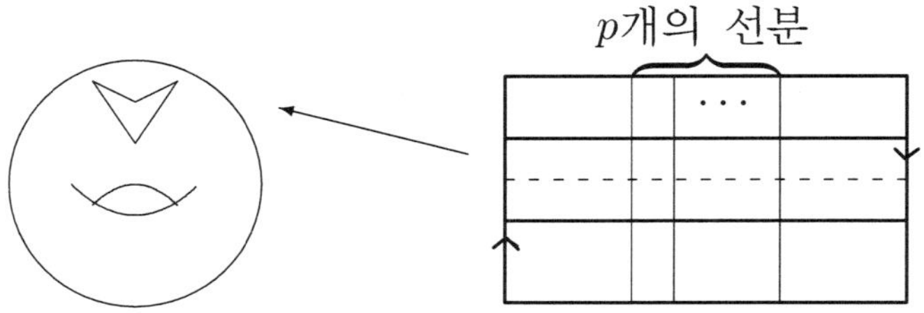

그림 3.54 곡면에서 Möbius 띠 잘라내기

crosscap(고깔)의 개수가 하나 줄어든다. 99쪽 참조). 그러면 방향을 줄 수 있는 곡면에서의 구성과 같이 새로운 매장 $H_1 \hookrightarrow N_k$를 구성할 수 있으며, 이 새로운 매장 $H_1 \hookrightarrow N_k$에서 꼭짓점, 변, 영역의 개수를 각각 v', e', f'라 하자. 그러면 새로운 매장에서 꼭짓점의 개수는 Möbius 띠의 울타리에서 $2p$개가 새로 생겨 $v' = v + 2p$, 변의 개수는 Möbius 띠의 울타리에서 $2p$개가 새로 생기고 Möbius 띠의 밖에서 p개가 새로 생겨 $e' = e + 3p$, 면의 개수는 Möbius 띠의 중앙선을 따라 잘라낸 자리를 채우는 새로운 한 개의 원판이 필요하고 Möbius 띠의 밖에서 p개가 새로 생겨 $f' = f + p + 1$이 된다. 귀납법을 이용하여

$$\chi(H \hookrightarrow N_{k+1}) = v - e + f = v' - e' + f' - 1 = 2 - (k+1) = \chi(N_{k+1})$$

을 얻는다. □

따름정리 **3.5** $i \neq j$에 대하여, $S_i \ncong S_j$이고 $N_i \ncong N_j$이다.

정리 **3.6** 동시에 방향을 줄 수 있거나 또는 동시에 방향을 줄 수 없는 곡면 S와 T에 두 그래프 G와 H의 2-cell 매장 $G \hookrightarrow S$와 $H \hookrightarrow T$가 주어져 있다고 하자. 이 때 만약

$$\chi(G \hookrightarrow S) = \chi(H \hookrightarrow T)$$

이면 두 곡면 S와 T는 위상동형이다.

더욱이 방향을 줄 수 있는 곡면상의 매장에 대한 Euler 표수는 2 이하인 짝수 정수이고, 방향을 줄 수 없는 곡면상의 매장에 대한 Euler 표수는 1 이하인 정수이다.

종합하면, 임의의 닫힌 연결곡면은 S_g나 N_k 중 어느 하나와 위상동형이다.

증명: 곡면 S와 T에 방향을 줄 수 있는 경우에만 증명하기로 한다(방향을 줄 수 없는 경우의 증명도 유사하며 이는 독자에게 남긴다.[17] 곡면 S와 T에 두 그래프 G와 H의 2-cell 매장 $G \looparrowright S$와 $H \looparrowright T$가 주어져 있고 $\chi(G \looparrowright S) = \chi(H \looparrowright T)$라고 가정하자. 편의를 위하여 e_G와 e_H를 그래프 G와 H의 선분의 개수로 표기하고, $e_G + e_H$에 대한 귀납법으로 정리를 증명하고자 한다.

먼저 $e_G + e_H = 0$인 경우에 정리가 참임을 보이자. 이 경우 두 그래프 G와 H는 모두 한 점 만으로 이루어진 그래프이므로, $G \looparrowright S$와 $H \looparrowright T$는 한 개의 영역을 가지는 2-cell 매장이 된다. 따라서 S와 T는 모두 구면일 수 밖에 없고 $\chi(G \looparrowright S) = \chi(H \looparrowright T) = 2$이다. 이제 정리가 $e_G + e_H \leq n$인 모든 경우에 참이라고 가정하고 $e_G + e_H = n + 1$인 경우를 생각하자. 이 경우 다음의 두 가지 경우가 있을 수 있다.

(i) $G \looparrowright S$ 혹은 $H \looparrowright T$가 두 개 이상의 영역을 가지는 경우

일반성을 잃지 않고, $G \looparrowright S$가 두 개 이상의 영역을 가진다고 가정하자. 그러면 그래프 G는 두 영역의 공통 울타리가 되는 선분 a를 가진다. 이제 $G \looparrowright S$에서 선분 a와 a를 울타리로 하는 영역을 제거하면 구멍이 생기게 된다. 이 구멍에 한 개의 원판을 채워 넣으면 새로운 매장 $G' \looparrowright S'$를 얻는다. 이 때 $\chi(G' \looparrowright S') = \chi(G \looparrowright S)$이며 $S' = S$이다. 한편, $e_{G'} + e_H = n$이므로, 귀납

[17] W.S. Massey, *Algebraic Topology: An Introduction*, Springer-Verlag, New-York (1977) 정리 5.1을 참조

법 가정에 의하여 $\chi(G' \looparrowright S') = \chi(H \looparrowright T)$는 2보다 작은 짝수이고 $S' = S$와 T는 위상동형임을 알 수 있다.

(ii) $G \looparrowright S$와 $H \looparrowright T$가 모두 한 개의 영역을 가지는 경우

이 경우 이 매장들의 영역에 꼭짓점을 대응시키고 주어진 영역이 한 선분을 공유하면 주어진 꼭짓점에서 대응하는 루프를 만들어 새로운 그래프가 그 곡면에 매장되도록 하자. 이렇게 얻어진 그래프의 매장을 주어진 매장의 **dual**이다. 편의상 그 **dual** 매장을 $\tilde{G} \looparrowright S$와 $\tilde{H} \looparrowright T$로 표기하자. 그러면

$$\begin{gathered} \tilde{G} \looparrowright S\text{의 꼭짓점의 개수} = G \looparrowright S\text{의 영역의 개수}, \\ \tilde{G} \looparrowright S\text{의 변의 개수} = G \looparrowright S\text{의 변의 개수}, \\ \tilde{G} \looparrowright S\text{의 영역의 개수} = G \looparrowright S\text{의 꼭짓점의 개수} \end{gathered}$$

이므로 $\chi(G \looparrowright S) = \chi(\tilde{G} \looparrowright S)$이다. 같은 이유로 $\chi(H \looparrowright T) = \chi(\tilde{H} \looparrowright T)$이다. 만약 그래프 $\tilde{G}$나 $\tilde{H}$가 두 개 이상의 영역을 가지면 경우 (i)에 의하여 증명이 종료된다.

이제 주어진 매장 $G \looparrowright S$와 $H \looparrowright T$가 모두 한 개의 꼭짓점과 한 개의 영역을 가진다고 가정하자. 영역이 한 개뿐이므로, 곡면 S와 T는 모두 짝수 개의 선분을 가지는 다각형에서 울타리의 선분을 짝지어 붙여 얻어진 곡면과 위상동형이 된다. 더욱이 $\chi(G \looparrowright S) = \chi(H \looparrowright T)$이고 S와 T는 방향을 줄 수 있는 곡면이기 때문에, 곡면 S와 T를 만드는 다각형은 같은 수의 선분을 가지게 되고 짝지어진 선분들의 방향은 서로 달라야 한다(대수적 표현으로는 선분 a에 짝지어진 선분은 a^{-1}이다). 다각형의 선분의 개수를 2ℓ이라 하자. $\ell = 1$이면 2각형을 가지게 되며, 이로부터 가능한 곡면은 aa^{-1}로 표현되는 구면 S^2이다. 하지만 aa^{-1}의 표현은 두 개의 꼭짓점을 가지므로 제외된다. 다음으로 $\ell = 2$이면 4각형을 가지게 되며, 여기서 한 개의 꼭짓점을 가지는 가능한 울타리 선분의 짝짓기는 $aba^{-1}b^{-1}$뿐이며, 따라서 곡면은 토러스뿐이다. 이제 곡면 S와 T를 만드

는 다각형의 대수적 표현에 $\cdots aa^{-1} \cdots$와 같이 인접한 선분이 동일시되었다고 가정해 보자. 이는 최소한 두 개 이상의 꼭짓점을 가지는 경우에만 가능하여 위의 가정에 모순이다. 따라서 이들은 그림 3.56(a)와 같이 서로 떨어져 교차하는 선분 a, b를 반드시 가진다. 그림 3.56에서와 같은 '자르기와 붙이기'를 통하여

$$\text{곡면} \quad S\text{의 표현은} \quad aba^{-1}b^{-1}\cdots$$
$$\text{곡면} \quad T\text{의 표현은} \quad cdc^{-1}d^{-1}\cdots$$

라고 할 수 있다. 곡면 S를 만드는 다각형에서 선분 a, b를 제외한 다각형으로부터 만들어진 곡면의 매장을 $G' \hookrightarrow S'$라 하자. 그러면 곡면 S는 곡면 S'과 $aba^{-1}b^{-1}$로 표현된 토러스의 연결합으로 얻어진 곡면과 위상동형임을 알 수 있다. 이와 같이, 곡면 T도 다각형에서 선분 c, d를 제외한 다각형으로부터 만들어진 곡면($H' \hookrightarrow T'$라 하자)에 $cdc^{-1}d^{-1}$로 표현된 토러스를 연결합과 위상동형이다. 그러면

$$\chi(G' \hookrightarrow S') = \chi(G \hookrightarrow S) + 2 \quad \text{이고} \quad \chi(H' \hookrightarrow T') = \chi(H \hookrightarrow T) + 2$$

이므로 귀납법의 가정에 의하여 곡면 S'과 T'은 위상동형이 되며, 따라서 곡면 S와 T도 위상동형이고 $\chi(G \hookrightarrow S) = \chi(H \hookrightarrow T)$는 2보다 작은 짝수이다. □

다음 정리는 모든 곡면들은 구면 S^2, 토러스 T와 사영평면 P^2들의 연결합으로 표현된다는 분류정리이다.

정리 3.7 (곡면의 분류정리) 닫힌 곡면 S는 다음 중 어느 하나와 위상동형이다.

(1) $S_g = S^2 \# \underbrace{T \# T \cdots \# T}_{g} = gT,\ g \geq 0.$

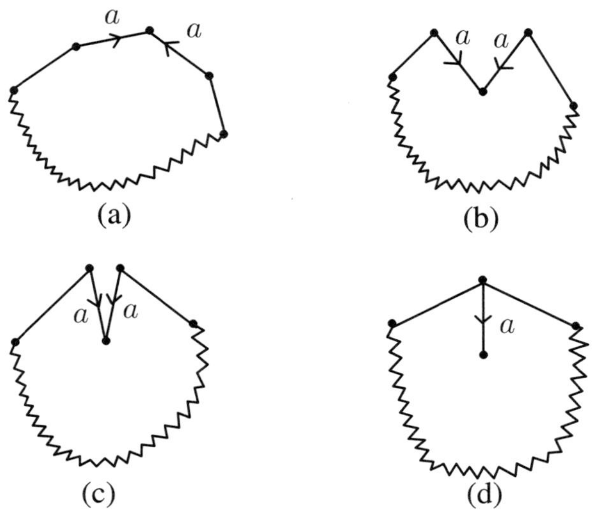

그림 3.55 aa^{-1}를 가지는 펼친 그림

(2) $N_k = S^2 \# \underbrace{P^2 \# P^2 \cdots \# P^2}_{k} = kP^2,\ k \geq 1.$

정의 3.19 곡면 $S^2 \# gT (g \geq 0)$를 종수(genus; 種數)가 g인 방향을 줄 수 있는 곡면이라 부르고, S_g로 표기한다. 또한 $S^2 \# kP^2 (k \geq 1)$는 종수가 k인 방향을 줄 수 없는 곡면이라 부르고, N_k로 표기한다. 편의상 방향을 줄 수 있는 곡면 S의 종수는 $\gamma(S)$로 표기하고, 방향을 줄 수 없는 곡면 S의 종수는 $\tilde{\gamma}(S)$로 표기하자. 즉, $\gamma(S_g) = g$는 S_g의 손잡이의 개수이고 $\tilde{\gamma}(N_k) = k$는 N_k의 고깔의 개수이다.

주의: 방향을 줄 수 있는 곡면 S의 종수 $\gamma(S)$가 g라는 것은 S가 S_g와 위상동형일 때를 말한다. 또한, 방향을 줄 수 없는 곡면일 때도 $\tilde{\gamma}(S) = k$이라는 것은 S가 N_k와 위상동형이라는 것이다.

문제 3.14 $mT \# nP^2$는 분류정리에서의 어떤 곡면과 위상적으로 동형인가?

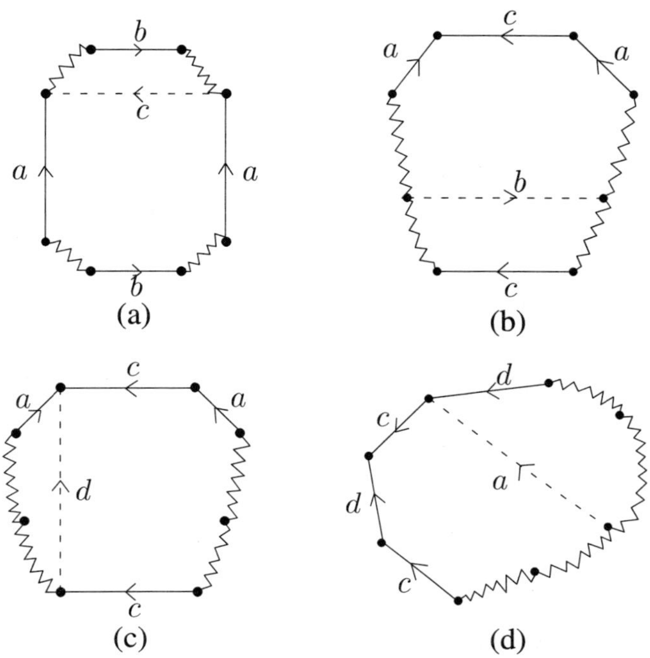

그림 3.56 펼친 그림에서 $aba^{-1}b^{-1}$를 골라내기

예제 3.18 두 곡면 S_1과 S_2에 대하여,

$$\chi(S_1\#S_2) = \chi(S_1) + \chi(S_2) - 2$$

임을 증명하여라.

증명: 곡면 S_1과 S_2에서 열린 원판을 제거하고 연결합을 취해 보자(그림 3.57 참조). 그러면 다음 사실을 유추할 수 있다. $S_1\#S_2$의 꼭짓점의 수는 S_1의 꼭짓점의 수와 S_2의 꼭짓점의 수를 더한 것보다 한 개 적다(변 a의 끝점과 변 b의 시작점은 같은 꼭짓점이다). 또한 $S_1\#S_2$의 영역의 수는 S_1의 영역의 수와 S_2의 영역의 수를 더한 것보다 한 개 적다($S_1\#S_2$에서는 영역 A와 B가 1개의 영역이 된다).

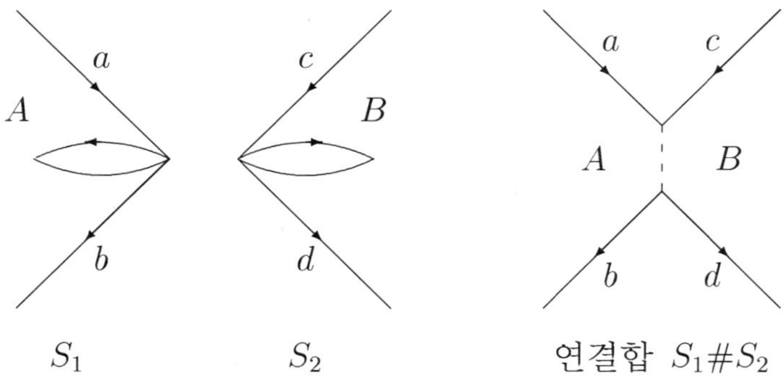

그림 3.57 $S_1\#S_2$

한편, 임의의 곡면 S에 대하여 $\chi(S) = v - e + f$이므로,

$$\chi(S_1\#S_2) = \chi(S_1) + \chi(S_2) - 2$$

이다. □

문제 3.15 모든 닫힌 곡면 S의 펼친 그림은 짝수 개의 선분을 가지는 다각형에서 울타리의 선분을 두 개씩 짝지어 붙인 모양이 되고, 역으로 짝수 개의 선분을 가지는 다각형에서 울타리의 선분을 두 개씩 짝지어 붙이면 곡면이 된다. 이때, 두 개씩 짝지어진 선분들을 $a_1, a_1, a_2, a_2, \ldots, a_n, a_n$이라고 이름 붙이고 이들에 방향을 생각하여 다각형에 (시계방향으로) 주어진 방향과 일치하면 a_i, 반대방향이면 a_i^{-1}로 표기하자. 이제 주어진 방향을 따라 다각형의 울타리를 표현하는 a_i 혹은 a_i^{-1}들의 순환순열(cycle permutation)은 곡면의 대수적 표현이다. 가능한 모든 대수적 표현에서 두 표현이 동일한 곡면을 표현할 때 이들을 동치라고 하고 '$\sim$'으로 표현하자. 동치관계식 '$\sim$'는 다음 3가지 관계식에서 생성된다. 이를 보여라.

관계식 (1) $Aaa^{-1} \sim A$,

관계식 (2) $AabBab \sim AcBc$, (선분의 이름을 다시 붙여서),

관계식 (3) $AB \sim (Aa)(a^{-1}B)$.

위의 관계식을 이용한 다각형의 "자르고 붙이기"는 다음 3가지 성질을 만족한다. 이를 보여라.

성질 (1) $(AaBbCa^{-1}Db^{-1}E) \sim ((ADCBE)(aba^{-1}b^{-1}))$,

성질 (2) $(AaBaC) \sim ((AB^{-1}C)(aa))$,

성질 (3) $Aaabcb^{-1}c^{-1} \sim Aaabbcc$.

성질 (1)은 곡면의 펼친 그림에서 '자르고 붙이기'를 이용하여 손잡이(handle)를 골라내는 방법, 성질 (2)는 crosscap(고깔)을 골라내는 방법, 성질 (3)은 손잡이와 crosscap(고깔)을 연결합한 연산 $T\#P^2 \cong P^2\#P^2\#P^2$에 의한 치환을 보여준다(정리 3.1 참조).

3.5 곡면을 표현하는 정칙복체와 그래프의 정칙매장

위상적으로 곡면 S^2를 표현하는 (즉 S^2와 위상동형인) 정다면체는 정4면체, 정6면체, 정8면체, 정12면체, 정20면체의 다섯 가지의 경우가 있다는 것은 잘 알고 있다(정리 2.12 참조). 한편 이 다섯 가지 정다면체는 규칙성과 대칭성이 좋게 구면 S^2를 표현한 cell 복체라는 것을 직관적으로 알 수 있다. 다른 말로 하면, 어떤 그래프가 좋은 규칙성과 대칭성을 가지고 구면 S^2로 매장된 것으로 볼 수도 있다. 예를 들면 정4면체는 완전그래프 K_4가 아주 좋은 규칙성과 대칭성을 가지고 구면 S^2에 매장된 것으로 볼 수 있다.

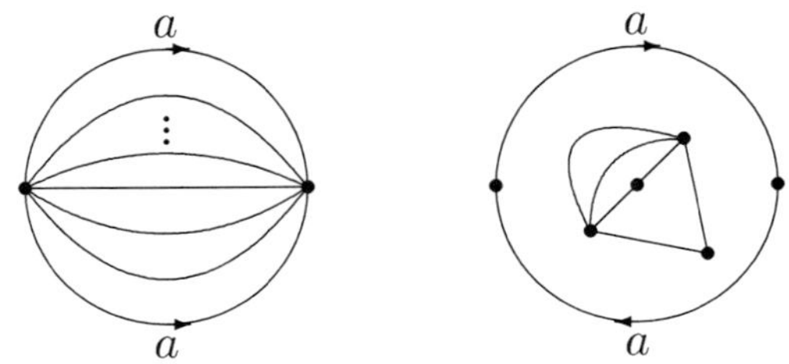

그림 3.58 제외된 매장의 예

여기에서 규칙성과 대칭성이 좋다는 것은 무엇을 의미하는가? 또한 구면이 아닌 다른 곡면에서의 규칙성과 대칭성이 좋은 매장은 어떤 것이 있는가? 본 절에서는 이러한 질문에 관심을 가진다. 편의를 위하여 곡면은 울타리가 없고 연결인 닫힌 곡면만 생각하기로 하고 그래프의 매장은 2-cell 매장만 다루기로 하자 (따라서 매장을 위한 그래프도 연결이어야 한다).

더욱이 이 절에서는 주어진 곡면 S를 cell 복체로 표현할 때, 또는 그래프의 매장 $G \hookrightarrow S$를 생각할 때 항상 다음을 가정하기로 하자.

(1) 주어진 그래프 G의 모든 꼭짓점 v에서 $\deg(v) \geq 3$이다.
(2) 매장 $G \hookrightarrow S$에서 생기는 각 영역은 세 개 이상의 선분을 울타리로 가진다(예를 들어 그림 3.58에서와 같이 2각형을 가지는 매장은 복잡성을 피하기 위하여 본 절에서는 제외하기로 한다).

주어진 매장 $G \hookrightarrow S$에서 꼭짓점의 개수, 변의 개수, 영역의 개수를 각각 v, e, f라 하자. 이 때, $n \geq 3$에 대하여, f_n을 n개의 변을 가지는 영역의 개수라 하고, v_n을 차수가 n인 꼭짓점의 개수라 두면,

$$f = f_3 + f_4 + f_5 + \cdots$$
$$v = v_3 + v_4 + v_5 + \cdots$$

이 된다. 이 때

$$\begin{aligned} 2e &= 3f_3 + 4f_4 + 5f_5 + \cdots \\ 2e &= 3v_3 + 4v_4 + 5v_5 + \cdots \end{aligned}$$

이고, $\chi(S) = v - e + f$이므로

$$\begin{aligned} 2\chi(S) &= 2(v_3 + v_4 + v_5 + \cdots) - (3v_3 + 4v_4 + 5v_5 + \cdots) \\ &\qquad + 2(f_3 + f_4 + f_5 + \cdots) \\ &= (2f_3 + 2f_4 + 2f_5 + \cdots) - (v_3 + 2v_4 + 3v_5 + \cdots) \end{aligned}$$

또는

$$\begin{aligned} 2\chi(S) &= 2(v_3 + v_4 + v_5 + \cdots) - (3f_3 + 4f_4 + 5f_5 + \cdots) \\ &\qquad + (2f_3 + 2f_4 + 2f_5 + \cdots) \\ &= 2(v_3 + v_4 + v_5 + \cdots) - (f_3 + 2f_4 + 3f_5 + \cdots) \end{aligned}$$

이 된다. 위의 두 식을 합하면,

$$4\chi(S) = (v_3 - v_5 - 2v_6 - 3v_7 - \cdots) + (f_3 - f_5 - 2f_6 - 3f_7 - \cdots)$$

를 얻을 수 있다. 이로부터 다음의 결과를 유도할 수 있다.

(1) 곡면 S가 구면 S^2이거나 사영평면 P^2이면 $\chi(S) > 0$이므로, S상의 모든 그래프 매장은 삼각형을 가지거나 차수가 3인 꼭짓점을 가진다. (Platon의 정다면체는 모두 이 성질을 만족한다.)

(2) S가 토러스이거나 Klein 병이면 $\chi(S) = 0$이므로, S상의 어떤 그래프 매장도 (i) 모든 영역이 사각형이고 모든 꼭짓점은 차수가 4이거나 혹은 (ii) 몇 개의 삼각형의 영역을 가지거나 차수가 3인 몇 개의 꼭짓점을 가진다.

(3) $\chi(S) < 0$이면, S상의 어떤 그래프 매장도 변의 개수가 5 이상인 다각형을 가지거나 차수가 5 이상인 꼭짓점을 가진다.

예제 3.19 사영평면 P^2의 모든 복체는 삼각형, 사각형, 오각형 중 적어도 하나를 포함함을 보여라.

풀이: 두 개의 방정식

$$2\chi(P^2) = (2v_3 + 2v_4 + 2v_5 + \cdots) - (f_3 + 2f_4 + 3f_5 + 4f_6 + \cdots)$$

$$2\chi(P^2) = (2f_3 + 2f_4 + 2f_5 + 2f_6 + \cdots) - (v_3 + 2v_4 + 3v_5 + \cdots)$$

로부터, f_6항을 소거하면

$$(3f_3 + 2f_4 + f_5 - f_7 - 2f_8 - \cdots) - (2v_4 + 4v_5 + 6v_6 + \cdots) = 6$$

이 되어 f_3, f_4, f_5 중 적어도 한 개는 0이 아니어야 한다. □

예제 3.20 (*Platon 정다면체의 dual 관계*) 구면을 표현하는 정다면체는 정4면체, 정6면체, 정8면체, 정12면체, 정20면체의 다섯 가지가 있다. 이들을 그래프의 매장으로 볼 때, 정4면체의 dual은 정4면체 자신이고, 정6면체와 정8면체, 정12면체와 정20면체는 각각 dual 관계에 있다.

정의 3.20 주어진 그래프 매장 $G \hookrightarrow S$가 다음 두 조건을 만족한다고 하자.

(1) 모든 다각형(영역)은 같은 개수의 변을 가진다. 즉 모두 a각형이다.

(2) 모든 꼭짓점은 같은 차수를 가진다. 즉 모든 꼭짓점의 차수가 b이다.

이러한 매장을 (a, b)**형의 매장**이라 하고 $(a, b)S$로 표기한다. 임의의 자연수 $a, b \geq 3$에 대하여 (a, b)형의 매장 $(a, b)S$를 곡면 S를 표현하는 **정칙복체**(regular complex)라고 한다.

$(a, b)S$에서는 $bv = 2e = af$이므로

$$\chi(S) = v - e + f = \frac{1}{b}2e - e + \frac{1}{a}2e = 2e\left(\frac{1}{a} + \frac{1}{b} - \frac{1}{2}\right)$$

이다.

문제 3.16 (S^2*의 정칙복체: Plato 정다면체*) 위 공식을 이용하여 곡면 S^2의 정칙복체는 정4면체(Tetrahedron), 정6면체(Cube), 정8면체(Octahedron), 정12면체(Dodecahedron), 정20면체(Icosahedron)의 다섯 종류밖에 없다는 것을 보여라. (정리 2.12의 증명 참조).

예제 3.21 (P^2*의 정칙복체*) 사영평면 P^2의 정칙복체는 $\chi(P^2) = 1$이므로,

$$\frac{1}{a} + \frac{1}{b} = \frac{1}{2} + \frac{1}{2e} > \frac{1}{2}$$

이다. 따라서 $a = 3$일 때 $b = 3, 4, 5$, $b = 3$일 때 $a = 3, 4, 5$만 가능하다.

만약 $(3, 3)P^2$가 존재한다면 위의 식에서 $e = 3$을 얻게 된다. 따라서 $3v = 2e = 3f$로부터 $v = f = 2$이다. 그러나 차수가 2인 꼭짓점은 허락하

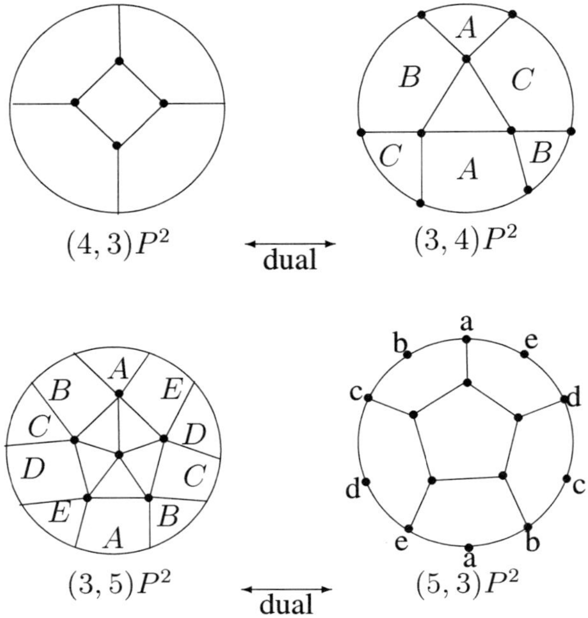

그림 3.59 사영평면에서의 (a, b)형의 매장

지 않으므로 제외된다. $(4, 3)P^2$가 존재한다면 $e = 6$이고 $3v = 2e = 4f$로부터 $v = 4, f = 3$이다. 이는 세 개의 사각형을 가지고 있고 사각형의 각 변이 두 개의 사각형과 만나고, 사각형의 각 꼭짓점에서 세 개의 사각형이 만나도록 사영평면을 구성할 수 있다는 것이다. 이의 dual은 $(3, 4)P^2$가 되며, 이들은 그림 3.59에서와 같이 실제로 구현이 가능하다. 또한, $(3, 5)P^2$와 $(5, 3)P^2$도 실현이 가능하며 그림 3.59에서와 같다.

예제 **3.22** (*토러스와 Klein 병의 정칙복체*) 토러스와 Klein 병의 정칙복체는 $\chi = 0$이므로,

$$\frac{1}{a} + \frac{1}{b} = \frac{1}{2}$$

이다. 따라서 (a, b)는 $(3, 6), (4, 4)$ 혹은 $(6, 3)$이다. $(4, 4)T$는 그림 3.60이다.

$4v = 2e = 4f$로부터 $e = 2v = 2f$이므로 e는 짝수이다. 즉 $(4,4)T$ 모양의 다면체는 무한히 많이 존재한다. $(6,3)T$는 그림 **3.61**이다. 또한 $(3,6)T$는 $(6,3)T$의 **dual**이다. 그러므로 토러스에서는 복체의 세 가지 모양이 있다. **Klein** 병에 대해서는 유일하게 $(4,4)K^2$의 모양이 존재한다. 즉, $(4,4)K^2$이나 $(6,3)K^2$ 모양의 다면체는 **Klein** 병에서는 존재하지 않는다.

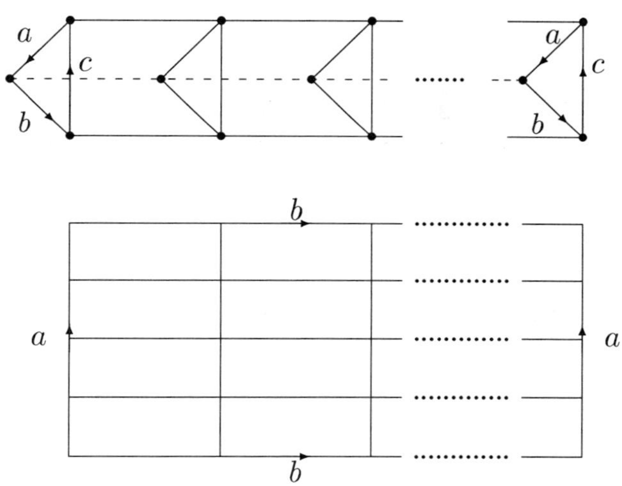

그림 3.60 토러스에서의 $(4,4)$형의 매장

정의 3.21 닫힌 곡면 S상에서 b-**valent** 복체(혹은 **semiregular 복체**)는 각 꼭짓점의 차수가 b인 복체이다. 이의 dual은 b-각형 복체이다.

b-valent 복체에 대하여,

$$bv = 2e = f = f_3 + f_4 + \cdots$$

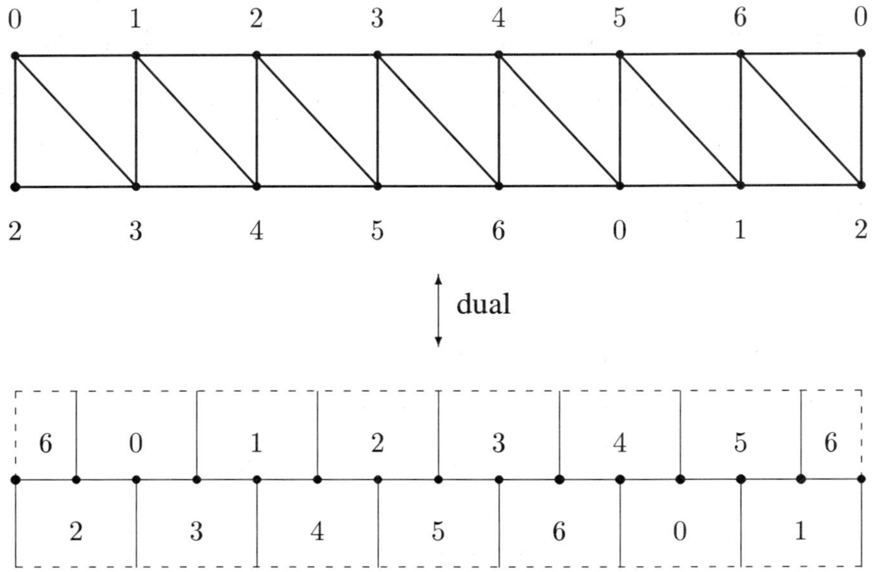

그림 3.61 토러스에서의 $(3,6)$형의 매장

이므로,

$$\begin{aligned}\chi(S) &= v - e + f = \frac{2e}{b} - e + f \\ &= \left(\frac{1}{b} - \frac{1}{2}\right)(3f_3 + 4f_4 + 5f_5 + \cdots) + (f_3 + f_4 + f_5 + \cdots)\end{aligned}$$

이다.

예제 3.23 $b = 3$이면,

$$6\chi(M) = 3f_3 + 2f_4 + f_5 - f_7 - 2f_8 - \cdots$$

이다. 그러므로,

(1) S^2나 P^2의 3-valent 복체는 삼각형, 사각형, 오각형 중 적어도 하나를 영역으로 포함한다.

(2) 토러스나 Klein 병의 3-valent 복체는 육각형만을 포함하거나, 또는 삼각형, 사각형, 오각형 중 적어도 하나를 포함한다.

삼각화(triangulation)는 삼각형 복체이고 3-valent 복체의 dual이다.

문제 3.17 Klein 병의 펼친 그림에서 $(4,4)K^2$를 구성하여라.

정의 3.22 주어진 곡면을 표현하는 정칙복체에서, 혹은 이를 바탕 그래프의 매장으로 볼 때, 그래프의 자기동형함수로서 주어진 곡면의 자기동형함수로 (방향을 줄 수 있는 곡면에서는 방향을 유지하는 자기동형함수로) 확장이 가능한 함수들은 군(group)을 이룬다. 이를 **매장의 자기동형군(automorphism group)**이라 부른다. (이는 복체의 자기동형함수들의 군, 즉 복체의 자기동형군의 부분군(subgroup)이 됨에 유의하자.) 곡면이 방향을 줄 수 있는 경우에, 만약 이 군의 위수(order)가 $2e$이면[18] 그래프 매장을 **정규매장**(regular embedding 혹은 regular map)이라고 부른다. 곡면이 방향을 줄 수 없는 경우에는 (국소방향을 뒤집는 자기동형함수까지 허용하여) 자기동형군의 위수(order)가 $4e$일 때 그래프 매장을 **정규매장**(regular embedding 혹은 regular map)이라고 부른다.

정의에 의하여 정규매장(regular map)에서는 당연히 모든 영역은 같은 개수의 변을 가지고 모든 꼭짓점은 같은 차수를 가진다. 따라서 정규매장(regular map)은 항상 곡면 S의 정칙복체(regular complex)를 만든다. 하지만 모든 정칙복체가 정규매장(regular map)이 되는 것은 아니다. 이의 반례는 문제 3.20에서 주어진다.

---

[18]이는 위의 매장의 자기동형군이 매장된 그래프의 유향선분(dart)의 집합에 정규적으로(regularly) 작용한다는 사실과 동치이다. 즉 정의에 의하여 임의의 두 유향선분에 대하여 한쪽을 다른 쪽으로 보내는 매장의 자기동형함수가 유일하게 존재한다. 정규적으로(regularly) 작용한다는 정의는 정의 5.9 참조.

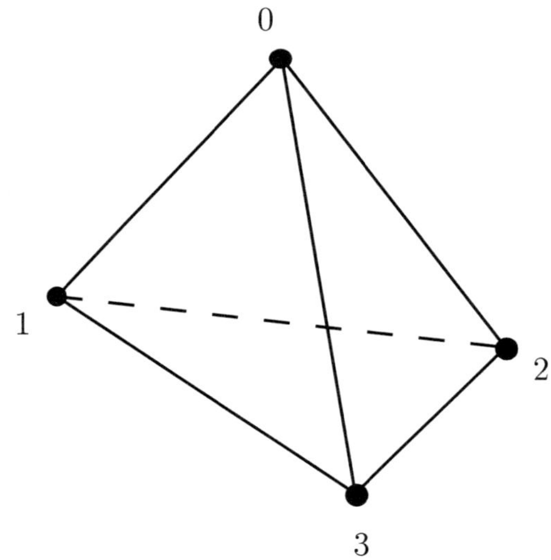

그림 3.62 구면에서의 정규매장인 정4면체

예제 **3.24** (*정4면체의 자기동형군은 교대군* A_4*이다.*) 구면에 매장된 정4면체를 생각해 보자(그림 3.62 참조). 이의 바탕그래프는 완전그래프 K_4이며 이의 자기동형군은 모든 꼭짓점의 치환군인 대칭군 $\mathbb{S}_4$이다. 즉 $\mathrm{Aut}(K_4) = \mathbb{S}_4$이다. 이들 중 구면에서 주어진 방향(예: 시계 반대방향)을 유지하는 (구면의) 자기동형함수로 확장이 가능한 함수들을 구해보자. 예를 들면 그림 3.62에서 꼭짓점 0과 밑면의 중심점을 잇는 직선을 따라 $2\pi/3$씩 회전하는 $\alpha = (1\ \ 2\ \ 3)$과, 꼭짓점 $0, 2$를 맺는 선분과 꼭짓점 $1, 3$을 맺는 선분의 중점을 잇는 직선을 따라 π씩 회전하는 $\beta = (0\ \ 2)(1\ \ 3)$이 여기에 속한다. (여기서 α와 β는 그래프 K_4의 꼭짓점의 치환으로 표현하였다.) 하지만 꼭짓점 $3, 4$는 고정하고 꼭짓점 $1, 2$만 자리바꿈하는 호환(transposition) $(1\ \ 2)$는 구면에서 주어진 방향을 유지하는 자기동형함수로 확장이 가능하지 않다. 실제로 그래프 K_4의 자기동형함수 중 방향을 유지하는 구면의 자기동형함수로 확장이 가능한 함수는 $\alpha = (1\ \ 2\ \ 3)$과 $\beta = (0\ \ 2)(1\ \ 3)$에 의하여 생성되는 교대군 A_4이다: 즉 정4면체 $\mathcal{T} = (K_4 \hookrightarrow S^2)$의 자기동형군은

$$\text{Aut}(\mathcal{T}) = \{1, \alpha, \alpha^2,\ \beta, \alpha\beta, \alpha^2\beta,\ \beta\alpha, \alpha\beta\alpha, \alpha^2\beta\alpha,\ \beta\alpha\beta, \alpha\beta\alpha\beta, \alpha^2\beta\alpha\beta\}$$

이다. 교대군 A_4의 위수(order)는 $|A_4| = 12 = 2e$, 즉 바탕그래프 K_4의 유향선분의 개수와 일치한다. 따라서 정사면체는 정규매장(regular map)이다.

이 때, 생성원 α와 β를 만약 유향선분의 치환으로 나타내면

$$\alpha = (01\ \ 02\ \ 03)(10\ \ 20\ \ 30)(12\ \ 23\ \ 31)(13\ \ 21\ \ 32),$$
$$\beta = (01\ \ 23)(10\ \ 32)(02\ \ 20)(03\ \ 21)(30\ \ 12)(13\ \ 31)$$

이다. 여기서 ij는 꼭짓점 i에서 꼭짓점 j로의 유향선분을 말한다. 바탕그래프 K_4의 유향선분의 집합을 D라고 하면 $|D| = 12$이고, 유향선분의 치환으로 나타낸 α와 β는 대칭군 $\mathbb{S}_D$에 속하게 된다.

문제 3.18 그림 3.62에서 보여주는 구면에 매장된 정4면체를 다시 생각해 보자. 그리고 구면의 각 점에서는 시계 반대방향으로 방향이 주어져 있다고 하자. 꼭짓점 0에서 이의 근방을 보면 세 개의 유향선분이 있고 이들을 구면에 주어진 시계 반대방향을 따라 읽으면 순환(cycle) (01 03 02)를 이룬다. 이를 R_0로 쓰고 꼭짓점 0에서의 국소 순환계(local rotation system)라고 부르자. 같은 방법으로 각 꼭짓점 $1, 2, 3$에서의 국소 순환계

$$R_1 = (10\ \ 12\ \ 13);\quad R_2 = (20\ \ 23\ \ 21);\quad R_3 = (30\ \ 31\ \ 32)$$

를 구할 수 있고, 이들의 곱

$$R = R_0R_1R_2R_3 = (01\ \ 03\ \ 02)(10\ \ 12\ \ 13)(20\ \ 23\ \ 21)(30\ \ 31\ \ 32)$$

를 정4면체를 위한 **순환계**(rotation system)라고 부른다. 한편 바탕그래프 K_4에서 꼭짓점 i,j 사이의 선분은 두 가지 방향을 가지며 따라서 유향선분 ij와 ji를 만든다. 이들 사이의 호환(transposition)들의 곱을

$$L = (01\ \ 10)(02\ \ 20)(03\ \ 30)(12\ \ 21)(13\ \ 31)(23\ \ 32)$$

로 쓰면 $L^2 = 1$, 즉 L은 involution이다. 이를 **arc-reversing involution**이라 부른다. 이제 R과 L이 생성하는 $\mathbb{S}_D$의 부분군을 정4면체의 **monodromy 군**이라고 부르고 $\text{Mon}\,(\mathcal{T}) = \langle R, L\rangle \leq \mathbb{S}_D$로 표기한다. 다음을 보여라.

(a) $|\text{Aut}(\mathcal{T})| = |D| = |\text{Mon}\,(\mathcal{T})| = 12$이다.

(b) α와 β를 유향선분의 치환으로 나타내어 대칭군 $\mathbb{S}_D$의 원소로 볼 때, 이의 생성군 $\text{Aut}(\mathcal{T})$는 대칭군 $\mathbb{S}_D$에서 monodromy 군 $\text{Mon}\,(\mathcal{T})$의 centralizer이다. 즉,

$$\text{Aut}(\mathcal{T}) = \{\varphi \in \mathbb{S}_D \mid R\varphi = \varphi R,\ \ L\varphi = \varphi L\}.$$

우리는 구면 S^2를 표현하는 Plato의 다섯가지 정다면체를 중심으로 정칙복체(regular complex)와 정규매장(regular map)을 살펴 보았다. 하지만 이를 일반화하여 모든 닫힌 곡면에 대하여 이를 표현하는 정칙복체(regular complex)나 정규매장(regular map)에 관심을 가질 수 있다. 실제로 닫힌 곡면으로의 정규매장(regular map)을 구성하고 분류하는 문제는 오랜 역사를 가지고 연구가 수행되고 있는 주제이며 수학의 타 분야들과 깊은 관련성을 가지고 있어 많은 수학자들이 관심을 가지는 문제이다.

문제 3.19 Plato 정다면체는 모두 구면 S^2에서 그래프의 정규매장(regular map)임을 보여라. 또, 각각의 경우에 대응되는 자기동형함수군을 구하여라.

문제 3.20 평면에서의 직사각형 $[0,3] \times [0,2]$내에서 x의 좌표가 정수인 직선과 y의 좌표가 정수인 직선은 4×3의 바둑판을 만든다. 이제 직사각형의 맞변을 동일시하여 토러스를 만들 때, 이는 $(4,4)$형의 매장, 즉 정칙복체 $(4,4)T$가 형성된다. 하지만 이는 정규매장(regular map)은 아니다. 이를 보여라.

3.6 울타리를 가지는 곡면의 분류

닫힌 곡면(closed surface)에서 서로 만나지 않는 유한개의 열린 원판을 제거하면, 울타리를 가지는 곡면이 된다. 이 때, 울타리의 연결성분의 개수는 선택한 원판의 수와 같다. 역으로, 울타리의 연결성분이 k개인 긴밀(compact)한 곡면 S를 생각하자.

정리 3.8 울타리가 없고 긴밀한, 즉 닫힌 1차원 다양체는 원 S^1이다.

증명: S가 울타리가 없고 긴밀한 1차원 다양체라 하자. 그러면 S에 속하는 각 원소 x는 열린구간 $(0,1)$과 위상동형인 열린 근방 U_x를 가진다. 한편 S가 긴밀이므로, $S \subset \bigcup_{i=1}^{m} U_{x_i}$가 되는 $x_1, x_2, \ldots, x_m$이 존재한다. 이제 각 U_{x_i} 안에 닫힌구간 $[0,1]$과 위상동형인 A_i를 다음 조건을 만족하도록 잡을 수 있다.

(i) $S \subset \bigcup_{i=1}^{m} A_i$,

(ii) $A_i \cap A_{i+1} = \{\text{한 점}\}$ $(i = 1, 2, \ldots, m-1)$, $A_n \cap A_1$=$\{\text{한 점}\}$.

함수 $h_i : [0,1] \to A_i$를 위상동형함수로서 $h_i(1) = h_{i+1}(0)$ $(i = 1, 2, \ldots, m-1)$, $h_m(1) = h_1(0)$인 조건을 만족하는 것으로 하자. 이제 S와 S^1이 위상동형인 것을 보이려고 한다. 함수 $f : S = \bigcup_{i=1}^{m} U_{x_i} \to S^1$을

$$f(x_i) = \left(\cos \frac{2\pi}{m} \left((i-1) + h_i^{-1}(x_i) \right),\ \sin \frac{2\pi}{m} \left((i-1) + h_i^{-1}(x_i) \right) \right),$$

$x_i \in A_i$ $(i = 1, 2, \ldots, m)$로 정의하자. 그러면 f는 연속이고 전단사함수이다. 한편, S가 긴밀이고 S^1이 Hausdorff 공간이므로 f는 위상동형함수가 된다. □

주의: 정리 3.8의 증명은 실토막 유한개를 가지고 끝점을 잘 이어서 원을 만드는 방법을 함수로서 표현한 것이다.

정리 3.8에 의하여 울타리를 가지는 긴밀한 곡면의 각 울타리의 연결성분은 원이란 것을 알 수 있다. 이제 k개의 닫힌 원판을 S의 k개의 울타리의 연결성분에 하나씩 기워 넣으면 울타리가 없는 긴밀한 곡면 S^*를 얻는다.

이 S^*의 위상구조는 S의 위상구조에 위해서 결정됨은 분명하다. 역으로 긴밀한 곡면 S^*에서 유한개의 열린 원판을 제거하여 울타리를 가진 곡면 S를 얻었다면, S의 위상구조는 제거하는 원판의 위치에는 영향을 받지 않는다. 이것의 증명은 그렇게 단순한 것은 아니다. 이것을 다음 정리로 증명없이 설명해 둔다.

정리 3.9 울타리를 가진 곡면 S_1과 S_2가 같은 수의 울타리 연결성분을 가질 때 S_1과 S_2가 위상적으로 동형일 필요충분조건은 S_1^*와 S_2^*가 위상동형이다는 것이다.

예제 3.25 (a) 유한개의 구멍을 갖는 구면의 펼친 그림
구면의 펼친 그림은 aa^{-1}인 2각형으로 표현된다. 먼저 구면에 k개의 구멍을 뚫자. 그러면 k개의 울타리의 연결성분 $B_1, B_2, \ldots, B_k$를 가지는 곡면을 얻는다(그림 3.63 (a) 참조. 그림 3.63은 k가 4인 경우 임). 2각형의 한 꼭짓점에서 구멍을 연결하는 선분 $c_1, c_2, \ldots, c_k$를 생각하고, 이것을 잘라서 펼치면 그림 3.63 (b)를 얻는다. 즉 $3k+2$각형의 도형에 울타리의 동일시 정보가 대수적으로

$$aa^{-1}c_1B_1c_1^{-1}c_2B_2c_2^{-1}\cdots c_kB_kc_k^{-1}$$

인 펼친 그림을 얻는다.

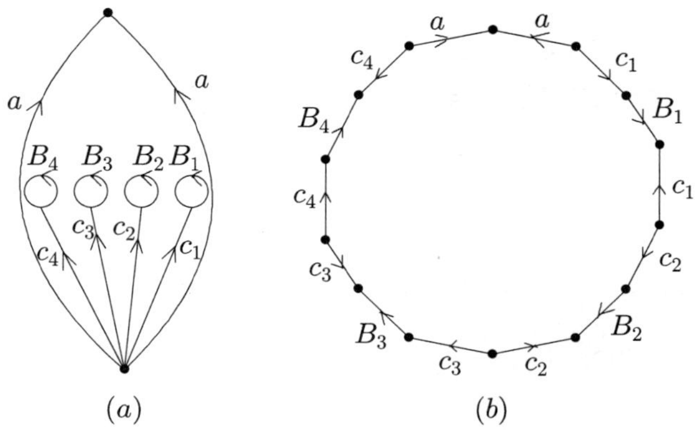

그림 3.63 울타리를 가지는 곡면의 펼친 그림

(b) 유한개의 구멍을 갖는 nT

(a)와 같은 방법에 의해서 $4n+3k$각형의 도형에 울타리의 동일시 정보가

$$a_1b_1a_1^{-1}b_1^{-1}\cdots a_nb_na_n^{-1}b_n^{-1}c_1B_1c_1^{-1}\cdots c_kB_kc_k^{-1}$$

인 펼친 그림을 얻는다.

(c) 유한개의 구멍을 갖는 mP^2

이 경우도 (a), (b)와 같은 방법에 의해서 $2m+3k$각형의 도형에 울타리의 동일시 정보가

$$a_1a_1a_2a_2\cdots a_ma_mc_1B_1c_1^{-1}\cdots c_kB_kc_k^{-1}$$

인 펼친 그림을 얻는다.

정의 3.23 울타리를 가지는 긴밀한 곡면 S의 **종수**(genus; 種數)는 S에 울타리의 연결성분의 수만큼 원판을 기워 넣어 생기는 울타리가 없는 닫힌 곡면 S^*의

종수로 정의된다. 그리고 S의 **Euler 표수**는 울타리가 없는 경우와 유사하게 S에 매장되는 그래프의

$$\text{꼭짓점의 수} - \text{변의 수} + \text{영역의 수}$$

로 정의한다.

예를 들면, 닫힌 곡면 S에서 유한개의 열린 원판을 잘라내어도 곡면의 종수는 변함이 없지만 Euler 표수는 잘라내는 원판의 개수만큼 줄어든다.

정리 3.10 울타리를 가지는 긴밀한 곡면 S와 T에 대하여 다음은 동치이다.

(1) 곡면 S와 T가 위상동형이다. (따라서 울타리의 연결성분의 개수도 같다.)

(2) 곡면 S와 T의 종수와 Euler 표수가 같고, 동시에 방향을 줄 수 있거나 동시에 방향을 줄 수 없다.

증명: 먼저 울타리가 없는 닫힌 곡면 S^*에 2-cell 매장되는 그래프로서 영역의 수가 $k+1$개 이상인 것을 생각하자. 그러면 S^*에서 k개의 영역을 제거하면, S^*에서 k개의 구멍을 낸 곡면 S를 얻을 수 있다. 그리고 S^*의 Euler 표수는 $\chi(S^*) = \chi(S) - k$이다. 이제 정리 3.2와 3.9에 의하여 정리를 얻는다. □

문제 3.21 방향을 줄 수 있고 울타리를 가지는 두 개의 긴밀한 곡면으로서 같은 Euler 표수를 가지지만 위상동형이 아닌 예를 보여라.

3.7 Seifert 곡면; 매듭을 울타리로 가지는 곡면

앞에서 곡면이 울타리를 가질 때 그 울타리의 연결성분은 모두 위상적으로 1차원 구 S^1임을 밝혔다. 이로부터 자연스럽게 다음의 질문을 생각할 수 있다. 1차

원 구 S^1이 3차원 공간상에 매장되어 매듭(knot) K가 주어졌을 때 이를 울타리로 가지는 곡면 S가 3차원 공간에 존재하는가?

정의 3.24 3차원 공간 $\mathbb{R}^3$에 주어진 매듭 K에 대하여, K를 울타리로 가지고 방향은 줄 수 있는 곡면 S가 3차원 공간상에 존재할 때, S를 K의 **Seifert 곡면**이라 부른다.

정리 3.11 모든 매듭(knot)은 Seifert 곡면을 가진다.

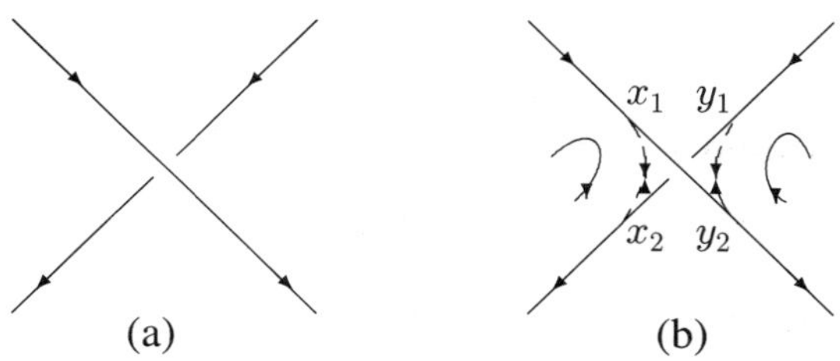

그림 3.64 교차점에서의 변형

증명: 3차원 공간 $\mathbb{R}^3$에 매듭 K가 임의로 주어졌다고 하고 이의 (그림 1.7과 같이 평면 $\mathbb{R}^2$에 투영하여 그린) 평면그림을 생각하자. 만약 이 평면그림이 교차점(crossing)을 가지지 않는 단순 곡선이면 매듭 K는 자명한 매듭이고 이는 당연히 원판의 울타리가 된다.

이제 교차점(crossing)을 가지는 경우를 생각하자. 우선 K에 방향을 주자. 그러면 각 교차점에서 국소적으로 그림 3.64(a)와 같이 보일 것이다. 즉 한 유향선분이 다른 유향선분의 위를 지난다. 각 교차점에서 교차만남(crossing)을 풀기 위하여 다음과 같은 변형을 취해보자. 각 선분의 방향은 유지하되 교차점에서 아래위 선분을 절단한 뒤에, 들어오는 위쪽 선분은 나가는 아래쪽 선분에 연결하고 들어오는 아래쪽 선분은 나가는 위쪽 선분에 연결하자. 그러면 그림 3.64(b)에서와 같이 교차점에서의 교차만남(crossing)이 없어지게 된다. (즉, 그림 3.64(b)에서와 같이 새로운 방향을 가진 선분 $\overrightarrow{x_1x_2}$, $\overrightarrow{y_1y_2}$를 추가하고 x_1과 y_2를 잇는 선분, y_1과 x_2를 잇는 선분을 제거한다.) 그림 3.65는 8자형 매듭에서 이 과정을 보여준다.

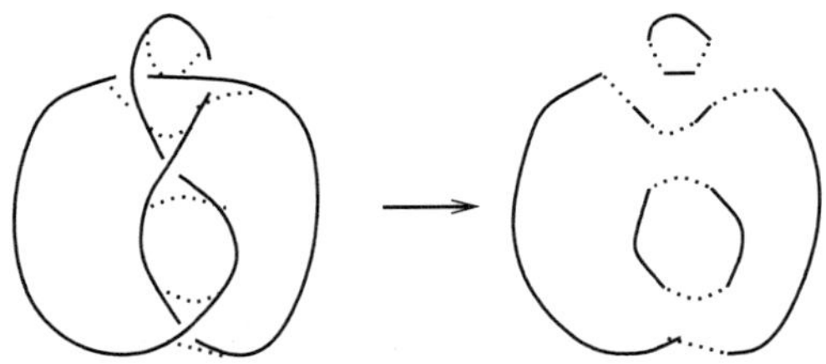

그림 3.65 Seifert 원들

이제 교차만남(crossing)이 풀어진 매듭의 평면그림은 둥지 모양의 여러 개의 동심원(同心圓)들의 모임으로 나타나게 된다. 이들 동심원을 **Seifert 원**이라 부른다. 이제 각 Seifert 원에 원판을 하나씩 기워 붙이되 열린 원판들끼리는 만나지 않도록 한다. 마지막으로 각 제거된 교차만남(crossing)을 다시 회생시키자. 이는 그림 3.66에서와 같은 꼬인 띠(사각형)를 각 교차점에서 제거된 교차가 회생하도록 한 번씩 꼬아 붙임으로 가능하다(그림 3.67 참조). 이렇게 구성한 곡면은 구성 방법에 의해서 방향을 줄 수 있는 곡면이 되며(이를 보여라), 그 울타리가 주어진 매듭 K가 된다. □

정리 3.12 매듭 K의 Seifert 곡면의 종수(genus, 種數)는

$$g = \frac{1}{2}(\kappa - s + 1)$$

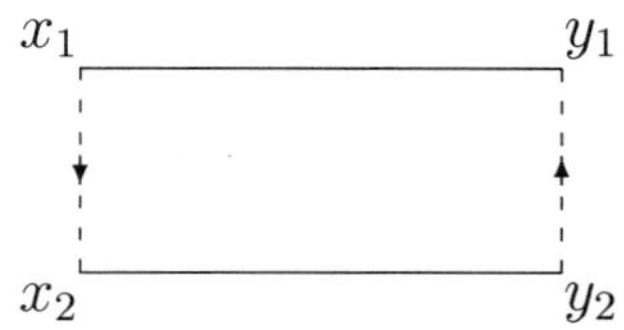

그림 3.66 꼬인 띠

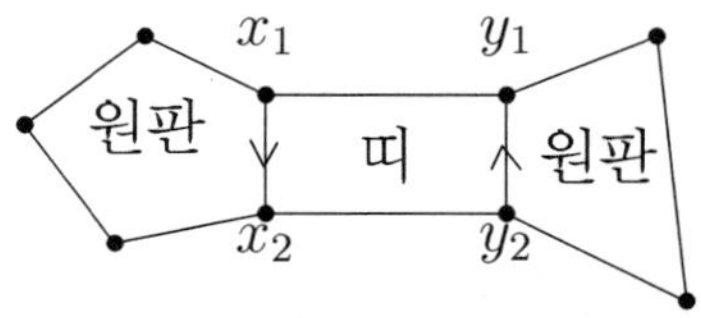

그림 3.67 두 원판 사이의 띠

이다. 단, κ는 K에서의 교차점의 수, s는 Seifert 원의 수이다.

증명: 주어진 매듭 K의 평면그림에서의 교차점의 수는 κ, Seifert 원의 수는 s라 하자. K의 평면그림의 각 Seifert 원을 울타리로 하는 원판의 Euler 표수는 1이다. 또한, K에서의 각 교차점에서 (제거된 교차만남을 회생시키기 위하여) 두 원판 사이에 띠(사각형)를 하나씩 첨가할 때마다 선분의 수는 두 개 증가하고 영역의 수는 한 개 증가한다(그림 3.67 참조). 따라서 Seifert 곡면의 Euler 표수는

$$(v - e + f =)\ [s\text{개의 원판의 Euler 표수}] - 2\kappa + \kappa = s - \kappa$$

이다. 이제 이 Seifert 곡면 울타리를 따라 (한 개의) 원판을 기워 붙이면 울타리가 없는 곡면 S를 얻는다. 한편, 울타리는 없고 방향은 줄 수 있는 곡면 S의 종수 g와 Euler 표수 $\chi(S)$의 관계는 $2 - 2g = \chi(S)$이고

$$\chi(S) = [\text{Seifert 곡면의 Euler 표수}] + 1$$

이므로

$$g = \frac{1}{2}(\kappa - s + 1)$$

이다. □

주의: 같은 매듭에 대하여 여러 가지 모양의 펼친 그림이 있을 수 있기 때문에 정리 3.12에서 구한 종수는 매듭의 불변량이 아니다.

정의 3.25 매듭 K의 **종수(genus)**는 K를 울타리로 하는 Seifert 곡면들의 종수 중 최솟값으로 정의하며, 이를 $g(K)$로 표기한다.

매듭의 종수는 매듭에 대한 불변량이다. 그러나 주어진 매듭의 종수 계산은 매우 어렵다고 알려져 있다. 단지 우리가 이 시점에서 알고 있는 것은

$$g(K) \leq \frac{1}{2}(\kappa - s + 1)$$

라는 사실이다. 즉 $g(K)$의 상계(upper bound)를 매듭 K의 평면그림으로부터 구할 수 있다.

주의: (1) 주어진 매듭이 방향을 줄 수 없는 곡면의 울타리가 될 수도 있다. 예를 들면, 그림 3.68은 trefoil 매듭이 Möbius 띠의 울타리로 나타날 수 있음을 보여준다. 그러나 Möbius 띠는 방향을 줄 수 있는 곡면이 아니어서 trefoil 매듭의 Seifert 곡면은 아니다. 따라서 Seifert 곡면을 구성할 때는 방향을 줄 수 있는 곡면이 되도록 하는 데 세밀한 주의가 필요하다.

(2) $g(K) = 0$이면 K는 자명한 매듭이다.

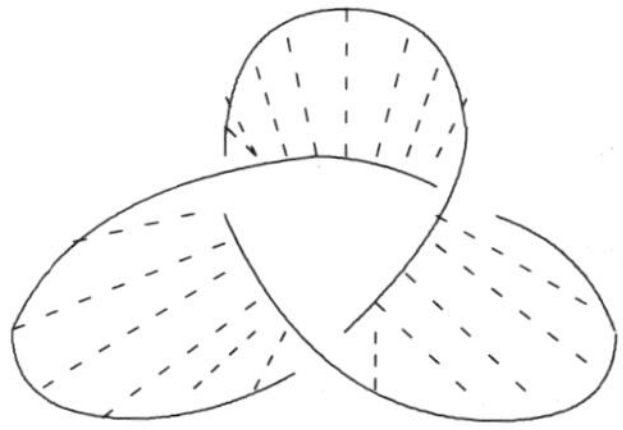

그림 3.68 울타리가 trefoil인 Möbius 띠

(3) 매듭 K가 자명한 매듭이 아니고 그의 Seifert 곡면의 종수가 1인 것이 존재하면 $g(K) = 1$임은 알려져 있다. 한편, 그림 3.65에 의하면 8자형 매듭은 종수가 1인 Seifert 곡면을 가지고 있다. 따라서 8자형 매듭의 종수는 1이다.

(4) 만약 매듭 K의 종수가 0이 아니면, 매듭 K의 종수를 구하는 것은 굉장히 어려울 수 있다. 이는 구성한 것보다 더 작은 종수를 갖는 곡면이 없다는 증명이 일반적으로 쉽지 않기 때문이다.

문제 3.22 trefoil 매듭의 Seifert 곡면을 구성하여라.

3.8 연습문제

(1) $\chi(mT) = 2 - 2m$이고 $\chi(nP^2) = 2 - n$임을 보여라.

(2) 단순복체의 k-골격은 단순복체임을 보여라.

(3) 종수가 2인 방향을 줄 수 있는 곡면에 K_5의 2-cell 매장을 그리고 이 매장에 의해서 결정되는 영역의 수를 구하여라.

(4) 곡면의 대수적 표현(algebraic presentation)이

$$\{abac^{-1}bc\},\ \{aba^{-1}c^{-1}bc\},\ \text{또는}\ \{aba^{-1}cdc^{-1}ef^{-1}b^{-1}e^{-1}fd^{-1}\}$$

인 곡면을 각각 구하여라.

(5) 곡면의 대수적 표현(algebraic presentation)에서 다음의 연산은 곡면을 바꾸지 않는다. 그 이유를 설명하여라.

(a) $Aee^{-1}B$를 AB로 대치하는 연산.
(b) $ABA^{\varepsilon}C$를 $xBx^{\varepsilon}C$로 대치하는 연산, 여기서 $\varepsilon = \pm 1$.

(6) 두 개의 Möbius 띠를 그 울타리선을 따라 붙이면 어떤 곡면을 얻게 되는가? 붙이는 방향을 반대로 택하면 어떻게 되는가?

(7) 그림 3.69의 곡면들을 위상적으로 동형인 것으로 분류해 보아라.

그림 3.69 다양한 곡면

(8) 네 개의 꼭짓점을 가지고 연결인 단순복체 중에서 위상동형이 아닌 복체의 개수를 구하여라.

(9) 단순복체 K와 L이 부분복체를 교집합으로 가진다고 하자. 이 때, $\chi(K \bigcup L) = \chi(K) + \chi(L) - \chi(K \bigcap L)$임을 보여라.

(10) 원통(cylinder), Klein 병, $T\#T$의 삼각화(triangulation)를 구하여라.

(11) 완전그래프 K_7의 2-cell 매장이 가능한 방향을 줄 수 있는 곡면 중 종수가 가장 적은 것은 무엇인가?

(12) 대수적 표현이 $a_1a_2\cdots a_na_1^{-1}a_2^{-1}\cdots a_{n-1}^{-1}a_n^{-1}$인 곡면은 어떤 곡면인가?

(13) 다음 곡면의 펼친 그림을 그리고 이들의 대수적 표현을 구하여라. 여기서 T는 토러스, P^2는 사영평면, K^2는 Klein 병이다.

(a) $3T\#2P^2$

(b) $3P^2\#2K^2$

(c) $4T\#3K^2$

(14) 정$2n$각형의 변을 두 개씩 짝지어 서로 동일시하여 곡면의 펼친 그림을 생각할 때, 다음을 보여라.

(a) 정$2n$각형으로 표현될 수 있는 서로 다른(위상동형이 아닌) 방향을 줄 수 있는 닫힌 곡면의 개수는? 즉 이들의 종수(genus)의 범위는?

(b) 정$2n$각형으로 나타낼 수 있는 서로 다른(위상동형이 아닌) 방향을 줄 수 없는 닫힌 곡면의 개수는? 즉 이들의 종수(genus)의 범위는?

(c) 정$2n$각형의 변을 두 개씩 짝지어 서로 다른 방향으로 동일시하여 종수(genus) g인 방향을 줄 수 있는 닫힌 곡면 $S_g = gT$를 만들 수 있는 경우의 수는? (이때, 정$2n$각형은 rooted, 즉 한 울타리 변을 바탕변으로 고정해 두고 경우의 수를 구한다.)

(d) 정$2n$각형의 변을 두 개씩 짝지어 서로 동일시하여 종수(genus) k인 방향을 줄 수 없는 닫힌 곡면 $N_k = kP^2$를 만들 수 있는 경우의 수는?[19]

(15) 위 연습문제(14)(a)에 주어진 정$2n$각형에서 각 변의 중점을 시계방향을 따라 $1, 2, 3, \ldots, 2n$으로 이름을 붙이자. 그리고 변을 두 개씩 짝지어 동일시할 때, 이

[19] (c), (d)는 실제 어려운 문제이다. 어려운 문제라고 강의실에서 알려주면 아예 포기하는 학생들이 많다. 하지만 포기하지 말고 특수한 경우의 답을 구하기를 시도해 보아라. 수학은 결국 미해결 문제에 도전하는 것이다.

를 도형적으로 표현하기 위하여 짝짓는 두 변의 중점을 직선으로 연결하여 정$2n$각형내에 n개의 현(chord)을 만들자. 그림 3.70은 이들의 현이 만남(crossing)이 없도록 정6각형의 변을 짝짓는 경우를 보여준다. 이 때 다음은 동치관계에 있음을 보여라.

(a) 변을 두 개씩 짝지어 동일시하여 만든 곡면은 구면(sphere)이다.

(b) 정$2n$각형의 울타리만 생각할 때, 변을 두 개씩 짝지어 동일시한 그래프는 나무(tree)이다.

(c) 변의 짝짓기를 표현한 정$2n$각형 내의 n개의 현(chord)들 사이에는 서로 만남이 없다(crossing이 없다).

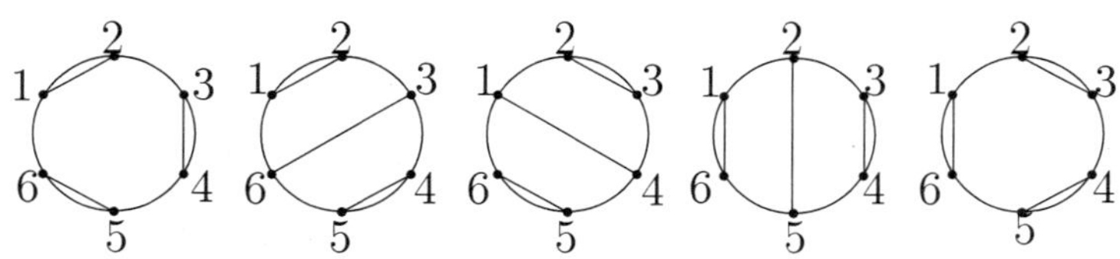

그림 3.70 만나는 현이 없는 정6각형의 울타리 변 짝짓기

(16) 위 연습문제 14(c)의 특수한 경우로, $2n$각형의 변을 두 개씩 짝지어 구면 S^2를 만들 수 있는 경우의 수는 Catalan 수 $C_n = \frac{1}{n+1}C(2n, n)$임을 보여라.[20] 여기서 기호 $C(n, k)$는 n개에서 k개를 뽑는 조합 $\frac{n!}{(n-k)!k!}$를 의미한다.

(17) 울타리를 가지는 긴밀한 곡면 S가 있다. S의 울타리의 연결성분 개수가 k이면 S의 Euler 표수는 $2-k$ 이하임을 보여라.

[20] 초기의 Catalan 수는 $C_0 = C_1 = 1, C_2 = 2, C_3 = 5, C_4 = 14, C_5 = 42, C_6 = 132, C_7 = 429, C_8 = 1430, C_9 = 4862$ 등이다.

(18) 울타리를 가지는 긴밀한 곡면 S의 종수를 $g(S)$, S의 Euler 표수를 $\chi(S)$, 울타리의 연결성분 개수를 $k(S)$라고 할 때, 다음을 보여라.

$$g(S) = \begin{cases} (2-\chi(S)-k(S))/2, & S\text{가 방향을 줄 수 있는 곡면일 때} \\ 2-\chi(S)-k(S), & S\text{가 방향을 줄 수 없는 곡면일 때} \end{cases}$$

(19) Euler 표수가 -2 이상인 긴밀한 (울타리를 가지든지 또는 가지는 않는) 곡면을 모두 찾아라.

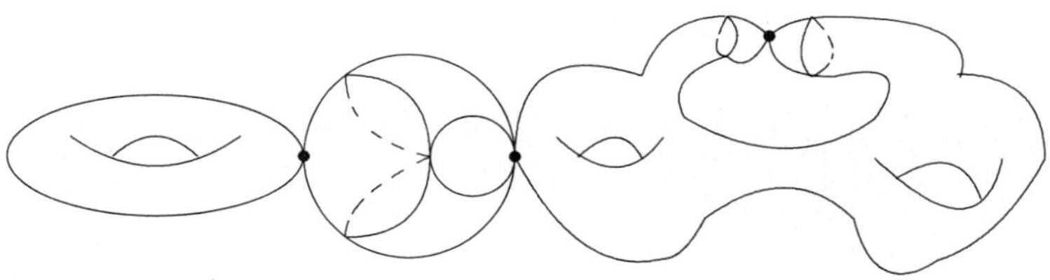

그림 3.71 유사곡면의 예(검은 점은 특이점)

(20) 모든 1-단체가 정확히 두 개의 단체의 면으로 나타나는 2차원 복체로 표현되는 도형을 **유사곡면**(pseudo surface)이라 한다. 유사곡면에서는 이를 표현하는 복체의 꼭짓점을 제외하고는 모든 점들이 평면상의 열린 원판과 위상동형인 근방을 가진다. 그러나 꼭짓점의 근방은 유한개의 열린 원판들의 중심점을 동일시한 것과 위상동형이 된다. 이 때, 열린 원판의 개수 m이 $m > 1$이면, 그 꼭짓점을 유사곡면의 특이점(singular point) 혹은 node라고 부른다. 그러므로 유사곡면은 곡면에서 유한개의 점집합들이 동일시된 곡면으로 볼 수 있고, 이런 의미에서 유사곡면을 때로는 pinched 곡면, 혹은 nodal 곡면이라고도 부른다. 예를 들면, A를 곡면 S_k의 $\sum_{i=1}^{t} n_i m_i$개의 점들로 이루어진 집합이라 하자. 단, $1 < m_1 < m_2 < \cdots < m_t$이다. 각 $i = 1, 2, \ldots, t$에 대하여, A를 m_i개 점들로 이루어진 n_i개 집합들로 분할하자. 분할의 각 집합에 대하여, 그 집합의 모든 점

들을 동일시하자. 그러면 이는 유사곡면이 되고,

$$S(k; n_1(m_1), n_2(m_2), \ldots, n_t(m_t)).$$

라고 쓴다. G를 곡면 $S(k; n_1(m_1), n_2(m_2), \ldots, n_t(m_t))$로 2-cell 매장을 가지는 그래프라 할 때

$$v - e + f = 2 - 2k - \sum_{i=1}^{t} n_i(m_i - 1)$$

임을 보여라. $2 - 2k - \sum_{i=1}^{t} n_i(m_i - 1)$을 유사곡면에 대한 Euler 표수라고 부른다. 당연히 이는 위상 불변량이다.

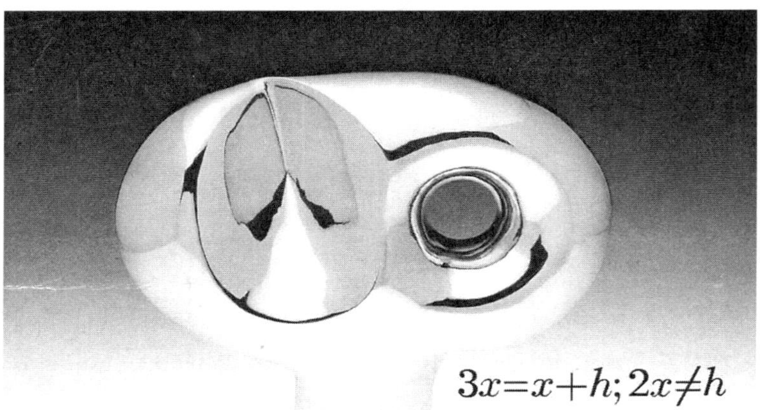

그림 3.72 그림의 뜻은?

4 기본군

4.1 기본군; 도형에 대응되는 가장 기본적인 군

위상수학의 기본 문제 중 하나는 주어진 두 위상공간이 위상동형인지 아닌지를 결정하는 것이다. 이 문제를 해결하기 위한 일반적인 방법은 없지만, 주어진 위상공간에 따라 적용할 수 있는 다양한 방법이 있다.

두 위상공간이 위상동형임을 보이기를 원하면 두 위상공간 사이의 위상동형함수를 구성해야만 한다. 그리고 두 위상공간이 위상동형이 아님을 보이기 위해서는 두 위상공간 사이에 위상동형함수가 있을 수 없음을 보여야 하는 데 이는 때로는 쉬운 일이 아닐 수 있다(왜 일까?). 이 경우에 한 위상공간은 만족하고 또 다른 위상공간은 만족하지 않는 위상적 성질을 찾을 수만 있다면 두 위상공간이 위상동형이 아님을 간접적으로 보일 수 있다. 예를 들면, 닫힌구간은 긴밀공간이지만 열린구간은 긴밀 공간이 아니기 때문에 닫힌구간과 열린구간은 위상동형이 될 수 없다.

그러나 지금까지 공부한 위상적 성질만으로 위의 문제를 항상 해결할 수 있는 것은 아니다. 예를 들어, 평면 $\mathbb{R}^2$와 3차원 공간 $\mathbb{R}^3$는 위상동형이 아니라는 사실을 어떻게 보이겠는가? 긴밀성, 연결성, 국소연결성, 거리공간성 등을 이용해 보아도 두 공간을 구별할 수 있는 위상적 성질을 쉽게 찾을 수 없다.

위상공간을 구별할 수 있는 새로운 방법을 소개하기 위하여 기본군[1]을 정의하고, 그 성질을 조사해 보자.

짝지어진 위상공간 (X, A)는 위상공간 X와 이의 부분공간 A로 구성된다. 특히 부분공간 A가 한 점 $\{x_0\}$일 때는 단순히 (X, x_0)로 쓰기도 한다. A가 빈 집합(empty set)이면 $(X, \emptyset)$와 X를 구별하지 않고 동일시한다. 함수 $f : (X, A) \to (Y, B)$는 $f(A) \subset B$를 만족하는 연속함수 $f : X \to Y$를 의미한다. 지금부터 제4장에서 다루는 함수는 모두 연속함수로 가정하자. 짝지어진 위상공간 (X, A)에 대해서 $(X, A) \times I$는 짝지어진 위상공간 $(X \times I, A \times I)$를 의미한다. 여기서 $I = [0, 1]$는 닫힌 단위구간이다.

예를 들면, 연속함수 $f : I \to X$는 X상의 곡선이지만 $f : (I, \{0, 1\}) \to (X, x_0)$는 X상에서 점 x_0에서 **닫힌 곡선(loop)**을 나타낸다.

제1장에서 다룬, 도형이 연속적으로 변형한다는 개념을 함수에서도 적용해 보자. 다음 정의는 함수 f가 연속적으로 변형하여 함수 g가 된다는 것을 보여 준다.

정의 4.1 두 함수 $f, g : (X, A) \to (Y, B)$와 X의 부분집합 X'에 대해서 다음의 두 조건 (i) (ii)를 만족하는 함수

$$H : (X, A) \times I \to (Y, B)$$

(i) $H(x, 0) = f(x),\ H(x, 1) = g(x),\ \forall x \in X$

(ii) $H(x, t) = f(x) = g(x),\ \forall x \in X',\ \forall t \in I$

가 존재 할 때 f와 g는 X'의 각 점을 고정한 상태에서 **호모토픽(homotopic relative to** X'**)**하다고 말하고 $f \simeq g$ rel X'로 나타낸다. 이 경우에 H를

[1]점 집합에서 일반위상수학을 배운 뒤 가장 흥미롭게 배우는 분야가 기본군이다. 불행히도, 정의도 복잡한데다 계산도 쉽지 않다. 하지만 행운은 도전자에게만 올 수 있다.

f에서 g로의 X'에서 고정된 **호모토피**(homotopy relative to X')라고 부르고 $H : f \simeq g$ rel X'로 나타낸다. X'가 빈 집합일 때는 '$\emptyset$에서 고정된'이란 표현을 생략한다.

저자도 정의 4.1에서와 같은 복잡한 정의를 좋아하는 것은 아니다. 정의 4.1을 풀어서 말하면, X상에 정의된 연속함수 f를 부분집합 X'에서는 고정시키면서 $X - X'$에서는 시간이 $I = [0,1]$을 움직일 동안 연속적으로 변환하여 함수 g가 될 수 있다는 것이다. 예를 들면, 실수상의 다항식 $f(x) = x^n$은 $x = 0$에서 함숫값은 고정시키면서 일차함수 $f(x) = x$로 연속적으로 변환할 수 있다(호모토피 $H(x,t) = tx + (1-t)x^n$을 생각하여 보아라). 또는 $X' = \emptyset$일 때는 실수상의 모든 함수는 상수함수 $f(x) = 0$와 호모토픽하다.

정리 **4.1** 집합 X'에서 고정된 호모토픽 $\simeq$ rel X'는 (X,A)에서 (Y,B)로의 함수 집합에서 동치관계이다. 동치류의 집합을 **호모토피 집합**이라고 부르고 이 집합을 $[(X,A),\ (Y,B)]_{X'}$로 나타낸다. $X' = \emptyset$일 때 때로는 $[(X,A),\ (Y,B)]_{\emptyset}$을 $[(X,A),\ (Y,B)]$로 쓰기도 한다.

증명: *반사율(reflexivity)*: 임의로 주어진 함수 $f : (X,A) \to (Y,B)$와 X의 부분집합 X'에 대해서 반사율 $H : f \simeq f$ rel X'는 호모토피 $H : X \times I \to Y$를 모든 점 $(x,t) \in X \times I$에 대해서 $H(x,t) = f(x)$로 정의하면 보여진다.

대칭율(symmetry): 주어진 $H : f \simeq g$ rel X'에 대해서 $H' : g \simeq f$ rel X'는 $H'(x,t) = H(x, 1-t)$로 정의하면 된다.

추이율(transitivity): 주어진 $F : f \simeq g$ rel X'와 $G : g \simeq h$ rel X'에 대해서 $H : f \simeq h$ rel X'는

$$H(x,t) = \begin{cases} F(x, 2t) & 0 \le t \le 1/2, \\ G(x, 2t-1) & 1/2 \le t \le 1 \end{cases}$$

로 정의하면 된다. $X \times I$의 닫힌 부분집합 $X \times [0, 1/2]$와 $X \times [1/2, 1]$에서 H가 각각 연속함수이기 때문에 H는 $X \times I$에서 연속함수이다(제1장 연습문제 (4) Pasting 보조정리 참조). □

이제 이 호모토피 개념을 이용하여 위상공간의 기본군을 정의해 보자.

정의 4.2 위상공간 X와 한 점 $x_0 \in X$에 대해서, 점 x_0에서 닫힌 곡선들의 호모토픽 동치류의 집합을

$$\pi_1(X, x_0) = [(I, \{0, 1\}), (X, x_0)]_{\{0,1\}}$$

라고 두자. 점 x_0에서 닫힌 임의의 두 곡선 σ, τ에 대해서, 새로운 닫힌 곡선 $\sigma \cdot \tau$와 σ^{-1}를 다음과 같이 정의하자.

$$\sigma \cdot \tau(s) = \begin{cases} \sigma(2s) & 0 \le s \le 1/2, \\ \tau(2s-1) & 1/2 \le s \le 1 \end{cases}$$

이고

$$\sigma^{-1}(s) = \sigma(1-s), \quad 0 \le s \le 1.$$

즉 새로운 닫힌 곡선 $\sigma \cdot \tau$와 σ^{-1}는 그림 4.1에서와 같다.

이제 집합 $\pi_1(X, x_0)$에 군의 구조를 정의하기 위하여 두 개의 닫힌 곡선의 동치류 $[\sigma], [\tau] \in \pi_1(X, x_0)$에 대해서

$$[\sigma] \cdot [\tau] = [\sigma \cdot \tau], \qquad [\sigma]^{-1} = [\sigma^{-1}]$$

로 두 연산을 도입하자.

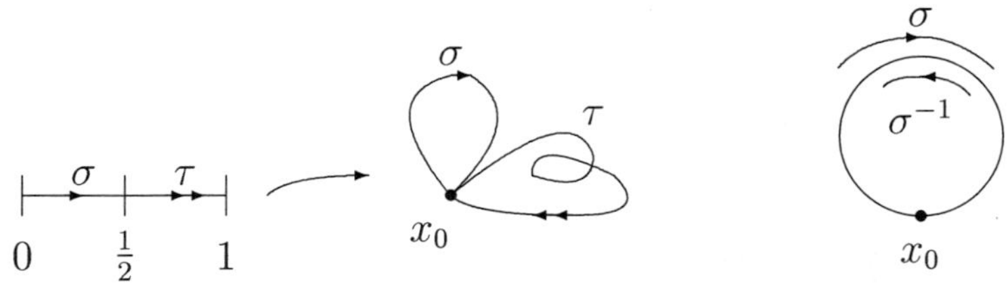

그림 4.1 닫힌 곡선 $\sigma \cdot \tau$와 σ^{-1}

보조정리 **4.2** 위의 두 연산은 $\pi_1(X, x_0)$에서 잘 정의된다.[2]

증명: $F : \sigma \simeq \sigma'$ rel $\{0,1\}$이고 $G : \tau \simeq \tau'$ rel $\{0,1\}$라고 두자. 함수 $H : I \times I \to X$를 다음과 같이 정의하자.

$$H(s,t) = \begin{cases} F(2s,t) & 0 \le s \le 1/2, \\ G(2s-1,t) & 1/2 \le s \le 1 \end{cases}$$

그러면 $0 \le t \le 1$에 대해서, $F(1,t) = x_0 = G(0,t)$이기 때문에 $H : \sigma \cdot \tau \simeq \sigma' \cdot \tau'$ rel $\{0,1\}$이다(그림 4.2 참조).

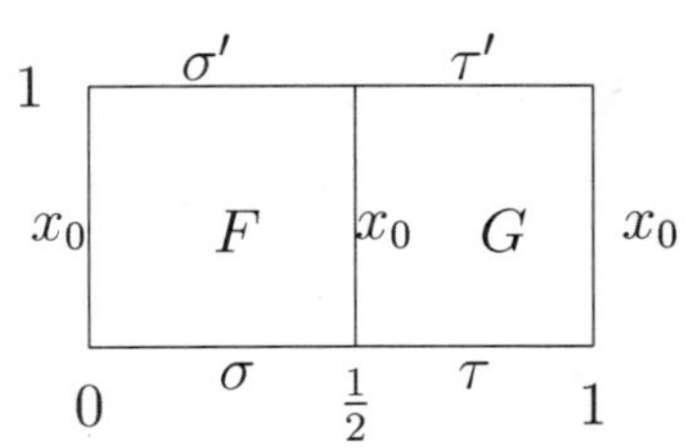

그림 4.2 곱의 연산의 호모토피

[2]잘 정의된다(well-defined)의 의미는 다음과 같다. 곱의 연산을 동치류 $[\sigma]$와 $[\tau]$에 대하여 $[\sigma \cdot \tau]$로 정의할 때, 만약 $[\sigma] = [\sigma']$와 $[\tau] = [\tau']$이면 $[\sigma \cdot \tau] = [\sigma' \cdot \tau']$임을 의미한다. 즉 동치류의 대표치를 선택하는 것과는 곱이 무관하게 정의된다는 뜻이다.

한편 호모토피 함수

$$K(s,t) = F(1-s,t), \ \ 0 \le s,t \le 1$$

에 의하여 $\sigma^{-1} \simeq (\sigma')^{-1}$ rel $\{0,1\}$이다. 따라서 정의 4.2의 두 연산은 $\pi_1(X,x_0)$상에서 잘 정의된다. □

정리 4.3 $\pi_1(X,x_0)$는 위에서 정의한 연산에 대하여 군(group)이 된다. 이 군(group)을 점 x_0에서의 **기본군** (fundamental group, 基本群)[3]이라고 부른다. 여기서 점 x_0로의 상수함수 ε_{x_0}의 동치류가 기본군의 항등원(identity)이다.

증명: 먼저 곱이 결합법칙(associative law)을 만족함을 증명해 보자. 즉,

$$(\sigma\cdot\tau)\cdot\omega \simeq \sigma\cdot(\tau\cdot\omega) \ \text{rel} \ \{0,1\}$$

임을 증명하자. 이를 위해서 그림 4.3을 생각해 보자. 이는 사각형 $[0,1]\times[0,1]$을 세 개의 사변형으로 분할하고 각각의 사변형에 왼쪽부터 차례로 $\sigma \simeq \sigma, \tau \simeq \tau, \omega \simeq \omega$를 나타내는 호모토피를 구성한 것이다.

---

[3]개괄적으로 설명하면 이는 원 S^1으로부터 위상공간 X로의 함수들 집합상에 군(group)을 정의하였으며, H. Poincare가 발견하였다. 여기서 원 S^1 대신에 n차원 구 S^n을 이용하면 새로운 군 $\pi_n(X,x_0)$을 구성할 수 있으며, 이를 n차원 호모토피 군이라고 하고 관련 분야를 호모토피 이론이라고 한다. 이런 의미에서 1차원 호모토피 군 $\pi_1(X,x_0)$을 기본군이라고 부른다. 고차원 호모토피 군은 제4.9절에서 다시 소개될 것이다. 호모토피 군 외에도 호몰로지(homology) 군 등, 주어진 도형에서 군을 만드는 다양한 방법들이 있다.

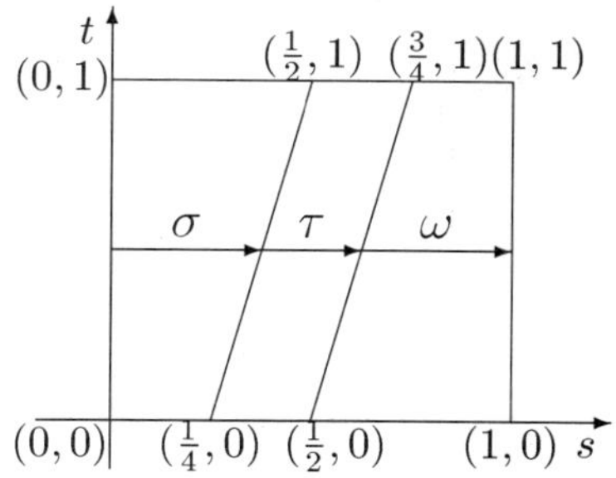

그림 4.3 $(\sigma\cdot\tau)\cdot\omega \simeq \sigma\cdot(\tau\cdot\omega)$ rel $\{0,1\}$

여기서 호모토피 $H : I\times I \to X$는 다음과 같이 정의된다.[4]

$$H(s,t)=\begin{cases}\sigma(\frac{4s}{t+1}) & 0\le s\le \frac{1}{4}(t+1),\\ \tau(4s-t-1) & \frac{1}{4}(t+1)\le s\le \frac{1}{4}(t+2),\\ \omega(\frac{4s-t-2}{2-t}) & \frac{1}{4}(t+2)\le s\le 1.\end{cases}$$

실제로, 함수 $H(s,t)$는 사각형 $[0,1]\times[0,1]$을 분할한 세 개의 각각의 사변형에서 연속이고 또한 그들의 공통부분에서 잘 정의된 함수이다. 따라서 H는 연속함수이다.

다음으로 x_0를 값으로 가지는 상수함수 ε_{x_0}의 동치류가 곱에 대한 항등원(identity)임을 보이자. 이를 위해서 그림 4.4를 생각하자.

여기서 호모토피 $G(s,t)$는 다음과 같이 정의된다.

$$G(s,t)=\begin{cases}\sigma(\frac{2s}{t+1}) & 0\le s\le \frac{t+1}{2},\\ x_0 & \frac{t+1}{2}\le s\le 1.\end{cases}$$

[4] 호모토피 $H(s,t)$의 정의는 복잡하다. 하지만 그림 4.3에서 호모토피 함수의 구성법을 잘 이해하면 이로부터 함수 $H(s,t)$의 정의를 유도할 수 있다.

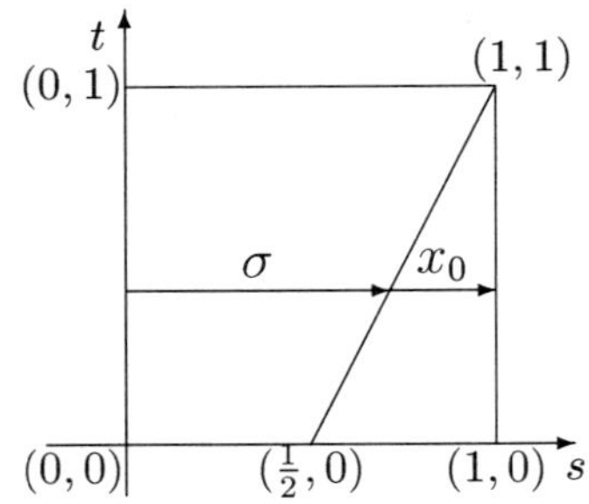

그림 4.4 $\sigma \cdot \varepsilon_{x_0} \simeq \varepsilon_{x_0}$ rel $\{0, 1\}$

마지막으로, $[\sigma]^{-1} = [\sigma^{-1}]$임을 보이자. 즉, $\sigma \cdot \sigma^{-1} \simeq \varepsilon_{x_0}$ rel $\{0, 1\}$를 증명하자. 호모토피는 그림 4.5에 의하여 주어진다.

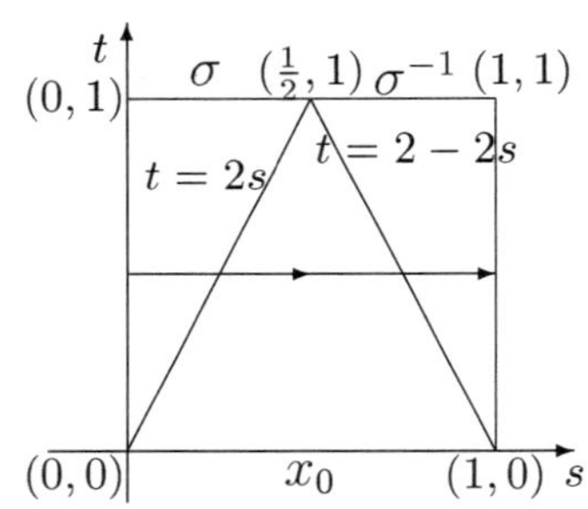

그림 4.5 $\sigma \cdot \sigma^{-1} \simeq \varepsilon_{x_0}$ rel $\{0, 1\}$

즉 $F(s, t)$는 다음과 같이 정의된다.

$$F(s,t) = \begin{cases} \sigma(2s) & 0 \le 2s \le t, \\ \sigma(t) & t \le 2s \le 2-t, \\ \sigma^{-1}(2s-1) & 2-t \le 2s \le 2. \end{cases}$$

따라서 $\pi_1(X, x_0)$는 앞에서 정의한 연산에 따라 군이 되며 점 x_0로의 상수함수의 동치류가 항등원(identity)이다. □

독자들은 주어진 위상공간 X의 기본군 $\pi_1(X, x_0)$가 무척 어렵게 정의되어 있다고 느낄 것이다. 이는 사실이다. 하지만 이 기본군이 어떤 집합 위에서 어떤 연산에 의하여 군으로 정의되었는지는 분명히 이해해야 한다. 앞으로 공부하면서 이 기본군이 얼마나 중요하게 쓰이는지를 이해하게 될 것이다.

4.2 공간의 연속함수가 만드는 군 준동형함수

이제 우리는 어떠한 위상공간들이 같은 기본군을 가지는지를 알아보자. 특히 어떠한 위상공간들이 (항등원만 가지는) 자명한 군(group)을 가지는가? 이를 위하여 우리는 이들 사이의 관계를 맺어주는 함수를 조사해 보아야 한다.[5] 구체적으로 두 위상공간 사이의 연속함수 $f : (X, x_0) \to (Y, y_0)$에 대응하는 기본군 사이의 관계와, 함수 f가 연속적으로 변형할 때, 이들 관계는 어떻게 변하는지를 알아보자. 이를 위하여 우선 다음 정리를 소개한다.

정리 4.4 **함수** $f_0, f_1 : X \to Y$**가** **호모토픽이고** $g_0, g_1 : Y \to Z$**가** **호모토픽이면, 이들의 합성함수** $g_0 \circ f_0$**와** $g_1 \circ f_1 : X \to Z$**도** **호모토픽이다.**

증명: $F : f_0 \simeq f_1$이면 $g_0 \circ F : g_0 \circ f_0 \simeq g_0 \circ f_1$이다. 유사하게 $G : g_0 \simeq g_1$이면 $G \circ (f_1 \times id_I) : g_0 \circ f_1 \simeq g_1 \circ f_1$이다. 여기서

$$X \times I \xrightarrow{f_1 \times id_I} Y \times I \xrightarrow{G} Z.$$

따라서 $\simeq$의 추이율에 의해 $g_0 \circ f_0 \simeq g_1 \circ f_1$이다. □

---

[5]위상동형함수 $f : (X, x_0) \to (Y, y_0)$가 있다면 두 공간은 동형(isomorphic)인 기본군을 가진다. 이는 정의에서 자명하다. 믿어지는가? 뒤에 설명이 있겠지만 믿어진다면 지금까지 단계를 잘 이해하고 있다고 하겠다.

정의 4.3 함수 $f : X \to Y$에 대해서 $f \circ g \simeq id_Y$이고 $g \circ f \simeq id_X$를 만족하는 함수 $g : Y \to X$가 존재할 때 f를 **호모토피 동치함수**(homotopy equivalence)[6]라고 부른다. 이 경우에 X와 Y는 **같은 호모토피형**(same homotopy type) 혹은 **호모토피 동치**(homotopy equivalent)라고 말하고, $X \simeq Y$로 나타낸다. 위상공간 X가 한 점으로 이루어진 위상공간과 같은 호모토피형일 때 X를 **축약가능**(contractible, 縮約可能)하다고 한다.

위상동형인 두 위상공간은 당연히 같은 호모토피형이다. 하지만 이의 역은 일반적으로 성립하지 않는다.

정리 **4.5** 공간 X가 축약가능할 필요충분조건은 항등함수 $id_X : X \to X$와 상수함수가 호모토픽인 것이다.

증명: 공간 X가 축약가능하면 $g \circ f \simeq id_X$를 만족하는 함수 $f : X \to \{p\}$와 $g : \{p\} \to X$가 존재한다. 여기서 $g \circ f$는 상수함수이다. 역으로, 상수함수 $c : X \to X;\ c(x) = x_0$에 대하여 $id_X \simeq c$라고 가정하자. 함수 $g : \{x_0\} \to X$는 포함함수, $f : X \to \{x_0\}$는 상수함수로 두면 $f \circ g = id_{\{x_0\}}$이고 $g \circ f = c \simeq id_X$이다. 즉 X는 축약가능하다. □

위 정리 4.5의 증명에서와 같이 $H : X \times I \to X$가 존재하여 $H : id_X \simeq c$라면, 곡선 $\alpha(t) = H(x, t)$는 X상에서 점 x와 x_0를 잇는 경로(path)가 된다. 따라서 다음의 결과를 얻을 수 있다.

따름정리 **4.6** 모든 축약가능한 위상공간은 경로적 연결공간(pathwise connected)이다.

---

[6]이는 전단사함수의 개념을 유연하다는 의미로 확장시킨 것으로 볼 수 있다.

예제 **4.1** ($\mathbb{R}^n$*과* $\mathbb{R}^n$*의 임의의 볼록(convex) 부분집합은 축약가능하다.*) Euclid 공간 $X = \mathbb{R}^n$을 생각해 보자. 함수

$$H : X \times I \to X, \quad H(x,t) = tx$$

는 X상의 영(零) 함수$f(x) = 0$ 와 항등함수 $g = id_X$ 사이의 호모토피이다. 따라서 $\mathbb{R}^n$은 축약가능하다. 일반적으로 $\mathbb{R}^n$의 임의의 볼록 부분집합은 항상 축약가능하다.

아래 정리는 위상공간 X의 기본군을 계산할 때, 만약 공간 X가 경로적 연결공간이면, 바탕점 x_0의 선택은 중요하지 않음을 보여준다.

정리 **4.7** 위상공간 X가 경로적 연결공간이면, X상의 임의의 두 점 x_0와 x_1에 대하여 기본군 $\pi_1(X, x_0)$와 $\pi_1(X, x_1)$은 군동형이다. 이 경우에 때로는 $\pi_1(X, x_0)$ 대신에 간단히 $\pi_1(X)$로 쓰고 X의 기본군이라고 부른다.

증명: 함수 α를 공간 X상에서 x_0에서 x_1으로의 경로라 하자. 함수 $\alpha_\sharp$을

$$\alpha_\sharp : \pi_1(X, x_0) \to \pi_1(X, x_1), \quad \alpha_\sharp([\sigma]) = [\alpha^{-1} \cdot \sigma \cdot \alpha]$$

로 정의하면 $\alpha_\sharp$는 군 준동형함수(homomorphism)이고 $(\alpha_\sharp)^{-1} = (\alpha^{-1})_\sharp$이다. □

정의 4.4 위상공간 X가 경로적 연결공간이고 $\pi_1(X) = 0$(즉 자명한 군)일 때 X를 **단순연결공간**(simply connected, 單純連結空間)이라고 부른다.

예제 **4.2** (*$\mathbb{R}^n$의 기본군은 자명하다*) Euclid 공간 $\mathbb{R}^n$은 단순연결공간이다. 먼저 $\mathbb{R}^n$이 경로적 연결공간임은 자명하다. 이제

$$\pi_1(\mathbb{R}^n, x_0) = 0$$

임을 보이면 된다. $\mathbb{R}^n$는 축약가능하기 때문에 항등함수 $id_{\mathbb{R}^n}$는 상수함수 ε_{x_0}와 호모토픽이다. 단, x_0는 $\mathbb{R}^n$의 원점이다. 따라서 점 x_0에서 $\mathbb{R}^n$상의 임의의 닫힌 곡선 σ에 대해서

$$\sigma = id_{\mathbb{R}^n} \circ \sigma \simeq \varepsilon_{x_0} \circ \sigma = \varepsilon_{x_0} \text{ rel } \{0, 1\}$$

이다(정리 4.4 참조). 일반적으로 축약가능한 위상공간 X는 모두 단순연결공간이다. 하지만 그 역은 성립하지 않는다. 예를 들면, 2차원 구 S^2는 단순연결공간이지만, 축약가능하지 않은 공간으로 알려져 있다.

이 절의 나머지에서는 두 위상공간 사이의 연속함수가 두 위상공간의 기본군 사이에 어떠한 관계를 주는지 조사하려고 한다.

함수 $f : X \to Y$를 생각해 보자. 만약 σ가 X상의 닫힌 곡선이면 $f \circ \sigma$는 Y상의 닫힌 곡선이다. 또한 σ와 τ가 닫힌 곡선으로서 동치이면, $f \circ \sigma$와 $f \circ \tau$도 닫힌 곡선으로서 동치이다(정리 4.4 참조). 이는 $x_0 \in X$에 대해서 함수 f_*를

$$f_* : \pi_1(X, x_0) \to \pi_1(Y, f(x_0)), \quad f_*([\sigma]) = [f \circ \sigma]$$

로 정의하면, f_*가 잘 정의됨을 의미한다. 예를 들어, 함수 $f : X \to Y$가 상수함수이면 $[f \circ \sigma]$는 $f(x_0)$에서의 상수함수의 동치류로서 기본군 $\pi_1(Y, f(x_0))$의 항등원(identity)이 되고, 따라서 $f_* = 0$는 자명한 군 준동형함수이다.

정리 4.8 함수 f_*는 군 준동형함수(group homomorphism)이다.

증명: 임의의 두 닫힌 곡선 σ와 τ에 대하여

$$\begin{aligned} f_*([\sigma][\tau]) &= f_*([\sigma \cdot \tau]) = [f \circ (\sigma \cdot \tau)] = [f \circ \sigma \cdot f \circ \tau] \\ &= [f \circ \sigma][f \circ \tau] = f_*([\sigma])f_*([\tau]). \end{aligned}$$

□

정리 4.9 (1) $(id)_* = identity.$

(2) $(g \circ f)_* = g_* \circ f_*.$

(3) 두 함수 $f, g : X \to Y$에 대하여 $H : f \simeq g$이면, 모든 점 $x_0 \in X$에 대하여 다음의 삼각형은 교환 가능하다.

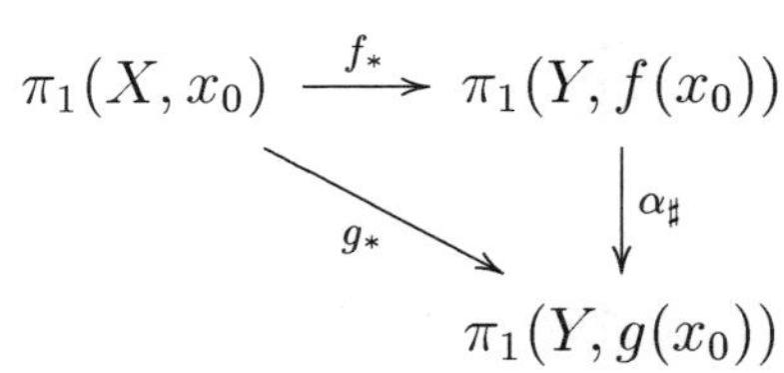

즉 $\alpha_\sharp \circ f_* = g_*$이다. 여기서 α는 $\alpha(t) = H(x_0, t)$로 정의된 $f(x_0)$에서 $g(x_0)$로 가는 Y상의 경로로서 $\alpha_\sharp$는 군 동형함수(isomorphism)이다. 특히 f_*가 군 동형함수(isomorphism)가 될 필요충분조건은 g_*가 군 동형함수가 되는 것이다.

증명: (1)과 (2)는 당연하다. (3)을 증명하기 위하여 $[\sigma] \in \pi_1(X, x_0)$라 두고 우리가 원하는 삼각형의 교환가능을 보여주는 호모토피 $F : g \circ \sigma \simeq \alpha^{-1} \cdot (f \circ \sigma) \cdot \alpha$ rel $\{0, 1\}$를 구성하자. 이를 위해서 함수 G를

$$G : I \times I \to Y, \quad G(s, t) = H(\sigma(s), t)$$

로 정의하자(그림 4.6 참조). 원하는 호모토피 $F : g \circ \sigma \simeq \alpha^{-1} \cdot (f \circ \sigma) \cdot \alpha$ rel $\{0, 1\}$은 그림 4.7(의 오른쪽 그림)과 같이 얻어진다. 여기서 호모토피 F는 다음과 같다.

$$F(s,t) = \begin{cases} \alpha^{-1}(2s) & 0 \le s \le \frac{1-t}{2} \\ G(\frac{4s+2t-2}{3t+1}, t) & \frac{1-t}{2} \le s \le \frac{t+3}{4} \\ \alpha(4s-3) & \frac{t+3}{4} \le s \le 1. \end{cases}$$

마지막으로, f_*를 군 동형함수(isomorphism)라 하자. 정리 4.7의 증명에서와 같이 $\alpha_\sharp$는 항상 군 동형함수(isomorphism)이므로 $g_* = \alpha_\sharp \circ f_*$도 군 동형함수이다. 같은 방법으로 g_*가 군 동형함수이면 f_*도 군 동형함수이다. □

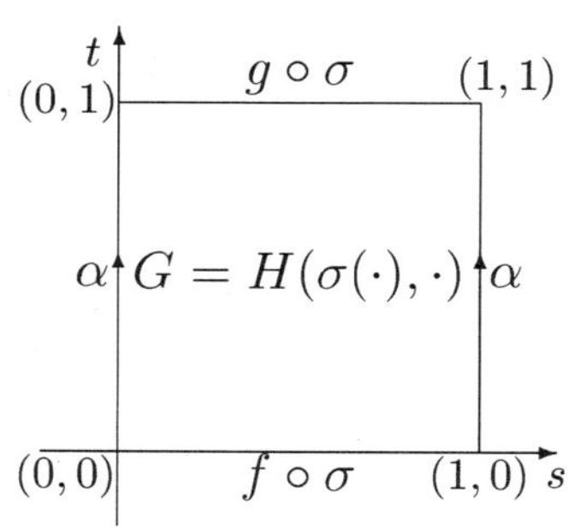

그림 4.6 $G : g \circ \sigma \simeq f \circ \sigma$ rel $\{0, 1\}$

따름정리 **4.10** 위상공간 X와 Y가 경로적 연결공간이라 하자. 이때,

(1) 함수 $f : X \to Y$가 상수함수와 호모토픽이면 $f_* = 0$. 즉 자명한 군 준동형함수(trivial homomorphism)이다.

(2) X와 Y가 같은 호모토피형이면 그들의 기본군은 동형(isomorphic)이다.

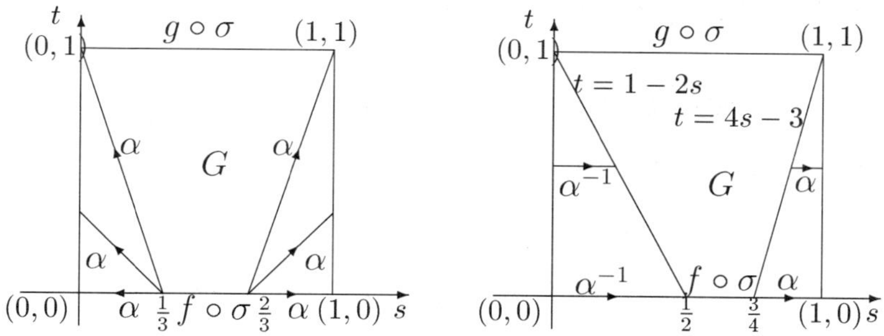

그림 4.7 $F : g \circ \sigma \simeq \alpha^{-1} \cdot (f \circ \sigma) \cdot \alpha \ \text{rel}\{0, 1\}$

증명: (1)은 당연하므로 (2)만 증명한다. 함수 $f : X \to Y$를 호모토피 동치함수(homotopy equivalence)로서, $f \circ g \simeq id_Y$이고 $g \circ f \simeq id_X$ (여기서 $g : Y \to X$인 함수)라 하자. 그러면 $(g \circ f)_* = g_* \circ f_*$도 군 동형함수(isomorphism)이고 또한 $(f \circ g)_* = f_* \circ g_*$도 군 동형함수이다. (이때, $(g \circ f)_* = g_* \circ f_* = identity$라고 할 수는 없음에 주의하라.) 따라서 f_*와 g_*은 모두 군 동형함수이다.[7] □

예를 들면, 그림 1.11에서 보여준 무한 원통과 $\mathbb{R}^2 - (0, 0)$는 위상동형이며, 이들은 원 S^1과 같은 호모토피형을 가지므로 이들의 기본군은 모두 동형이다. 실제로 다음 절에서 $\pi_1(S^1, 1) \cong \mathbb{Z}$를 보일 것이다.

문제 4.1 Möbius 띠와 원 S^1은 같은 호모토피형임을 보여라. 또한, 원통 $S^1 \times I$와 Möbius 띠는 위상동형은 아니지만 같은 호모토피형이다. 이를 보여라.

문제 4.2 정리 4.9(3)의 증명에서 호모토피 F를 구성할 때, 그림 4.7의 오른쪽 그림을 이용하였다. 하지만 기본군을 정의하는 연산 $\sigma \cdot \tau$의 결합법칙을 이용하여 그림 4.7의 왼쪽 그림을 이용하여 정의할 수도 있다. 이때 호모토피 F의 식을 구하여라.

---

[7] 일반적인 함수이론에서 $f \circ g$가 단사(injection)이면 g가 단사이고, $f \circ g$가 전사(surjection)이면 f가 전사이다.

4.3 원의 기본군 $\pi_1(S^1)$ 계산하기

원 S^1의 기본군을 계산해 보자. 이 계산 과정에서 다른 위상공간의 기본군을 계산하는 많은 방법을 배울 수 있다. 편의상 평면 $\mathbb{R}^2$를 복소평면 $\mathbb{C}$로 생각하고, 원 S^1은 $\{z \in \mathbb{C} : |z| = 1\}$로 생각하자.

점 1에서 S^1상의 닫힌 곡선 σ를 생각하자. 이 닫힌 곡선 σ는 $\sigma(0) = 1$에서 시작하여 t가 증가함에 따라 원 S^1상에서 시계방향 또는 반시계방향으로 움직일 것이다. 이때, 시계방향으로 한 바퀴 돌 때마다 1을 대응시키고, 반시계방향으로 한 바퀴 돌 때마다 -1을 대응시켜, 이 수들을 모두 합친 정수를 σ의 **회전수(winding number)** 또는 **차수(degree, 次數)**라 부르고. 이를 $\omega(\sigma)$로 쓰기로 하자.

지금부터 함수 $\omega : \pi_1(S^1, 1) \to \mathbb{Z},\ \sigma \mapsto \omega(\sigma)$가 군 동형함수임을 보여

$$\pi_1(S^1, 1) \cong \mathbb{Z}$$

를 증명하려 한다. 이를 위하여 우선 닫힌 곡선의 회전수에 대한 엄밀한 정의가 필요하다. 다음 함수를 생각하자. 함수 $p : \mathbb{R} \to S^1$을 $p(t) = \exp(2\pi it)$로 정의하자(그림 4.8 참조).

정리 4.11 [경로-올림(Path lifting)정리] 원 S^1상의 1을 시작점으로 하는 경로 $\sigma : [0, 1] \to S^1$가 주어져 있을 때, 실수 $\mathbb{R}^1$상에서 0을 시작점으로 하고 $p \circ \tilde{\sigma} = \sigma$를 만족하는 경로 $\tilde{\sigma} : [0, 1] \to \mathbb{R}^1$가 항상 존재한다. 또한, 이러한 경로 $\tilde{\sigma}$는 오직 하나뿐이다.

증명: 먼저 $U = S^1 - \{-1\}, V = S^1 - \{1\}$로 두자. 그러면 U와 V는 S^1의 열린 집합이고 $U \cup V = S^1$이 된다. 또한, $p^{-1}(U) = \bigcup_{n \in \mathbb{Z}} (n - \frac{1}{2}, n + \frac{1}{2})$이며, 모든 자연수 n에 대하여 p를 $(n - \frac{1}{2}, n + \frac{1}{2})$에 제한한 함수(restricted function)

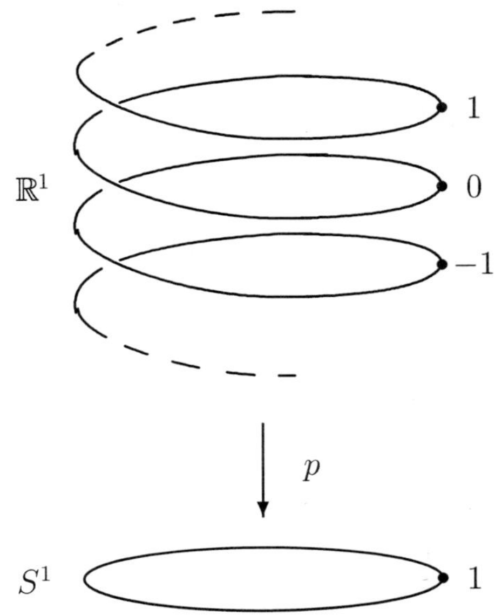

그림 4.8 국소적으로 위상동형인 함수 p

$p|_{(n-\frac{1}{2},n+\frac{1}{2})} : (n-\frac{1}{2}, n+\frac{1}{2}) \to U$는 위상동형이다. 각 자연수 n에 대하여 $p|_{(n-\frac{1}{2},n+\frac{1}{2})}$의 역함수를 $\alpha_n : U \to (n-\frac{1}{2}, n+\frac{1}{2})$로 두자. 같은 방법으로 생각하면 $p^{-1}(V) = \bigcup_{n\in\mathbb{Z}}(n, n+1)$이고, $\beta_n : V \to (n, n+1)$를 위상동형함수 $p|_{(n,n+1)}$의 역함수로 두자. 한편, 주어진 경로 $\sigma : [0,1] \to S^1$에 대하여 $\sigma^{-1}(U)$와 $\sigma^{-1}(V)$는 긴밀 공간 $[0,1]$의 열린 집합들로서 $[0,1] = \sigma^{-1}(U) \cup \sigma^{-1}(V)$(즉 긴밀 공간 $[0,1]$의 open covering)이므로, $[0,1]$상의 유한개의 점 $0 = t_0 < t_1 < \cdots < t_n = 1$이 존재하여 $\sigma([t_i, t_{i+1}]) \subset U$이거나 또는 $\sigma([t_i, t_{i+1}]) \subset V$를 만족하게 된다(제1장 연습문제 16 Lebesque Covering 보조정리 참조). 이제 $\tilde{\sigma} : [0,1] \to \mathbb{R}^1$은 다음과 같이 정의된다(수학적 귀납법).

(1) $\sigma(0) \in U$이므로 $p([0,t_1]) \subset U$. 이때, $\widetilde{\sigma_1} : [0,t_1] \to \mathbb{R}^1$을 $\widetilde{\sigma_1}(t) = \alpha_0 \circ \sigma(t)$로 정의하자. 그러면 $(p \circ \widetilde{\sigma_1})(t) = \sigma(t),\ \forall t \in [0,t_1]$이다.

(2) 이제 $\widetilde{\sigma_k} : [0,t_k] \to \mathbb{R}^1$이 정의되어 $(p \circ \widetilde{\sigma_k})(t) = \sigma(t),\ \forall t \in [0,t_k]$를 만족

한다고 가정하자 또한 $\widetilde{\sigma_k}(t_k) \in \mathbb{R}^1$은 $(\ell - \frac{1}{2}, \ell + \frac{1}{2})$ 또는 $(\ell, \ell+1)$에 속한다고 하자.

(3) 함수 $\widetilde{\sigma_{k+1}} : [0, t_{k+1}] \to \mathbb{R}^1$을 다음과 같이 정의하자.

$$\widetilde{\sigma_{k+1}}(t) = \begin{cases} \widetilde{\sigma_k}(t) & t \in [0, t_k], \\ \alpha_\ell \circ \sigma(t) & t \in [t_k, t_{k+1}], \sigma([t_k, t_{k+1}]) \subset U, \\ \beta_\ell \circ \sigma(t) & t \in [t_k, t_{k+1}], \sigma([t_k, t_{k+1}]) \subset V. \end{cases}$$

그러면 $\widetilde{\sigma_{k+1}}$는 연속함수이고 $(p \circ \widetilde{\sigma_{k+1}})(t) = \sigma|_{[0,t_{k+1}]}(t)$ $(t \in [0, t_{k+1}])$이다. 이제 $\tilde{\sigma} = \widetilde{\sigma_n}$으로 두면 $p \circ \tilde{\sigma} = p \circ \widetilde{\sigma_n} = \sigma$가 된다.

한편, 각 단계마다 $\widetilde{\sigma_k}(0) = 0$와 $p \circ \widetilde{\sigma_k} = \sigma|_{[0,t_k]}$이면서 함수가 연속되게 정의하는 법이 오직 한 가지뿐이므로 그러한 σ는 오직 하나뿐이다. □

정의 4.5 주어진 경로 $\sigma : [0,1] \to S^1$에 대하여 $p \circ \tilde{\sigma} = \sigma$ 를 만족하는 경로 $\tilde{\sigma} : [0,1] \to \mathbb{R}^1$을 σ의 **올림함수**(lifting)라 부른다(그림 4.9 참조).

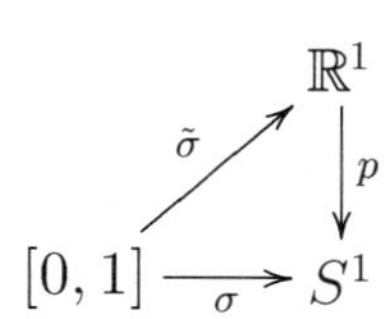

그림 4.9 σ의 올림함수 $\tilde{\sigma}$

주의: 정리 4.11은 그림 4.9에서와 같은 올림함수가 하나뿐이라는 것이 아니고 시작점이 0인 올림함수가 하나뿐이라는 것이다. 실제로, 주어진 σ의 올림함수는 그 시작점으로 자연수 n을 택할 때마다 하나씩 있다.

이제 이 올림함수의 개념을 사용하여 1에서 원 S^1상의 닫힌 곡선 σ의 회전수 $\omega(\sigma)$를 정리 4.11에서 소개된 σ의 올림함수 $\tilde{\sigma}$의 1에서의 값, 즉 $\omega(\sigma) = \tilde{\sigma}(1)$으로 정의하자. (독자들은 이 값이 실제로 회전수 정의에서의 값과 일치한다는 것을 보일 수 있을 것이다.) 그러면

$$\omega : \{1\text{에서 원 } S^1\text{상의 닫힌 곡선들의 집합}\} \to \mathbb{Z}\text{인 함수이다.}$$

다음으로 함수 ω가 $\pi_1(S^1, 1)$상의 함수로서도 잘 정의됨을 보이려고 한다. 우선 함수 $p : \mathbb{R} \to S^1$; $p(t) = \exp(2\pi i t)$에 대하여 경로뿐 아니라 호모토피에 대하여도 올림함수가 존재함을 보여보자.

정리 **4.12 [호모토피-올림(Homotopy lifting)정리]** 만약 원 S^1상에서 바탕점 1에서 닫힌 두 곡선 σ와 τ가

$$H : \sigma \simeq \tau \text{ rel } \{0, 1\}$$

이면 같은 시작점 $0 \in \mathbb{R}^1$를 가지는 이들의 올림 경로 $\tilde{\sigma}$와 $\tilde{\tau}$도 H의 올림함수 $\tilde{H}$가 존재하여

$$\tilde{H} : \tilde{\sigma} \simeq \tilde{\tau} \text{ rel } \{0, 1\}$$

이다(그림 4.10 참조).

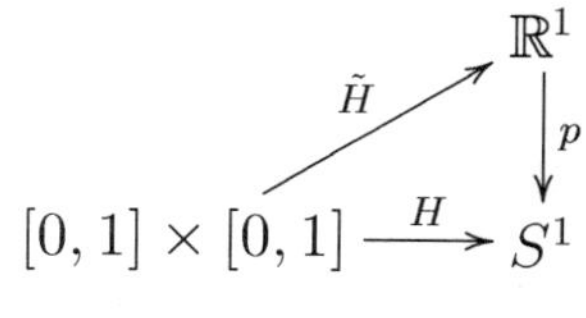

그림 4.10 호모토피-올림

증명: 정리 4.11(경로-올림정리)의 증명방법을 닫힌 구간 $[0,1]$ 대신에 $[0,1] \times [0,1]$에 적용하면 $p \circ \tilde{H} = H$와 $\tilde{H}(0,t) = 0 \ (t \in [0,1])$을 만족하는 연속함수 $\tilde{H} : [0,1] \times [0,1] \to \mathbb{R}^1$가 오직 하나 존재함을 보일 수 있다. 독자들은 여기서 잠시 멈추고 가능한 증명 방법을 생각해 보아라. 좀 더 일반적인 증명이 정리 5.5에서 상세하게 주어지므로 여기서는 증명을 생략한다. □

이제 $[\sigma]$와 $[\tau]$가 $\pi_1(S^1, 1)$에서 같은 원소라 두자. 그러면 $H : \sigma \simeq \tau$ rel $\{0,1\}$이다. 정리 4.12의 호모토피-올림정리에 의하여, 연속함수 $\tilde{H} : [0,1] \times [0,1] \to \mathbb{R}^1$이 존재하여 $p \circ \tilde{H} = H$와 $\tilde{H}(0,t) = 0 \ (t \in [0,1])$이 된다. 한편 $(p \circ \tilde{H})(s,0) = H(s,0) = \sigma(s)$이고 $(p \circ \tilde{H})(0,0) = H(0,0) = 1$이므로 $\tilde{H}(s,0) = \tilde{\sigma}(s)$는 0을 시작점으로 하는 σ의 올림 경로이다. 같은 방법으로 $\tilde{H}(s,1) = \tilde{\tau}(s)$는 0을 시작점으로 하는 τ의 올림 경로임을 알 수 있다. 따라서 $\omega(\sigma) = \tilde{\sigma}(1) = \tilde{H}(1,0)$이고 $\omega(\tau) = \tilde{\tau}(1) = \tilde{H}(1,1)$이다. 또한, 모든 $t \in [0,1]$에 대하여 $\tilde{H}(1,t) \in p^{-1}(1) = \mathbb{Z}$이다. 한편, $[0,1]$은 연결공간이고 $\tilde{H}$가 연속함수이므로, $\tilde{H}(1,-) : [0,1] \to \mathbb{Z}$는 상수함수이다. 따라서 $\omega(\sigma) = \tilde{\sigma}(1) = \tilde{H}(1,0) = \tilde{H}(1,1) = \tilde{\tau}(1) = \omega(\tau)$이다. 즉 $\omega : \pi_1(S^1,1) \to \mathbb{Z}$는 잘 정의된 함수이다.

정리 **4.13** 함수 $\omega : \pi_1(S^1,1) \to \mathbb{Z}$는 군 동형함수(isomorphism)이다.

증명: (1) ω는 군 준동형함수[8]: 원 S^1상의 점 1에서 닫힌 두 개의 곡선 σ와 τ를 생각하고 0을 시작점으로 하는 이들의 올림함수를 각각 $\tilde{\sigma}$와 $\tilde{\tau}$라 하자. 함

[8]이 증명은 직관적으로 자명하다. 즉 $\sigma \cdot \tau$의 회전수는 σ의 회전수와 τ의 회전수의 합이다.

수 $\gamma : [0,1] \to \mathbb{R}^1$을

$$\gamma(t) = \begin{cases} \tilde{\sigma}(2t) & 0 \le t \le \frac{1}{2}, \\ \tilde{\tau}(2t-1) + \tilde{\sigma}(1) & \frac{1}{2} \le t \le 1 \end{cases}$$

로 정의하자. 그러면 γ는 연속함수이다. 한편 γ의 시작점은 $\gamma(0) = \tilde{\sigma}(0) = 0$이고 $p \circ \gamma = \sigma \cdot \tau$이므로, 경로-올림정리에 의하여 $\widetilde{\sigma \cdot \tau} = \gamma$이다. 따라서 $\omega(\sigma \circ \tau) = \gamma(1) = \tilde{\tau}(1) + \tilde{\sigma}(1) = \omega(\tau) + \omega(\sigma)$이다.

(2) ω는 전사함수: 임의의 정수 $n \in \mathbb{Z}$에 대하여 함수 $f_n : [0,1] \to \mathbb{R}^1$을 $f_n(t) = nt$로 정의하자. 그러면 $\sigma_n = p \circ f_n : [0,1] \to S^1$이고 $\sigma_n(0) = p(0) = 1$, $\sigma_n(1) = p(n) = 1$이다. 따라서 $[\sigma_n] \in \pi_1(S^1, 1)$이다. 더욱이 $\widetilde{\sigma_n}(1) = f_n(1) = n$이다. 따라서 $\omega : \pi_1(S^1, 1) \to \mathbb{Z}$는 전사함수이다.

(3) ω는 단사함수: 어떤 원소 $[\sigma] \in \pi_1(S^1, 1)$가 $\omega(\sigma) = 0$일 때, σ가 1에서의 상수함수 c_1과 호모토픽함을 보이면 된다. 이제 $\omega(\sigma) = 0$임을 가정하자. 그러면 $\tilde{\sigma}(1) = 0$이고, 이는 $\tilde{\sigma}$가 $\mathbb{R}^1$상에서 닫힌 곡선임을 의미한다. 함수 $H : [0,1] \times [0,1] \to \mathbb{R}^1$을 $H(s,t) = (1-t)\tilde{\sigma}(s)$로 정의하자. 그러면 $H : \tilde{\sigma} \simeq 0$ rel $\{0,1\}$이다. 함수 $\tilde{H} = p \circ H$로 두자. 그러면 $\tilde{H}(s,0) = p \circ H(s,0) = p \circ \tilde{\sigma}(s) = \sigma(s)$, $\tilde{H}(s,1) = p(0) = 1 = c_1(s)$, $\tilde{H}(0,t) = p \circ H(0,t) = p(0) = 1$, $\tilde{H}(1,t) = p \circ H(1,t) = p(0) = 1$. 따라서 σ와 c_1은 호모토픽하다. □

정의 4.6 함수 $i : A \to X$는 부분공간 A에서 위상공간 X로의 포함함수라 하자. 식 $r \circ i = id_A$를 만족하는 연속함수 $r : X \to A$를 공간 X에서 A로의 **수축함수**(retraction, 收縮函數)라고 부르고 A를 X의 **수축**(retract)이라고 말한다. 또한, $i \circ r \simeq id_X$ (rel A)일 때 r을 **(강한) 변형수축함수**((strong) deformation retraction, 變形收縮函數)라 하고 A를 X의 **(강한) 변형수축**((strong) deformation retract)[9]이라고 부른다.

예를 들어, 한 점(으로 된 공간)은 모든 위상공간의 수축(retract)이다. 하지만 한 점(으로 된 공간)이 어떤 위상공간 X의 변형수축(deformation retract)이 되기 위한 필요충분조건은 위상공간 X가 축약가능(contractible)한 것이다.

정리 4.14 (1) 공간 A가 X의 수축이면 $i_* : \pi_1(A, x_0) \to \pi_1(X, x_0)$는 단사인 군 준동형함수(monomorphism)이다.

(2) 공간 A가 X의 변형수축이면 $i_* : \pi_1(A, x_0) \to \pi_1(X, x_0)$는 군 동형함수(isomorphism)이다.

증명: (1) 집합 A가 X의 수축이므로 정의에 의하여 $r \circ i = id_A$를 만족하는 함수 $r : X \to A$가 존재한다. 정리 4.9의 (1)과 (2)에 의하여

$$r_* \circ i_* = (r \circ i)_* = (id_A)_* = identity.$$

따라서 i_*는 단사인 군 준동형함수가 된다.

(2) 집합 A가 X의 변형수축이므로 $r \circ i = id_A$와 $i \circ r \simeq id_X$를 동시에 만족하는 연속함수 $r : X \to A$가 존재한다. (1)에 의해서 i_*는 단사이고 정리 4.9의 (1)과 (3)에 의하여 i_*는 전사이다. 따라서 i_*는 군 동형함수가 된다. □

예제 4.3 구 S^1은 공간 $\mathbb{R}^2 \setminus \{0\}$의 변형수축이다. 따라서 포함함수 $j : S^1 \to \mathbb{R}^2 \setminus \{0\}$에 대하여 $j_* : \pi_1(S^1, 1) \to \pi_1(\mathbb{R}^2 \setminus \{0\}, 1)$는 군 동형함수이다. 특히 $\pi_1(\mathbb{R}^2 \setminus \{0\}, 1) \cong \mathbb{Z}$이다.

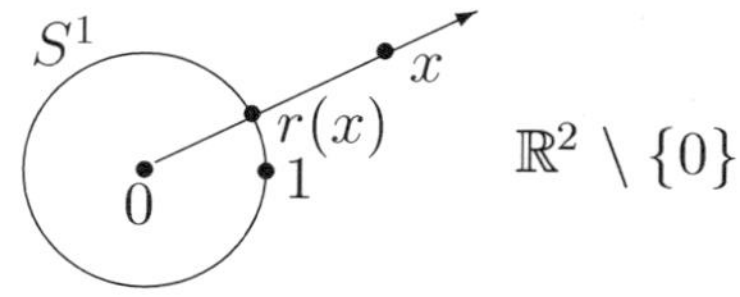

그림 4.11 수축함수

풀이: 함수 $r : \mathbb{R}^2 \setminus \{0\} \to S^1$, $r(x)$를 반직선 $\overrightarrow{0x}$이 단위원과 만나는 점으로 정의하자: $r(x) = x/|x|$. (그림 4.11 참조.) 그러면 함수 r에 의하여 $\mathbb{R}^2 \setminus \{0\}$는 S^1으로 수축됨을 알 수 있다. 호모토피를 다음과 같이 정의하자.

$$H : (\mathbb{R}^2 \setminus \{0\}) \times [0,1] \to \mathbb{R}^2 \setminus \{0\},\ \ H(x,t) = tr(x) + (1-t)x.$$

그러면 $H : i \circ r \simeq id_{\mathbb{R}^2 \setminus \{0\}}$이고 $r \circ i = id_{S^1}$이므로, i_*는 군 동형함수이다. □

문제 4.3 단위 원 S^1은 평면 $\mathbb{R}^2$의 혹은 2차원 원판 D^2의 수축(retract)이 아님을 보여라.

문제 4.4 $i : A \to X$는 포함함수이지만 $i_* : \pi_1(A, x_0) \to \pi_1(X, x_0)$는 단사함수가 아닌 예를 두 가지 이상 들어라.

다음의 따름정리는 대수학의 기본정리로 알려져 있다.

따름정리 4.15 상수가 아닌 모든 복소 다항식은 반드시 해를 가진다.[10]

[9]이는 (부분공간 A의 점들은 움직이지 않으면서) 공간 혹은 도형 X를 A내로 연속적으로 변형시킬 수 있음을 말한다.

[10]독자들은 본 대수학의 기본정리를 복소함수론이나 대수학의 강의에서 배웠을 수 있다. 독자들이 알고 있는 증명법을 여기의 위상적 방법과 비교해 보아라.

증명: 일반성을 잃지 않고, 복소 다항식 $f:\mathbb{C}\to\mathbb{C}$는 다음과 같은 형이라고 가정할 수 있다. (여기서 $\mathbb{C}$는 복소 평면이며 위상적으로는 $\mathbb{R}^2$와 동형이다.)

$$f(z)=z^n+a_{n-1}z^{n-1}+\cdots+a_1z^1+a_0=0,\quad n\geq 1.$$

$S^1\subset\mathbb{C}$로 생각하고 다음과 같이 정의된 함수 g를 생각하자.

$$g:S^1\to S^1,\ \ g(z)=z^n.$$

그러면 g에 의해서 유도된 준동형함수 $g_*:\pi_1(S^1,1)\to\pi_1(S^1,1)$은 무한순환군 $\pi_1(S^1,1)\cong\mathbb{Z}$의 생성원을 자신의 n배로 대응시킨다. 즉, $g_*(x)=nx$이다.

(특수한 경우) 먼저 $|a_{n-1}|+\cdots+|a_1|+|a_0|<1$ 경우에 대해서.
다항식 f가 해를 갖지 않는다고 가정하고, 이를 D^2상에 제한한 함수를 $f_D:D^2\to\mathbb{C}\setminus\{0\}$, S^1상에 제한한 함수를 $f_S:S^1\to\mathbb{C}\setminus\{0\}$라고 두자. 그러면 함수 f_S가 함수 f_D로 확장이 되기 때문에 함수 f_S는 상수함수와 호모토픽하다(호모토피 $G(x,t)=f_D(tx)$를 생각해 보아라.)

반면, 함수 f_S는 $\bar{g}(z)=z^n$으로 정의된 함수 $\bar{g}:S^1\to\mathbb{C}\setminus\{0\}$와 호모토픽하다. (이때, 함수 $\bar{g}$는 함수 g와 같지만, 치역을 달리한다는 점에서 서로 다른 기호를 쓴다.) 왜냐하면 함수 $H:S^1\times I\to\mathbb{C}\setminus\{0\}$를

$$H(z,t)=z^n+t(a_{n-1}z^{n-1}+\cdots+a_1z^1+a_0)$$

로 정의하자. 그러면

$$\begin{aligned}|H(z,t)| &\geq |z^n| - \left|t\left(a_{n-1}z^{n-1} + \cdots + a_0\right)\right| \\ &\geq 1 - t\left(|a_{n-1}||z^{n-1}| + \cdots + |a_0|\right) \\ &= 1 - t(|a_{n-1}| + \cdots + |a_0|) > 0.\end{aligned}$$

따라서 $H : f_S \simeq \bar{g}$이다.

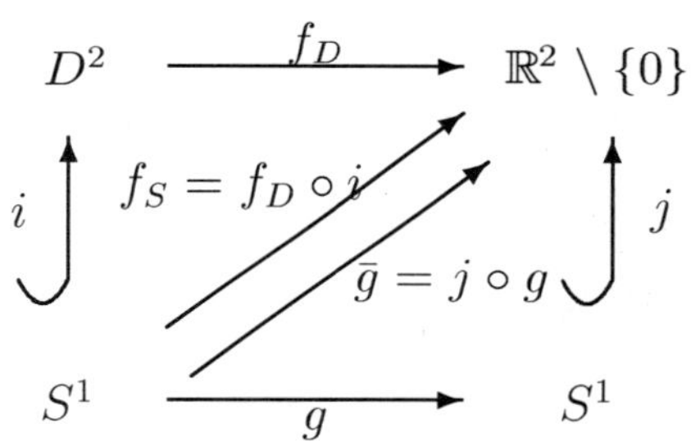

그림 4.12 $f_S \simeq j \circ g$

또한 함수 $\bar{g}$는 함수 g와 포함함수 $j : S^1 \to \mathbb{R}^2 \setminus \{0\}$의 합성함수이다. 함수 g_*는 $\pi_1(S^1, 1) \cong \mathbb{Z}$에서 "$n$배", 함수 j_*는 군 동형함수이기 때문에(예제 4.3 참조) $\bar{g}_*$는 영함수(零函數)가 아니다. 따라서 $\bar{g}$는 상수함수와 호모토픽할 수 없다. 하지만 함수 $\bar{g}$는 f_S와 호모토픽이고 함수 f_S는 상수함수와 호모토픽임을 이미 알고 있다(혹은, 정리 4.9(3) 참조). 따라서 모순이다.

(일반적인 경우) 일반적인 경우를 위하여 실수 $c > 0$를 택해서 $z = c\omega$로 치환하자(이는 적절한 좌표변환을 의미한다). 그러면 다음 식을 얻는다.

$$(c\omega)^n + a_{n-1}(c\omega)^{n-1} + \cdots + a_1(c\omega)^1 + a_0 = 0.$$

또는

$$\omega^n + \frac{a_{n-1}}{c}\omega^{n-1} + \cdots + \frac{a_1}{c^{n-1}}\omega^1 + \frac{a_0}{c^n} = 0.$$

이 방정식이 $\omega = \omega_0$를 근으로 가지면 원래 주어진 방정식은 $z_0 = c\omega_0$를 근으로 가진다. 따라서 c를 다음 식

$$\left|\frac{a_{n-1}}{c}\right| + \cdots + \left|\frac{a_1}{c^{n-1}}\right| + \left|\frac{a_0}{c^n}\right| < 1$$

을 만족하도록 충분히 크게 잡으면 위의 특수한 경우로 귀착된다. □

닫힌 구간 $[-1,1]$상의 모든 연속함수 f는 고정점(즉, $f(x) = x$를 만족하는 점 x)을 가진다는 것은 미적분학의 중간값의 정리로부터 얻을 수 있다. 다음은 2차원 원판 D^2에서 유사한 정리이다.

따름정리 4.16 (Brower 고정점 정리) 2차원 원판 D^2상의 모든 연속함수 $f : D^2 \to D^2$는 고정점을 가진다. 즉, $f(x) = x$를 만족하는 점 x가 존재한다.

증명: 모든 $x \in D^2$에 대하여 $f(x) \neq x$인 연속함수 $f : D^2 \to D^2$가 존재한다고 가정하자. 그러면 그림 4.13과 같이 $f(x)$에서 x로의 선분을 확장해서 S^1과 만나는 점을 함숫값으로 가지는 함수 $\varphi : D^2 \to S^1$를 정의할 수 있다. 명백히 φ는 연속함수이다. 함수 $i : S^1 \to D^2$를 포함함수로 두면, $\varphi \circ i = id_{S^1}$이고 다음의 교환가능한 도형을 얻는다.

$$\begin{array}{ccc} S^1 & \xrightarrow{id_{S^1}} & S^1 \\ & {\scriptstyle i}\searrow \quad \nearrow{\scriptstyle \varphi} & \\ & D^2 & \end{array}$$

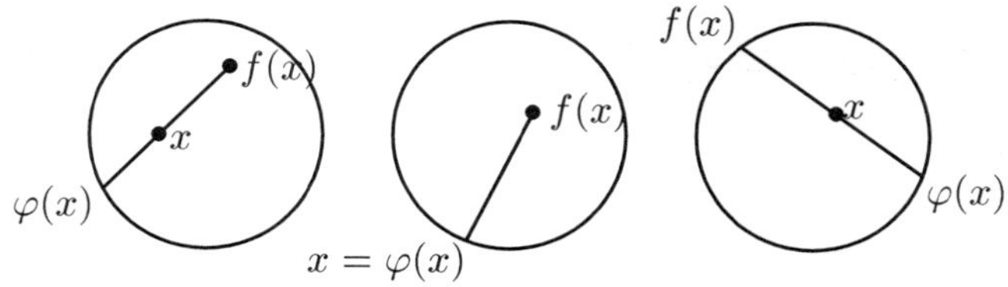

그림 4.13 함수 $\varphi : D^2 \to S^1$

이것은 다음과 같이 기본군 사이에 교환가능한 도형을 유도한다.

$$\begin{array}{ccc} \pi_1(S^1,1) & \xrightarrow{\quad id \quad} & \pi_1(S^1,1) \\ & {}_{i_*}\searrow \quad \nearrow_{\varphi_*} & \\ & \pi_1(D^2,1) & \end{array}$$

그러나 D^2가 축약가능인 공간이므로 $\pi_1(D^2,1) = 0$이고, 따라서 다음과 같은 교환가능한 도형을 얻는다.

$$\begin{array}{ccc} \mathbb{Z} & \xrightarrow{\quad id \quad} & \mathbb{Z} \\ & {}_{i_*}\searrow \quad \nearrow_{\varphi_*} & \\ & 0 & \end{array}$$

하지만 $id_{\mathbb{Z}} = \varphi_* \circ i_*$는 불가능하고, 따라서 정리가 증명된다. □

주의: Brower 고정점 정리는 "모든 자연수 n에 대하여 n차원 원판 D^n상의 모든 연속함수 $f : D^n \to D^n$가 항상 고정점을 가진다"는 것이다. 하지만 본 교재에서는 $n = 2$일 때만 증명하였다.

예제 4.4 열린 원판(open disk)과 반열린 원판(half-open disk)은 위상동형이 아니다. 만일 2차원 열린 원판 D와 반열린 원판 S가 위상동형이면, S의 울타리점 y_0에 대하여 D의 한 점 x_0가 대응되어 $D - \{x_0\}$와 $S - \{y_0\}$도 위상동형이 된다. 여기서 x_0은 D의 내부점이다. 한편, $D-\{x_0\}$는 원 S^1과 같은 호모토피형(즉, $D-\{x_0\}$내의 닫힌 경로 S^1으로 변형수축이 가능)이나, $S-\{y_0\}$는 축약가능하다. 따라서

$$\mathbb{Z} \cong \pi_1(S^1) \cong \pi_1(D-\{x_0\}) \cong \pi_1(S-\{y_0\}) \cong \{0\}.$$

이는 모순이다. 따라서 열린 원판과 반열린 원판은 위상동형이 아니다. 하지만 모두 $\mathbb{R}^2$의 볼록(convex) 부분집합이므로 축약가능하다.

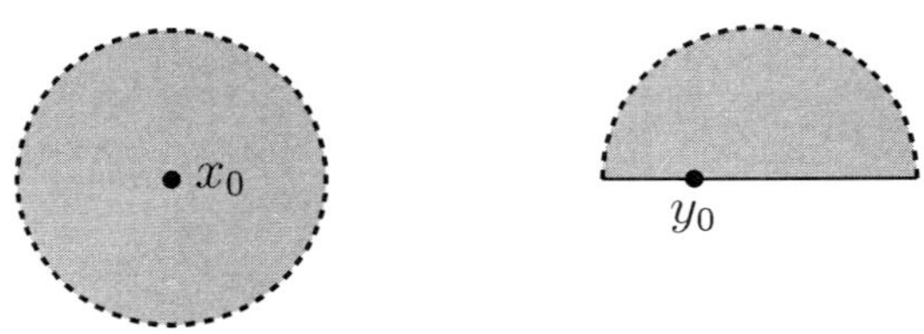

그림 4.14 열린 원판과 반열린 원판

원의 기본군 $\pi_1(S^1, 1)$의 계산에서 보듯이, 일반적으로 주어진 공간의 기본군을 계산하는 것은 쉬운 일이 아니다. 그러면 이러한 기본군을 효과적으로 계산할 수 있는 좋은 방법이 없을까?

다음 절에서 다루게 될 Seifert-Van Kampen 정리가 이러한 계산 방법 중 가장 널리 알려져 있고 유용하게 사용되는 계산법이다. 이 절의 마지막 정리로 두 위상공간의 곱에 대한 기본군의 계산을 소개한다.

정리 4.17 주어진 위상공간 (X, x_0)와 (Y, y_0)에 대하여

$$\pi_1(X \times Y, (x_0, y_0)) \cong \pi_1(X, x_0) \times \pi_1(Y, y_0).$$

증명: 함수 $p : X \times Y \to X$, $q : X \times Y \to Y$를 자연사영이라고 두고, 함수

$$h : \pi_1(X \times Y, (x_0, y_0)) \to \pi_1(X, x_0) \times \pi_1(Y, y_0)\text{를}$$

$$h([\alpha]) = (p_*[\alpha], q_*[\alpha]) = ([p \circ \alpha], [q \circ \alpha]), \quad \forall\, [\alpha] \in \pi_1(X \times Y, (x_0, y_0))$$

로 정의하자. 함수 h가 군 동형(isomorphism)이 됨을 보이자. 당연히 h는 준동형함수(homomorphism)이다. 함수 h가 전사임을 보이기 위해서, 임의의 원소

$$([\alpha_1], [\alpha_2]) \in \pi_1(X, x_0) \times \pi_1(Y, y_0)$$

를 생각해 보자. 닫힌 곡선 α를

$$\alpha : I \to X \times Y, \quad \alpha(t) = (\alpha_1(t), \alpha_2(t))$$

로 정의하면, 당연히 $h([\alpha] = ([\alpha_1], [\alpha_2])$이다. 따라서 h는 전사함수이다. 또한 함수 h가 단사임을 보이기 위해, $h([\alpha]) = h([\beta])$라고 가정하자. 그러면

$$H_1 : p \circ \alpha \simeq p \circ \beta \text{ rel } \{0, 1\}, \quad H_2 : q \circ \alpha \simeq q \circ \beta \text{ rel } \{0, 1\}$$

인 호모토피 함수 H_1과 H_2가 존재한다. 이제 호모토피

$$H : I \times I \to X \times Y, \quad H(s, t) = (H_1(s, t), H_2(s, t))$$

를 정의하면 $H : \alpha \simeq \beta$ rel $\{0, 1\}$이 된다. 따라서 h는 단사함수이다. □

이제 정리 4.17을 이용하여 더 많은 공간의 기본군을 계산할 수 있다. 예를 들어, 무한 원통 $S^1 \times \mathbb{R}^1$이나 토러스 $S^1 \times S^1$의 기본군은 다음과 같다.

$$\pi_1(S^1 \times \mathbb{R}^1) \cong \pi_1(S^1) \times \pi_1(\mathbb{R}^1) \cong \mathbb{Z} \times \{0\} \cong \mathbb{Z},$$
$$\pi_1(S^1 \times S^1) \cong \pi_1(S^1) \times \pi_1(S^1) \cong \mathbb{Z} \times \mathbb{Z}.$$

문제 4.5 원통과 Möbius 띠의 기본군을 계산하여라.

문제 4.6 속이 꽉 찬 토러스의 기본군을 계산하여라.

문제 4.7 평면상에 도형이 알파벳 $A, B, C, \ldots, X, Y, Z$의 형상과 같을 때, 이 중에서 기본군이 자명한 경우와 자명하지 않은 경우를 각각 다섯 가지씩 들어라.

4.4 기본군 계산법; Seifert-Van Kampen 정리

기본군을 계산하는 또 다른 유용한 도구를 도입하자. 이를 위해서는 군과 관련된 이론이 우선 필요하다.[11]

세 개의 군(group) $\mathcal{A}$, $\mathcal{A}_1$, $\mathcal{A}_2$와 군 준동형함수(homomorphism) $f_1 : \mathcal{A} \to \mathcal{A}_1$과 $f_2 : \mathcal{A} \to \mathcal{A}_2$가 주어져 있다고 하자. 쉽게 이야기하여, $\mathcal{A}$를 *융합한 $\mathcal{A}_1$과 $\mathcal{A}_2$의 자유곱*을 모든 $g \in \mathcal{A}$에 대해서 $f_1(g) = f_2(g)$를 만족하고 $\mathcal{A}_1$과 $\mathcal{A}_2$에 의해 생성되는 가장 작은 군으로 정의하고자 한다. 구체적인 정의는 다음과 같다.

정의 4.7 주어진 군 $\mathcal{A}$, $\mathcal{A}_1$, $\mathcal{A}_2$와 군 준동형함수 $f_1 : \mathcal{A} \to \mathcal{A}_1$과 $f_2 : \mathcal{A} \to \mathcal{A}_2$에 대하여, F를 집합 $\mathcal{A}_1 \cup \mathcal{A}_2$에 의해 생성되는 자유군(free group)[12]이라 하고 F에

[11] 대수적 위상수학을 공부하다보면, 때로는 학부 수준의 대수학에서 다루지 않는 군 이론들이 소개된다. 융합곱도 이러한 예에 속한다.

[12] 주어진 군 $\mathcal{A}$에 대하여 만약 $\mathcal{A}$의 부분집합 S가 존재하여 군의 모든 원소가 S내의 유한개의 원소나 그들의 역원들의 곱으로 유일하게 표현이 가능할 때 (이때, 자명한 방법, 즉

서의 연산을 $x \cdot y$로 쓰기로 하자. 따라서 F의 모든 원소는 다음과 같이 표현된다.

$$x_1^{\varepsilon_1} \cdot x_2^{\varepsilon_2} \cdot \cdots \cdot x_k^{\varepsilon_k}.$$

여기서 $\varepsilon_i = \pm 1$이고 $x_i \in \mathcal{A}_1 \cup \mathcal{A}_2$이다. R을 다음과 같은 형의 단어들에 의하여 생성된 F의 정규부분군(normal subgroup)이라고 두자.

$$(xy) \cdot y^{-1} \cdot x^{-1}, \quad \forall x, y \in \mathcal{A}_1 \text{ 또는 } \forall x, y \in \mathcal{A}_2,$$

$$f_1(g) \cdot (f_2(g))^{-1}, \quad \forall g \in \mathcal{A}.$$

여기서 곱 xy는 군 $\mathcal{A}_1$ 또는 $\mathcal{A}_2$에서 곱을 의미한다. 이때, **$\mathcal{A}$를 융합한 $\mathcal{A}_1$과 $\mathcal{A}_2$의 자유곱**은 상군(quotient group, 商群) F/R로 정의되고 $\mathcal{A}_1 *_{\mathcal{A}} \mathcal{A}_2$로 표기한다. 앞으로 이를 줄여서 간단히 ($\mathcal{A}$ 위의) $\mathcal{A}_1$과 $\mathcal{A}_2$의 **융합곱**(amalgamated product, 融合곱)이라 부른다.

군 준동형함수 $g_i : \mathcal{A}_i \to \mathcal{A}_1 *_{\mathcal{A}} \mathcal{A}_2$는 합성함수 $\mathcal{A}_i \to F \to F/R$로 얻어지고, 이때 $g_1 \circ f_1 = g_2 \circ f_2$가 됨을 알 수 있다.

정리 4.18 임의의 군 $\mathcal{B}$와 $h_1 \circ f_1 = h_2 \circ f_2$를 만족하는 군 준동형함수(group homomorphism) $h_i : \mathcal{A}_i \to \mathcal{B}, i = 1, 2$가 주어졌다고 하자(그림 4.16 참조). 그러면

$xy^{-1} = xuu^{-1}y^{-1}$는 같은 방법으로 간주하여 유일함), 군 $\mathcal{A}$를 집합 S에 의하여 생성되는 **자유군**이라고 한다. 빈 집합(empty set)에 의하여 생성되는 자유군은 항등원만 가지는 자명한 군, 한 개의 원소에 의하여 생성되는 자유군은 무한 순환군 $\mathbb{Z}$이다.

자유군과 자유 교환군(free abelian group)은 크게 차이가 있음에 주의하라. 예를 들면, 원소 a, b, c에 의하여 생성된 자유군(free group)에서는 a, b, c의 27개의 중복순열이 모두 서로 다른 원소가 되지만, 원소 a, b, c에 의하여 생성된 자유 교환군에서는 서로 다른 원소가 a, b, c의 중복조합인 10개이다. 예를 들어 $abc = acb = bac = bca = cab = cba$이다. 이것이 자유군과 자유 교환군의 차이점이다.

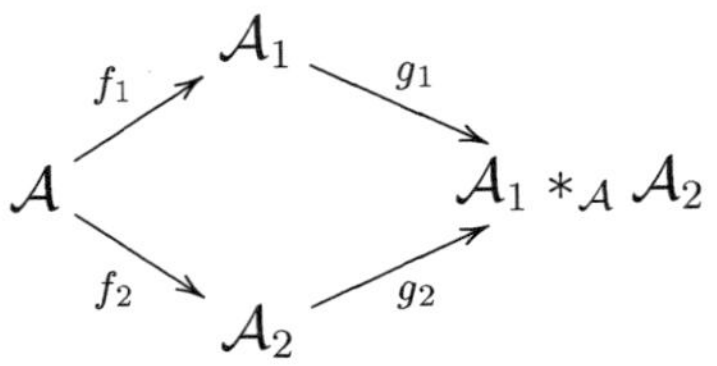

그림 4.15 군의 융합곱

(1) $h \circ g_i = h_i, i = 1, 2,$를 만족하는 군 준동형함수 $h : \mathcal{A}_1 *_{\mathcal{A}} \mathcal{A}_2 \to \mathcal{B}$가 유일하게 존재한다.

(2) 만약 군 $\mathcal{B}$의 모든 원소 x를 $x = x_1 \cdot x_2 \cdots x_k$, $x_s = h_i(a_s)$, $a_s \in \mathcal{A}_i, i = 1, 2$의 형태로 쓸 수 있으면, h는 전사함수(surjection)이다.

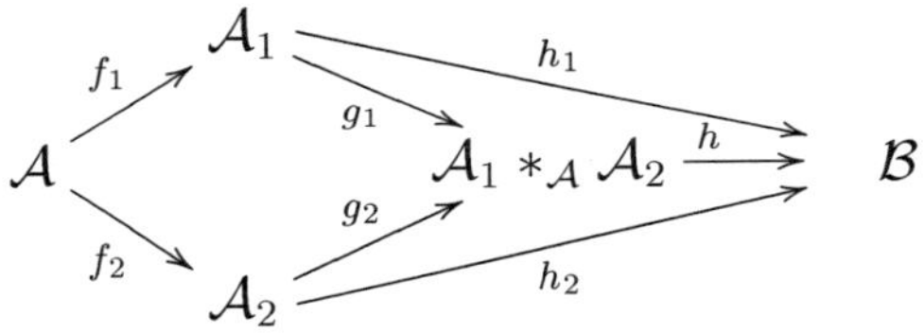

그림 4.16 융합곱의 성질

증명: (1) F가 $\mathcal{A}_1 \cup \mathcal{A}_2$상의 자유군이기 때문에, 함수

$$h' : F \to \mathcal{B}, \quad h'|_{\mathcal{A}_i} = h_i, \quad i = 1, 2$$

는 잘 정의된 준동형함수이다. 이때

$$\begin{aligned} h'((xy) \cdot y^{-1} \cdot x^{-1}) &= h'(xy)h'(y)^{-1}h'(x)^{-1} \\ &= h_s(x)h_s(y)h_s(y)^{-1}h_s(x)^{-1} \\ &= 1, \quad \forall x, y \in \mathcal{A}_s,\ s = 1 \text{ 또는 } 2; \\ h'(f_1(g) \cdot f_2(g)^{-1}) &= h_1(f_1(g))h_2(f_2(g)^{-1}) = 1, \quad \forall g \in \mathcal{A}. \end{aligned}$$

따라서 $h'(R) = 1$이고 h'는 군 준동형함수 $h : \mathcal{A}_1 *_{\mathcal{A}} \mathcal{A}_2 \to \mathcal{B}$를 결정한다. 구성에 의해 $h \circ g_i = h'|_{\mathcal{A}_i} = h_i$이고 h의 유일성은 당연하다.

(2) 임의로 주어진 원소 x를 $x = x_1 \cdot x_2 \cdots x_k$, $(x_s = h_i(a_s),\ \ a_s \in \mathcal{A}_i, i = 1, 2)$로 쓴다면

$$\begin{aligned} x = x_1 \cdot x_2 \cdots x_k &= h_{i_1}(a_1) \cdot h_{i_2}(a_2) \cdots h_{i_k}(a_k) \\ &= h(g_{i_1}(a_1) \cdot g_{i_2}(a_2) \cdots g_{i_k}(a_k)). \end{aligned}$$

따라서 $h : \mathcal{A}_1 *_{\mathcal{A}} \mathcal{A}_2 \to \mathcal{B}$는 전사함수이다. □

이제 위상공간 X가 두 개의 열린 경로적 연결공간(open, pathwise connected)인 부분집합 X_1과 X_2의 합집합(union)이고 $X_1 \cap X_2$도 빈 집합이 아닌 경로적 연결공간이라고 가정하자. 다음의 정리는 $\pi_1(X_1), \pi_1(X_2)$와 $\pi_1(X_1 \cap X_2)$를 알고 있을 때 $\pi_1(X)$를 계산하는 방법를 보여준다.

정리 4.19 (Seifert-Van Kampen 정리) 경로적 연결공간 X가 두 열린 부분공간 X_1, X_2가 있어서 이들의 합, $X = X_1 \cup X_2$으로 나타난다고 하자. 만약 X_1, X_2와 교집합 $X_1 \cap X_2$도 빈 집합이 아닌 경로적 연결공간이고 $x_0 \in X_1 \cap X_2$이면

$$\pi_1(X, x_0) \simeq \pi_1(X_1, x_0) *_{\pi_1(X_1 \cap X_2, x_0)} \pi_1(X_2, x_0)$$

이다.

증명: [13] 그림 4.17은 포함함수들에 의해서 유도된 준동형함수들의 교환 가능성을 보여준다. 따라서 정리 4.18(1)에 의하여, $h \circ g_1 = j_{1*}$, $h \circ g_2 = j_{2*}$를 만족

[13]내용이 어렵게 생각되는 독자는 증명을 생략하고, Seifert-Van Kampen 정리를 이용한 계산법만 익혀도 좋다. 하지만 증명법이 실제로 어려운 것은 아니다.

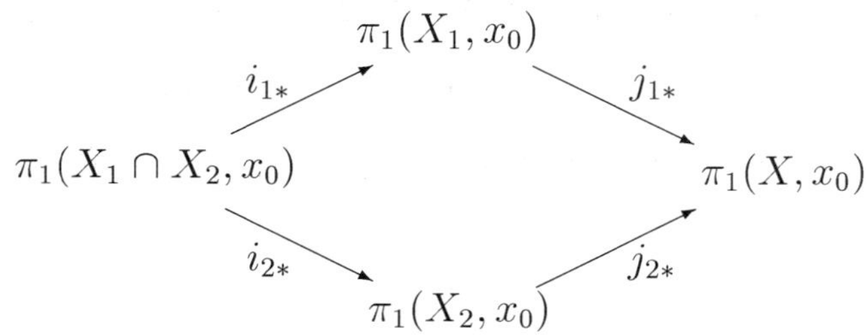

그림 4.17 기본군 사이에 교환가능한 군 준동형함수

하는 군 준동형함수(homomorphism)

$$h : \pi_1(X_1, x_0) *_{\pi_1(X_1 \cap X_2, x_0)} \pi_1(X_2, x_0) \to \pi_1(X, x_0)$$

가 존재한다. 이제 증명을 위하여 h가 군 동형함수(isomorphism)임을 보이면 충분하다. 이를 위하여 먼저 h가 전사함수임을 보이자. 임의의 원소 $\alpha \in \pi_1(X, x_0)$에 대하여, 제1장 연습문제 16의 Lebesque Covering 보조정리를 이용하면, 모든 $1 \le i \le n$에 대해서 $\alpha(t_i) \in X_1 \cap X_2$이고 $\alpha([t_i, t_{i+1}])$는 X_1 또는 X_2의 한 쪽에만 속하는 $[0, 1]$의 분할 $0 = t_0 < t_1 < \cdots < t_n = 1$이 존재한다. 모든 $1 \le i \le n$에 대하여 γ_i를 $X_1 \cap X_2$상에서 점 x_0에서 점 $\alpha(t_i)$로의 경로라 하자. 즉,

$$\gamma_i : I \to X_1 \cap X_2, \quad \gamma_i(0) = x_0, \gamma_i(1) = \alpha(t_i)\text{이고 } \gamma_0 = \gamma_n = x_0$$

를 만족하는 경로 γ_i를 선택하자. 여기서 $\alpha_i = \alpha|_{[t_i, t_{i+1}]}$라고 하면,

$$\alpha = \alpha_0 \alpha_1 \cdots \alpha_{n-1} = \gamma_0 \alpha_0 \gamma_1^{-1} \gamma_1 \alpha_1 \gamma_2^{-1} \cdots \gamma_n^{-1} \alpha_{n-1} \gamma_n^{-1}$$

를 얻고, 각각의 $\gamma_i\alpha_i\gamma_{i+1}^{-1}$는 $\pi_1(X_1, x_0)$ 또는 $\pi_1(X_2, x_0)$에 속한다. 따라서 정리 4.18(2)에 의하여 h는 전사함수이다.

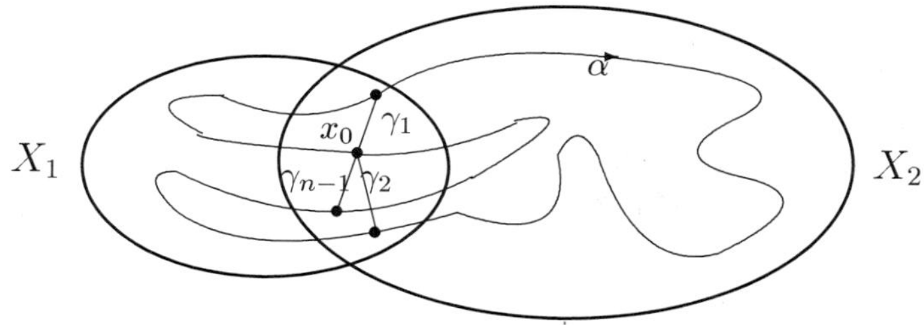

그림 4.18 추가된 경로 γ_i

이제 h가 단사함수, 즉 $\mathrm{Ker}(h) = 1$을 보이기 위하여 $h(\sigma) = 1, \sigma \in \pi_1(X_1, x_0) *_{\pi_1(X_1 \cap X_2, x_0)} \pi_1(X_2, x_0)$이라 하자. 그러면 $\sigma = \alpha_1\beta_1\alpha_2\beta_2 \cdots \alpha_k\beta_k$를 만족하는 X_1에서 닫힌 곡선 α_i와 X_2에서 닫힌 곡선 β_i가 존재한다. 또한 $h(\sigma) = 1$이기 때문에 X상에서는 $\alpha_1\beta_1\alpha_2\beta_2 \cdots \alpha_k\beta_k$와 상수함수 c_{x_0}는 $\{0, 1\}$을 고정한 어떤 호모토피 H에 의하여 호모토픽하다. 이제

$$\pi_1(X_1, x_0) *_{\pi_1(X_1 \cap X_2, x_0)} \pi_1(X_2, x_0)$$

에서도 $\alpha_1\beta_1\alpha_2\beta_2 \cdots \alpha_k\beta_k = 1$이 됨을 보이자. 사각형 $I \times I$가 긴밀(compact)공간임을 이용하여 이를 충분히 작은 부분 사각형 $C_{i,j} = [t_{i-1}, t_i] \times [s_{j-1}, s_j]$로 분할하여 다음을 만족하도록 할 수 있다:

$$0 = t_0 < t_1 < \cdots < t_m = 1, \quad 0 = s_0 < s_1 < \cdots < s_n = 1$$

로 $H(C_{i,j}) \subset X_1$ 또는 $H(C_{i,j}) \subset X_2$이고 $H(t_i, 0)$들은 α_i와 β_i의 끝점을 포함한다(그림 4.19 참조.).

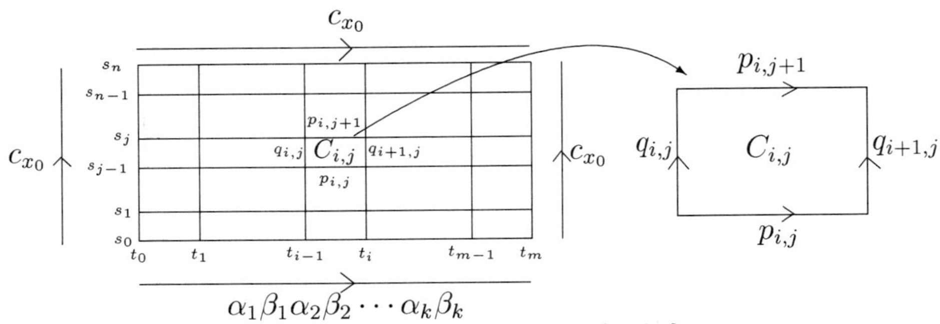

그림 4.19　$I \times I$의 분할

이제

$$p_{i,j} = H|_{[t_{i-1},t_i]\times s_{j-1}}, \qquad q_{i,j} = H|_{t_{i-1}\times[s_{j-1},s_j]}$$

라고 두면, 곡선 $p_{i,j}$와 $q_{i,j}$는 X_1 또는 X_2에 놓여 있지만 일반적으로 x_0에서 닫힌 경로는 아니다. 각 꼭짓점 (t_i, s_j)에 대해서, $H(t_i, s_j)$는 X_1, X_2 또는 $X_1 \cap X_2$에 놓이게 되고 이때 각각 X_1, X_2 또는 $X_1 \cap X_2$내에서 $H(t_i, s_j)$에서 x_0로의 경로 $\gamma_{i,j}$를 선택하자. $H(t_i, s_j) = x_0$인 경우는 $\gamma_{i,j}$를 x_0에 고정된 상수 경로로 택하자. 따라서 켤레(conjugacy)에 의해서,

$$p'_{i,j} = \gamma^{-1}_{i-1,j-1}p_{i,j}\gamma_{i,j-1}, \quad q'_{i,j} = \gamma^{-1}_{i-1,j-1}q_{i,j}\gamma_{i-1,j}$$

는 $\pi_1(X_1, x_0)$ 또는 $\pi_1(X_2, x_0)$에 있다. 결과적으로 $\{p'_{i,j}, q'_{i,j}\}$에서의 모든 단어(word)는 융합곱의 원소가 된다. 한편, 각 $C_{i,j}$에서 (호모토피) 함수 $H|_{C_{i,j}}$는 $p'_{i,j} \simeq q'_{i,j}p'_{i,j+1}(q'_{i+1,j})^{-1}$를 만족한다. 따라서 이러한 호모토피들은 다음 식을 만

족한다.

$$\begin{aligned}
\sigma &= \alpha_1\beta_1\alpha_2\beta_2\cdots\alpha_k\beta_k = p_{1,1}p_{2,1}\cdots p_{m,1} \simeq p'_{1,1}p'_{2,1}\cdots p'_{m,1} \\
&\simeq (q'_{1,1}p'_{1,2}(q'_{2,1})^{-1})(q'_{2,1}p'_{2,2}(q'_{3,1})^{-1})\cdots(q'_{m,1}p'_{m,2}(q'_{m+1,1})^{-1}) \\
&\simeq \cdots\cdots \\
&\simeq q'_{1,1}p'_{1,2}p'_{2,2}\cdots p'_{m,2}(q'_{m+1,1})^{-1} \\
&\simeq q'_{1,1}q'_{1,2}p'_{1,3}p'_{2,3}\cdots p'_{m,3}(q'_{m+1,2})^{-1}(q'_{m+1,1})^{-1} \\
&\simeq \cdots\cdots \\
&\simeq q'_{1,1}q'_{1,2}\cdots q'_{1,n}p'_{1,n}p'_{2,n}\cdots p'_{m,n}(q'_{m+1,n})^{-1}(q'_{m+1,n-1})^{-1}\cdots(q'_{m+1,1})^{-1} \\
&= c_{x_0}.
\end{aligned}$$

이 식은 주어진 원소 σ가 $\pi_1(X,x_0)$의 원소로서 $[\sigma]=[p'_{1,1}p'_{2,1}\cdots p'_{m,1}]$이고, 또한 융합곱 $\pi_1(X_1,x_0) *_{\pi_1(X_1\cap X_2,x_0)} \pi_1(X_2,x_0)$의 원소로서 $[p'_{1,1}p'_{2,1}\cdots p'_{m,1}] = [c_{x_0}]$임을 보여준다. 따라서 h는 단사함수이다. □

따름정리 4.20 위상공간 X가 경로적 연결인 두 열린 부분공간 X_1, X_2의 wedge 합(wedge sum) (즉, $X = X_1 \cup X_2$이고 교집합 $X_1 \cap X_2$는 한개의 점으로 구성)이면 X의 기본군은 단순히 두 부분공간 X_1, X_2의 기본군들의 자유곱(free product)이다.

예제 4.5 2잎 bouquet B_2의 기본군을 구하여라.

풀이: 그림 4.20에서의 x, y기호를 이용하여 그래프 B_2의 부분공간으로 $X_1 = B_2 - \{y\}$, $X_2 = B_2 - \{x\}$라고 두자. 그러면 $X_1, X_2, X_1 \cap X_2$는 열린 집합이고

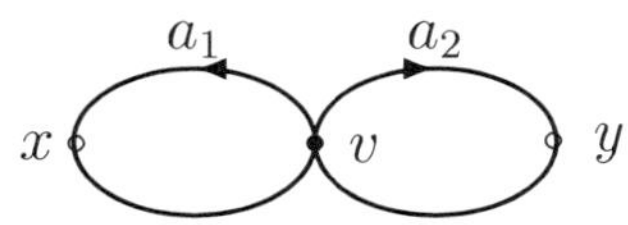

그림 4.20 2잎 bouquet B_2

그래프 B_2의 경로적 연결인 부분공간이다. 한편, 공간 X_1과 X_2는 한 개의 루프인 S^1와 호모토피 동치이고 (실은, 루프 S^1이 X_1과 X_2 각 공간의 강한 변형수축(strong deformation retract)이다) 교집합 $X_1 \cap X_2 = B_2 - \{x, y\}$는 축약가능하다. 따라서 $\pi_1(X_1) \cong \pi_1(X_2) \cong \mathbb{Z}$, $\pi_1(X_1 \cap X_2) \cong 0$이다. 이제 Seifert-Van Kampen 정리에 의하여 $\pi_1(B_2) \cong \pi_1(X_1) * \pi_1(X_2) \cong \langle A_1, A_2 \mid \emptyset \rangle$이다. 즉 두 원소 A_1, A_2에 의하여 생성된 자유군이다. □

주의: 자유군(free group)과 자유교환가능군(free abelian group)을 구별하지 못하는 학생들이 종종 있다. 두 개의 원소에 의하여 생성된 자유군 F_2와 두 개의 원소에 의하여 생성된 자유교환가능군(free abelian group) $\mathcal{A}$는 군 동형이 아니다. F_2는 교환 가능군이 아니나, $\mathcal{A} \cong \mathbb{Z} \times \mathbb{Z}$는 교환 가능군이다.

예제 4.6 모든 $n \geq 2$에 대해서, $\pi_1(S^n) = 0$이다. 즉 $n \geq 2$이면 S^n은 단순연결공간이다. 왜냐하면,

$$\begin{aligned} X_1 &= \{(x_1, \cdots, x_{n+1}) \in S^n \mid x_{n+1} < 1\}, \\ X_2 &= \{(x_1, \cdots, x_{n+1}) \in S^n \mid x_{n+1} > -1\} \end{aligned}$$

라 두면, 이들은 $\mathbb{R}^n$에서의 열린 원판 $D^n = \{\mathbf{x} \in \mathbb{R}^n : |\mathbf{x}| < 1\}$과 위상동형이고 따라서 축약가능공간이다. 이제

$$S^n = X_1 \cup X_2$$

에 대해서, Seifert-Van Kampen 정리를 사용하면 $\pi_1(S^n) = 0$를 얻을 수 있다. 하지만 S^n은 축약 가능하지는 않다고 알려져 있다.

예제 4.7 그림 4.21과 같이 주어진 동일시 한 공간(identification space) X의 기본군을 구하여라.

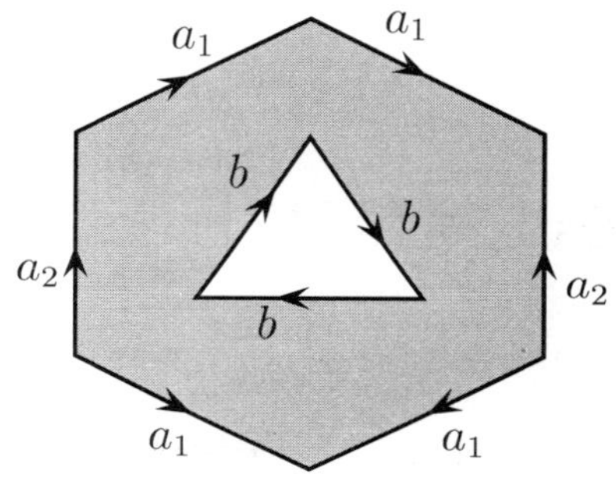

그림 4.21 동일시 한 공간 X

풀이: X의 부분공간 $X_1 = X - b$, $X_2 = X - (a_1 \cup a_2)$를 생각해 보자. 그러면 $X_1, X_2, X_1 \cap X_2$는 X의 열린 부분집합이고 경로적 연결공간이다. 그림 4.20의 2잎 bouquet는 X_1의 강한 변형수축(strong deformation retract)이다. 따라서 예제 4.5에 의하여, $\pi_1(X_1) \cong \langle A_1, A_2 \,|\, \emptyset \rangle$, 즉 A_1, A_2에 의하여 생성된 자유군이다. 또한, 부분공간 X_2는 한 개의 닫힌 곡선 b로 강한 변형수축이 가능하여 $\pi_1(X_2) \cong \langle B \,|\, \emptyset \rangle \cong \mathbb{Z}$이다. 유사한 방법으로 $\pi_1(X_1 \cap X_2) \cong \langle C \,|\, \emptyset \rangle \cong \mathbb{Z}$임을 쉽게 알 수 있다. 따라서

$$\pi_1(X) \cong \pi_1(X_1) *_{\pi_1(X_1 \cap X_2)} \pi_1(X_2) \cong \langle A_1, A_2, B \mid A_2 A_1^2 A_2^{-1} = B^3 \rangle.$$

여기서 포함함수 $i_1 : X_1 \to X$, $i_2 : X_2 \to X$에 대하여 $i_1^*([C]) = [A_2 A_1^2 A_2^{-1}]$, $i_2^*([C]) = [B^3]$임에 유의하라. □

문제 4.8 구면 S^2와 토러스 T의 차이를 그들의 기본군의 계산으로 설명하여라.

문제 4.9 $\pi_1(D^2 \setminus \{2\text{ 개의 내부점}\}) \cong \mathbb{Z} * \mathbb{Z}$, 즉 두 개의 원소에 의하여 생성된 자유군임을 보여라. 속이 꽉 찬 이중 토러스의 기본군을 계산하여라.

4.5 곡면의 기본군 계산하기

닫힌 곡면의 분류정리에 의하여 곡면은 (i) 구 S^2, (ii) 토러스 $T = S^1 \times S^1$의 연결합(connected sum), 또는 (iii) 사영평면(projective plane) P^2의 연결합과 위상동형이다. 그들은 그림 4.22와 같이 원판의 울타리 $\partial D^2 = S^1$상에서의 선분들을 적절히 동일시한 속이 찬 원판(disk) 혹은 다각형의 상공간으로 표현된다. 이러한 곡면의 기본군을 계산해 보자.

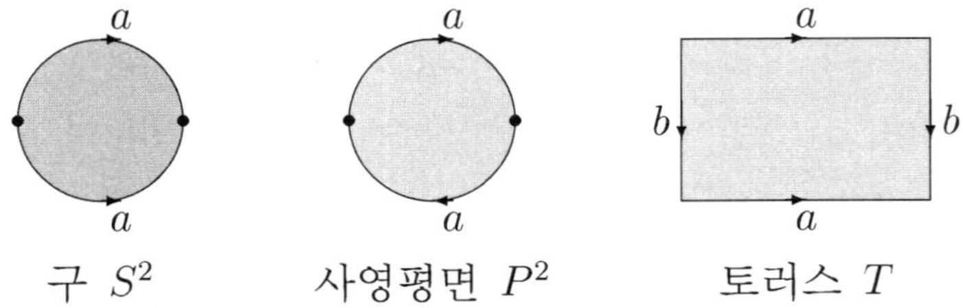

그림 4.22 곡면의 펼친 그림

일반적인 경우를 생각하기 위하여 도형 Y를 긴밀한 Hausdorff 공간이라 하고 $f : S^1 \to Y$는 연속함수라 하자. 이때 새로운 공간 Z를

$$Z = D^2 \cup_f Y = D^2 \cup Y/x \sim f(x), \;\; x \in S^1$$

로 정의하고(이때, 원판 D^2와 공간 Y는 서로 만나지 않는다고 가정한다), 이를 함수 f에 의하여 원판 D^2를 Y에 붙힌 Y의 **붙임공간(attaching space)**이라고 부른다. 기본군 $\pi_1(Z)$를 계산하기 위해,

$$\begin{aligned} U &= (D^2 \cup_f Y) - \{\mathbf{x} \in D^2 : |\mathbf{x}| \leq 1/2\} \\ V &= \mathrm{Int}(D^2) \end{aligned}$$

라고 두자. 그러면

$$Z = U \cup V, \quad U \cap V = \{\mathbf{x} \in D^2 : 1/2 < |\mathbf{x}| < 1\}.$$

이때, 부분공간 U는 Y와 호모토픽 동치, $U \cap V$는 S^1과 호모토픽 동치이고 V는 축약가능하다. 따라서 다음의 교환가능한 도형을 얻는다.

$$\begin{array}{ccccc} & & \pi_1(U) \cong \pi_1(Y) & & \\ & \overset{i_*}{\nearrow} & & \searrow & \\ \mathbb{Z} \cong \pi_1(S^1) \cong \pi_1(U \cap V) & & & & \pi_1(Z) \\ & \searrow & & \nearrow & \\ & & \pi_1(V) \cong 0 & & \end{array}$$

따라서 Seifert-Van Kampen 정리에 의하여 다음을 얻는다.

$$\pi_1(Z) \cong \pi_1(U)/i_*\pi_1(U \cap V) \cong \pi_1(Y)/f_*\pi_1(S^1).$$

예제 4.8 (1) 함수 f를 복소수 좌표로 다음과 같이 정의된 함수라 하자.

$$f : S^1 \to S^1, \quad f(z) = z^2.$$

그러면 붙임공간 $D^2 \cup_f S^1$은 사영평면 P^2가 된다. 따라서

$$\pi_1(P^2) \cong \pi_1(S^1)/f_*\pi_1(S^1) \cong \mathbb{Z}/2\mathbb{Z} \cong \mathbb{Z}_2.$$

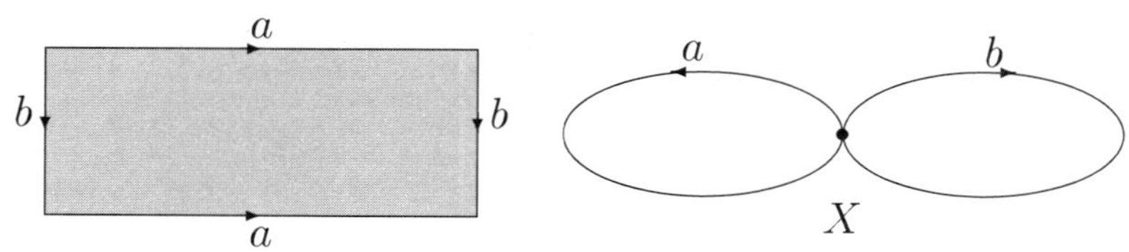

그림 4.23 토러스와 2잎 bouquet

(2) 공간 Y를 2잎 bouquet라고 두고 $f : \partial D^2 \to Y$를 그림 4.23과 같이 정의하자. 원판 D^2를 $D^2 = I \times I$로 동일시할 수 있다. 따라서 토러스 $T = S^1 \times S^1$은 붙임공간 $D^2 \cup_f Y$이고

$$\begin{aligned}\pi_1(T) &\cong \pi_1(D^2 \cup_f Y) \cong \pi_1(Y)/f_*\pi_1(S^1)\\ &\cong \langle a, b \mid aba^{-1}b^{-1}\rangle = \langle a, b \mid ab = ba\rangle\\ &\cong \mathbb{Z} \times \mathbb{Z}.\end{aligned}$$

(3) 유사한 방법에 따라,

$$\pi_1(nT) \cong \left\langle a_1, b_1, a_2, b_2, \ldots, a_n, b_n \mid \prod_i a_i b_i a_i^{-1} b_i^{-1} = 1 \right\rangle$$

그리고

$$\pi_1(nP^2) \cong \left\langle a_1, a_2, \ldots, a_n \mid \prod_i a_i^2 = 1 \right\rangle$$

이다. 만일 $n = 1$이면 이들 군은 교환가능군이다.

문제 4.10 곡면 nT와 nP^2의 기본군을 이들의 펼친 그림에 Seifert-Van Kampen 정리를 응용하여 구하여라(그림 3.40과 3.44 참조).

문제 4.11 유한 순환군 $\mathbb{Z}_5$를 기본군으로 가지는 위상공간을 구성하여라.

$G = \langle S \mid R \rangle$일 때 G를 교환가능군이 되도록 하면, 이의 표현은

$$\langle S \mid R,\ xyx^{-1}y^{-1} = 1\ \forall x, y \in S \rangle$$

이다. 즉 G의 모든 원소 x, y에 대해서 관계식 $xy = yx$를 추가하는 것이다. 이로부터 다음과 같은 결과를 얻는다.

(1) 종수 m $(m \geq 0)$인 방향을 줄 수 있는(orientable) 곡면의 기본군을 교환가능하도록 하면 $\mathbb{Z}^{2m}$과 동형이다.[14]

(2) 종수 n $(n \geq 1)$인 방향을 줄 수 없는(nonorientable) 곡면의 기본군을 교환 가능하도록 하면 $\mathbb{Z}^{n-1} \times \mathbb{Z}_2$와 동형이다.

곡면 분류정리 3.7과 위의 사실 (1), (2)로부터 곡면과 기본군에 관련된 다음 정리를 얻는다.

정리 4.21 두 곡면이 위상동형(homeomorphic)일 필요충분조건은 그들의 (혹은 교환화된) 기본군이 군동형(isomorphic)인 것이다.

따름정리 4.22 곡면이 단순연결공간이 될 필요충분조건은 그 곡면이 구 S^2와 위상동형인 것이다.

---

[14]곡면의 기본군을 교환 가능하도록 한 군을 주어진 곡면의 1차 호몰로지(Homology)군이라고 한다.

주의: (군의 교환화) 임의의 군 $\mathcal{A}$에 대해서,

$$\{g_i g_j g_i^{-1} g_j^{-1} \mid g_i, g_j \in \mathcal{A}\}$$

에 의해 생성되는 $\mathcal{A}$의 부분군을 $\mathcal{A}$의 **교환자군**(commutator subgroup)이라고 부르고 $[\mathcal{A}, \mathcal{A}]$로 표기한다. 다음의 사실은 쉽게 증명된다.

(1) $[\mathcal{A}, \mathcal{A}]$는 정규부분군(normal subgroup)이고

(2) $\mathcal{A}/[\mathcal{A}, \mathcal{A}]$는 교환 가능한 군(abelian group)이다.

특별히, $\mathcal{A} = \langle X \mid R \rangle$이면

(1) $[\mathcal{A}, \mathcal{A}]$는 $\{xyx^{-1}y^{-1} \mid x, y \in X\}$를 포함하는 가장 작은 정규부분군,

(2) $\mathcal{A}/[\mathcal{A}, \mathcal{A}] = \langle X \mid R, xy = yx \ \ \forall x, y \in X \rangle$이다.

문제 4.12 각 곡면의 기본군을 교환 가능하도록 한, 즉 각 곡면의 1차 호몰로지(homology) 군의 계산을 구체적으로 보여라.

문제 4.13 정리 4.21과 따름정리 4.22을 증명하여라.

4.6 그래프의 기본군 계산하기

그래프의 기본군을 구하여 보자. 연결인 그래프만 다루기로 하고 기본군 계산을 위한 바탕점을 그래프의 꼭짓점으로 하자.

정리 4.23 연결그래프 G의 기본군 $\pi_1(G)$는 $\beta(G)$개의 원소에 의하여 생성된 자유군이다.

증명: 그래프 G가 연결그래프이므로 G의 꼭짓점을 모두 가지는 나무(tree)가 적어도 하나 G에 있다. 이를 T라 두자. 그리고 G의 한 꼭짓점을 v_0라 두자. 이제

G에서 T의 변들을 차례로 줄여서 T가 한 점 v_0로 수축되게 한 그래프 G'을 생각하자. 그러면 G와 G'은 호모토피 동형이다. 따라서 $\pi_1(G) \cong \pi_1(G')$이다. 한편 G'은 꼭짓점 v_0에서 $\beta(G)$개의 루프를 가지는 그래프이므로, $\beta(G)$에 의한 귀납법을 이용하여(예제 4.5 참조), $\pi_1(G')$는 $\beta(G)$개의 원소에 의하여 생성된 자유군임을 보일 수 있다. □

이제 연결그래프의 기본군을 조합적 관점으로 살펴보자. 우선 기본군을 생각하기 위한 바탕점을 그래프의 한 꼭짓점 u로 해도 무방함을 알 수 있다. 다음으로 그래프 G'의 각 루프는 G에서 주어진 바탕점에서 하나의 닫힌 길(closed walk)과 호모토픽하다. 따라서 그래프의 기본군을 계산하기 위해서는 주어진 꼭짓점 u에서 모든 닫힌 길을 생각하면 된다. 주어진 꼭짓점 u에서 두 개의 닫힌 길 W와 W'의 곱 WW'는 u에서 W를 따라서 움직인 다음에 W'를 따라서 움직인 닫힌 길이다.

정의 4.8 연결인 그래프 G의 꼭짓점 u에서 닫힌 길 W를 생각하자. 이때 e와 e^{-1} (또는 e^{-1}와 e)가 연이어 나타나지 않을 때 W를 **축약된 길**(reduced walk)이라 부른다. u에서 닫힌 길 W에서 유한 번의 ee^{-1}(또는 $e^{-1}e$)를 삽입하거나 삭제하여 W'를 얻을 수 있을 때 W와 W'은 **동치**라고 한다.

주의: 모든 u에 바탕을 둔 닫힌 길은 단 하나의 축약된 길과 동치이다. $[W]$를 닫힌 길 W의 동치류라 두자.

이제 주어진 그래프 G를 하나의 위상공간으로 보고 정의한 기본군은 그래프 G에서 위상공간이 아닌 단순한 그래프 구조만 생각할 때 아래와 같이 정의될 수 있다.

정의 4.9 [그래프 기본군의 조합적 정의] 그래프의 한 꼭짓점 u에서 두 개의 닫힌 길의 동치류 $[W]$, $[W']$의 곱을 닫힌 길 WW'의 동치류 $[WW']$로 정의하자. 그러면 그래프의 한 꼭짓점 u에서 닫힌 길의 동치류의 집합은 이 연산하에서 군이 된다. 이 군이 바로 u에서 **그래프 G의 기본군**이다.

예제 4.9 조합적 정의를 이용하여 연결그래프 G의 기본군은 $\beta(G)$개의 원소에 의하여 생성되는 자유군임을 보여라. 여기서 $\beta(G)$는 G에서 연결성을 상실하지 않고 제거할 수 있는 열린 변의 최대수, 즉 G의 1차원 베티수(betti number)이다.

풀이: 먼저 기본군을 계산하기 위한 바탕점 u를 G의 꼭짓점으로 두고, 그래프 G의 각 꼭짓점을 가지는 나무 T를 임의로 고정하자. 그러면 $G-T$에는 $\beta(G)$개의 변이 있다. 이 변들을 $e_1 = u_1v_1$, $e_2 = u_2v_2$, $\ldots$, $e_\beta = u_\beta v_\beta$로 두고 유향변(directed edge)으로 생각하자. (여기서 $\beta = \beta(G)$.) 그러면 각 $T+e_i$는 u에 바탕을 둔 단 하나의 닫힌 길의 동치류 $[W_i]$를 결정하며, $[W_{e_i}] \neq [W_{e_j}]$ $(i \neq j)$이다. 이제 $[W_{e_1}]$, $[W_{e_2}], \ldots, [W_{e_\beta}]$가 $\pi_1(G,u)$를 생성함을 보이면 $\pi_1(G,u)$가 $\beta(G)$개의 원소에 의하여 생성되는 자유군임이 증명된다. 이를 보이기 위하여, 먼저 G의 각 점 x에 대하여, T내에서 u에서 x로 가는 유일한 길을 T_x로 표기하자. 다음으로 임의의 변 $f = xy$를 생각하여, f를 포함하는 u에서 닫힌 길 W_f를 $T_xfT_y^{-1}$로 정의하자. 만약 xy가 T내의 변이면 $[W_{xy}] = [u]$이다. 이제 임의로 주어진 u에서 닫힌 길 $W = f_1f_2\cdots f_m$을 생각하자. 그러면 $[W] = [W_{f_1}][W_{f_2}]\cdots[W_{f_m}]$이 됨을 보일 수 있다. 따라서 $[W]$는 $[W_{e_1}]$, $[W_{e_2}], \ldots, [W_{e_\beta}]$의 곱으로 표현된다. □

문제 4.14 완전그래프 K_5과 완전이분그래프 $K_{3,4}$의 기본군을 계산하여라. 이를 각 그래프의 Euler 표수 $\chi(\cdot)$를 이용하여 설명하여라. (힌트: 연결인 그래프 G에 대하여 $\chi(G) = 1 - \beta(G)$이다.)

4.7 매듭군 계산하기; 공간내에서 circle의 위치

우리는 4.5절에서 주어진 위상공간이 닫힌 곡면들인 경우에는 두 곡면이 위상동형이 될 필요충분조건은 그들의 기본군이 군 동형이 됨을 보았다. 즉 주어진 두 곡면이 위상동형이 아니면 그들의 기본군도 군 동형이 될 수 없다. 하지만 일반적으로는 두 위상공간이 동형이 아니더라도 같은 기본군을 가질수 있는 예들도 보았다. 본 절에서는 하나의 도형이 Euclid 공간에 매장(embedding)될 때, 이들의 매장이 다양할 수 있음을, 즉 주어진 도형의 위치의 다양함을 기본군을 이용하여 보이려고 한다.

매듭(knot)이란 S^1에 위상동형인 $\mathbb{R}^3$의 부분공간, 즉 $\mathbb{R}^3$로의 S^1의 매장을 의미한다. 다양한 매장을 보이는 한 방법으로, 매듭 K의 여집합(complementary set; 餘集合) $\mathbb{R}^3 - K$의 기본군 $\pi_1(\mathbb{R}^3 - K)$를 계산해 보자. 이 기본군 $\pi_1(\mathbb{R}^3 - K)$를 매듭 K의 **매듭군(knot group)**이라 부르며,[15] 때로는 $G(K)$로 쓰기도 한다. 모든 매듭 K에 대하여 $\pi_1(K) \cong \mathbb{Z}$이지만, $\pi_1(\mathbb{R}^3 - K)$는 매듭의 모양, 즉 $\mathbb{R}^3$내에서 S^1의 위치에 따라 다양할 수 있음을 보게 될 것이다.

매듭군도 Seifert-Van Kampen 정리를 이용하여 계산할 수 있다. 이를 보이기 위하여 우선 주어진 매듭을 평면에 그려보자. 이때, 교차점은 그림 4.24에서와 같이 그리기로 하자. 다음으로 평면에 그려진 매듭 K의 그림에 방향을 주고, 그림 4.30에서와 같이, 그림에서 생기는 K의 각 호(arc)에 이름을 붙여보자. $\alpha_1, \alpha_2, \ldots$을 매듭 K를 주어진 방향으로 따라가며 나타나는 호들의 이름이

---

[15]Seifert-Van Kampen 정리에 의하여 $\pi_1(\mathbb{R}^3 - K) \cong \pi_1(S^3 - K)$이다. 따라서 때로는 $\pi_1(S^3 - K)$를 매듭 K의 **매듭군**이라 부른다.

라고 하자(그림 4.30의 α_i 참조). 이때 생긴 교차점은 그림 4.24와 같고, 마지막 호 α_n에서는 $\alpha_{n+1} = \alpha_1$이 된다.

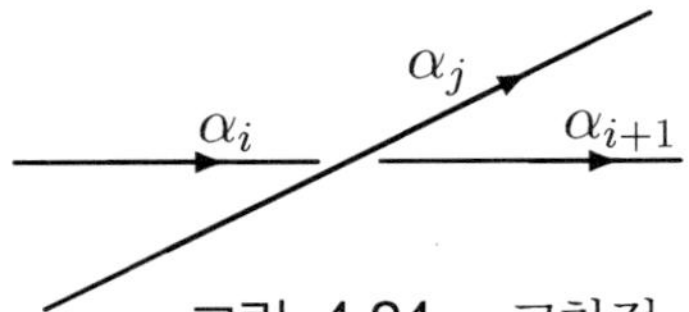

그림 4.24 교차점

계산을 쉽게 하기 위하여 그림 4.25와 같이 K를 변형하자. 즉 K의 대부분은 xy-평면 $z = 0$에 놓여 있지만, 각 교차점에서는 평면 $z = -1$에 수선을 내려서 β_j로 연결한다. (이때, 위를 지나가는 호 α_j의 이름(subindex)을 따라 β_j라 부른다.)

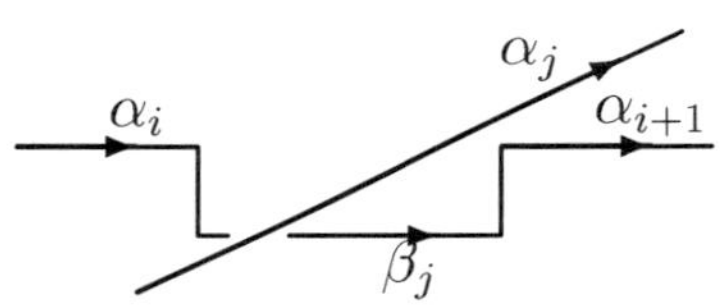

그림 4.25 교차점의 변형

다음으로 $\mathbb{R}^3$로부터 매듭 K의 "터널" 근방 N을 제거해 보자. 여기서 N은 K를 따라가며 생기는 반경이 ε인 속이 찬 원통을 의미한다. 충분히 작은 ε을 택하면 $\mathbb{R}^3 - N$은 $\mathbb{R}^3 - K$의 변형수축이 되어 $\pi_1(\mathbb{R}^3 - N)$은 $\pi_1(\mathbb{R}^3 - K)$와 군동형(isomorphic)이 된다. 그림 4.26과 같이 α_i를 포함하는 터널 부분을 A_i, β_j를 포함하는 터널 부분을 B_j로 두자.

이제 $\mathbb{R}^3 - N$을 평면 $z = -1$을 경계로 아래위의 두 개의 열린 집합으로 분해할 수 있다. 즉,

$$U = \{(x, y, z) \in \mathbb{R}^3 - N \mid z > -1\}$$
$$V = \{(x, y, z) \in \mathbb{R}^3 - N \mid z < -1 + \varepsilon/2\}$$

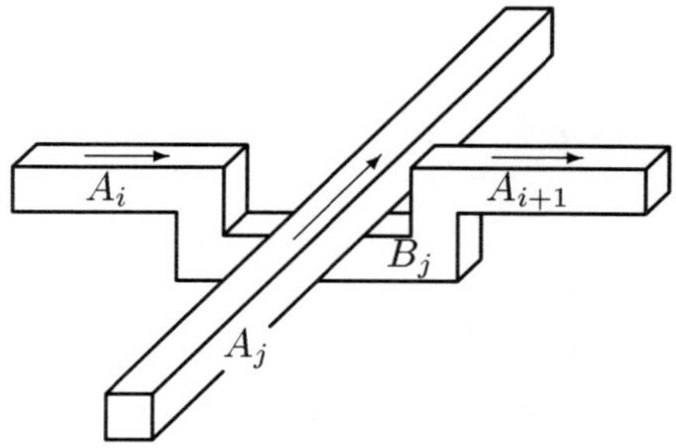

그림 4.26 매듭의 터널 근방

집합 U는 튜브 모양의 터널이 제거된 반쪽 공간이다. 따라서 U는 닫힌 곡선 $a_1, a_2, \ldots, a_n$의 n잎 bouquet로 변형수축이 된다. 여기서 a_i는 α_i를 포함하는 터널 A_i 아래를 통과하는 닫힌 곡선이다(이때, 곡선 a_i의 방향은 오른손 법칙을 따르도록 고정한다[16]. 그림 4.27 참조).

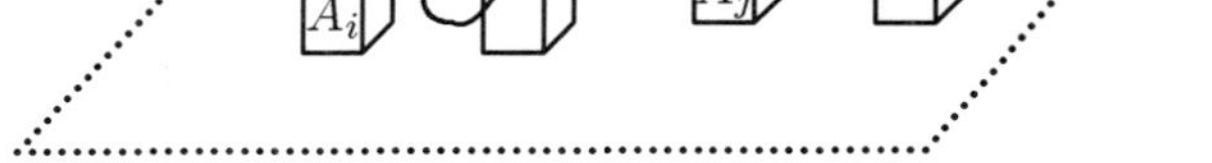

그림 4.27 V_1에서 터널 A_i를 통과하는 닫힌 곡선 a_i

따라서

$$\pi_1(U) = \langle a_1, a_2, \ldots, a_n \,|\, \emptyset \rangle$$

반면, V는 터널 B_j에 의하여 생기는 홈을 가지는 열린 반쪽 공간으로 축약가능하다. 따라서

$$\pi_1(V) = \langle \emptyset \,|\, \emptyset \rangle.$$

[16]물론 모든 곡선 a_i를 왼손 법칙을 따르도록 고정할 수도 있다

끝으로,

$$U \cap V = \{(x, y, z) \in \mathbb{R}^3 \mid -1 < z < -1 + \varepsilon/2\} - N$$

는 m개의 구멍(즉 각 터널 B_j를 위하여 낮아진 공간에서 만들어지는 구멍)을 가지는 열린 판이 된다(여기서 m은 교차점의 개수이다). 따라서 $\pi_1(U \cap V)$는 계수(rank) m의 자유군이다. 여기서 전형적인 생성원은 구멍 주위를 도는 닫힌 곡선 b_j에 대응된다(그림 4.28 참조). Seifert-Van Kampen 정리를 이용하기 위하여, 포함함수 $i_1 : U \cap V \to U$에 의하여 유도된 준동형함수 $i_{1*} : \pi_1(U \cap V) \to \pi_1(U)$에서의 생성원 b_j의 상을 구해보자. 이는 교차점이 그림 4.28의 왼쪽과 같으면, 닫힌 곡선 b_j의 방향의 선택에 따라 $a_j a_i a_j^{-1} a_{i+1}^{-1}$ 혹은 $a_{i+1} a_j a_i^{-1} a_j^{-1}$의 형태가 되고, 또한 교차점이 그림 4.28의 오른쪽과 같으면 $a_j^{-1} a_i a_j a_{i+1}^{-1}$ 혹은, $a_{i+1} a_j^{-1} a_i^{-1} a_j$의 형태가 된다(그림 4.29 참조. 이때, 지수 $+1$ 혹은 -1은 오른손 법칙의 방향을 따라서 정해진다).

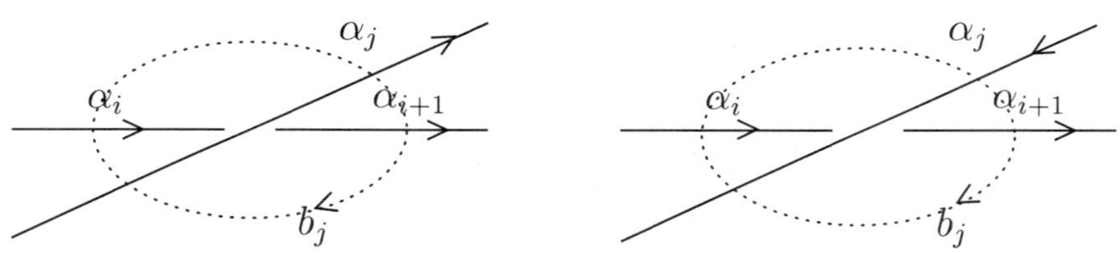

그림 4.28　교차점에서의 호의 형태

따라서 Seifert-Van Kampen 정리에 의하여 다음을 얻는다.

정리 4.24

$$\pi_1(\mathbb{R}^3 - K) = \langle a_1, a_2, \ldots, a_n \mid r_1, r_2, \ldots, r_m \rangle.$$

여기서

$$r_i = a_j a_i a_j^{-1} a_{i+1}^{-1} \quad \text{또는} \quad r_i = a_j^{-1} a_i a_j a_{i+1}^{-1}.$$

즉 매듭 K의 그림에서 각 교차점은 매듭군 $\pi_1(\mathbb{R}^3 - K)$의 표현에서 관계식을 만들게 되고, 이 관계식은

$$a_j a_i = a_{i+1} a_j \quad \text{또는} \quad a_i a_j = a_j a_{i+1}$$

의 형태로 나타난다.

위의 정리 4.24에서의 매듭군 $G(K)$의 표현을 **Wirtinger 표현**이라고 한다(그림 4.29 참조).

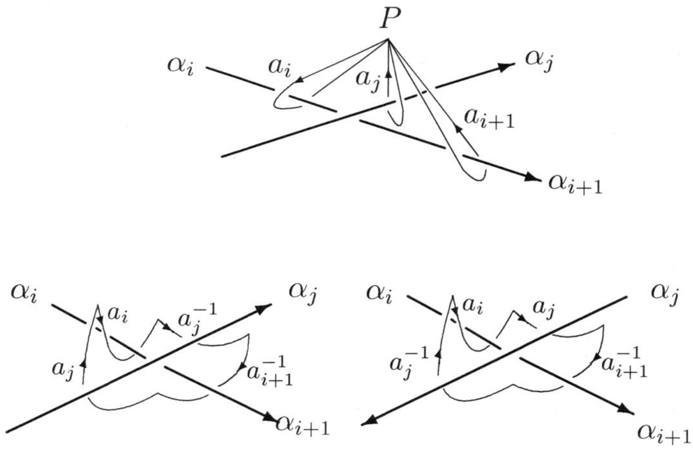

그림 4.29 Wirtinger 표현

따름정리 **4.25** 임의의 매듭 K에 대하여 이의 매듭군 $\pi_1(\mathbb{R}^3 - K)$를 교환 가능하도록 한 군은 $\mathbb{Z}$와 동형이다.[17]

---

[17] 매듭군을 교환 가능하도록 한 군을 $\mathbb{R}^3 - K$의 1차 호몰로지(homology)군이다. 모든 매듭에 대하여 그들의 호몰로지(homology)군은 동일하므로 매듭의 연구에 호몰로지(homology)이론은 별로 도움이 되지 않는다.

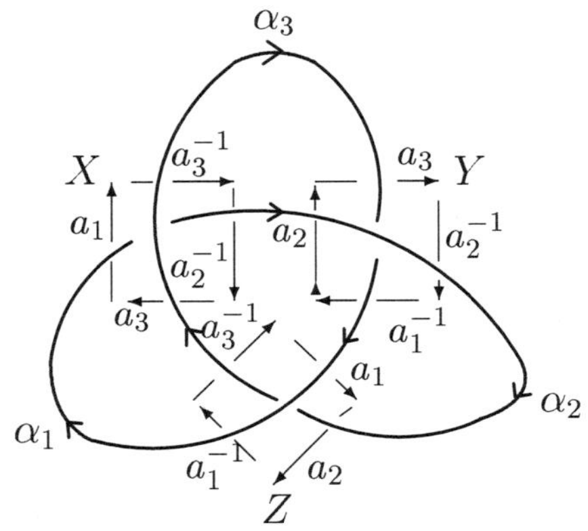

그림 4.30 Trefoil knot의 Wirtinger 표현

예제 4.10 꼬임이 없는 매듭을 자명한 매듭(unknot)이라고 부른다. 이는 다음과 같이 $\mathbb{R}^3$에 S^1의 표준 매장에 의하여 표현될 수 있다.

$$S^1 \hookrightarrow \mathbb{R}^2 = \mathbb{R}^2 \times \{0\} \subset \mathbb{R}^2 \times \mathbb{R}^1 = \mathbb{R}^3.$$

자명한 매듭의 매듭군은 $\pi_1(\mathbb{R}^3 - S^1) = \mathbb{Z}$임을 보여라.

풀이: 정리 4.24에 의하여, $\pi_1(\mathbb{R}^3 - S^1) = \langle a \mid \emptyset \rangle = \mathbb{Z}$이다.

다른 증명법으로 공간 $\mathbb{R}^3 - S^1$은 이의 부분공간인 남극과 북극을 잇는 끈을 가지는 반지름이 2인 구면(그림 1.6(a) 참조)으로 변형수축(deformation retraction)이 가능함에 유의하자. 이제 구면상에서 끈의 양 끝점을 가까이 좁혀감으로서, S^2와 S^1의 wedge 합[18] $S^2 \vee S^1$으로 변형수축도 가능하다. 이제 Seifert-Van Kampen 정리를 이용하면 $S^2 \vee S^1$의 기본군은 순환군 $\mathbb{Z}$와 동형임을 보일 수 있다. □

[18]wedge 합(wedge sum) $X \vee Y$는 공간 X, Y의 공통부분이 없는 합(disjoint union)에서, X의 한 점 x_0와 Y의 한 점 y_0를 동일시한 공간을 말한다.

예제 4.11 그림 4.30에서의 Trefoil 매듭의 매듭군을 구하여라.

풀이: 호 $\alpha_1, \alpha_2, \alpha_3$ 각각에 대응되는 생성원은 a_1, a_2, a_3이다. 그리고 세 개의 관계식이 주어진다.

$$\begin{aligned} &\text{교차점 } X\text{에서}, \quad a_1 a_3^{-1} a_2^{-1} a_3 = 1 \quad (r_1) \\ &\text{교차점 } Y\text{에서}, \quad a_3 a_2^{-1} a_1^{-1} a_2 = 1 \quad (r_2) \\ &\text{교차점 } Z\text{에서}, \quad a_2 a_1^{-1} a_3^{-1} a_1 = 1 \quad (r_3) \end{aligned}$$

따라서 Trefoil의 매듭군은

$$\langle a_1, a_2, a_3 \,|\, a_1 a_3^{-1} a_2^{-1} a_3, \;\; a_3 a_2^{-1} a_1^{-1} a_2, \;\; a_2 a_1^{-1} a_3^{-1} a_1 \rangle$$

이다. 관계식 (r_1)을 a_1에 관해서 풀어 관계식 (r_2)와 (r_3)에 대입하면 (r_2)와 (r_3)는 관계식 $a_3 a_2 a_3 = a_2 a_3 a_2$를 유도한다. 따라서 Trefoil의 매듭군은

$$\langle a_2, a_3 \,|\, a_3 a_2 a_3 = a_2 a_3 a_2 \rangle$$

와 동형이 된다. 또한 여기서 $a = a_2 a_3 a_2, b = a_3 a_2$로 두면 매듭군은

$$\langle a, b \,|\, a^2 = b^3 \rangle$$

와 동형이 된다. □

이제 매듭군 $G(K)$가 매듭 K의 불변량임을 기하학적으로 보일 수 있다. 매

듭 K와 L을 동형 매듭이라고 가정하자. 이는 정의에 의해서 위상동형함수

$$\varphi : \mathbb{R}^3 \to \mathbb{R}^3, \quad \varphi(K) = L$$

가 존재함을 뜻한다. 따라서 이 위상동형함수 φ는 $\mathbb{R}^3 - K$에서 $\mathbb{R}^3 - L$로 위상동형함수를 유도하고, 따라서

$$G(K) = \pi_1(\mathbb{R}^3 - K) \cong \pi_1(\mathbb{R}^3 - L) = G(L).$$

문제 4.15 자명한 매듭(trivial knot) $S^1 \hookrightarrow \mathbb{R}^2 = \mathbb{R}^2 \times \{0\} \subset \mathbb{R}^2 \times \mathbb{R}^1 = \mathbb{R}^3$에서 반경이 1/4인 S^1의 "터널" 근방 N을 제거해 보자. 그러면 $\mathbb{R}^3 - N$은 $\mathbb{R}^3 - S^1$의 변형수축이 되어 $\pi_1(\mathbb{R}^3 - S^1) \cong \pi_1(\mathbb{R}^3 - N)$, 군동형(isomorphic)이 된다. 또한

$$X = \{(x, y, z) \in \mathbb{R}^3 - N \mid ||(x, y)|| \leq 3/2, |z| \leq 1/2\}$$

라 하면 X는 $\mathbb{R}^3 - N$의 변형수축이 되어 $\pi_1(\mathbb{R}^3 - N) \cong \pi_1(X)$이다. 이제

$$U = \{(x, y, z) \in X \,:\, ||(x, y)|| > 1/3\}$$
$$V = \{(x, y, z) \in X \,:\, ||(x, y)|| < 2/3\}$$

에 Seifert-Van Kampen 정리를 이용하여 $\pi_1(\mathbb{R}^3 - S^1) \cong \mathbb{Z}$임을 보여라.

문제 4.16 그림 4.30에 주어진 Trefoil 매듭의 거울상(mirror image)의 매듭군을 구하여라. 이를 주어진 Trefoil 매듭의 매듭군과 비교해 보아라. 두 매듭군은 동형인가? [19]

매듭군의 계산법에는 Wirtinger 표현법 외에도 **Dehn의 표현법**으로 불리는 또 다른 방법이 있다. 이는 다음과 같다.

[19] $\mathbb{R}^3$ 상에 방향을 유지하는 위상동형함수로서 Trefoil 매듭을 이의 거울상(mirror image)으로 보내는 함수가 존재하지 않음이 알려져 있다. 이런 매듭을 chiral한 매듭이라고 부른다.

방향이 주어진(oriented) 평면에 그려진 매듭그림에서 그림 4.31에서와 같이 매듭의 호들을 울타리로 갖는 각 면에 이름을 붙여, 이들을 생성원으로 하고 각 교차점에서 생성원의 관계식을 다음과 같이 유도한다.

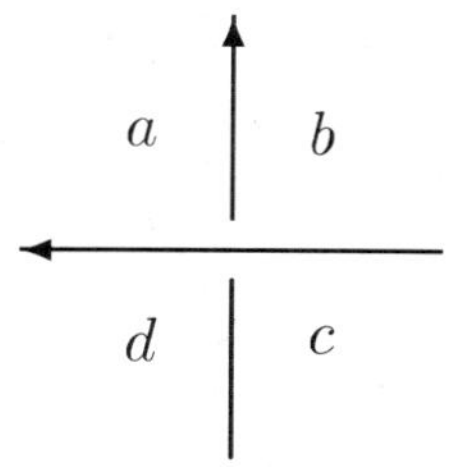

그림 4.31 교차점에서 생성원의 관계식

그림 4.31에서와 같이 각 교차점에서 시계방향으로

$$ab^{-1}cd^{-1} = 1$$

라는 관계식을 얻는다. 이때 만일 면의 두 울타리 호가 교차점에서 동시에 바깥 방향으로 나가거나 혹은 동시에 교차점 방향으로 들어오면 지수가 $+1$이고, 다른 경우이면 지수는 -1이다. 여기에 임의의 고정된 면 = 1이라는 특별한 관계식을 추가한다.

예제 4.12 Trefoil 매듭(그림 4.32)의 매듭군을 Dehn의 표현법으로 구해 보자. 각 면에 대응되는 생성원을 a, b, c, d, f라 하자. 각 교차점에서 관계식은 다음과 같이 주어진다.

$$\begin{aligned}
&\text{교차점 } X\text{에서,} \quad ad^{-1}cf^{-1} = 1 \\
&\text{교차점 } Y\text{에서,} \quad bd^{-1}af^{-1} = 1 \\
&\text{교차점 } Z\text{에서,} \quad cd^{-1}bf^{-1} = 1
\end{aligned}$$

그리고 보조 관계식을 $d = 1$라 하자. 따라서 Trefoil의 매듭군은

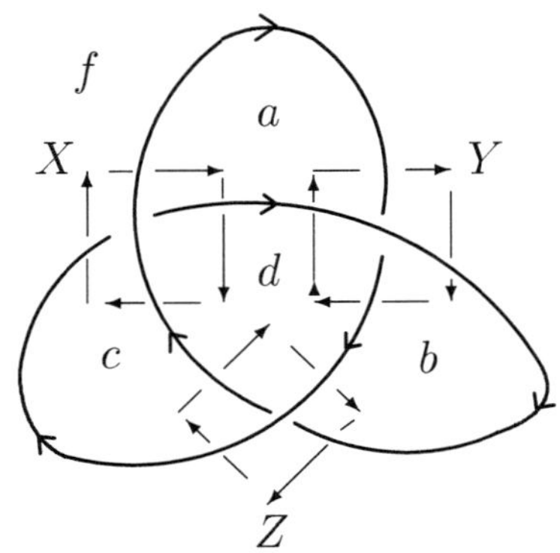

그림 4.32 Trefoil knot의 Dehn 표현법

$$\begin{aligned}\langle a, b, c, d, f \,|\, acf^{-1} = baf^{-1} = cbf^{-1} = 1, d = 1\rangle &\simeq \langle a, b, c \,|\, ac = ba = cb\rangle \\ &\simeq \langle b, c \,|\, bcb = cbc\rangle.\end{aligned}$$

따라서 Wirtinger 표현법에 의한 매듭군과 같은 군(group)을 가진다.

문제 4.17 Dehn 표현법을 이용하여 그림 4.30에서의 Trefoil 매듭의 거울상(mirror image)의 매듭군을 구하여라.

4.8 토러스 매듭군 계산하기; 토러스에서 circle의 위치

매듭 K가 토러스 $T = S^1 \times S^1$에 매장(embedding)될 수 있을 때, K를 **토러스 매듭(torus knot)**이라고 부른다. 즉,

$$S^1 \xrightarrow{K} S^1 \times S^1 \hookrightarrow \mathbb{R}^3; \qquad z \xrightarrow{K} (z^n, z^m)\,,$$

이고, 여기서 m, n은 서로 소인 양의 정수이다. (만약 m, n이 서로 소가 아니면, $S^1 \to S^1 \times S^1$이 단사가 될 수 없고, 만약 m, n 중 한 값이 음의 정수이면 토러스에서 K의 거울상을 만든다.)

토러스 매듭 K를 좀 더 이해하기 쉽게 구성하여 보자.

속이 찬 원통(cylinder) C의 표면상에, 그림 4.33 왼쪽과 같이, 축에 평행하고 같은 거리와 간격을 가지는 ℓ개의 선분이 있다고 가정하자. 이때 C의 끝부분을 $2\pi m/\ell$ 만큼 비틀어 돌린 후에 아래 윗면을 붙이면, 속이 찬 토러스 $\bar{T}$의 표면상에 하나의 곡선 $t_{\ell,m}$을 얻는다. 이 $t_{\ell,m}$이 토러스 매듭이다(그림 4.33 참조). 이는 토러스의 "구멍(hole)"을 ℓ 바퀴 돌고(즉 가로 돌림(longitude)을 ℓ 바퀴) 그리고 토러스의 "몸체"를 m 바퀴(즉 세로 돌림(meridian)을 m 바퀴) 도는 매듭이다.

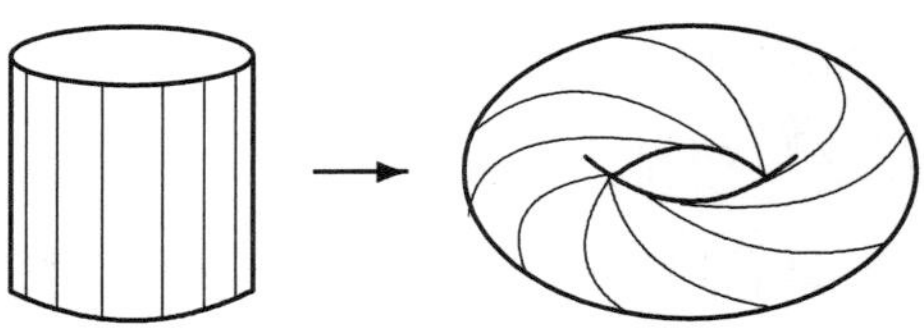

그림 4.33 토러스 매듭의 구성

예를 들면, 그림 4.34은 토러스상에 그려진 trefoil 매듭, 즉 토러스 매듭 $t_{2,3}$를 보여준다.

다음이 성립함을 보이자.

$$\pi_1(\mathbb{R}^3 - t_{\ell,m}) \cong \langle a, b \mid a^\ell = b^m \rangle$$

위와 같이 $\mathbb{R}^3$에 놓여져 있는 속이 찬 토러스 $\bar{T}$의 표면에 매장된 $t_{\ell,m}$을 생각하자. 충분히 작은 $\varepsilon > 0$을 잡아서, $\mathbb{R}^3$에서 $t_{\ell,m}$의 반경이 ε인 터널 근방 N을

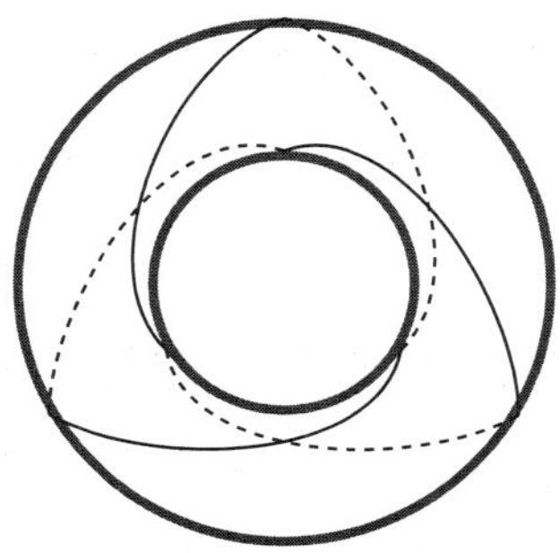

그림 4.34 토러스 매듭 $t_{2,3}$

만들면

$$\pi_1(\mathbb{R}^3 - N) \cong \pi_1(\mathbb{R}^3 - t_{\ell,m})$$

이다. 이제 공간 $\mathbb{R}^3 - N$을 부분공간 $\bar{T} - N$와 $(\mathbb{R}^3 - \bar{T}) - N$로 분할하고 각 부분공간의 기본군을 계산해 보자.

공간 $\bar{T} - N$은 $\bar{T}$ 자신의 표면에 $t_{\ell,m}$을 따라 둥근 끌로 홈을 파낸 속이 찬 토러스이다. 따라서 이것은 중심원 a로 변형(deform)된다. 이로부터 $\pi_1(\bar{T} - N) = \langle a \,|\, \emptyset \rangle$, 즉 a에 의해서 생성되는 무한 순환군이 됨을 알 수 있다.

유사하게, $\pi_1((\mathbb{R}^3 - \bar{T}) - N)$는 T에서 홈을 따라 토러스의 "몸체"를 세로로 한 바퀴 도는 닫힌 곡선 b에 의해서 생성되는 무한 순환군이 된다[20] (실제로, $\mathbb{R}^3 - \bar{T}$는 한 개의 내부점이 제거된 속이 찬 토러스와 위상동형이다). (그림 1.18에서의 3차원 구면 S^3의 토러스에 의한 분할 참조.)

한편 두 부분공간의 교집합 $(\bar{T} - N) \bigcap ((\mathbb{R}^3 - \bar{T}) - N)$은 토러스 T에서의 N의 여집합인 고리 띠모양(annulus) $L_{\ell,m}$과 같고, 이는 그림 4.33 왼쪽에서 원통(cylinder) 위에 있는 ℓ개의 평행한 사각형 조각을 $2\pi(m/\ell)$만큼 비틀어 돌린 후에 아래위를 붙여서 만든 도형과 같다(그림 4.35 참조). 따라서 $\pi_1(L_{\ell,m})$는 무한 순환군이고, 이의 전형적인 생성원은 $L_{\ell,m}$의 중심선 $\ell_{\ell,m}$의 동치류이다.

---

[20] 가로 줄을 표현하는 a를 매듭의 가로 돌림(longitude), 세로 줄을 표현하는 b를 세로 돌림(meridian)이라 부른다.

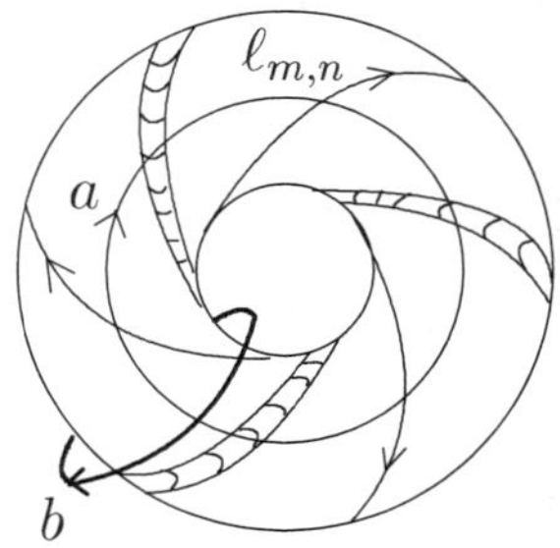

그림 4.35 고리 띠모양 $L_{\ell,m}$에서 중심선 $\ell_{\ell,m}$과 a, b

띠모양 $L_{\ell,m}$의 중심선 $\ell_{\ell,m}$은 $\bar{T}$에서 ℓ번의 순환을 만들므로, $\pi_1(\bar{T} - N)$에서의 $\ell_{\ell,m}$의 상은 a^{ℓ}이 된다. 유사하게, $\pi_1((\mathbb{R}^3 - \bar{T}) - N)$에서의 $\ell_{\ell,m}$의 상은 b^m이 된다.

이제 Seifert-Van Kampen정리를 적용하기 위해서 위의 두 부분공간이 열린 집합이 되도록 조정을 해야 한다. 열린 집합 U는 $\bar{T} - N$에, 열린 집합 V는 $(\mathbb{R}^3 - \bar{T}) - N$에 변형(deform)이 되고, 또한 $U \cap V$는 $L_{\ell,m}$의 근방이 되도록 $\bar{T} - N$과 $(\mathbb{R}^3 - \bar{T}) - N$을 $\mathbb{R}^3$에서 열린 집합 U과 V로 약간 확장하자. 여기서 Seifert-Van Kampen 정리를 적용하면, 다음의 정리를 얻게 된다.

정리 4.26 $\pi_1(\mathbb{R}^3 - t_{\ell,m}) \cong \langle a, b \mid a^{\ell} = b^m \rangle.$

문제 4.18 $\pi_1(\mathbb{R}^3 - t_{\ell,m})$은 유한군(finite group)인가, 무한군(infinite group)인가? 그 이유를 밝혀라.

4.9 고차원 호모토피 군

이 절에서는[21] 기본군의 정의를 확장하여 n차원 호모토피 군(homotopy group)을 정의하고자 한다. 바탕점 x_0를 가지는 위상공간 X의 기본군 $\pi_1(X, x_0)$는 단

[21] 독자들의 분별에 따라 이 절은 생략하여도 좋다.

위구간 $I = [0,1]$의 울타리 $\partial I = \{0,1\}$을 X의 바탕점 x_0로 보내는 연속함수 $\alpha : I \to X$, 즉 $\alpha : (I, \partial I) \to (X, x_0)$들의 호모토피류의 집합상에 정의된 군이다. 여기서, 동치류란 I의 울타리점 $\{0,1\}$에서는 항상 바탕점 x_0로 값이 고정되는 호모토피의 동치류를 의미한다(170쪽 각주 참조).

이를 일반화하여 위상공간 X의 n차원 호모토피 군을 정의하기 위하여 n차원 cube $I^n = [0,1]^n$과 이의 울타리 ∂I^n을 생각하고 위상공간 X에서 바탕점 x_0를 고정하자. **n차원 호모토피 군** $\pi_n(X, x_0)$는 n차원 cube $I^n = [0,1]^n$에서 위상공간 X로 보내는 연속함수 $g : I^n \to X$로서 n차원 cube의 울타리 ∂I^n을 모두 바탕점 x_0로 보내는 함수들, 즉 $\alpha : (I^n, \partial I^n) \to (X, x_0)$의 호모토피류의 집합에서 정의된다. 여기서도 호모토피의 동치류는 I^n의 울타리 ∂I^n에서는 항상 바탕점 x_0로 값이 고정되는 호모토피의 동치류를 의미한다. 우리가 지금까지 다루어온 기본군은 위의 정의에 따르면 1-차원 호모토피 군이 된다.

이제 모든 $n \geq 1$에 대하여 호모토피류의 집합 $\pi_n(X, x_0)$상에 군의 구조를 보이기 위하여 이 집합상의 원소들 사이에 합을 정의하여 군 작용을 정의해 보자. 우선 기본군 $\pi_1(X, x_0)$에 정의된 군 작용은 점 x_0에서 닫힌 임의의 두 곡선 α, β에 대해서, 이들의 곱 $\alpha \cdot \beta$는 닫힌 곡선 α를 지난 후 닫힌 곡선 β가 이어지는 새로운 닫힌 곡선 $\alpha \cdot \beta$로 정의되었음에 유의하자. 이는 α와 β의 정의역을 각각 $[0, 1/2]$ $[1/2, 1]$로 하여 이어 붙임으로 가능하였다. 이와 유사한 방법으로 $\pi_n(X, x_0)$상에 군 작용을 (곱의 기호 대신에 합의 기호를 이용하여[22]) 다음과 같이 정의한다.

[22]2차원 이상의 호모토피 군은 교환 가능군(abelian group)이 된다는 사실에서 합의 기호를 쓰기를 좋아한다.

두 함수 $\alpha,\ \beta\ :\ I^n \to X$에 대하여

$$(\alpha+\beta)(t_1,t_2,\ldots,t_n)=\begin{cases}\alpha(2t_1,t_2,\ldots,t_n) & 0\le t_1\le 1/2,\\ \beta(2t_1-1,t_2,\ldots,t_n) & 1/2\le t_1\le 1.\end{cases}$$

이 합은 호모토피류의 집합 $\pi_n(X,x_0)$상에서 잘 정의되고 이 합에 의하여 $\pi_n(X,x_0)$이 실제로 군이 됨은 기본군에서의 증명과 유사한 방법으로 보일 수 있다: 상수함수의 호모토피류가 군 $\pi_n(X,x_0)$에서의 항등원이 되고 함수 $\alpha : (I^n,\partial I^n)\to(X,x_0)$를 포함하는 호모토피류의 역원은 $-\alpha : I^n \to X; (t_1,t_2,\ldots,t_n)\mapsto \alpha(1-t_1,t_2,\ldots,t_n)$를 포함하는 호모토피류가 된다.

정리 4.27 $\pi_n(X,x_0)$는 위에서 정의한 연산에 대하여 군(group)이 된다. 특히 $n\ge 2$일 때는 $\pi_n(X,x_0)$은 교환가능군(abelian group)이다.

증명: $\pi_n(X,x_0)$가 군이된다는 상세한 증명은 독자에게 남긴다. 여기서는 $n\ge 2$이라 하고 $\pi_n(X,x_0)$이 교환가능군이 됨을 보여보자. 즉 임의의 $\alpha,\beta\in\pi_n(X,x_0)$에 대하여 $\alpha+\beta\simeq\beta+\alpha$를 보여보자. 우선 $n=2$인 경우에 다음 그림이 보여주는 호모토피에 의하여 가능하다.

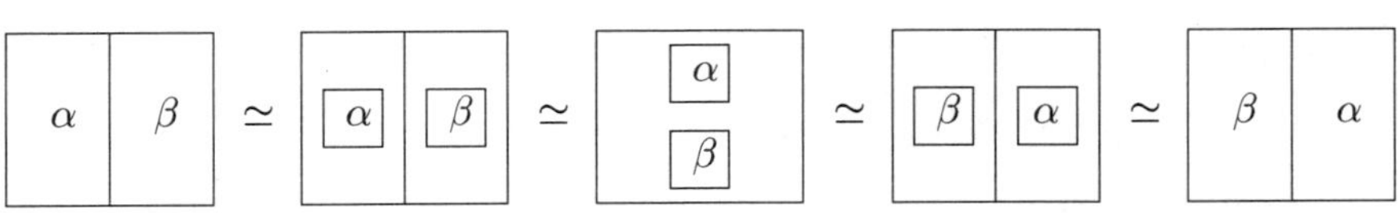

즉 우리가 원하는 호모토피는 먼저 α와 β의 정의역을 사각형 I^2내에서 각각 충분히 작은 부분 사각형으로 줄이고 이 정의역들의 밖은 모두 바탕점 x_0로 보내는 호모토피를 생각하자. 그리고 충분히 작아진 α와 β의 정의역을 I^2내에서 겹치는 일이 없이 연속적으로 변형하여 서로 자리바꿈하자. 그리고 다시 α와 β의

정의역이 사각형 I^2을 채울 수 있도록 확장하자. 이는 $n = 1$인 경우는 불가능하지만 $n = 2$이면 가능하다. 일반적으로 $n \geq 2$인 경우는 처음 두 좌표 (t_1, t_2)-공간에서 위의 과정을 취하고 나머지 좌표 t_j-공간은 고정한 호모토피를 정의하여 보일 수 있다. □

동치적으로, 군 $\pi_n(X, x_0)$의 바탕집합의 구성에서 n차원 cube $I^n = [0, 1]^n$과 이의 울타리 ∂I^n 대신에 n차원 구(球) S^n과 바탕점 $s_0 \in S^n$를 이용하여 정의할 수도 있다. 왜냐하면, 구간 I의 울타리점 $0, 1$을 한점으로 동일시하면 이는 구 S^1과 위상동형이고, 사각형 I^2의 울타리를 한점으로 동일시하면 이는 구 S^2와 위상동형이 되며, 일반적으로 n차원 cube I^n의 울타리 ∂I^n을 한점으로 동일시하면 이는 구 S^n과 위상동형이 되기 때문이다: $I^n/\partial I^n \cong S^n$. 따라서 연속함수 $\alpha : (I^n, \partial I^n) \to (X, x_0)$들의 집합은 연속함수 $\alpha : (S^n, s_0) \to (X, x_0)$들의 집합과 동일시 될 수 있다. 그리고 호모토피의 동치류는 구(球) S^n의 바탕점 s_0에서는 항상 바탕점 x_0로 값이 고정되는 호모토피의 동치류를 의미하게 된다.

정의역으로 구(球) S^n을 이용할 때, 이에 상응하는 함수 $\alpha, \beta : (S^n, s_0) \to (X, x_0)$의 합 $\alpha + \beta$는 다음과 같이 정의된다. 우선 n차원 cube I^n의 울타리를 한점으로 동일시하여 구 S^n을 얻을 때 $t_1 = 1/2$인 부분 공간은 구 S^n의 적도(equator)인 S^{n-1}에 대응됨에 유의하자. 그리고 구 S^n에서 이 적도(equator)를 한점으로 동일시하면 두개의 구 S^n의 wedge 합 $S^n \vee S^n$, 즉 한점에서 만나고 있는 두개의 S^n이 된다. 이제 이들 중 첫 S^n에서는 α를, 둘째 S^n에서는 β를 정의하여 합 $\alpha + \beta$를 정의 할 수 있다. 즉 합 $\alpha + \beta$는 합성함수 $S^n \to S^n \vee S^n \xrightarrow{\alpha \vee \beta} X$이다.

기본군에서와 같이 연속함수 $f : (X, x_0) \to (Y, y_0)$은 호모토피 군 사이에 군 준동형함수 $f_* : \pi_n(X, x_0) \to \pi_n(Y, y_0)$를 유도하고 이때 $(id)_* = identity$, $(g \circ f)_* = g_* \circ f_*$를 보일 수도 있다.

유감스럽게도 기본군의 계산을 위한 **Seifert-Van Kampen** 정리와 같은 유용한 계산법이 고차원 호모토피 군에서는 알려지지 않고 있다. 실제로 많은 공간에서 고차원 호모토피 군의 계산이 알려져 있지 않으며, 쉬울것 같은 고차원 구(球) S^n에서 조차도 완전한 호모토피 군의 계산이 알려지지 않고 있다.

더 이상의 상세한 이론은 다른 호모토피 교재를 참조하기로 하고 여기서 줄인다.

4.10 연습문제

(1) 한 개의 원소로 이루어진 집합 P에 대하여, 집합 $[P, X]$는 X의 경로 연결성분(path components)집합과 일대일 대응 관계가 있음을 보여라.

(2) 공간 X를 축약가능이라 하자. 임의의 경로적 연결공간 Y에 대해서 $[X, Y]$는 한 개의 원소로 이루어진 집합임을 보여라.

(3) 공간 Y를 축약가능이라 하자. 임의의 경로적 연결공간 X에 대해서 $[X, Y]$는 한 개의 원소로 이루어진 집합임을 보여라.

(4) 임의의 위상공간 X와 임의의 점 $x_0 \in X$에 대해서

$$\pi_1(X, x_0) \cong [(S^1, 1), (X, x_0)]_{\{1\}}$$

가 됨을 보여라.

(5) 경로적 연결공간 X에 대해서, 모든 함수 $f : S^1 \to X$가 상수함수와 호모토픽이지만 반드시 어떤 호모토피에 의해서 바탕점이 고정될 필요는 없다고 가정하자. 이때 $\pi_1(X, x_0) = 0$임을 보여라.

(6) 함수 $f, g : X \to S^1$에 대하여 $f(x) \neq -g(x), \forall x \in X$라고 가정하자. 이때, f와 g는 호모토픽임을 보여라.

(7) 임의의 $n_0 \in \mathbb{Z}$에 대해서 $\pi_1(\mathbb{Z}, n_0) = 0$임을 보여라. $\pi_1(\mathbb{Q}, q_0)$는 어떤 군인가?

(8) 연결공간 X에 대하여, $X \simeq Y$(호모토피 동치(homotopy equivalent))이면 Y도 연결공간이 됨을 보여라.

(9) 공간 X가 경로적 연결공간일 때 다음은 동치임을 보여라.

(a) X는 단순연결공간이다.

(b) 단위 원 S^1에서 X로의 모든 함수는 원판 D^2에서 X로의 함수로 확장된다.

(c) σ, τ가 X에서 같은 시작점과 끝점을 가지는 경로이면 $\sigma \simeq \tau$ rel $\{0, 1\}$이다.

힌트: (a)과 (b)가 동치임을 보이기 위하여, D^2를 $I \times I$의 원소 (s, t)를 D^2의 원소 $te^{2\pi is}$로 보내는 함수에 의해서 얻어지는 상공간으로 생각하라. 그림 4.36을 이용하여 (a)⇒ (c)임을 보여라.

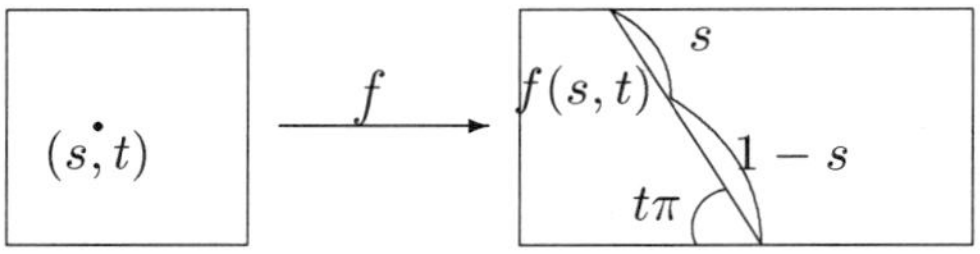

그림 4.36 $f(s, t) = te^{2\pi s}$

(10) 위상공간 X에 대하여 $CX = (X \times I)/(X \times \{0\})$를 X상의 **원추(cone)**라고 부른다. $X \subset CX$를 $x \to [x, 1]$로 생각하자. 이때, 함수 $f : X \to Y$가 상수함수와 호모토픽(homotopically trivial)할 필요충분조건은 f가 함수 $g : CX \to Y$로 확장된다는 것임을 보여라.

(11) 축약가능 공간 Y와 점 $y_0 \in Y$에 대하여, 함수 f를

$$f : X \to X \times Y, \quad f(x) = (x, y_0)$$

로 정의된 함수라 하고 함수 $p : X \times Y \to X$를 자연사영(즉, $p(x,y) = x$)이라 하면, f와 p는 호모토피 동치함수가 됨을 보여라.

(12) 두 함수 $f, g : S^n \to S^n$가 모든 $x \in S^n$에 대해서 $f(x) \neq -g(x)$를 만족할 때 $f \simeq g$(호모토픽 동치(homotopic))임을 보여라. 더욱이 만일 $f(x_0) = g(x_0)$를 만족하는 점 $x_0 \in S^n$가 존재하면 $f \simeq g$ rel $\{x_0\}$가 됨을 밝혀라.

(13) 경로적 연결공간 X, Y에 대하여, 함수 $f : X \to Y$는 전사함수이지만, 군 준동형함수 $f_* : \pi_1(X) \to \pi_1(Y)$는 전사가 되지 않는 예를 두 가지 이상 들어라.

(14) 기본군 $\pi_1(\underbrace{S^1 \times S^1 \times \cdots \times S^1}_{n}, (1, 1, \ldots 1))$를 계산하여라.

(15) 만약 $f : D^2 \to D^2$가 위상동형함수이면 $f(S^1) = S^1$가 됨을 보여라.

(16) 다음 위상공간의 기본군을 계산하여라 그리고 이 기본군을 교환 가능하도록 한 1차 호몰로지(homology)군을 구하여라.

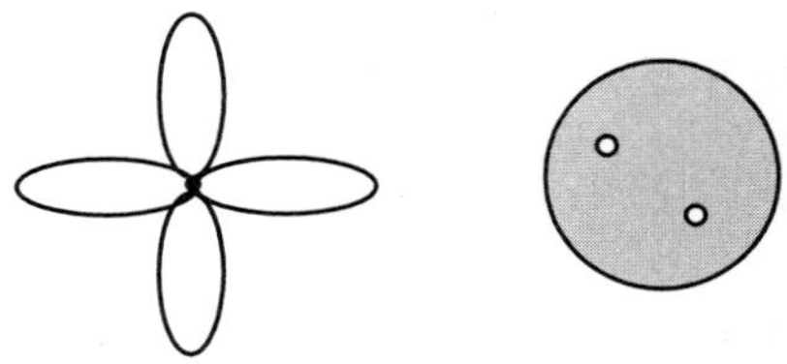

그림 4.37 4잎 bouquet와 두 점이 제거된 원판

(1) 4잎 bouquet 또는 n잎 bouquet, (그림 4.37 참조).

(2) $D^2 - \{$두 내부점$\}$, 또는 $D^2 - \{n$ 내부점$\}$, (그림 4.37 참조).

(3) 3차원 공간 $\mathbb{R}^3 - \{n$ 내부점$\}$,

(4) 3차원 공간 $\mathbb{R}^3 - \{x, y, z$-축$\}$,

(5) 속이 찬 토러스 $-$ $\{n$ 내부점$\}$,

(6) 곡면 $mT - \{n$개의 점$\}$,

(7) 곡면 $mP^2 - \{n$개의 점$\}$.

(17) 반지름이 1인 구면 S^2에서 북극점 $(0,0,1)$과 남극점 $(0,0,-1)$을 동일시한 후, 다시 동극점 $(1,0,0)$과 서극점 $(-1,0,0)$을 동일시한 공간의 기본군을 계산하여라.

(18) 그림 4.38에 주어진 동일시 한 공간의 기본군을 구하여라.

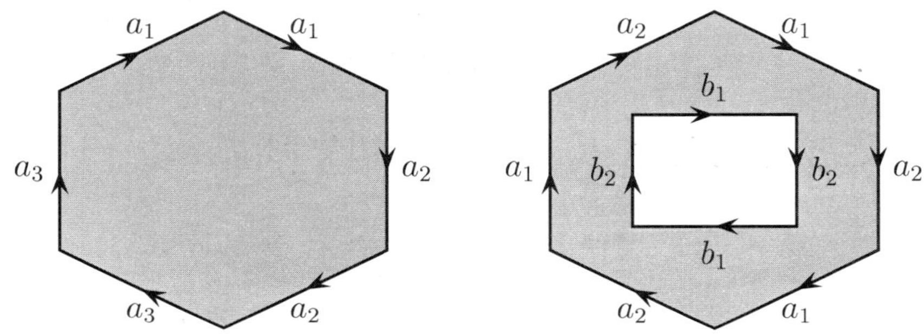

그림 4.38 동일시 한 공간들

(19) $n \geq 2$에 대해서 S^1과 S^n은 같은 호모토피형이 아님을 보이고, 이로부터 $n \geq 3$에 대해서 $\mathbb{R}^2$와 $\mathbb{R}^n$는 위상동형이 아님을 유도하여라.

(20) 공간 X가 $\mathbb{R}^3$ 혹은 3차원 구 S^3라 하자. $\pi_1(X) \cong \pi_1(X - \{$한 개의 내부점$\})$을 보여라. 사실 이러한 성질은 3차원 이상의 모든 다양체 X에서 만족한다.

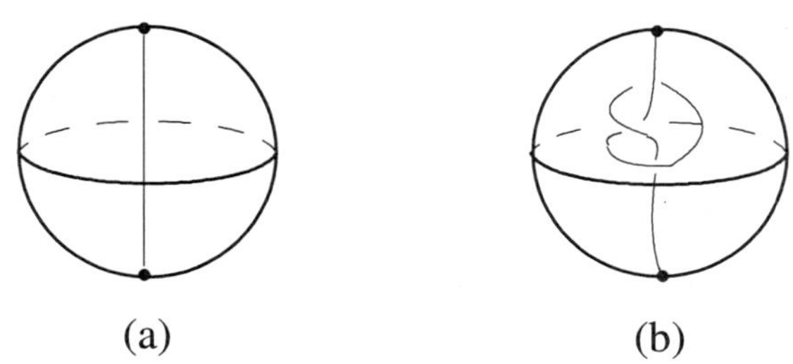

그림 4.39 구면에 끈 넣기

(21) 제1장에서 언급한, 구면 안에 양끝이 구면에 붙어 있는 끈을 넣은 공간을 생각해 보자(그림 4.39 참조). 이들의 기본군을 계산하여라.

(22) 그림 4.40에 주어진 매듭들의 매듭군을 구하여라.

(a) (b) (c)

그림 4.40 매듭의 예

(23) 매듭 K가 그의 거울상(mirror image)으로 연속적으로 변형(continuously deformed)될 수 있을 때, 다시 말하면 $\mathbb{R}^3$에서 방향을 유지하는(orientation-preserving) 위상동형함수로서 K를 K의 거울상으로 보내는 함수가 존재하면, 매듭 K를 **achiral**, **amphichiral** 혹은 **reflexible**이라 부르고, achiral이 아닌 매듭을 **chiral**[23]이라고 부른다. 자명한 매듭과 8자형 매듭 (그림 4.40(a)를 8자형 매듭(figure-eight knot)이라고 한다.)은 achiral이지만, trefoil 매듭은 chiral이다. 이를 보여라. (주의: trefoil 매듭이 chiral이다는 증명은 현 단계에서는 쉽지 않다. 실제로는 매듭의 다항식 불변량을 공부한 뒤에 쉬운 증명을 찾을 수 있다.)

(24) 공간 $\mathbb{R}^3$에 자명한 두 매듭 K_1, K_2를 생각하자. 매듭 K_1, K_2가 linking 없이 멀리 떨어져 있는 경우, $\mathbb{R}^3 \setminus (K_1 \cup K_2)$의 기본군을 계산하여라. 만약 매듭 K_1, K_2가 딱 한 번 linking되어 있을 때, 이를 Hopf link라고 부른다. Hopf link의 여집합(餘集合)의 기본군을 계산하여라.

[23] 이런 의미에서 3차원 공간 $\mathbb{R}^3$에서 왼손과 오른손은 chiral이다.

5 피복이론

5.1 피복공간이란?

우리는 4.3절에서 기본군 $\pi_1(S^1)$을 계산하기 위하여, 함수

$$p : \mathbb{R}^1 \to S^1, \quad p(t) = e^{2\pi it}$$

를 이용하였다(그림 4.8 참조). 이 때, $U = S^1 - \{-1\}$로 취하면, $p^{-1}(U) = \bigcup_{n\in\mathbb{Z}}(n - \frac{1}{2}, n + \frac{1}{2})$이며, 모든 자연수 n에 대하여 p를 $(n - \frac{1}{2}, n + \frac{1}{2})$에 제한한 함수 $p|_{(n-\frac{1}{2},n+\frac{1}{2})} : (n - \frac{1}{2}, n + \frac{1}{2}) \to U$는 위상동형함수이다.

이 장에서는 이러한 개념을 확장하여 피복공간을 정의하고 어떻게 피복공간의 구조가 기본군과 관련되는지를 살펴보기로 한다.

정의 5.1 연속함수 $p : E \to X$가 다음의 두 조건을 만족할 때, 함수 p (혹은, 쌍 (E, p))를 **공간 X상의 피복**(covering, 被覆)이라고 부른다.

(1) $p : E \to X$는 전사함수(surjection)이다.

(2) 모든 $x \in X$에 대해서, 다음을 만족하는 x의 근방 U가 존재한다 (이를 x의 **좌표근방**(coordinate neighbourhood; 座標近傍)이라고 부른다).

(i) $p^{-1}(U)$는 E의 열린 집합 S_i들의 공통부분이 없는 합(disjoint union)이고, (이때 S_i를 U상의 **겹이불**(sheet)이라고 부른다.)

(ii) 각 i에 대해서 $p|_{S_i} : S_i \to U$는 위상동형함수이다. (이 성질을 **국소적 자명성**(local triviality)이라고 부른다).

이 경우, E를 **피복공간**(covering space, 被覆空間), X를 **바탕공간**(base space), 함수 $p : E \to X$를 **피복함수**(covering projection, 被覆函數)라고 부른다.

모든 피복 $p : E \to X$은 정의에 의하여 국소적 자명성을 가진다. 따라서 이의 피복공간 E와 바탕공간 X는 국소적으로 동일한 위상성질(local property)을 가진다. 예를 들면, E가 국소 경로적 연결(locally pathwise connected) 공간이면 X도 국소 경로적 연결 공간이고, 이의 역도 성립한다.

예제 5.1 (*피복의 예*)

(1) 모든 위상동형함수 $h : X \to X$는 피복함수이다. 이를 확장하여, $E = X \times \{1, 2, \ldots, n\}$, 위상공간 X와 위상동형인 n개의 공간들의 공통부분이 없는 합(disjoint union)이라 하면, 사영함수 $p : E \to X$, $p(x, i) = x$는 피복이 된다. 이러한 피복을 X상의 **n-겹 (n-fold)의 자명한** 피복이라고 부른다. 특히 항등함수 $id_X : X \to X$는 가장 자명한 피복함수이다.

(2) 함수 p를

$$p : S^1 \to S^1, \quad p(z) = z^n$$

로 정의하자. 그러면 p는 피복함수이고, $|p^{-1}(\omega)| = n, \ \forall \omega \in S^1$이다. 이러한 피복을 **$n$-겹**($n$-fold) 피복이라고 부른다.

(3) 피복함수 $p : \mathbb{R}^1 \to S^1, \quad p(t) = e^{2\pi it}$를 이용하여 $p \times p : \mathbb{R}^1 \times \mathbb{R}^1 \to S^1 \times S^1$, $(p \times p)(s, t) = (e^{2\pi is}, e^{2\pi it})$로 정의하면, 이는 토러스의 피복이 된다.

위상적으로 1차원 복체(complex, 複體)인 그래프의 피복구조를 생각해보자. 그래프를 위상공간으로 보았을 때 그래프 사이의 피복 $p:\widetilde{G}\to G$는 일반적으로 그래프 함수는 아니다. 예를 들면, 예제 5.1(2)의 정의역 S^1과 치역 S^1을 그것과 위상동형인 그래프로서 길이가 3인 순환길 그래프 C_3로 두면 $p:C_3\to C_3$는 당연히 그래프 함수는 아니다. 그러나 이 함수는 정의역을 그와 위상동형인 꼭짓점 수를 많이 가지는 순환길 그래프로 대치하면 그래프 함수로 표현이 가능하다. 예를 들어, $n=3$일 때 정의역 S^1을 그림 5.1(b)에서와 같이 길이가 9인 순환길 그래프 C_9으로 바꾸면, $p:C_9\to C_3$는 그래프 함수가 된다.

일반적으로, 두 복체 사이의 연속함수 f는 복체를 복체로 대응시키는 함수가 아닐 수 있다. 그러나 f와 호모토픽한 함수 중 복체를 복체로 대응시키는 함수는 존재한다고 알려져 있다.[1] 역으로, 복체를 복체로 대응시키는 함수는 항상 연속함수이다. 지금부터 그래프 사이의 (연속)함수는 그래프 함수인 것만 생각하기로 하자.

이제 그래프의 피복구조를 그래프 용어를 이용하여 기술해 보자.

먼저 꼭짓점 집합 $V(G)$와 변(edge)의 집합 $E(G)$를 가지는 연결인 단순그래프 G를 생각하자. 임의의 한 꼭짓점 $v\in V(G)$에 대해 v에 인접한 꼭짓점의 집합을 v**의 근방**(neighborhood, 近傍)이라 정의하고, $N(v)$로 쓴다. 즉, $N(v)=\{u\mid uv\in E(G)\}$. 그러면 그래프 사이의 피복 구조를 다음과 같이 바꾸어 표현할 수 있다.

정의 5.2 $\widetilde{G}$와 G를 단순그래프라 하자. 그래프 함수 $p:\widetilde{G}\to G$에 대하여, $p:V(\widetilde{G})\to V(G)$가 전사함수(surjection)이고, 임의의 $v\in V(G)$와 $\tilde{v}\in p^{-1}(v)$에 대하여 $p|_{N(\tilde{v})}:N(\tilde{v})\to N(v)$가 전단사함수(bijection)일 때 $p:\widetilde{G}\to G$를 **그래프 피복**(graph covering)이라고 부른다.

[1] Simplicial approximation 정리라고 한다.

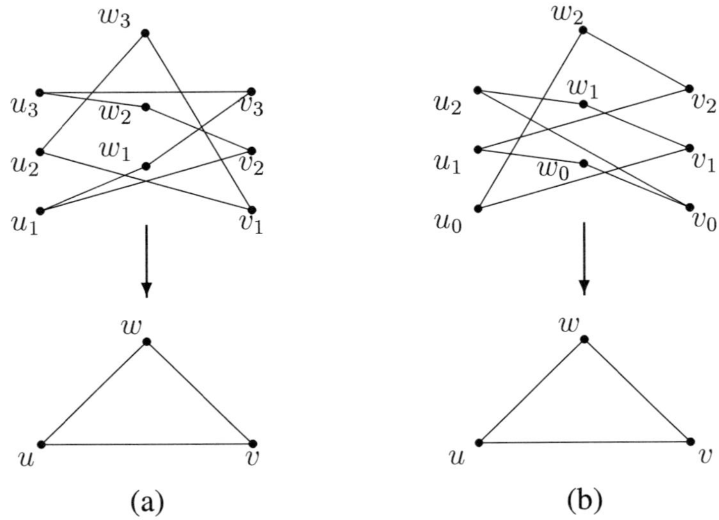

그림 5.1 그래프 피복의 예

예제 5.2 그림 5.1(a),(b)에서의 그래프 함수 p는 단순그래프의 그래프 피복이다.

이제 단순그래프만이 아닌 루프와 다중변(multiple edge)도 허락하는 일반그래프에 대한 그래프 피복의 구조는 무엇인지 알아보자. 이러한 그래프는 세분을 한 번 또는 두 번 시행하면 원래 그래프와 위상동형인 단순그래프를 얻는다. 두 그래프 사이의 그래프 함수 $p : \widetilde{G} \to G$는 $\widetilde{G}$와 G를 동시에 세분했을 때, 그 세분된 그래프 사이의 그래프 함수 $p : \widetilde{G}' \to G'$를 자연스럽게 유도한다. 이제 $p : \widetilde{G} \to G$가 피복이라는 것은 $p : \widetilde{G}' \to G'$ 또는 $p : \widetilde{G}'' \to G''$가 단순그래프 사이의 피복함수인 것으로 설명할 수 있다. 이러한 과정은 세분이라는 용어를 사용하지 않고 다음과 같이 표현할 수 있다.

정의 5.3 그래프 함수 $p : \widetilde{G} \to G$에 대하여 G와 $\widetilde{G}$의 모든 변(edge)에 다음 조건을 만족하도록 방향을 줄 수 있을 때, $p : \widetilde{G} \to G$를 **그래프 피복**이라고 한다.

(1) p가 그 방향을 보존하고,

(2) 모든 $\tilde{v} \in V(\widetilde{G})$에 대하여, 함수 p가 $\tilde{v}$에서 시작하는 모든 유향변(directed edge)의 집합과 $p(\tilde{v})$에서 시작하는 유향변의 집합을 일대일로 대응시키고, 또한 $\tilde{v}$에서 끝나는 모든 유향변의 집합과 $p(\tilde{v})$에서 끝나는 유향변의 집합을 일대일로 대응시킨다.

예제 5.3 그림 5.2에서와 같이, 그래프 함수 p를 꼭짓점에서는 $p(u_i) = u$, $p(v_j) = v$로 정의하고, (유향) 변에서는 $p(u_iu_{i+1}) = \ell_1$, $p(v_iv_j) = \ell_3$, $p(u_iv_i) = \ell_2$로 정의하면, 그래프 피복이 된다. 그림 5.2의 왼쪽 그래프에서 변(edge)의 방향을 무시한 그래프를 Petersen 그래프라고 하고, 오른쪽 그래프에서 변(edge)의 방향을 무시한 그래프를 아령(dumbbell)그래프라고 부른다. 이 그래프 피복은 예제 5.13에서 다시 거론될 것이다.

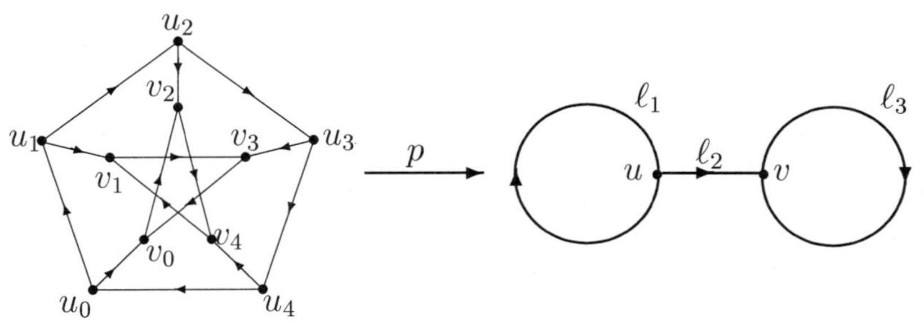

그림 5.2 loop를 가지는 그래프의 피복

주의: 그래프 피복 $p : \widetilde{G} \to G$에 대하여,

(1) 그래프 G가 연결이면, p는 꼭짓점 집합과 변의 집합 각각에서 전사함수(surjection)이다.

(2) 그림 5.3에서 보여주는 것과 같이, 그래프 함수가 차수(degree)를 보존하더라도 그래프 피복이 아닐 수 있다.

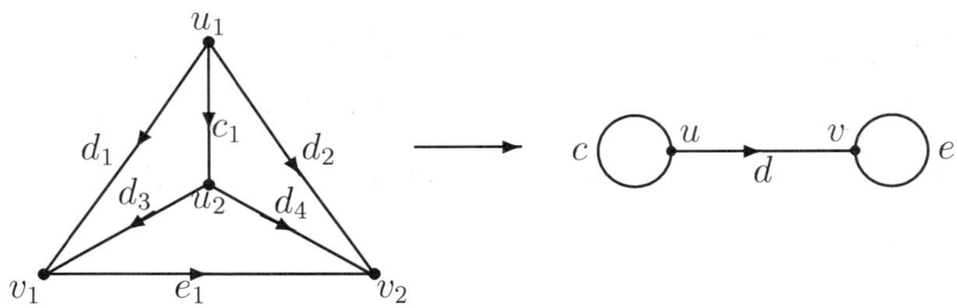

그림 5.3 피복이 아닌 그래프 함수

즉, 그래프 피복을 차수를 보존하는 전사함수 p로 정의하는 것은 적절치 않다.

다음 정리는 위상공간의 피복에서 바탕공간이 그래프로 표현이 가능할 때, 이 피복을 그래프 피복으로 볼 수 있음을 보여준다.

정리 5.1 그래프 G에 의하여 표현되는 위상공간 $|G|$상의 피복은 역시 그래프의 위상공간이다

증명: 함수 $p : E \to |G|$를 피복이라 하고, 그래프 G의 꼭짓점의 집합을 $V(G)$라 하자. 그러면 $p^{-1}(V(G))$는 E에서 이산적인 유한개의 점집합이다. 또한, 그래프 G의 변 e에 대하여, 이는 위상적으로는 닫힌 구간 $[0,1]$과 동형이기 때문에 이의 긴밀성과 피복의 국소적 자명성을 이용하면, $p^{-1}(e)$는 유한개의 서로 만나지 않는 변이 된다. 더욱이 이들 각 변의 끝점들은 $p^{-1}(V(G))$에 속하는 꼭짓점들이 된다. 따라서 피복공간 E는 $p^{-1}(V(G))$를 꼭짓점 집합으로 가지고 $p^{-1}(e), e \in E(G)$를 변으로 가지는 그래프의 위상공간이 된다. □

정리 5.2 함수 $p : E \to X$를 피복함수라 하자. 그러면

(1) 함수 p는 열린함수(open map)이다.

(2) 위상공간 X는 p에 의한 상위상(quotient topology)을 가진다.

따라서 $p : E \to X$가 피복(covering)일 때, 바탕공간 X는 항상 함수 $p : E \to X$에 의한 상위상(quotient topology), 즉 동일시 위상(identification topology)을 가진다.

증명: (1) 집합 W를 E의 열린 부분집합이라 하고, $x \in p(W)$라 두자. 함수 p가 피복함수이므로, x의 좌표근방 U가 존재한다. $\tilde{x} \in p^{-1}(x) \cap W$를 택하자. $\tilde{x} \in p^{-1}(U) = \bigcup_{j \in J} U_j$이기 때문에, $\tilde{x}$를 포함하는 U_j가 존재한다. 그러면 집합 $U_j \cap W$는 U_j의 열린 부분집합이고, 함수 $p|_{U_j} : U_j \to U$가 위상동형함수이기 때문에 $p(U_j \cap W)$는 U의 열린 부분집합이다. 또한, U가 X에서 열린 집합이므로, $p(U_j \cap W)$는 X에서 열린 집합이다. $x \in p(U_j \cap W) \subset p(W)$이기 때문에, $p(W)$는 열린 집합이 된다. 따라서 p는 열린함수이다.
(2) p가 연속인 전사함수이고, 열린함수라는 사실로부터 쉽게 증명된다. 즉, 위상공간 X에서 부분집합 W가 열린 집합이 될 경우는 $p^{-1}(W)$가 E에서 열린 집합이 될 경우에만 가능하다. □

문제 5.1 (1) 그림 5.1의 (a), (b)와 다른 모양의 순환길 그래프 C_3상의 3-겹 피복을 구성하여 보아라.

(2) 한 개의 꼭짓점과 한 개의 루프로 이루어진 그래프의 4-겹 피복을 가능한 많이 구성하여 보아라. 몇 가지의 다른 모양이 가능한가? n-겹 피복에 대해서도 시도하여 보아라.

5.2 동형피복과 피복변환군

이제 위상공간 (혹은 그래프) X의 피복들 사이의 관계를 알아보자.

정의 5.4 (E_1, p_1)과 (E_2, p_2)를 위상공간 X상에의 두 피복이라 하자.

(1) 연속함수 $\varphi : E_1 \to E_2$가 **피복준동형함수**(covering homomorphism)라는 것은 $p_2 \circ \varphi = p_1$인 함수, 즉 다음 도형을 교환가능하게 하는 함수를 의미한다:

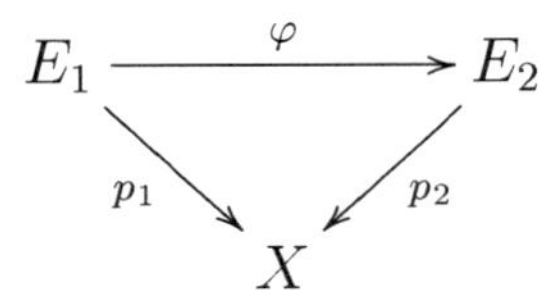

(2) $\psi \circ \varphi = id_{E_1}, \varphi \circ \psi = id_{E_2}$를 만족하는 (E_2, p_2)에서 (E_1, p_1)로의 피복준동형함수 ψ가 존재할 때, φ를 **피복동형함수**(covering isomorphism)라고 부른다. 피복준동형함수 φ가 피복동형함수가 될 필요충분조건은 φ가 위상동형함수임을 쉽게 알 수 있다. 두 피복공간 사이에 피복동형함수가 존재할 때, 두 피복공간은 **피복동형**(covering isomorphic, 被服同形)이라고 부른다.

(3) 피복공간에서 자기 자신으로의 피복동형함수를 **피복변환**(covering transformation, covering automorphism, 혹은, deck transformation, 被服變換)이라고 부른다. 주어진 피복 (E, p)의 모든 피복변환의 집합은 함수합성의 연산하에서 군이 된다. 이 군을 **피복변환군**(covering transformation group, 被服變換群)이라 하고 $\text{Aut}(E, p)$로 표현한다.

그래프 G상의 피복들 사이에서도 같은 방법으로 위의 용어들을 정의할 수 있다. 단, 이 때는 그래프 사이의 모든 함수는 그래프 함수이어야 한다.

예제 **5.4** 피복공간

$$p : \mathbb{R}^1 \to S^1, \quad p(t) = e^{2\pi it}$$

의 피복변환군 $\text{Aut}(\mathbb{R}^1, p)$를 계산해 보자. 만약 $f : \mathbb{R}^1 \to \mathbb{R}^1$가 피복변환군 $\text{Aut}(\mathbb{R}^1, p)$의 원소이면, $e^{2\pi it} = e^{2\pi if(t)}$이고, 이로부터 $f(t) = t + n$ (어떤 $n \in$

$\mathbb{Z}$에 대하여)임을 알 수 있다. 따라서 Aut$(\mathbb{R}^1, p)$는 군 $\mathbb{Z}$와 군 동형(isomorphic)이다.

문제 5.2 (1) 피복 $p : S^1 \to S^1$, $p(z) = z^n$의 피복변환군(covering transformation group, 被服變換群)을 구하여라.

(2) 토러스상의 피복 $p \times p : \mathbb{R}^1 \times \mathbb{R}^1 \to S^1 \times S^1$, $(p \times p)(s, t) = (e^{2\pi i s}, e^{2\pi i t})$의 피복변환군을 구하여라.

문제 5.3 (*피복준동형함수(covering homomorphism)는 항상 피복함수이다.*) 일반적으로 다음과 같이 주어진 위상공간과 연속인 함수의 교환가능한 도형

$$\begin{array}{ccc} X & \xrightarrow{\quad p \quad} & Y \\ & {\scriptstyle q}\searrow \quad \swarrow{\scriptstyle r} & \\ & Z & \end{array}$$

에서, (X, q)가 Z의 피복공간이고 (Y, r)이 Z의 피복공간이면 (X, p)가 Y의 피복공간이 된다. 이를 보여라. 여기서 X, Y, Z는 연결(connected)이고 국소 경로적 연결(locally pathwise connected)인 위상공간이다.

5.3 피복공간으로의 올림함수

이 절에서 다루는 모든 공간은 연결(connected)이고, 국소 경로적 연결(locally pathwise connected)이라고 가정하자.[2] 따라서 모든 공간은 경로적 연결(pathwise connected)공간이 된다(연습문제 1.6.(15) 참조).

함수 $p : E \to X$를 피복이라 하고 X상의 좌표근방 U와 U상의 겹이불 S_i가 주어져 있다고 하자. 그러면 국소적 자명성에 의하여 U상에 어떤 그림을 그리

[2]피복공간 이론은 주로 다양체에서 응용되고 모든 다양체는 국소 경로적 연결공간이다. 따라서 피복공간을 생각하는 대부분의 경우에 위의 가정을 하고 이론을 전개한다.

더라도, 똑같은 그림을 겹이불 S_i상에도 그릴 수 있다. 또한, 좌표근방 U가 경로적 연결인 열린 집합이면, 겹이불 S_i도 마찬가지이다. 이 절에서는 이러한 성질을 이용하여 바탕공간으로 가는 함수로부터 피복공간으로 가는 함수를 구성하고자 한다.

정의 5.5 함수 $p : E \to X$를 피복함수, $f : Y \to X$를 연속함수라 하자. 함수 f의 **올림함수(lifting)**는 $p \circ g = f$를 만족하는 연속함수 $g : Y \to E$를 의미한다. 즉, 다음의 도형을 교환가능하게 하는 함수 g이다.

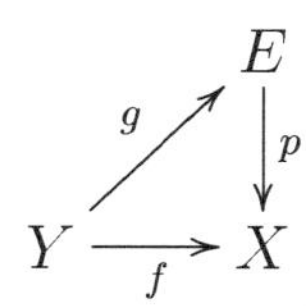

예제 5.5 (*무한 개의 올림함수를 가지는 경우*) 피복함수 $p : \mathbb{R}^1 \to S^1$, $p(t) = e^{2\pi it}$와 임의의 자연수 n에 대하여, 연속함수 $f_n : \mathbb{R}^1 \to \mathbb{R}^1$, $f_n(t) = n + t$를 생각해 보자. 예제 5.4에서 밝힌 바와 같이 함수 f_n은 피복변환이다. 즉, 다음의 도형을 교환가능하게 하는 위상동형함수이다.

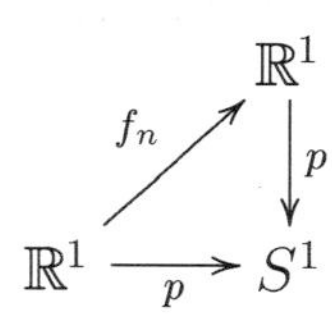

따라서 모든 자연수 n에 대하여 연속함수 f_n은 p의 올림함수이다. 즉, 무한 개의 올림함수가 존재한다.

위와 같이 피복에서 올림함수는 항상 존재하는가? 존재한다면 얼마나 많은 올림함수가 가능한가? 우선 아래의 정리는 정의 5.5에서 주어진 함수 f의 두 올림함수 g_1, g_2는 같은 함수 $g_1 = g_2$이거나 아니면 모든 점에서 다른 값을 가지는 $(g_1(y) \neq g_2(y), \forall y)$ 두 가지 경우만 가능하다는 것을 보여준다. 이를 보이기 위하여 두 올림함수 g_1, g_2가 한 점 y_0에서 같은 값을 가진다고 가정하고, $e_0 = g_1(y_0) = g_2(y_0)$, $x_0 = f(y_0)$라 하고 다음 정리를 생각하자.

정리 5.3 [올림함수의 유일성] 함수 $p : (E, e_0) \to (X, x_0)$는 바탕점을 고려한(rooted) 피복함수라고 하자. 이는 쌍 (E, p)가 위상공간 X상의 피복공간이고 $p(e_0) = x_0$임을 말한다. 임의의 연속함수 $f : (Y, y_0) \to (X, x_0)$에 대하여, 만약 Y가 연결공간이고 f의 올림함수 $g : (Y, y_0) \to (E, e_0)$가 존재한다면, 그 함수는 유일하다. 즉, 하나 뿐이다.

증명: 두 함수 g_1과 g_2를 정의 5.5에서 주어진 함수 f의 두 올림함수라고 하고 어떤 점 $y_0 \in Y$에서 같은 값 $g_1(y_0) = g_2(y_0) := e_0$를 가진다고 가정하자. 이 때, $x_0 = p(e_0)$라 하자. 그러면 다음의 교환가능한 도형을 얻게 된다.

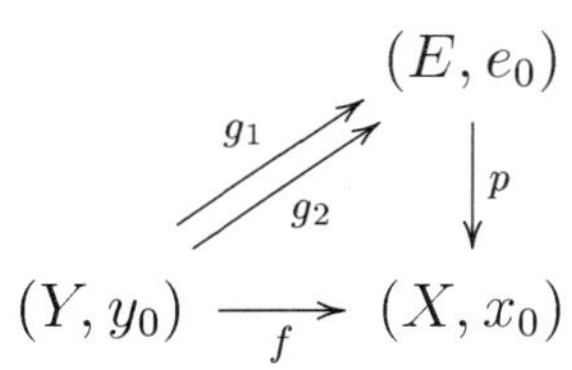

이고, $p \circ g_1 = f = p \circ g_2$.

이제 집합

$$A = \{y \in Y \mid g_1(y) = g_2(y)\}$$

라 두자. 그러면 $y_0 \in A$이기 때문에 $A \neq \emptyset$이다. 이제 $A = Y$임을 보이면 증명이 완료된다. 한편, Y가 연결공간이므로, $A = Y$임을 보이기 위해서 A가 열린 집합인 동시에 닫힌 집합임을 보이면 충분하다. 우선, 집합 A가 열린 집합임을 보이기 위해서, $y \in A$라 두고 U를 $f(y)$의 경로적 연결인 좌표근방이라 하자. 그러면 $g_1(y) = g_2(y)$는 $p^{-1}(U)$의 어떤 겹이불 S에 속하고 이 때 겹이불

S도 열린 집합이다. 따라서 $g_1^{-1}(S) \cap g_2^{-1}(S)$는 A에 포함되는 y의 열린근방이 되어 집합 A는 열린 집합이 된다. 한편, 집합 A가 닫힌 집합임을 보이기 위해서, $y \notin A$이라 하자. 그러면 $g_1(y)$는 어떤 겹이불 S_1, $g_2(y)$는 또 다른 겹이불 S_2에 속하게 된다. 따라서 $g_1^{-1}(S_1) \cap g_2^{-1}(S_2)$는 $Y - A$에 포함되는 y의 열린근방이다. 즉, $Y - A$도 열린 집합이다. 즉, A는 닫힌 집합이다. □

위의 정리 5.3에서는 함수 $f : Y \to X$의 올림함수로서 바탕점을 바탕점으로 대응시키는 함수가 존재한다면 이는 유일하다는 것이다. (이는 바탕점을 고려하지 않은(unrooted) 피복에서 주어진 함수 $f : Y \to X$의 두 올림함수는 모든 점에서 함숫값이 일치하든지 아니면 모든 점에서 함숫값이 일치하지 않는다는 것을 보여준다.) 그러나 그 존재성 여부는 알 수 없다.

문제 5.4 정리 5.3에서 공간 Y가 연결이 아니면, 두 개 이상의 올림함수가 있을 수 있음을 예를 들어 보여라.

문제 5.5 ($|p^{-1}(x)|$ *값은 변하지 않는다.*) 쌍 (E, p)가 위상공간 X상의 피복공간이고, 바탕공간 X는 연결공간이라 하자. 이 때, 모든 **fibre** $p^{-1}(x)$는 점 $x \in X$에 무관하게 같은 **cardinality**를 가진다. 이를 보여라.

예제 5.6 (*올림함수를 가지지 않는 경우*) 피복 $p : \mathbb{R}^1 \to S^1$, $p(t) = e^{2\pi i t}$에 대하여, 모든 연속함수 f

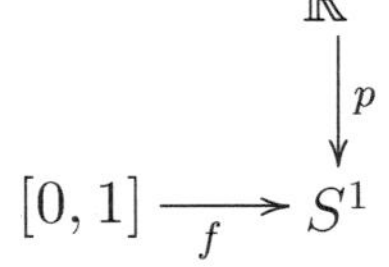

는 올림함수를 가진다는 것은 경로-올림정리(정리 4.11)로부터 이미 알고 있다. 하지만,

$$\begin{array}{ccc} & & \mathbb{R}^1 \\ & & \downarrow p \\ S^1 & \xrightarrow[id]{} & S^1 \end{array}$$

에서 항등함수 id는 올림함수를 가지지 않는다. 왜냐하면, 만약 올림함수 $f : S^1 \to \mathbb{R}^1$이 존재한다면, 교환가능한 도형

$$\begin{array}{ccc} & & \pi_1(\mathbb{R}^1) \\ & \nearrow^{f_*} & \downarrow p_* \\ \pi_1(S^1) & \xrightarrow[id]{} & \pi_1(S^1) \end{array}$$

을 가지게 된다. 하지만, 이는 $\pi_1(S^1) \cong \mathbb{Z}$이고 $\pi_1(\mathbb{R}^1) \cong 0$이기 때문에 불가능하다. □

다음 정리는 특수한 경우로 $Y = I = [0, 1]$이면 f의 올림함수는 항상 존재한다는 것을 보여준다. 이는 피복함수 $p : \mathbb{R} \to S^1$; $p(t) = \exp(2\pi it)$에서의 경로-올림정리(정리 4.11)의 일반화이다.

정리 5.4 [경로-올림(Path lifting)정리] 위상공간 X의 피복공간 (E, p)와 X상에서 경로 $\sigma : I \to X$가 주어져 있다고 하자. 그러면 $p(e) = \sigma(0)$인 각 점 $e \in E$에 대해서, $p \circ \tau = \sigma$와 $\tau(0) = e$를 만족하는 E상의 경로 τ, 즉 σ의 올림함수 $\tau : I \to E$는 항상 존재한다. 더욱이 이 올림함수는 유일하다.

증명: 이 정리의 증명은 기본적으로 정리 4.11의 경로-올림정리의 증명과 동일하다. 피복공간의 정의와 I의 긴밀성에 의하여, 닫힌 구간 I를 충분히 짧게 분할하면, 함수 σ가 각 구간 $[t_i, t_{i+1}]$를 어떤 좌표근방 U_j로 보내주는 I의 분할

$0 = t_0 < t_1 < \cdots < t_n = 1$이 가능하다. 자연수 i에 관한 귀납법을 이용하여 $\tau_i(0) = e$를 만족하는 $[0, t_i]$상의 $\sigma_i|_{[0,t_i]}$의 유일한 올림함수 τ_i를 정의하자. 자연수 $i = 0$인 경우는 당연하다. 함수 $\sigma_k|_{[0,t_k]}$의 유일한 올림함수 $\tau_k : [0, t_k] \to E$이 정의되고 $\tau_k(0) = e$라고 가정하자. 이제 τ_k가 유일한 확장 $\tau_{k+1} : [0, t_{k+1}] \to E$를 가짐을 보일 것이다. 집합 W를 $\tau_k(t_k)$를 포함하는 $p^{-1}(U_k)$의 겹이불이라고 두자. 그러면 $p|_W : W \to U_k$가 위상동형이 되기 때문에 $p \circ \rho = \sigma|_{[t_k,t_{k+1}]}$를 만족하는 유일한 함수 $\rho : [t_k, t_{k+1}] \to W$가 존재한다. 이제

$$\tau_{k+1}(s) = \begin{cases} \tau_k(s), & 0 \le s \le t_k \\ \rho(s), & t_k \le s \le t_{k+1} \end{cases}$$

로 정의하면 τ_{k+1}는 연속이다. 이로써 증명이 끝난다. □

정리 5.5 [호모토피-올림(Homotopy lifting)정리] 함수 $p : (E, e_0) \to (X, x_0)$를 바탕점을 고려한(rooted) 피복함수라 하자. 만약 바탕점 x_0에서 닫힌 두 곡선 σ와 τ가

$$H : \sigma \simeq \tau \text{ rel } \{0, 1\}$$

이면 같은 시작점 e_0를 가지는 이들의 올림 경로 $\tilde{\sigma}$와 $\tilde{\tau}$도 H의 올림함수 $\tilde{H}$가 존재하여

$$\tilde{H} : \tilde{\sigma} \simeq \tilde{\tau} \text{ rel } \{0, 1\}$$

이다(그림 5.4 참조).

증명: [3] 주어진 σ와 τ 사이에 $\{0, 1\}$을 고정한 호모토피를 $H : [0, 1] \times [0, 1] \to$

[3]여기서도 증명하는 방법만 요약해 둔다. 따라서 독자들은 증명과 무관하게 정리를 받아 들여도 좋다.

$$\begin{array}{ccc} & & E \\ & \overset{\tilde{H}}{\nearrow} & \downarrow p \\ [0,1]\times[0,1] & \xrightarrow{H} & X \end{array}$$

그림 5.4 호모토피-올림

X라 두자. Lebesque Covering 보조정리(연습문제 제1장 16)에 의하여 충분히 큰 자연수 n에 대하여 정사각형 $[0,1]\times[0,1]$ 안에서 양 변의 길이가 $\frac{1}{n}$인 조그만 모든 정사각형은 함수 H로 보내면 공간 X에서 어떤 좌표근방에 포함되게 된다. 이 성질을 이용하기 위하여 호모토피 H의 정의역인 정사각형 $[0,1]\times[0,1]$을 수직선 $x=0, x=\frac{1}{n}, x=\frac{2}{n}, \ldots, x=1$과 수평선 $y=0, y=\frac{1}{n}, y=\frac{2}{n}, \ldots, y=1$을 이용하여 바둑판과 같이 n^2개의 작은 정사각형으로 나누자. 이제 x-축 위에 있는 제일 바닥줄의 n개의 작은 사각형들을 생각해 보자. 이 바닥줄의 제일 왼쪽의 작은 사각형을 함수 H로 보내면 공간 X에서 바탕점 x_0의 어떤 좌표근방에 포함되게 된다. 이제 피복의 국소적 자명성을 이용하여 H의 올림함수 $\tilde{H}$를 $\tilde{H}(0,0)=e_0$가 되도록 주어진 작은 사각형에서 정의할 수 있다. 이제 귀납법과 피복의 국소적 자명성을 이용하여 바닥줄의 사각형들 상에 왼쪽부터 오른쪽으로 차례대로 H의 올림함수 $\tilde{H}$의 정의를 확장해 갈 수 있다. 이제 정사각형 $[0,1]\times[0,1]$에서 $y=\frac{1}{n}$인 선분상에 올림함수 $\tilde{H}$가 정의된 것을 이용하여, 두 번째 바닥줄의 사각형들 상에 왼쪽부터 오른쪽으로 차례대로 H의 올림함수 $\tilde{H}$의 정의를 확장해 갈 수 있다. 이를 계속하여 우리가 바라는 올림함수 $\tilde{H}$를 구하게 된다. 이 때, 경로 $\tilde{H}_{\{0\}\times[0,1]}$와 경로 $\tilde{H}_{\{1\}\times[0,1]}$은 모두 x_0에 머무는 상수경로의 올림이기 때문에 올림함수의 유일성 정리에 의하여 e_0에 머무는 상수경로가 된다. 따라서 $\tilde{H}:\tilde{\sigma}\simeq\tilde{\tau}$ rel $\{0,1\}$를 얻게 된다. □

다음의 보조정리는 호모토피-올림정리에 의하여 자명하다.

따름정리 **5.6** 함수 $p : E \to X$를 피복함수라 하자. 그러면

(1) $\sigma, \tau : I \to X$가 $\sigma(0) = \tau(0)$, $\sigma(1) = \tau(1)$인 X상의 경로로서 $\{0, 1\}$에서 고정된 호모토픽인 관계라면 같은 시작점을 갖는 E상에서 그들의 올림경로 $\tilde{\sigma}$와 $\tilde{\tau}$도 $\{0, 1\}$에서 고정된 호모토픽인 관계에 있다. 특히, $\tilde{\sigma}(1) = \tilde{\tau}(1)$이다.

(2) $p(e_0) = x_0$이면, $p_* : \pi_1(E, e_0) \to \pi_1(X, x_0)$는 단사(1-1)인 준동형함수(monomorphism)이다. 따라서 공간 X의 각 피복 (E, p)에 대하여 $\pi_1(E, e_0)$는 $\pi_1(X, x_0)$의 어떤 부분군과 동형이다.

정리 **5.7** 위상공간 E를 경로적 연결공간이라 하고, 함수 $p : E \to X$를 피복함수라 하자. 점 $x_0 \in X$에 대하여 부분군의 집합

$$\{p_*(\pi_1(E, e)) \mid e \in p^{-1}(x_0)\}$$

은 군 $\pi_1(X, x_0)$에서 부분군들의 한 켤레류(conjugacy class)를 이룬다.

증명: 임의의 두 점 $e_0, e_1 \in p^{-1}(x_0)$에 대하여 함수 ρ를 e_0에서 e_1으로의 경로라 하자. 그러면 다음과 같이 정의된 함수

$$\rho_\sharp : \pi_1(E, e_0) \to \pi_1(E, e_1), \quad \rho_\sharp([\alpha]) = [\rho^{-1} \cdot \alpha \cdot \rho]$$

는 군 동형함수이다(이때, $\rho_\sharp$의 역함수는 $(\rho^{-1})_\sharp$이다). 특별히, $\pi_1(E, e_1) = \rho_\sharp(\pi_1(E, e_0))$이므로

$$\begin{aligned} p_*(\pi_1(E, e_1)) &= p_*(\rho_\sharp(\pi_1(E, e_0))) \\ &= ([p \circ \rho])^{-1} \cdot p_*(\pi_1(E, e_0)) \cdot ([p \circ \rho]). \end{aligned}$$

$[p \circ \rho] \in \pi_1(X, x_0)$이므로, $p_*(\pi_1(E, e_1))$와 $p_*(\pi_1(E, e_0))$는 $\pi_1(X, x_0)$의 켤레(conjugacy)인 부분군이다.

역으로, $\pi_1(X, x_0)$의 부분군 H가 $p_*(\pi_1(E, e_0))$에 켤레라고 가정하자. 즉,

$$H = [\alpha]^{-1} \cdot (p_*(\pi_1(E, e_0)) \cdot [\alpha], \quad [\alpha] \in \pi_1(X, x_0).$$

함수 $\tilde{\alpha}$를 점 e_0에서 시작하는 α의 올림함수라고 두자. 올림함수 $\tilde{\alpha}$의 끝점을 e_1이라 하면 $e_1 \in p^{-1}(x_0)$이고, 위의 사실에 의하여

$$\begin{aligned} p_*(\pi_1(E, e_1)) &= [p \circ \tilde{\alpha}]^{-1} \cdot p_*(\pi_1(E, e_0)) \cdot [p \circ \tilde{\alpha}] \\ &= [\alpha]^{-1} \cdot p_*(\pi_1(E, e_0)) \cdot [\alpha] = H \end{aligned}$$

가 된다. 따라서

$$\{p_*(\pi_1(E, e)) \mid e \in p^{-1}(x_0)\}$$

은 $\pi_1(X, x_0)$의 부분군들의 켤레류가 된다. □

본 절에서의 주요 내용은 다음과 같이 요약된다. 경로적 연결공간들 사이의 함수 $p : E \to X$가 X상의 피복이라 하자. 그러면 호모토피-올림정리에 의하여 기본군을 위한 바탕점이 $p(e_0) = x_0$로 주어지면, $p_* : \pi_1(E, e_0) \to \pi_1(X, x_0)$는 단사(1-1)인 준동형함수(monomorphism)가 된다. 따라서 앞으로, 피복공간의 기본군 $\pi_1(E, e_0)$는 바탕공간의 기본군 $\pi_1(X, x_0)$의 부분군으로 동일시한다. 더욱이 정리 5.7에 의하여 만약 바탕공간의 기본군 $\pi_1(X, x_0)$의 어떤 한 부분군이 피복공간의 기본군으로 대응되면 이와 켤레인 모든 부분군이 동일한 피복공간에서 $p^{-1}(x_0)$에서 바탕점을 달리한 기본군으로 대응된다. 여기서 우리는 바탕공간의 기본군 $\pi_1(X, x_0)$의 모든 부분군이 피복공간의 기본군으로 대응될 수 있는지

의문을 가지게 된다. 이 질문의 답변은 앞으로 계속 관심거리가 될 것이다. (정리 5.21에서 이 질문의 답이 주어진다.)

문제 5.6 예제 5.1(2)에서 주어진 피복 $p : S^1 \to S^1$, $p(z) = z^n$에 대하여 $\pi_1(S^1, 1)$의 부분군 $p_*(\pi_1(S^1, 1))$의 켤레류(conjugacy class)를 찾아라.

5.4 함수의 올림은 언제 가능한가?

이 절에서도 편의를 위하여 모든 공간은 연결(connected)이고, 국소 경로적 연결(locally pathwise connected)이라고 가정하자.

우리는 예제 5.6에서, 피복 $p : \mathbb{R}^1 \to S^1$, $p(t) = e^{2\pi i t}$에 대하여, 모든 연속함수 $f : [0, 1] \to S^1$는

$$\begin{array}{ccc} & & \mathbb{R}^1 \\ & & \big\downarrow p \\ [0,1] & \xrightarrow[f]{} & S^1 \end{array}$$

올림함수를 가지지만,

$$\begin{array}{ccc} & & \mathbb{R}^1 \\ & & \big\downarrow p \\ S^1 & \xrightarrow[id]{} & S^1 \end{array}$$

에서 항등함수 $id : S^1 \to S^1$는 올림함수를 가지지 않는다는 것을 보았다.

함수 $p : (E, e_0) \to (X, x_0)$를 피복함수라 하고 이 절에서는 다음의 물음을 생각해 보자.

물음: *피복 $p : (E, e_0) \to (X, x_0)$에 대하여, 어떤 함수 $f : (Y, y_0) \to (X, x_0)$가 올림함수를 가질 수 있는가?*

정리 5.8 [올림판정정리] 함수 $p : (E, e_0) \to (X, x_0)$를 피복함수라 하자. 위상공간 Y는 연결, 국소 경로적 연결이고 $f : (Y, y_0) \to (X, x_0)$를 연속함수라 하자. 그러면 f의 올림함수 $g : (Y, y_0) \to (E, e_0)$가 존재할 필요충분조건은 $f_*(\pi_1(Y, y_0)) \subset p_*(\pi_1(E, e_0))$인 것이다.

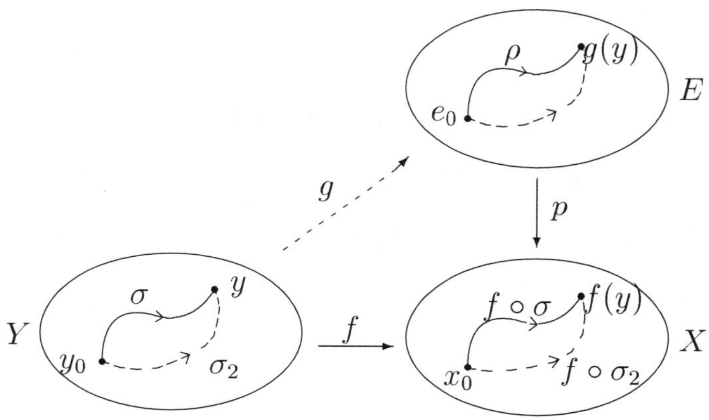

그림 5.5 함수 f의 올림함수의 정의

증명: 필요조건은 당연하다. 올림함수 g가 존재한다면

$f_*(\pi_1(Y, y_0)) = (p \circ g)_*(\pi_1(Y, y_0)) = (p_* \circ g_*)(\pi_1(Y, y_0)) \subset p_*(\pi_1(E, e_0))$이다.

충분조건을 증명하기 위하여

$$f_*(\pi_1(Y, y_0)) \subset p_*(\pi_1(E, e_0))$$

이라고 가정하자. 함수 f의 올림함수 $g : (Y, y_0) \to (E, e_0)$를 다음과 같이 정의하자. 임의의 $y \in Y$에 대해서, y_0에서 y로의 경로 σ를 선택하자. 그러면 $f \circ \sigma$는 x_0에서 $x = f(y)$로의 경로이다. 경로-올림정리에 의하여 점 e_0를 시작점으로 하는 $f \circ \sigma$의 올림경로 ρ가 존재한다. 즉, ρ는 점 e_0에서 시작하고 $p \circ \rho = f \circ \sigma$를 만족하는 E상의 경로이다. 이제 함수 $g : Y \to E$를 $g(y) = \rho(1)$으로 정의하자. 즉, $g(y)$는 경로 ρ의 끝점이다.

함수 g가 잘 정의됨을 보이기 위하여, 함수 g가 경로 σ의 선택에 관련없이 유일하게 정의됨을 보여야 한다. 이를 위하여, y_0에서 시작하여 y에서 끝나는 새로운 경로 σ_2를 생각해보자. 그러면 $\sigma \cdot \sigma_2^{-1}$는 y_0를 바탕점으로 하는 닫힌 경로이고, 따라서 $[\sigma \cdot \sigma_2^{-1}] \in \pi_1(Y, y_0)$이다. 가정에 의하여, (X, x_0)상의 닫힌 경로 $(f_*[\sigma]) \cdot (f_*([\sigma_2])^{-1})$는 e_0를 바탕점으로 가지는 닫힌 올림경로를 가진다. 따라서 $f \circ \sigma$ 와 $f \circ \sigma_2$의 올림함수들은 같은 끝점을 가지며, 이는 함수 $g : (Y, y_0) \to (E, e_0)$가 잘 정의된 함수임을 보여준다. 함수 g의 연속성은 f의 연속성과 피복함수 p의 국소적 자명성을 이용하여 증명이 가능하다. 상세한 과정은 독자에게 남겨둔다. □

따름정리 **5.9** 올림판정정리의 가정하에서 위상공간 Y가 단순연결공간이면, 함수 $f : (Y, y_0) \to (X, x_0)$의 올림함수 $g : (Y, y_0) \to (E, e_0)$는 항상 존재한다.

다음 보조정리는 위상공간 X상의 피복들 사이에 피복준동형함수(covering homomorphism)가 얼마나 있을 수 있는지를 보여준다.

보조정리 **5.10** 두 쌍 (E_1, p_1)과 (E_2, p_2)를 위상공간 X의 연결인 두 피복이라 하고, 함수 φ_0, φ_1을 (E_1, p_1)에서 (E_2, p_2)로의 두 개의 피복준동형함수(covering homomorphism)라 하자. 이 때 $\varphi_0(e) = \varphi_1(e)$를 만족하는 점 $e \in E_1$가 존재하면 $\varphi_0 = \varphi_1$이다. 즉, 임의의 두 피복준동형함수 φ_0, φ_1에 대하여, $\varphi_0 = \varphi_1$이든지 아니면 모든 점에서 두 함숫값은 서로 다르다.

증명: 다음 도형에 정리 5.3의 올림함수 유일성 정리를 응용하면 증명된다.

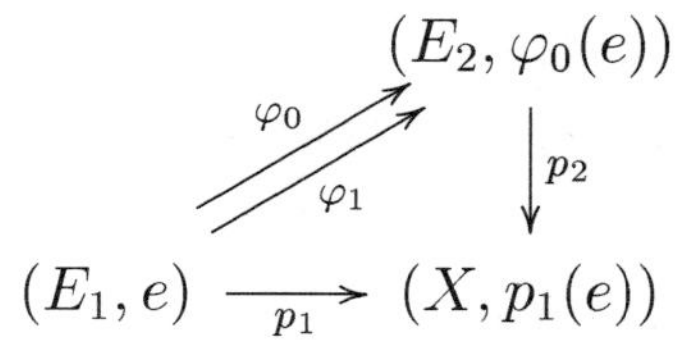

□

우리는 피복공간의 기본군 $\pi_1(E, e_0)$는 바탕공간의 기본군 $\pi_1(X, x_0)$의 부분군 $p_*(\pi_1(E, e_0))$와 동일시할 수 있음을 알고 있다. 이제 이러한 부분군은 주어진 피복이 동형인지 아닌지를 가름하는 잣대가 된다.

정리 5.11 (1) 위상공간 X의 두 피복 (E_1, p_1)와 (E_2, p_2)에서 $p_1(e_1) = p_2(e_2) = x_0$를 만족하는 점 $e_i \in E_i, i = 1, 2$가 주어져 있다고 하자. 이 때, $\varphi(e_1) = e_2$인 피복동형함수(covering isomorphism) $\varphi : (E_1, p_1) \to (E_2, p_2)$가 존재할 필요충분조건은 $p_{1*}\pi_1(E_1, e_1) = p_{2*}\pi_1(E_2, e_2)$인 것이다.

(2) 위상공간 X의 두 피복 (E_1, p_1)과 (E_2, p_2)가 피복동형(covering isomorphic)일 필요충분조건은 $p_1(e_1) = p_2(e_2) = x_0$를 만족하는 임의의 두 점 $e_i \in E_i\,(i = 1, 2)$에 대하여, $\pi_1(X, x_0)$의 두 부분군 $p_{1*}\pi_1(E_1, e_1)$과 $p_{2*}\pi_1(E_2, e_2)$가 서로 켤레(conjugacy)가 되는 것이다.

위 정리에서 (1)은 바탕점을 고려한(rooted) 두 피복이 동형일 필요충분조건을 보여주고, (2)는 바탕점을 고려하지 않은(unrooted) 두 피복이 동형일 필요충분조건을 보여준다.

증명: (1) 필요조건은 당연하다. 만일 $p_{1*}\pi_1(E_1, e_1) = p_{2*}\pi_1(E_2, e_2)$이면, 정리 5.8의 올림판정정리에 의하여 $p_2 \circ \tilde{p_1} = p_1$과 $p_1 \circ \tilde{p_2} = p_2$를 만족하는 p_1과

p_2의 올림함수 $\tilde{p_1} : (E_1, p_1) \to (E_2, p_2)$과 $\tilde{p_2} : (E_2, p_2) \to (E_1, p_1)$가 존재한다. 함수 $\phi = \tilde{p_2} \circ \tilde{p_1} : E_1 \to E_1$로 두면

$$p_1 \circ \phi = p_1 \circ (\tilde{p_2} \circ \tilde{p_1}) = (p_1 \circ \tilde{p_2}) \circ \tilde{p_1} = p_2 \circ \tilde{p_1} = p_1$$

이고 $\phi(e_1) = e_1$이다. 따라서 정리 5.3의 올림함수 유일성 정리에 의해서(보조정리 5.10 참조) $\phi = id_{E_1}$이다. 같은 방법으로 $\tilde{p_1} \circ \tilde{p_2} = id_{E_2}$를 얻는다. 따라서 $\tilde{p_1}$는 우리가 구하는 피복동형함수가 된다.

(2) 정리 5.7에 의하여, $p : E \to X$가 피복일 때 점 $x \in X$에 대하여, 부분군의 집합

$$\{p_*(\pi_1(E, e)) \mid e \in p^{-1}(x)\}$$

는 $\pi_1(X, x)$에서 부분군의 한 개의 켤레류임을 알고 있다. 이제 (2)는 (1)에 의하여 증명된다. □

주의: 피복함수 $p : (E, e_0) \to (X, x_0)$는 기본군에서 단사(1-1)인 준동형함수(monomorphism) $p_* : \pi_1(E, e_0) \to \pi_1(X, x_0)$를 유도한다. 이는 호모토피-올림정리에 의하여 고차원 호모토피군에서도 마찬가지이다. 더욱이 고차원 호모토피군에서는 올림판정정리에 의하여 ($n \geq 2$이면 n차원 구(球) S^n은 단순연결공간이므로) $p_* : \pi_n(E, e_0) \to \pi_n(X, x_0)$는 전사함수가 된다. 따라서 $n \geq 2$이면 $p_* : \pi_n(E, e_0) \to \pi_n(X, x_0)$는 군동형함수(isomorphism)가 된다.

5.5 정칙피복공간이란?

이 절에서도 계속하여 모든 공간은 연결(connected)이고, 국소 경로적 연결(locally pathwise connected)이라고 가정하자.

위상공간 X의 피복(E,p) 중에서 피복공간 E가 좋은 대칭성을 가지고 있는 경우에 관심을 가지고자 한다. 정리 5.11(2)에 의하여, 위상공간 X의 피복공간 (E,p)에서 임의의 두 점 $e_1, e_2 \in p^{-1}(x_0)$에 대하여 이를 바탕으로 하는 부분군 $p_*\pi_1(E,e_1)$와 $p_*\pi_1(E,e_2)$는 서로 켤레라는 것을 알고 있다. 우리가 관심을 가지고자 하는 경우는 이들의 부분군이 모두 동일할 때이다.

정리 **5.12** 위상공간 X의 피복 (E,p)와 점 $x_0 \in X$에 대하여 다음은 동치이다.

(1) 임의의 $e_1, e_2 \in p^{-1}(x_0)$에 대하여 $\varphi(e_1) = e_2$를 만족하는 피복변환 $\varphi \in \text{Aut}(E,p)$가 존재한다.

(2) 임의의 $e_1, e_2 \in p^{-1}(x_0)$에 대하여 $p_*\pi_1(E,e_1) = p_*\pi_1(E,e_2)$이다.

(3) 어떤 점 $e_1 \in p^{-1}(x_0)$에 대하여 $p_*\pi_1(E,e_1)$을 포함하는 $\pi_1(X,x_0)$에서의 부분군의 켤레류(conjugacy class)

$$\{p_*(\pi_1(E,e)) \mid e \in p^{-1}(x_0)\}$$

는 단 하나의 부분군 $p_*\pi_1(E,e_1)$으로 이루어져 있다.

(4) 어떤 점 (따라서 모든 점) $e \in p^{-1}(x_0)$에 대하여 군 $p_*\pi_1(E,e)$는 기본군 $\pi_1(X,x_0)$의 정규부분군(normal subgroup)이다.

증명: (1)⇔(2)는 정리 5.11(1)에 의하여 주어진다. (2)⇔(3)은 자명하고 (3)⇔(4)는 군론에서 정규부분군(normal subgroup)의 정의에 따른다. (3),(4)에서는 어떤 한 점 $e \in p^{-1}(x_0)$에 대하여 주어진 성질이 만족하면 모든 점 $e \in p^{-1}(x_0)$에 대하여 같은 성질이 만족함에 유의하자. □

정의 5.6 위상공간 X의 피복공간 (E, p)가 정리 5.12에 주어진 조건 중 하나를 만족할 때, 이를 **정칙피복(regular covering)**이라고 부른다.

예제 **5.7** 그림 5.1에서 (b)는 정칙피복이고, (a)는 정칙피복이 아니다.

풀이: 먼저 (b)가 정칙피복임을 보이자. 이를 위하여 복소평면상의 $|z| = 1$인 단위원을 생각하자. 이 단위원에 내접하고 한 꼭짓점이 1이 되는 정9각형을 생각하자. 이 정9각형의 울타리 C_9에 곱의 군 $\mathbb{Z}_3 = \{1, e^{2\pi i/3}, e^{4\pi i/3}\}$가 복소수의 곱에 의하여 고정점 없이 작용한다. 그러면 그 상공간 $C_9/\mathbb{Z}_3$는 정3각형의 울타리 C_3와 같아진다. 그리고 $p : C_9 \to C_3$는 피복이며, 피복변환군 $\mathrm{Aut}(C_9, p)$는 $\mathbb{Z}_3$이다. 이들이 정리 5.12(1)을 만족하므로 $p : C_9 \to C_3$는 정칙피복이다. 한편, (b)에서의 피복 구조가 이 피복 구조와 동형임으로 (b)는 정칙피복이다.

이제 (a)가 정칙피복이 아님을 보이자. 먼저 피복그래프가 두 개의 연결성분으로 이루어져 있고, 하나는 C_6와 다른 하나는 C_3와 동형임에 주목하자. 그리고 각 점의 p에 의한 역상은 세 개의 점으로 이루어져 있고, 그 중 두 개는 C_6에, 나머지 하나는 C_3에 있다. 한편, 그래프 C_6와 C_3는 동형이 아니므로 C_6에 있는 점을 C_3에 있는 점으로 대응시키는 피복변환이 있을 수 없다. 즉, (a)의 경우 피복변환군이 각 점의 p에 의한 역상에 추이적으로 작용할 수 없음을 의미한다. 따라서 (a)는 정칙피복이 아니다. (추이적으로(transitively) 작용한다는 정의는 정의 5.9 참조.) □

정칙피복은 정리 5.12(1)을 만족한다는 의미에서 피복공간 E가 좋은 대칭성을 가지고 있다고 말할 수 있다. 실제로 이런 의미에서 그림 5.1에서 (b)의 피복그래프는 (a)의 피복그래프보다 대칭성이 좋다는 것을 알 수 있다.

문제 5.7 예제 5.1에서의 모든 피복은 정칙피복임을 보여라. 그리고 정칙피복이 아닌 예를 두 가지 이상 들어라.

정칙피복(regular covering)의 구성이나 성질은 5.7절에서 좀 더 상세히 다루기로 하고 여기서 마친다.

5.6 군 작용과 상공간

어떤 도형이나 위상공간이 좋은 대칭성을 가지고 있을 때, 우리는 흔히 군론을 이용하여 이를 설명한다. 예를 들면 주어진 정다면체의 대칭성은 이의 대칭군(symmetry group)에 의하여 설명될 수 있고 이 때 대칭군의 원소는 주어진 정다면체의 꼭짓점들의 치환(permutation)이 된다. 따라서 정다면체의 대칭군의 원소는 꼭짓점들의 치환군(permutation group)의 원소로 표현될 수 있다. 예로써 정4면체의 대칭군은 꼭짓점들의 치환군으로서 교대군(alternating group) A_4와 동형이고, 정6면체의 대칭군은 꼭짓점들의 치환군으로서 대칭군(symmetry group) $\mathbb{S}_4$와 동형이다. 일반적인 위상공간 X에서는 이의 자기위상동형함수들의 군 Homeo(X)에 의하여 위상공간 X의 대칭성을 가늠할 수 있고 이 때 자기위상동형함수는 공간 X의 원소들의 치환이 된다. 이러한 치환을 때로는 '작용'한다는 말로 표현한다.

이러한 성질을 좀 더 구체적으로 설명하기 위하여 우선 자기동형군부터 소개해 보자.

정의 5.7 위상공간 X나 그래프 G에서의 자기동형군은 각각 다음과 같이 정의된다.

(1) 집합 X상의 **자기동형함수**는 X상의 전단사함수, 즉 X상의 치환을 말한다. 이의 집합은 합성연산 하에서 대칭군을 이루며, 이 군을 **자기동형**

군(automorphism group, 自己同型群)이라 부르고, $\mathbb{S}_X$ 혹은 $\mathrm{Aut}(X)$로 표기한다. 그리고 위상공간 X상의 **자기동형군**은 X상의 위상동형함수들로 이루어진 치환군을 말하며 $\mathrm{Homeo}(X)$ 혹은 $\mathrm{Aut}(X)$로 표기한다.

(2) 그래프 G의 **자기동형함수**는 G의 그래프 동형함수를 의미한다. 즉, 그래프 G의 자기동형함수는 G의 꼭짓점들 사이의 연결 상태를 보존하는 $V(G)$상의 한 치환이다. 그래프 G의 자기동형함수들의 치환군을 **자기동형군**이라 부르고, $\mathrm{Aut}(G)$로 표기한다. 정의로부터 $\mathrm{Aut}(G)$는 꼭짓점 집합 $V(G)$뿐 아니라 변(edge)의 집합 $E(G)$의 치환군이기도 함을 알 수 있다.

예제 5.8 (1) 집합 $X = \{1, 2, \ldots, n\}$의 자기동형군은 위수(order)가 $n!$인 대칭군 $\mathbb{S}_n$이다.

(2) 완전그래프 K_n의 자기동형군은 $\mathrm{Aut}(K_n) \simeq \mathbb{S}_n$이고, 순환길 그래프 C_n의 자기동형군은 $\mathrm{Aut}(C_n) \simeq \mathbb{D}_n$, 위수(order) $2n$의 정이면체군(dihedral group)이다. 여기서,

$$\mathbb{D}_n = \langle a, b \mid a^2 = b^n = (ab)^2 = 1 \rangle$$

이고, a는 C_n의 반사(reflection), b는 C_n의 회전(rotation)을 표현한다.

(3) 그림 5.6의 그래프 G의 자기동형함수는 항등함수(identity)뿐임을 쉽게 알 수 있다. 즉, $\mathrm{Aut}(G)$는 자명한 군(trivial group)이다.

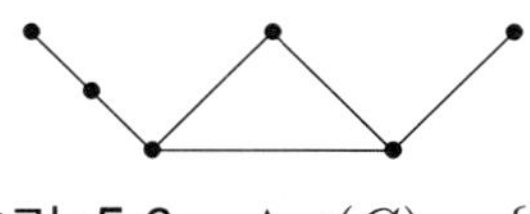

그림 5.6 $\mathrm{Aut}(G) = \{1\}$

위상공간 X나 그래프 G의 대칭성은 그들의 자기동형군에 의하여 표현될 수 있으며, 대칭성이 좋으면 좋을수록 자기동형군의 위수(order)는 점점 커진다. 이는 자연스럽게 다양한 공간에서 군 작용의 개념을 유도한다.

정의 5.8 $\mathcal{A}$를 유한군(finite group)이라 하자.

(1) 집합 X상의 군 $\mathcal{A}$의 작용(action)은 다음의 조건을 만족하는 함수 $\phi : \mathcal{A} \to \text{Aut}(X)$를 말한다(여기서 $\phi(g) = \phi_g$로 쓰기로 하자).

  (i) 군 $\mathcal{A}$의 항등원 1에 대하여, $\phi_1 : X \to X$은 항등함수가 되고,

  (ii) 임의의 $g_1, g_2 \in \mathcal{A}$에 대하여, $\phi_{g_1} \circ \phi_{g_2} = \phi_{g_1 g_2}$.

  이 때, 군 $\mathcal{A}$는 집합 X상에 **작용한다**고 말하고, 이러한 작용을 **$\mathcal{A}$-작용**이라고 한다. 군 작용을 이야기할 때는 $\phi_g(x)$를 종종 $g \cdot x$로 간단히 표기한다.

(2) 위상공간 X상에서 군 $\mathcal{A}$의 작용이란 집합으로 본 X상의 작용으로서 모든 g에 대하여 ϕ_g가 연속함수가 될 때를 말한다. 이 때, 군 $\mathcal{A}$는 위상공간 X상에 **작용한다**고 말하고, 공간 X를 **$\mathcal{A}$-공간**이라고 부른다.

(3) 그래프 G상의 군 $\mathcal{A}$의 작용은 꼭짓점 집합 $V(G)$상의 작용으로서 모든 g에 대하여 ϕ_g가 그래프 함수가 될 때를 말한다.

위의 각 경우는 간단히 줄여서 표현하면, X(그래프의 경우는 G)상의 군 $\mathcal{A}$의 작용은 군 준동형함수 $\phi : \mathcal{A} \to \text{Aut}(X)$(그래프의 경우는 $\phi : \mathcal{A} \to \text{Aut}(G)$)를 말한다.

예제 5.9 (1) 대칭군 $\mathbb{S}_n$ 혹은 이의 부분군은 집합 $\{1, \ldots, n\}$에 작용한다. 이런 의미에서 대칭군 $\mathbb{S}_n$과 이의 부분군을 *치환군*(permutation group)이라고 부른다.

(2) 정5각형의 대칭군은 위수(order) 10의 정이면체군(Dihedral group; 正二面體群)

$$\mathbb{D}_5 = \langle a, b \,|\, a^2 = b^5 = (ab)^2 = 1 \rangle$$

이고, 이는 정5각형의 꼭짓점 집합(또한 변의 집합)에 작용한다. 이 때, a는 정5각형의 반사(reflection), b는 정5각형의 회전(rotation)을 표현한다. 또한 군 $\mathbb{D}_5$가 순환길 그래프 C_5에 작용하는 것으로 볼 수도 있다.

(3) 정수 군 $\mathbb{Z}$는 실수선 위상공간 $\mathbb{R}$상에 함수 $\phi_n(x) = n + x$에 의하여 작용한다. 이 때, ϕ_n은 당연히 연속함수이다.

문제 5.8 정의 5.8의 각 경우에

(1) ϕ_g는 전단사함수(bijection)임을 보여라(실은, $(\phi_g)^{-1} = \phi_{g^{-1}}$이다).

(2) 함수 $\phi : \mathcal{A} \to \mathrm{Aut}(X)$(그래프의 경우는 $\mathrm{Aut}(G)$)가 군 준동형함수이면, 이는 군 작용 정의의 각 조건을 만족함을 보여라. 그 역도 성립함을 보여라.

위 정의 5.8(1)에서 정의된 군 작용 $\phi : \mathcal{A} \to \mathrm{Aut}(X)$는 다음과 같이 동치적으로 정의되기도 한다. $\mathcal{A}$를 유한군(finite group)이라 하고 X를 집합 혹은 위상공간(혹은 그래프)이라 하자. 그러면 군 작용 함수 $\phi : \mathcal{A} \to \mathrm{Aut}(X)$는 함수 $\mathcal{A} \times X \to X$로 쓸 수 있고, (이때, 짝 (g, x)의 상(image)을 $g \cdot x$로 쓰면 이는 $\phi_g(x)$에 대응된다.) 정의 5.8(1)의 조건 (i), (ii)는 다음으로 표현된다.

(i) 군 $\mathcal{A}$의 항등원 1과 X의 임의의 원소 x에 대하여, $1 \cdot x = x$이고,

(ii) 군 $\mathcal{A}$의 임의의 원소 g, h와 X의 임의의 원소 x에 대하여, $g \cdot (h \cdot x) = (gh) \cdot x$이다.

함수 $\mathcal{A} \times X \to X; (g, x) \mapsto g \cdot x$에서 군 $\mathcal{A}$를 왼쪽에 두었다고 하여 이를

때로는 $\mathcal{A}$가 **왼쪽에서 작용한다**고 부른다. dual의 개념으로[4] 군 $\mathcal{A}$와 X의 자리를 바꿔, $(x \cdot g) \cdot h = x \cdot (gh)$와 $x \cdot 1 = x$를 만족하는 함수 $X \times \mathcal{A} \to X$를 오른쪽 작용으로 정의하기도 한다. 이 때, 군 $\mathcal{A}$는 **오른쪽에서 작용한다**고 말한다.

군 작용에는 다음과 같은 종류가 있다.

정의 5.9 함수 $\phi : \mathcal{A} \to \mathrm{Aut}(X)$를 집합 혹은 위상공간 X상의 군 $\mathcal{A}$의 작용(action)이라 하자.

(1) 임의의 두 원소 $x, y \in X$가 주어질 때마다 $\phi_g(x) = y$를 만족하는 군의 원소 $g \in \mathcal{A}$가 존재할 때, $\mathcal{A}$-작용을 **추이적 작용**(transitive action), 또는 군 $\mathcal{A}$가 **추이적으로 작용**한다(transitively act)고 말한다.

(2) 함수 ϕ가 단사함수(monomorphism)일 때, $\mathcal{A}$-작용을 **faithful**하다고 말한다.

(3) 모든 $x \in X$와 $1 \neq g \in \mathcal{A}$에 대해서, $g \cdot x \neq x$를 만족하는 작용을 **고정점이 없는 작용**(free action 혹은 semiregular action)이라고 부른다. 그래프상에서 고정점이 없는 작용이란 고정된 꼭짓점도 없고 또한 고정된 변(edge)도 없는 작용을 말한다.

(4) 추이적(transitive)이고 고정점이 없는 작용(free action)을 **정규적인**(regular) 작용이라고 부른다. 이는 임의의 두 원소 $x, y \in X$가 주어질 때마다 $\phi_g(x) = y$를 만족하는 군의 원소 $g \in \mathcal{A}$가 *유일하게* 존재하는 것을 말한다.

---

[4]실제 왼쪽 작용과 오른쪽 작용은 군론에서 left coset와 right coset 혹은 left module과 right module과 같이 dual 관계에 있다. 따라서 편의적으로 왼쪽 및 오른쪽 작용을 이용할 수 있다.

예제 5.10 (1) 대칭군(symmetric group) $\mathbb{S}_n$은 집합 $\{1, \ldots, n\}$에 추이적으로 작용하지만, $n \geq 3$이면 정규적 작용은 아니다.

(2) 정이면체군(Dihedral group; 正二面體群) $\mathbb{D}_5 = \langle a, b \,|\, a^2 = b^5 = (ab)^2 = 1\rangle$는 정5각형의 꼭짓점 집합(또는 변의 집합)에 추이적으로 작용하지만, $n \geq 3$이면 정규적 작용은 아니다. 하지만 b에 의하여 생성된 이의 부분군 $\mathbb{Z}_5 = \langle b\rangle$는 꼭짓점 집합과 변의 집합에 정규적으로 작용한다.

(3) 실수선 위상공간 $\mathbb{R}$에서 군 $\mathbb{Z}$-작용 $\phi_n(x) = n + x$는 추이적 작용이 아니다.

예제 5.11 예제 3.24에서 정4면체의 바탕그래프는 완전그래프 K_4이고 이의 자기동형군은 $\mathrm{Aut}(K_4) = \mathbb{S}_4$이나, 정4면체 자신의 자기동형군은 교대군 A_4임을 보았다. 따라서 정4면체의 자기동형군 A_4는 완전그래프 K_4의 자기동형군 $\mathrm{Aut}(K_4) = \mathbb{S}_4$의 부분군으로서 완전그래프 K_4의 (4개의) 꼭짓점 집합, (6개의) 변의 집합 그리고 (12개의) 유향선분의 집합에 각각 작용하게 된다. 우선 대칭군 $\mathbb{S}_4$의 위수(order)는 $|\mathbb{S}_4| = 4! = 24$이나 교대군 A_4의 위수(order)는 $|A_4| = 12$임에 유의하자. 다음은 자명하다.

(1) (완전그래프 K_4의 자기동형군 $\mathrm{Aut}(K_4) = \mathbb{S}_4$나) 정4면체의 자기동형군 A_4는 K_4의 (4개의) 꼭짓점 집합에 추이적으로 작용하나 고정점을 가진다.

(2) (완전그래프 K_4의 자기동형군 $\mathrm{Aut}(K_4) = \mathbb{S}_4$나) 정4면체의 자기동형군 A_4는 K_4의 (6개의) 변의 집합에서도 추이적으로 작용하나 역시 고정점을 가진다.

(3) 정4면체의 자기동형군 A_4는 K_4의 (12개의) 유향선분의 집합에서는 추이적으로 작용하고 고정점을 가지지 않는다. 즉 정규적으로 작용한다. (하지

만 완전그래프 K_4의 자기동형군 $\mathrm{Aut}(K_4) = \mathbb{S}_4$는 유향선분의 집합상에서의 작용에서도 고정점을 가진다.)

예제 **5.12** (*정칙피복이란*) 위상공간 X상에 연결인 피복 (E, p)가 주어졌다고 하고 $x_0 \in X$를 임의로 택하자. 그러면

(1) 피복변환군(covering transformation group) $\mathrm{Aut}(E, p)$는 fibre $p^{-1}(x_0)$에 항상 고정점 없이(freely) 작용한다(보조정리 5.10 참조).

(2) (E, p)가 정칙피복(regular covering)이 될 필요충분조건은 $\mathrm{Aut}(E, p)$가 fibre $p^{-1}(x_0)$에 추이적으로(transitively) 작용한다는 것이다. (1)에 의하여 이는 $\mathrm{Aut}(E, p)$가 fibre $p^{-1}(x_0)$에 정규적으로(regularly) 작용한다는 것과 동치이다.

풀이: (1)은 정리 5.3의 올림함수 유일성 정리에 의해서(보조정리 5.10 참조) 자명하고 (2)는 정칙피복 정의인 정리 5.12(1)의 다른 표현이다. □

문제 5.9 군 $\mathcal{A}$가 집합 혹은 위상공간 Y상에 정규적으로 작용(regular action)한다고 하자. 그러면 $|\mathcal{A}| = |Y|$, 즉 군 $\mathcal{A}$의 위수(order)는 Y의 cardinality와 같다. 이를 보여라.

이제 군 작용을 이용하여 공간 X의 상공간(quotient space, 商空間)을 구성해 보자.

정의 5.10 (1) 군 $\mathcal{A}$가 위상공간 X에 작용할 때, 주어진 원소 $x \in X$에 대해서, X의 부분집합 $\mathcal{A} \cdot x = \{g \cdot x \mid g \in \mathcal{A}\}$를 x의 **궤도**(orbit, 軌道)라

부른다. 이 경우, 집합 X는 서로 다른 궤도들로 분할된다. 이러한 궤도를 원소로 가지는 집합을 $X/\mathcal{A}$로 쓰고[5] 이 집합상에 위상(topology)은 사영 함수

$$p : X \to X/\mathcal{A},\ \ x \mapsto \mathcal{A}\cdot x$$

에 의해서 결정되는 상위상(quotient topology)으로 정의한다. 이렇게 정의된 위상공간 $X/\mathcal{A}$를 군 **$\mathcal{A}$-작용에 의한 X의 상공간**(quotient space, 商空間) 혹은 **궤도공간**(orbit space, 軌道空間)이라고 부른다.

(2) 군 $\mathcal{A}$가 그래프 G에 작용할 때, 꼭짓점 $v \in V(G)$의 궤도는 $[v] = \{g\cdot v \mid g \in \mathcal{A}\}$로, 변(edge) $e \in E(G)$의 궤도는 $[e] = \{g\cdot e \mid g \in \mathcal{A}\}$로 정의된다. 꼭짓점과 변의 궤도들의 집합을 각각 $V/\mathcal{A}$, $E/\mathcal{A}$로 표기하자. **상 그래프**(quotient graph) $G/\mathcal{A}$는 $V/\mathcal{A}$와 $E/\mathcal{A}$를 각각 꼭짓점 집합과 변의 집합으로 가지는 그래프로서, 이 때 궤도 $[e]$ 안의 어느 변(edge)이 궤도 $[v]$의 어느 꼭짓점을 끝점으로 가질 때 $G/\mathcal{A}$의 변(edge) $[e]$는 꼭짓점 $[v]$를 끝점으로 가진다.

군 $\mathcal{A}$가 위상공간 X에 작용할 때, 임의의 두 궤도 $\mathcal{A}\cdot x$와 $\mathcal{A}\cdot y$에 대하여 $\mathcal{A}\cdot x = \mathcal{A}\cdot y$이거나 혹은 $\mathcal{A}\cdot x \cap \mathcal{A}\cdot y = \emptyset$임을 알 수 있다. 즉, 위상공간 X상의 두 원소 x와 y가 같은 궤도에 속한다는 관계는 실제로 동치관계가 된다(독자들은 각자 증명해 보기 바란다).

예제 5.13 (1) 순환군 $\mathbb{Z}_5$는 그림 5.2의 Petersen 그래프에 $2\pi/5$-회전에 의하여 작용한다. 이 군 작용은 고정되는 변이나 고정되는 꼭짓점을 가지지 않는다. 이 때, 꼭짓점 궤도는 두 개이다. 하나는 바깥 다섯 개의 꼭짓점을 포함하고 다른 하나는 안쪽의 다섯 꼭짓점을 포함한다. 그리고 변(edge)의

[5]집합 X상에 두 원소 x, y에 대하여, $g \in \mathcal{A}$가 존재하여 $g\cdot x = y$가 될 때 관계 $x \sim y$가 있다고 정의하면 이는 동치관계(equivalence relation)가 되고, 이 때 상공간 $X/\sim$는 $X/\mathcal{A}$가 된다. 더욱이 동치류(equivalence class) $[x]$는 바로 궤도 $\mathcal{A}\cdot x$이다.

궤도는 셋인데 바깥 오각형의 다섯 변들의 궤도와 안쪽 별모양의 다섯 변들의 궤도, 그리고 그 사이를 잇는 변들의 궤도가 그것이다. 여기서 생기는 상 그래프는 그림 5.2의 아령 그래프이며, 이 때 사영함수는 예제 5.3에서 주어진 피복함수 p이다.

(2) 실수선 위상공간 $\mathbb{R}$상의 정수 군 $\mathbb{Z}$-작용 $\phi_n(x) = n + x$에 의한 상공간(quotient space, 商空間) $\mathbb{R}/\mathbb{Z}$는 1차원 구 S^1과 위상동형이다.

예제 5.14 (*사영평면 P^2의 재 구성*) 예제 3.9에서 사영평면(projective plane, 射影平面) P^2는 2차원 구면 S^2의 상공간으로 정의됨을 보았다. 더욱이 이 때 사영함수 $p : S^2 \to P^2$, $p(x) = \{x, -x\}$는 피복이 되고 이의 피복변환군 Aut(E, p)는 순환군 $\mathbb{Z}_2$가 됨을 쉽게 알 수 있다. 이 피복은 군 $\mathbb{Z}_2$-작용에 의한 구면 S^2의 궤도공간으로 정의도 가능하다. 이를 위하여 군 $\mathbb{Z}_2$를 곱에 의한 군 $\mathbb{Z}_2 = \{1, -1\}$로 생각하고 (왼쪽) 작용

$$\mathbb{Z}_2 \times S^2 \to S^2$$

를 $1 \cdot x = x$; $(-1) \cdot x = -x$로 정의하면 이는 군 작용이 되고 이의 궤도공간은 사영평면 P^2가 된다. 더욱이 예제 5.12에 의하여 피복 $p : S^2 \to P^2$는 정칙피복이 된다.

정의 5.11 군 $\mathcal{A}$가 집합 혹은 위상공간 X상에 작용한다고 하자. 그러면 점 $x \in X$에 대하여

$$\text{Stab}(x) = \{g \in \mathcal{A} \mid g \cdot x = x\}$$

는 군 $\mathcal{A}$의 부분군이 된다. 이 부분군 Stab(x)를 점 x의 **stabilizer**라고 부른다.

문제 5.10 군 $\mathcal{A}$가 집합 혹은 위상공간 X상에 작용할 때, $\mathrm{Stab}(x)$가 군 $\mathcal{A}$의 부분군이 됨을 보여라.

다음 정리와 문제 5.15의 Burnside 보조정리는 궤도공간의 크기를 계수(計數,counting)하는 등, 다양한 계수문제(計數問題)에서[6] 유용하게 쓰인다.

정리 5.13 [Orbit-Stabilizer 정리] 유한군(finite group) $\mathcal{A}$가 집합 혹은 위상공간 X상에 작용한다고 하자. 그러면 임의의 점 $x \in X$에 대하여

$$|\mathcal{A}| = |\mathcal{A} \cdot x| \ |\mathrm{Stab}(x)|$$

이다. 즉, x의 orbit의 원소의 개수와 x의 stabilizer의 원소의 개수의 곱은 군 $\mathcal{A}$의 위수(order)와 같다.

증명: Stabilizer $H := \mathrm{Stab}(x)$는 군 $\mathcal{A}$의 부분군이고, 이의 coset 집합 $\mathcal{A}/H = \{gH \mid g \in \mathcal{A}\}$에서 orbit $\mathcal{A} \cdot x$로의 함수 $\phi : \mathcal{A}/H \to \mathcal{A} \cdot x$를 $\phi(gH) = g \cdot x$로 정의하면 이는 잘 정의된 전단사함수가 된다. 실제로 임의의 $g_1, g_2 \in \mathcal{A}$에 대하여,

$$\begin{aligned} \phi(g_1 H) = \phi(g_2 H) \quad &\Leftrightarrow \quad g_1 \cdot x = g_2 \cdot x \quad \Leftrightarrow \quad (g_1 g_2^{-1}) \cdot x = x \\ &\Leftrightarrow \quad g_1 g_2^{-1} \in H \quad \Leftrightarrow \quad g_1 H = g_2 H \end{aligned}$$

이다. 따라서

$$|\mathcal{A}/H| = |\mathcal{A}|/|\mathrm{Stab}(x)| = |\mathcal{A} \cdot x|$$

[6]계수는 군론에서는 rank, 다항식에서는 coefficient, 조합론에서는 counting, enumeration 등의 의미로 쓰인다. 혼돈을 피하기 위하여 본 교재에서는 counting, enumeration의 헤아림을 이미하는 계수를 한자를 이용하여 "計數"로 병행표현하기로 하였다.

를 얻게 된다. □

예제 5.15 (*Centralizer와 conjugacy class*) 유한군 $\mathcal{A}$에 대하여, 집합 X를 $X = \mathcal{A}$로 생각하고 X상에 $\mathcal{A}$ 작용

$$\varphi : \mathcal{A} \to \text{Aut}(X); \quad \varphi(g) : x \mapsto g^{-1}xg, \quad \forall g, x \in \mathcal{A}$$

를 생각하자. 그러면 이의 kernel은 $\mathcal{A}$의 center이고, 점 g의 stabilizer $\text{Stab}(g)$는 g의 centralizer $C_{\mathcal{A}}(g) = \{h \in \mathcal{A} \mid gh = hg\}$이다. 또한 점 g의 orbit $\mathcal{A} \cdot g$는 g를 포함하는 켤레류(conjugacy class)이다. 이제 Orbit-Stabilizer 정리는 "*군 $\mathcal{A}$의 위수(order)는 g의 centralizer $C_{\mathcal{A}}(g)$의 위수와 g를 포함하는 켤레류의 원소의 개수의 곱이다*"는 것을 말한다. 이는 군론에서 잘 알려진 사실이다.

문제 5.11 위상공간 X를 $\mathcal{A}$-공간이라 하자. 그러면 사영함수 $p : X \to X/\mathcal{A}$는 열린함수(open map)이다. 이를 보여라.

문제 5.12 3-큐브 Q_3에서 $Q_3/\mathbb{Z}_2 \cong K_4$가 성립하도록 고정점이 없는 $\mathbb{Z}_2$-작용을 구하여라.

문제 5.13 어떤 유한군도 유한 나무(tree)에 고정점이 없는 작용을 할 수 없음을 증명하여라. 즉, 유한 나무의 모든 자기동형함수는 적어도 한 개의 고정된 꼭짓점이나 고정된 변(edge)을 가진다.

문제 5.14 (*추이적 작용공간의 자기동형군*) (1) 군 $\mathcal{A}$가 집합 X상에 (편의를 위하여 오른쪽에서) 추이적으로(transitively) 작용한다고 하자.[7] 이 때, 군 작용을 유

[7]군 $\mathcal{A}$가 집합 X상에 추이적으로 작용할 때, X를 homogeneous 공간이라고 말한다.

지하는 집합 X상의 전단사 함수를 $\mathcal{A}$-공간 X의 자기동형함수(automorphism)라고 한다. 즉, 자기동형함수는 전단사 함수 $\varphi : X \to X$로서 $\varphi(x \cdot g) = \varphi(x) \cdot g$, $\forall g \in \mathcal{A}, \forall x \in X$를 만족하는 함수이다. 이들의 집합을

$$\text{Aut}_{\mathcal{A}}(X) = \{\varphi \in \mathbb{S}_X \mid \varphi(x \cdot g) = \varphi(x) \cdot g,\ \ \forall g \in \mathcal{A}, \forall x \in X\}$$

로 표기하면 이는 군이 되고, 임의의 $x \in X$에 대하여

$$\text{Aut}_{\mathcal{A}}(X) \simeq N_{\mathcal{A}}(\text{Stab}_{\mathcal{A}}(x))/\text{Stab}_{\mathcal{A}}(x) \quad (isomorphic)$$

이다. 이를 보여라. 여기서 $N_{\mathcal{A}}(\text{Stab}_{\mathcal{A}}(x))$는 $\mathcal{A}$에서 stabilizer $\text{Stab}_{\mathcal{A}}(x)$의 normalizer[8]이다. (이때, 왼쪽에서 작용하는 군에서는 두 함수의 곱 (혹은 합성) $\varphi\psi$를 정의할 때 오른쪽에서 왼쪽으로 차례로 취하도록 하고, 즉 $(\varphi\psi)(x) = \varphi(\psi(x))$, 오른쪽에서 작용하는 군에서는 두 원소의 곱 $g_1 g_2$를 정의할 때 왼쪽에서 오른쪽으로 차례로 취하도록 한다.[9] 즉 $x \cdot (g_1 g_2) = (x \cdot g_1) \cdot g_2$, (군 $\mathcal{A}$가 오른쪽에서 작용하므로)).

(2) 군 $\mathcal{A}$가 집합 X상에 정규적으로(regularly) 작용한다고 하자. 그러면 $\mathcal{A}$-공간 X의 자기동형군 $\text{Aut}_{\mathcal{A}}(X)$는 $\mathcal{A}$ 자신이다. 이를 보여라.

문제 5.15 (Burnside 보조정리) 유한 군 $\mathcal{A}$가 (유한) 집합 X상에 작용한다고

---

[8]**정의:** $\mathcal{A}$가 군이고 $\mathcal{B}$가 이의 부분군일 때 $\mathcal{B}$의 normalizer는

$$N_{\mathcal{A}}(\mathcal{B}) = \{g \in \mathcal{A} \mid g^{-1}\mathcal{B}g = \mathcal{B}\}$$

를 말한다. 이는 $\mathcal{B}$를 정규부분군(normal subgroup)으로 가지는 $\mathcal{A}$의 최대 부분군이다.

[9]두 함수의 곱 $g_1 g_2$를 왼쪽에서 오른쪽으로 취하는 경우는 대칭군 $\mathbb{S}_n$에서의 치환(permutation)의 곱에서 보았으며, 이런 경우 군론에서는 함수 표현을 $g_i \cdot x$ 대신에 x^{g_i}로 흔히 쓴다.

하자. 각 $g \in \mathcal{A}$에 대하여 g에 의하여 고정되는 점 $x \in X$의 집합을

$$\mathrm{fix}(g) = \{x \in X \mid g \cdot x = x\}$$

로 쓰자. 그러면 orbit의 개수는 고정되는 점의 개수의 평균이다[10]. 즉,

$$|X/\mathcal{A}| = \frac{1}{|\mathcal{A}|}\sum_{g \in \mathcal{A}} |\mathrm{fix}(g)|.$$

특히 군 $\mathcal{A}$가 집합 X상에 추이적으로(transitively) 작용하면

$$|\mathcal{A}| = \sum_{g \in \mathcal{A}} |\mathrm{fix}(g)|$$

이다. 이를 증명하여라.

5.7 정칙피복 만들기

이 절[11]에서도 계속하여 모든 공간은 연결(connected)이고, 국소 경로적 연결(locally pathwise connected)이라고 가정하자.

때로는 $\mathcal{A}$-공간 X에 대하여, 사영함수 $p : X \to X/\mathcal{A}$는 피복함수가 될 수 있다. 우리는 어떤 $\mathcal{A}$-작용에 대하여 사영함수 $p : X \to X/\mathcal{A}$가 피복함수가 될 수 있는지 조사하고자 한다.

이를 위하여 다음의 새로운 군 작용을 소개한다.

---

[10]이 정리는 비록 "Burnside 보조정리"라고 불리지만 역사적으로는 William Burnside(1852-1927)의 정리가 아니고 그의 책에서 처음 인용되었다(1887년). 이는 1979년 Neumann에 의하여 미리 거론되었으며 이보다 앞서 A.L. Cauchy와 F.G. Frobenius에 의하여 알려져 있었다. 따라서 Burnside 보조정리는 때로 Cauchy-Frobenius (보조)정리라 불리기도 한다.

[11]강의자의 필요성이나 독자의 분별에 따라 이 절은 생략하여도 좋다.

정의 5.12 위상공간 X를 $\mathcal{A}$-공간이라 하자. 각 점 $x \in X$에 대해서,

$$g \cdot U \cap g' \cdot U = \emptyset, \quad \forall g \neq g' \in \mathcal{A}$$

를 만족하는 x의 근방 U가 존재할 때, $\mathcal{A}$ 작용을 **진성 불연속**(properly discontinuous, 眞性不連續)[12]이라고 부른다.

진성 불연속의 정의는 각 점 $x \in X$에 대해서, 이의 궤도 $\mathcal{A} \cdot x = \{g \cdot x \mid g \in \mathcal{A}\}$는 위상공간 X에서 이산적인(discrete한) 원소들로 이루어져 있음을 의미한다[13]. 특히, 모든 $g(\neq 1) \in \mathcal{A}$와 모든 $x \in X$에 대해서, $g \cdot x \neq x$이다. 따라서 진성 불연속(properly discontinuous) 작용은 고정점이 없는(free) 작용이다.

예제 5.16 (*진성 불연속 작용은 고정점이 없는 작용이다. 하지만 역은 성립하지 않는다*) 실수 공간 $\mathbb{R}$상에 정의된 정수 군 $\mathbb{Z}$의 작용 $n \cdot x = n + x$는 진성 불연속 작용이다. 하지만 $\mathbb{R}$상에서 유리수 군 $\mathbb{Q}$의 작용 $q \cdot x = q + x$는 모든 $q(\neq 0) \in \mathbb{Q}$와 모든 $x \in \mathbb{R}$에 대해서 $q \cdot x \neq x$이지만 진성 불연속 작용은 아니다. 한편 이산적이지도 않다.

다음은 진성 불연속(properly discontinuous) 작용의 가장 대표적인 예제이다.

예제 5.17 (Aut(E,p)*는* E*상에 진성 불연속으로 작용한다*) 함수 $p : E \to X$가 연결인 피복이면 피복변환군 Aut(E,p)는 자연스럽게 피복공간 E에

$$\mathrm{Aut}(E,p) \times E \to E; \quad (\varphi, e) \mapsto \varphi(e)$$

[12] 이를 바람직한 불연속, 진짜 좋은 불연속의 의미로 이해하자.

[13] 예를 들면, 정수 집합 $\mathbb{Z}$는 실수선 $\mathbb{R}$에서 이산적이고, 위상공간 X의 피복 (E,p)와 점 $x_0 \in X$에 대하여 이의 fibre $p^{-1}(x_0)$의 점들은 피복의 local triviality에 의하여 이산적이다.

로 작용하고 이 작용은 진성 불연속이다. 더욱이 $p : E \to X$가 정칙피복이면 궤도공간 $E/\mathrm{Aut}(E, p)$는 바탕공간 X와 위상동형이 된다.

풀이: 위상공간 E상에 임의로 주어진 점을 e라 하고 U를 바탕공간 X상에서 점 $p(e)$의 경로적 연결인 좌표근방이라 하자. 그러면 $p^{-1}(U)$는 공통부분이 없는 E상의 겹이불 O_j들의 합집합(union)이 된다. 여기서 $e \in O_k$라고 하면 이 근방이 곧 진성 불연속의 조건을 만족한다. 이를 보이기 위하여 $\varphi \neq id_E \in \mathrm{Aut}(E, p)$라 두자. 그러면 정리 5.3의 올림함수 유일성 정리에 의하여 (보조정리 5.10 참조) $\varphi(e) \neq e$이다. 한편, $p \circ \varphi(e) = p(e)$이기 때문에 어떤 $\ell \neq k$인 ℓ이 존재하여 $\varphi(e) \in O_\ell$이다. 한편, U가 경로적 연결이므로 O_j도 모두 경로적 연결이다. 이제 $p(\varphi(O_k)) = U$로부터

$$\varphi(O_k) \subset \bigcup_j O_j$$

를 얻는다. 그러나 각각의 O_j가 경로적 연결이고 $\varphi(e) \in O_\ell$이기 때문에 $\varphi(O_k) \subset O_\ell$이다. 따라서 $O_k \cap \varphi(O_k) = \emptyset$이다. (사실, φ는 겹이불(sheet) O_j들을 치환(permute)한다.)

이제 일반적인 경우로, 만약 $\varphi_1 \neq \varphi_2 \in \mathrm{Aut}(E, p)$이면 $\varphi_1\varphi_2^{-1} \neq id_E$를 이용하여 $\varphi_1(O_k) \cap \varphi_2(O_k) = \emptyset$가 됨을 보일 수 있다.

마지막으로 $p : E \to X$가 정칙피복이면 예제 5.12를 이용하여 $E/\mathrm{Aut}(E, p) \cong X$를 보일 수 있다. 연습문제로 남긴다. (또는 뒤에 나오는 정리 5.15 참조.) □

따라서 피복변환군 $\mathrm{Aut}(E, p)$는 피복공간 E에 고정점 없이 작용한다. 즉 어떤 피복변환 φ가 하나의 고정점을 가지면 이는 항등함수 $\phi = id_E$가 됨을 다시 보여준다.

다음 정리는 예제 5.17이 진성 불연속 작용의 유일한 예제임을 보여준다.

정리 **5.14** 위상공간 E를 연결이고 국소 경로적 연결이라 하자. 이 때 E상에 (유한 혹은 무한)군 $\mathcal{A}$가 진성 불연속으로 작용하면, 사영함수 $p : E \to E/\mathcal{A}$는 피복이 되고 이의 피복변환군은 $\mathrm{Aut}(E, p) = \mathcal{A}$이다. 특히 이는 정칙피복이다.

증명: 사영함수 $p : E \to E/\mathcal{A}$는 항상 연속이고 전사함수(surjection)이다. 또한, $E/\mathcal{A}$는 상위상(quotient topology)을 가지므로 p는 열린함수이다(문제 5.11 참조). 집합 U를 진성 불연속성의 조건을 만족하는 $e \in E$의 근방이라고 두자. 함수 p가 열린함수이기 때문에, $p(U)$는 $p(e) = \mathcal{A} \cdot e$를 포함하는 열린 집합이 되고 이는 $\mathcal{A} \cdot e$의 좌표근방이 된다. 실제로,

$$p^{-1}(p(U)) = \bigcup_{e \in U} \mathcal{A} \cdot e = \bigcup_{g \in \mathcal{A}} g \cdot U$$

이며 $\{g \cdot U \mid g \in \mathcal{A}\}$는 서로 공통부분이 없고 서로 위상동형인 E의 열린 부분집합의 모임이다. 더욱이 $p|_{g \cdot U} : g \cdot U \to p(U)$는 연속이고, 전사(surjective)인 열린함수이다. 이제 $p|_{g \cdot U}$가 위상동형함수임을 보이기 위하여 $p|_{g \cdot U}$가 단사함수(injection)임을 보이면 충분하다. 임의의 두 원소 $u, v \in U$에 대하여 $p(g \cdot u) = p(g \cdot v)$, 즉, $\mathcal{A} \cdot u = \mathcal{A} \cdot v$이면 원소 $g_1 \in \mathcal{A}$이 존재하여 $u = g_1 \cdot v$가 된다. 집합 U의 선택에 의하여 $g_1 = 1$(항등원)이고 $u = v$이다. 따라서 $g \cdot u = g \cdot v$가 되고, 이는 $p|_{g \cdot U}$가 단사함수임을 의미한다.

이제 $p : E \to E/\mathcal{A}$가 정칙피복임을 보이기 위하여 공간 E상에 주어진 군 $\mathcal{A}$-작용, 즉, $e \mapsto g^{-1} \cdot e$ $\forall g \in \mathcal{A}$로 정의된 (좌측평행이동(left translation)) 함수 $L_g : E \to E$는 피복변환(covering transformation)임에 유의하자. 즉, $\mathcal{A} \leq \mathrm{Aut}(E, p)$, 부분군이다. 그리고 바탕공간 $E/\mathcal{A}$의 한 점의 fibre는 $\mathcal{A} \cdot e$의 모양(e의 궤도)이고, 이 fibre에 군 $\mathcal{A}$는 추이적으로 작용한다[14]. 따라서 피복변

[14]만약 위에서 $L_g : E \to E; e \mapsto g \cdot e$로 정의하면 이는 군 작용의 정의를 만족하지 않음에 유의하자.

환군 Aut(E,p)도 fibre에 추이적으로 작용하고 $p : E \to E/\mathcal{A}$는 정칙피복이 된다(예제 5.12, 정리 5.12 참조). 더욱이 군 $\mathcal{A}$와 Aut(E,p)는 다 같이 피복변환으로 구성된 군으로서 모두 fibre $\mathcal{A} \cdot e$에 정규적으로 작용한다. 따라서 이를 이용하여

$$\text{Aut}(E,p) = \mathcal{A}$$

를 보일 수 있다. 특히 군 $\mathcal{A}$가 유한군(finite group)이면 Orbit-Stabilizer 정리(혹은, 문제 5.9)를 이용하여

$$|\mathcal{A}| \leq |\text{Aut}(E,p)| = |\mathcal{A} \cdot e||\text{Stab}_{\text{Aut}(E,p)}(e)| = |\mathcal{A} \cdot e| = |\mathcal{A}|$$

가 되고, 따라서

$$\text{Aut}(E,p) = \mathcal{A}$$

를 얻을 수도 있다. □

다음 정리는 모든 정칙 피복은 위상공간상에 군의 진성 불연속 작용에 의한 사영함수로 주어진다는, 즉 정리 5.14에서 진성 불연속 작용에서 구성된 정칙피복뿐이라는 것을 보여준다.

정리 5.15 위상공간 E가 연결, 국소 경로적 연결이고 (E,p)가 위상공간 X의 정칙피복이면 바탕공간 X는 상공간 $E/\text{Aut}(E,p)$와 위상동형이다.

증명: 그림 5.7에서 정리 5.12를 이용하면 $p \circ \pi^{-1}$는 잘 정의된 함수가 된다. 또한 이 함수는 전단사함수임을 쉽게 보일 수 있다. 두 함수 p, π가 상함수(quotient map)이므로 $p \circ \pi^{-1}$는 위상동형함수이다. □

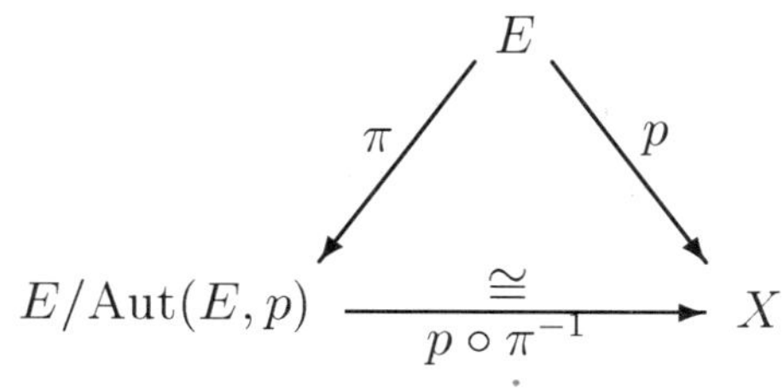

그림 5.7 정칙피복의 사영함수

예제 5.18 제4.3절에서 주어진 피복 $p : \mathbb{R} \to S^1$; $p(t) = \exp(2\pi it)$에 대하여 이의 피복변환군 Aut$(\mathbb{R}, p)$는 정수의 군 $\mathbb{Z}$와 동형이다. 이 때 정수 $n \in \mathbb{Z}$에 대응되는 피복변환 L_n은 $\mathbb{R}$상에서 (좌측평행이동함수) $L_n(x) = -n + x$로 정의되고, 따라서 피복변환군 Aut$(\mathbb{R}, p)$는 $\mathbb{R}$상에 진성 불연속(properly discontinuously)으로 작용한다. 그리고 상공간 $\mathbb{R}/\mathbb{Z}$는 원 S^1과 위상동형이 된다.

예제 5.19 예제 5.14에서 보여준 피복함수 $p : S^2 \to P^2$를 다시 생각해 보자. 사영평면 P^2는 $\mathbb{Z}_2$-공간 S^2의 궤도공간으로 정의가 가능함을 알고 있다. 여기서 $\mathbb{Z}_2$는 $\pm 1 \cdot x = \pm x$로 작용한다. 점 $x \in S^2$에 대해서,

$$\{y \in S^2 : \|y - x\| < 1/2\}$$

는 진성 불연속성의 조건을 만족하는 $x \in X$의 근방이다. 따라서 사영함수 p는 피복이 된다고 할 수도 있다.

다른 방법으로는 Hausdorff 공간 S^2에서 $x \neq -x$이기 때문에, $x, -x$를 각각 포함하고 공통부분이 없는 열린근방 U, W가 존재하며, 이 때 $x \in X$의 근방 $U \cap (-W)$는 진성 불연속성의 조건을 만족함을 보일 수도 있다. □

우리는 예제 5.16에서 진성 불연속 작용은 고정점이 없는 작용이지만 역은 성립하지 않는다는 것을 보았다. 다음 정리는 Hausdorff 공간 X상에 작용하는

군이 유한군이면, 이 작용이 고정점이 없다는 것과 진성 불연속이다는 것은 동치임을 보여준다. (예제 5.16에서의 작용군은 무한군(infinite group)이였다.)

정리 **5.16** Hausdorff 공간 X상에서 고정점이 없는 유한군(finite group) $\mathcal{A}$의 작용은 진성 불연속이다. 따라서 사영함수 $p : X \to X/\mathcal{A}$는 피복함수가 되고 이는 정칙피복이다.

증명: 군 $\mathcal{A} = \{g_0, g_1, \ldots, g_n\}$, $g_0 = 1$이라고 두고, $x \in X$를 임의로 주어진 원소라 하자. 군 $\mathcal{A}$가 고정점 없이 작용하므로 $g_0 \cdot x$, $g_1 \cdot x$, $\ldots$, $g_n \cdot x$는 서로 다른 $n+1$ 개의 점이 된다. 따라서 Hausdorff 공간 X에서, $U_i \cap U_j = \emptyset$, $0 \leq i \neq j \leq n$을 만족하는 $g_0 \cdot x$, $g_1 \cdot x$, $\ldots$, $g_n \cdot x$의 각각의 근방 $U_0, U_1, \ldots, U_n$가 존재한다. $U = \bigcap_{j=0}^{n} g_j^{-1} \cdot U_j$라고 두면, U는 당연히 x의 근방이다. 이제

$$g_i \cdot U = \bigcap_{j=0}^{n} g_i(g_j^{-1} \cdot U_j) \subset U_i \quad \forall i$$

이기 때문에, $g_i \cdot U \cap g_j \cdot U \subset U_i \cap U_j = \emptyset$이다. 따라서 X상에서 $\mathcal{A}$의 작용은 진성 불연속이다. 따라서 정리 5.14에 의하여 p는 정칙피복이다. □

예제 **5.20** 예제 5.13에서 정의된 Petersen 그래프상의 $\mathbb{Z}_5$-작용은 고정점이 없는 작용이며, 정리 5.16에 의하여 Petersen 그래프 P는 아령그래프의 피복공간임을 알 수 있다. 이는 이미 예제 5.3에서 밝혀진 바와 같다.

문제 5.16 (*렌즈공간(lens space)이란?*) 순환군 $\mathbb{Z}_p$와 위상공간

$$S^3 = \{(z_0, z_1) \in \mathbb{C} \times \mathbb{C} \,|\, |z_0|^2 + |z_1|^2 = 1\}$$

가 주어졌다고 하자. 두 수 p와 q를 서로 소(relatively prime)인 양의 정수라고 두고, 함수 $h : S^3 \to S^3$를 다음과 같이 정의하자.

$$h(z_0, z_1) = (\exp(2\pi i/p)z_0,\ \exp(2\pi iq/p)z_1).$$

그러면 h는 $h^p = id$인 S^3의 위상동형함수이다. 순환군 $\mathbb{Z}_p$가 S^3에 다음과 같이 작용한다고 하자.

$$m \cdot (z_0, z_1) = h^m(z_0, z_1),\ m \in \mathbb{Z}_p = \{0, 1, \ldots, p-1\}.$$

이는 고정점이 없는 작용이고, 위상공간 S^3가 Hausdorff이기 때문에, 사영함수 $S^3 \to S^3/\mathbb{Z}_p$는 피복함수이다. 이를 보여라. 이의 상공간 $S^3/\mathbb{Z}_p$를 **렌즈공간(lens space)**라고 부르고, $L(p, q)$로 표기한다. 특히, $L(2, 1) = P^3$는 3차원 사영공간이다.

5.8 Fibre $p^{-1}(x)$상의 두 가지 군 작용

이 절에서도 모든 공간은 연결(connected)이고, 국소 경로적 연결(locally pathwise connected)이라고 가정하자.

우리는 앞 절에서 위상공간상의 진성 불연속 작용은 정칙피복 $p : E \to X$에서 피복변환군의 작용

$$\text{Aut}(E, p) \times E \to E; \quad (\varphi, e) \mapsto \varphi(e)$$

뿐이라는 것을 보았다(예제 5.17과 정리 5.14 참조). 이 피복변환군 $\text{Aut}(E, p)$의 작용을 fibre $p^{-1}(x)$에 제한하면 자연스럽게 fibre $p^{-1}(x)$상에 군 작용이 된다.

본 절에서는 이를 포함하여 fibre $p^{-1}(x)$상에 두 가지 군 작용을 소개하고자 한다. 앞으로 $F = p^{-1}(x)$라 두자. 그러면 Aut(F)는 fibre F상의 대칭군(symmetric group) $\mathbb{S}_F$가 된다.

5.8.1 일반피복에서

주어진 피복 $p : E \to X$를 반드시 정칙피복일 필요는 없는 임의의 피복이라 하고 다음의 두 가지 군 작용을 소개한다.

(I) $F = p^{-1}(x)$**상에 피복변환군** Aut(E, p)**의 작용**

앞에서와 같이 피복치환군 Aut(E, p)는 fibre F에 고정점 없이 (왼쪽에서) 작용한다. (즉, 보조정리 5.10에 의하여 Aut(E, p)는 fibre F에 faithfully 작용한다. 따라서 Aut(E, p)는 Aut$(F) = \mathbb{S}_F$의 부분군으로 볼 수 있다.) 하지만 항상 추이적으로(transitively) 작용하는 것은 아니다. 이 때, 피복치환군 Aut(E, p)가 집합 F상에 추이적으로 작용할, 따라서 정규적으로(regularly) 작용할 필요충분 조건이 피복 (E, p)가 정칙피복임을 알고 있다.

(II) $F = p^{-1}(x)$**상에 기본군** $\pi_1(X, x)$**의 작용 (= monodromy 작용)**

Fibre F에 아래와 같이 기본군 $\pi_1(X, x)$의 (오른쪽-)작용[15](이를 **monodromy 작용**이라고 부른다)

$$F \times \pi_1(X, x) \to F$$

를 $(\tilde{x}, [\alpha]) \mapsto \tilde{x} \cdot [\alpha] = \tilde{\alpha}(1)$로 정의하자. 여기서 $\tilde{\alpha}$는 $\tilde{x}$를 시작점으로 하는 α의 유일한 올림함수를 표기하며 따라서 $\tilde{\alpha}(1)$은 이 올림함수의 끝점이다. 이 때 아래의 사실들을 보일 수 있다.

---

[15]군 작용에 대하여 오른쪽 작용 혹은 왼쪽 작용은 기호적인 표현 방법의 차이로 볼 수 있다. 여기서는 주어진 두 가지 작용을 혼돈하지 않기 위하여 monodromy 작용은 오른쪽, 피복변환군 작용은 왼쪽 작용으로 표현하기로 한다. 실제로 이 표현이 편리함도 보여질 것이다.

(1) 위에서 정의된 F상의 군 $\pi_1(X,x)$-작용은 잘 정의된다. 즉 F는 $\pi_1(X,x)$-공간이다. (힌트: 경로-올림정리 5.4 혹은 따름정리 5.6(1)을 이용하라. 그리고 $[\alpha]$가 $\pi_1(X,x)$에서 역원을 가지므로, $\tilde{x} \mapsto \tilde{\alpha}(1)$도 역함수를 가진다.) 더욱이 $\pi_1(X,x)$의 작용에 따른 함수 $\pi_1(X,x) \to \mathbb{S}_F$는 군 준동형함수가 된다. (증명은 올림경로의 유일성에 의하여 가능하다. 보조정리 5.17의 증명과 유사하다.) 이 준동형함수의 상(image)을 피복 (E,p)의 **monodromy 군**이라고 부른다[16].

(2) 기본군 $\pi_1(X,x)$는 F에 항상 추이적으로 작용한다. 하지만 항상 고정점 없이 작용하는 것은 아니다. 왜냐하면 피복공간 E가 경로적 연결공간이기 때문에, F의 임의의 두 점 $\tilde{x}, \tilde{\tilde{x}}$에 대하여 $\tilde{x}$에서 $\tilde{\tilde{x}}$로의 경로 σ를 택할 수 있고 이 때 $p\circ\sigma \in \pi_1(X,x)$이고 $(\tilde{x},[p\circ\sigma]) \mapsto \tilde{\tilde{x}}$이다. 또한, 임의의 점 $\tilde{x} \in F$에 대해서, 이의 stabilizer는

$$\{[\alpha] \in \pi_1(X,x) \mid \tilde{x}\cdot[\alpha] = \tilde{x}\} = p_*\pi_1(E,\tilde{x})$$

이다. 따라서 고정점을 가질 수도 있다. 이는 비록 피복 (E,p)가 정칙피복이라 하더라도 기본군 $\pi_1(X,x)$의 monodromy 작용은 정규적으로(regularly) 작용하지 않을 수 있음을 보여준다.

(3) 집합 $F = p^{-1}(x)$와 집합 $\pi_1(X,x)/p_*\pi_1(E,\tilde{x})$ 사이에는 일대일 대응관계가 있다. (이는 위 (2)에서의 추이적 작용을 이용하여 보일 수 있다. $\pi_1(X,x)$가 유한군인 경우는 Orbit-Stabilizer 정리를 이용할 수도 있다. 함수 $\pi_1(X,x) \to F$, $[\alpha] \mapsto \tilde{x}\cdot[\alpha]$를 생각해 보아라.)

Fibre $F = p^{-1}(x)$상의 Aut(E,p)의 작용 (I)과, 기본군 $\pi_1(X,x)$의 mon-

[16]Monodromy 군은 국소적(local)인 의미의 기본군으로 볼 수 있다. 이런 의미에서 monodromy 군을 때로는 **local 군**이라고 부르기도 한다.

odromy 작용 (II)는 다음과 같은 관계를 가지는 의미에서 서로 교환가능하다고 말한다. 임의의 $\phi \in \mathrm{Aut}(E,p)$, $[\alpha] \in \pi_1(X,x)$, $\tilde{x} \in F$에 대하여 다음 식이 만족한다.

$$\phi(\tilde{x} \cdot [\alpha]) = (\phi(\tilde{x})) \cdot [\alpha].$$

더욱이 $\mathrm{Aut}(E,p)$의 작용은 고정점이 없는 작용이지만 추이적이 아닐 수 있고, 상대적으로 기본군 $\pi_1(X,x)$의 monodromy 작용은 추이적이지만 고정점을 가질 수 있다. 이 때, 주어진 두 점 $\tilde{x}, \tilde{\tilde{x}} \in p^{-1}(x_0)$가 $\mathrm{Aut}(E,p)$의 작용에서 같은 궤도(orbit)에 속할 필요충분조건은 $p_*\pi_1(E,\tilde{x}) = p_*\pi_1(E,\tilde{\tilde{x}})$이다(정리 5.11 참조).

문제 5.17 위에서 기술한 $p^{-1}(x)$상에 기본군 $\pi_1(X,x)$의 monodromy 작용에 대한 성질 (1)-(3)을 증명하여라.

문제 5.18 Fibre $p^{-1}(x)$상에 기본군 $\pi_1(X,x)$의 monodromy 작용이 고정점이 없는 작용이 될 조건을 (가능한 많이) 구하여라.

문제 5.19 주어진 (연결인) 피복 $p: E \to X$에서 피복공간 E가 단순연결공간(simply connected)일 때 $|p^{-1}(x)| = |\pi_1(X,x)|$임을 보여라. 특히 X가 단순연결공간이면 이의 (연결인) 피복 $p: E \to X$는 위상동형함수(homeomorphism)뿐이다. 이를 보여라.

5.8.2 정칙피복에서

이제 위에서 기술한 fibre $F = p^{-1}(x)$상의 두 가지 군 작용을 정칙피복 $p: E \to E/\mathcal{A}$에서 조사해 보자. 주어진 피복이 정칙피복 $p: E \to E/\mathcal{A}$일 때는 정리 5.14에 의하여 피복변환군은

$$\mathrm{Aut}(E,p) = \mathcal{A}$$

이다. 피복공간 E의 바탕점으로 e_0를 고정하고 $x_0 = [e_0] \in E/\mathcal{A}$를 바탕공간 $E/\mathcal{A}$의 바탕점이라 하자. 그러면 $x_0 = [e_0] \in E/\mathcal{A}$의 fibre는 orbit $\mathcal{A} \cdot e_0$이고,[17] 이 fibre상에 첫 번째 작용인 $\mathrm{Aut}(E, p) = \mathcal{A}$의 작용은

$$\mathcal{A} \times \mathcal{A} \cdot e_0 \to \mathcal{A} \cdot e_0; \quad g \cdot he_0 \mapsto g^{-1}he_0 = L_g(he_0)$$

로 정의된다. 여기서 L_g는 좌측평행이동(left translation)이다. 이제 편의를 위하여 fibre $F = \mathcal{A} \cdot e_0$와 $\mathcal{A}$를 대응 $ke_0 \leftrightsquigarrow k$에 의하여 동일시할 때 피복변환군 $\mathcal{A}$의 작용 $\psi : \mathcal{A} \to \mathbb{S}_F$는

$$\psi : \mathcal{A} \to \mathbb{S}_{\mathcal{A}}; \;\; g \mapsto L_g$$

로 동일시 할 수 있음을 보여준다. 여기서 L_g는 $\mathcal{A}$에서의 좌측평행이동으로 $L_g : h \mapsto g^{-1}h$이다[18]. 우리는 $\psi([\alpha][\beta]) = R_{gh} = R_g R_h = \psi([\alpha])\psi([\beta])$를 쉽게 확인할 수 있다.

우리는 두 번째 작용인 $F = p^{-1}(x_0)$상에 기본군 $\pi_1(E/\mathcal{A}, x_0)$의 monodromy 작용에 관심이 있다. 우선 주어진 원소 $[\alpha] \in \pi_1(E/\mathcal{A}, x_0)$에 대하여 E상에서 바탕점 e_0를 시작점으로 하는 α의 유일한 올림함수를 $\tilde{\alpha}$라 하자. 이 경우 $\tilde{\alpha}(1) \in p^{-1}(x_0) = \mathcal{A} \cdot e_0$이므로, $\tilde{\alpha}(1) = g \cdot e_0$를 만족하는 유일한 원소 $g \in \mathcal{A}$가 존재한다. 또 다른 원소 $[\beta] \in \pi_1(E/\mathcal{A}, x_0)$에 대하여 같은 방법을 적용하면 e_0를 시작점으로 하는 β의 유일한 올림함수 $\tilde{\beta}$의 끝점이 $\tilde{\beta}(1) = h \cdot e_0$를 만족하는 유일한 원소 $h \in \mathcal{A}$가 존재한다. 이제 F상에 monodromy 작용이 군 준동형함수(homomorphism) $\varphi : \pi_1(E/\mathcal{A}, x_0) \to \mathbb{S}_F$를 유도하는 사실을 생각하면 기본

[17] 궤도(orbit) $\mathcal{A} \cdot e_0 = [e_0]$는 궤도공간 $E/\mathcal{A}$에서는 한 개의 원소로 생각되지만, fibre로서는 E의 부분집합으로 생각된다.

[18] 이러한 좌측평행이동들의 모임 $\{L_g \mid g \in \mathcal{A}\}$는 군 $\mathbb{S}_{\mathcal{A}}$의 부분군을 이루고 이 부분군은 군 $\mathcal{A}$와 군동형이다(Cauchy 정리).

군 $\pi_1(E/\mathcal{A}, x_0)$의 두 원소 $[\alpha]$, $[\beta]$의 곱 $[\alpha\beta]$의 φ 상(image)은 e_0를 시작점으로 하는 $\alpha\beta$의 유일한 올림함수 $\widetilde{\alpha\beta}$의 끝점이 $\widetilde{\alpha\beta}(1) = k \cdot e_0$를 만족하는 유일한 원소 $k \in \mathcal{A}$가 되어야 하고 이 k는 실제로 gh가 되어야 한다. 이를 보이기 위하여 E상의 새로운 경로로서 $\tilde{\beta}_g : [0,1] \to E$를 $\tilde{\beta}_g(s) = g \cdot \tilde{\beta}(s)$로 정의하자. 그러면 $\tilde{\beta}_g$의 시작점은 $\tilde{\beta}_g(0) = g \cdot \tilde{\beta}(0) = g \cdot e_0 = \tilde{\alpha}(1)$이고 $p \circ \tilde{\beta}_g = \beta$이다. 즉, 새로운 경로 $\tilde{\beta}_g$는 $\tilde{\alpha}(1)$에서 시작하는 β의 유일한 올림경로이다. 따라서 $\tilde{\alpha} \cdot \tilde{\beta}_g$는 e_0를 시작점으로 하는 $\alpha \cdot \beta$의 유일한 올림경로가 된다. 그리고

$$\begin{aligned}(\tilde{\alpha} \cdot \tilde{\beta}_g)(1) &= \tilde{\beta}_g(1) \\ &= g \cdot \tilde{\beta}(1) \\ &= g \cdot (h \cdot e_0) \\ &= (gh) \cdot e_0\end{aligned}$$

이다(그림 5.8 참조). 이는 위에서와 같이 fibre $F = \mathcal{A} \cdot e_0$와 $\mathcal{A}$를 대응 $ke_0 \leftrightsquigarrow k$에 의하여 동일시할 때 monodromy 작용 $\varphi : \pi_1(E/\mathcal{A}, x_0) \to \mathbb{S}_F$는

$$\varphi : \pi_1(E/\mathcal{A}, x_0) \to \mathbb{S}_{\mathcal{A}}; \quad [\alpha] \mapsto R_{g_\alpha}$$

로 동일시 할 수 있음을 보여준다. 여기서 g_α는 $\tilde{\alpha}(1) = g_\alpha \cdot e_0$를 만족하는 유일한 $\mathcal{A}$의 원소이고 R_{g_α}는 $\mathcal{A}$에서 우측평행이동(right translation)으로 $R_{g_\alpha} : h \mapsto hg_\alpha$이다[19]. 여기서도 우리는 $\varphi([\alpha][\beta]) = R_{gh} = R_g R_h = \varphi([\alpha])\varphi([\beta])$를 쉽게

---

[19] 이러한 우측평행이동들의 모임 $\{R_g \mid g \in \mathcal{A}\}$도 군 $\mathbb{S}_{\mathcal{A}}$의 부분군을 이루고 이 부분군도 군 $\mathcal{A}$와 군동형이다(Cauchy 정리). 왜 우측평행이동으로 정의하는지는 보조정리 5.17의 증명 과정으로부터 보여진다.

확인할 수 있다. 한편

$$\begin{aligned}\mathrm{Ker}(\varphi) &= \{[\alpha] \in \pi_1(E/\mathcal{A}, x_0) \mid \varphi([\alpha]) = 1\} \\ &= \{[\alpha] \in \pi_1(E/\mathcal{A}, x_0) \mid \tilde{\alpha}(1) = e_0 = 1 \cdot e_0\} \\ &= p_*\pi_1(E, e_0).\end{aligned}$$

종합하여 다음의 정리를 얻는다.

보조정리 5.17 Monodromy 작용 함수 $\varphi : \pi_1(E/\mathcal{A}, x_0) \to \mathbb{S}_{\mathcal{A}};\ [\alpha] \mapsto R_{g_\alpha}$는 군 준동형함수(homomorphism)이고 이의 kernel은 Ker$(\varphi) = p_*\pi_1(E, e_0)$이다.

증명: 임의의 두 원소 $[\alpha],\ [\beta] \in \pi_1(E/\mathcal{A}, x_0)$에 대하여 $\varphi([\alpha]) = R_g,\ \varphi([\beta]) = R_h$라 하자. 그러면 φ의 정의에 의하여 $\tilde{\alpha}(1) = g \cdot e_0$이고 $\tilde{\beta}(1) = h \cdot e_0$가 된다. 여기서 $\tilde{\alpha},\ \tilde{\beta}$는 각각 e_0를 시작점으로 하는 E상의 경로로서 α와 β의 유일한 올림함수이다. 이제 E상의 새로운 경로로서 $\tilde{\beta}_g : [0,1] \to E$를 $\tilde{\beta}_g(s) = g \cdot \tilde{\beta}(s)$로 정의하자. 그러면 $\tilde{\beta}_g$의 시작점은 $\tilde{\beta}_g(0) = g \cdot \tilde{\beta}(0) = g \cdot e_0 = \tilde{\alpha}(1)$이고 $p \circ \tilde{\beta}_g = \beta$이다. 즉, 새로운 경로 $\tilde{\beta}_g$는 $\tilde{\alpha}(1)$에서 시작하는 β의 유일한 올림경로이다. 따라서 $\tilde{\alpha} \cdot \tilde{\beta}_g$는 e_0를 시작점으로 하는 $\alpha \cdot \beta$의 유일한 올림경로가 된다. 그리고

$$\begin{aligned}(\tilde{\alpha} \cdot \tilde{\beta}_g)(1) &= \tilde{\beta}_g(1) \\ &= g \cdot \tilde{\beta}(1) \\ &= g \cdot (h \cdot e_0) \\ &= (gh) \cdot e_0.\end{aligned}$$

따라서 $\varphi([\alpha][\beta]) = R_{gh} = R_g R_h = \varphi([\alpha])\varphi([\beta])$이다(그림 5.8 참조). 그리고

$$\begin{aligned}\mathrm{Ker}(\varphi) &= \{[\alpha] \in \pi_1(E/\mathcal{A}, x_0) \mid \varphi([\alpha]) = 1\} \\ &= \{[\alpha] \in \pi_1(E/\mathcal{A}, x_0) \mid \tilde{\alpha}(1) = e_0 = 1 \cdot e_0\} \\ &= p_*\pi_1(E, e_0).\end{aligned}$$

□

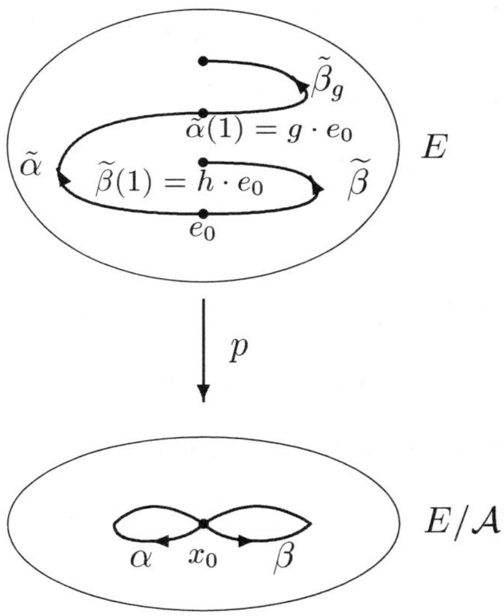

그림 5.8 α와 β의 올림함수

보조정리 5.17로부터 $p_*\pi_1(E, e_0)$는 군 $\pi_1(E/\mathcal{A}, x_0)$의 정규부분군(normal subgroup)임을 알 수 있다.

정리 **5.18** 경로적 연결공간 E상에 군 $\mathcal{A}$가 진성 불연속으로 작용하면,

(1) $\pi_1(E/\mathcal{A}, x_0)/p_*\pi_1(E, e_0) \cong \mathcal{A}$, 군 동형(isomorphic)이고

(2) 더욱이 위상공간 E가 단순연결공간이면 $\pi_1(E/\mathcal{A}, x_0) \cong \mathcal{A}$이다.

여기서 피복변환군은 $\mathrm{Aut}(E, p) = \mathcal{A}$이다.

증명: (1) 보조정리 5.17에서 주어진 군 준동형함수 $\varphi : \pi_1(E/\mathcal{A}, x_0) \to \mathbb{S}_{\mathcal{A}}$의 치역이 우측평행이동들의 모임 $\{R_g \mid g \in \mathcal{A}\}$임을 보이면 충분하다. 왜냐하면 우측평행이동들의 모임 $\{R_g \mid g \in \mathcal{A}\}$이 이루는 $\mathbb{S}_{\mathcal{A}}$의 부분군은 Cauchy 정리에 의하여 군 $\mathcal{A}$와 동형(isomorphic)이기 때문이다. 임의로 주어진 원소 $g \in \mathcal{A}$에 대하여, e_0에서 시작하여 $g \cdot e_0$에 끝나는 E상의 경로를 택하여 α라 두자. 그러면 $[p \circ \alpha] \in \pi_1(E/\mathcal{A}, x_0)$이고, φ의 정의에 의하여 $\varphi([p \circ \alpha]) \cdot e_0 = \alpha(1)$이다. 여기서 α는 e_0를 시작점으로 하는 $p \circ \alpha$의 유일한 올림함수임에 유의하자. 따라서 $\varphi([p \circ \alpha]) = R_g$이다. 이는 모든 우측평행이동이 함수 φ의 치역에 속함을 보여준다. $\text{Ker}(\varphi) = p_* \pi_1(E, e_0)$이므로 (1)이 증명된다.

(2)는 자명하다. □

우리는 정리 5.18에서 다음을 알 수 있다. 피복 $\varphi : (E, e_0) \to (X, x_0)$가 정규피복이면 $p_* \pi_1(E, e_0)$는 $\pi_1(E/\mathcal{A}, x_0)/$의 정규부분군(normal subgroup)이고 이의 상군(quotient group, 商群) $\pi_1(E/\mathcal{A}, x_0)/p_* \pi_1(E, e_0)$는 피복의 피복변환군과 동형이 된다. 더욱이 이 때 동형함수는 monodromy 작용에 의하여 유도된다.

한편, 피복 $\varphi : E \to X$에서 만약 E가 단순연결공간이면, 이 피복에 작용하는 두 가지 군, 즉 피복변환군 $\mathcal{A} = \text{Aut}(E, p)$와 기본군 $\pi_1(X, x_0)$는 동형이다. 더욱이 이 두군을 $\mathcal{A}$로 동일시 할 경우 피복변환군 $\text{Aut}(E, p)$의 작용은 좌측평행이동(left translation) $L_g, g \in \mathcal{A}$들이 이루는 $F := \mathcal{A}$상의 군작용에 대응되고, 기본군 $\pi_1(X, x)$의 monodromy 작용은 우측평행이동(right translation) $R_g, g \in \mathcal{A}$들이 이루는 $F := \mathcal{A}$상의 군작용에 대응된다. 상세과정은 연습문제로 남긴다.

예제 5.21 ($\text{Aut}(E, p) \cong \pi_1(X, x_0)$)인 *예*)

(1) 피복공간

$$p : \mathbb{R}^1 \to S^1, \quad p(t) = e^{2\pi it}$$

의 피복변환군 Aut$(\mathbb{R}^1, p)$는 $\pi_1(S^1)$과 군 동형(isomorphic)임을 정리 5.18로부터 알 수 있다. 한편, 피복변환군 Aut$(\mathbb{R}^1, p)$는 군 $\mathbb{Z}$와 동형이라는 것을 예제 5.4에서 보았다. 이는 $\pi_1(S^1, x_0) \simeq \mathbb{Z}$를 보이는 새로운 증명법이다. 같은 방법으로

(2) 토러스는 $S^1 \times S^1 \cong (\mathbb{R}^1 \times \mathbb{R}^1)/(\mathbb{Z} \times \mathbb{Z})$ (위상동형)이고 $\mathbb{R}^1 \times \mathbb{R}^1$가 단순연결공간이기 때문에 $\pi_1(S^1 \times S^1) \cong \mathbb{Z} \times \mathbb{Z}$ (군 동형)이다. 이 때, 공간 $\mathbb{R}^1 \times \mathbb{R}^1$에서의 $\mathbb{Z} \times \mathbb{Z}$-작용은 $(n, m) \cdot (x, y) = (n + x, m + y)$로 주어진다.

(3) 사영공간 P^2는 S^2에서 원점에 대칭인 점들을 동일시함으로써 얻어지는 S^2의 상공간이다. 따라서 상함수 $p : S^2 \to P^2$는 정칙피복함수가 되며, 이의 피복변환군은 항등함수와 원점에 대칭인 antipodal 함수로 구성된다. 따라서 Aut$(S^2, p) \cong \mathbb{Z}_2$이다. 한편, 구 S^2가 단순연결공간이므로

$$\pi_1(P^2) = \mathbb{Z}_2$$

이다.

(4) 3차원 구 S^3는 단순연결공간이기 때문에, 정리 5.18에 의하여

$$\pi_1(L(p, q), *) \cong \mathbb{Z}_p$$

임을 알 수 있다. 여기서 $L(p, q) = S^3/\mathbb{Z}_p$는 렌즈공간이다[20](문제 5.16 참

---

[20]렌즈공간 $L(5; 1)$와 $L(5; 2)$는 동일한 기본군과 동일한 homology군을 가지지만 위상동형이 아닌 3-차원 다양체로 유명한 사례이다. 1919년 J.W. Alexander에 의하여 알려 짐. 참고문헌: Brody, E. J. (1960), "The topological classification of the lens spaces", Annals of

조).

문제 5.20 함수 $p : (E, e_0) \to (X, x_0)$가 피복이고 E가 단순연결공간(simply connected)일 때, 정리 5.18에 의하여 $\pi_1(X, x_0) \cong \mathrm{Aut}(E, p)$이다. 이를 만족하는 군 동형함수(isomorphism)를 구체적으로 구성하여라.

문제 5.21 $p : (E, e_0) \to (X, x_0)$는 연결인 피복, $F = p^{-1}(x_0)$는 fibre, $\mathcal{A} = \pi_1(X, x_0)$라 할 때 다음을 보여라.

(1) (*피복변환군의 다른 정의*) fibre F를 군 $\mathcal{A}$가 monodromy 작용을 하는 공간으로 볼 때, 이의 자기동형군 $\mathrm{Aut}_{\mathcal{A}}(F)$는 피복변환군 $\mathrm{Aut}(E, p)$와 군동형임을 보여라. 즉, $\mathrm{Aut}(E, p) \simeq \mathrm{Aut}_{\mathcal{A}}(F)$. 특히 $p : (E, e_0) \to (X, x_0)$가 정칙피복이면 $\mathrm{Aut}(E, p) \simeq \pi_1(X, x_0)/p_*\pi_1(E, e_0)$이다.

(2) (*피복변환군과 기본군 사이의 관계*)

$$\mathrm{Aut}(E, p) \cong N_{\mathcal{A}}(p_*\pi_1(E, e_0))/p_*\pi_1(E, e_0).$$

여기서 $N_{\mathcal{A}}(p_*\pi_1(E, e_0))$는 군 $\mathcal{A} = \pi_1(X, x_0)$에서 부분군 $p_*\pi_1(E, e_0)$의 normalizer이다.

5.9 피복공간을 분류하고 計數해 보자

이 절에서도 모든 공간은 연결(connected)이고, 국소 경로적 연결(locally pathwise connected)이라고 가정하자.

함수 $p : (E, e_0) \to (X, x_0)$를 *바탕점을 고려한(rooted)* 피복함수라 하자. 그러면 $p_* : \pi_1(E, e_0) \to \pi_1(X, x_0)$는 단사인 준동형함수(monomorphism)이고, 따

Mathematics, 2 71: 163-184 또는 A. Hatcher, Algebraic Topology, Cambridge University Press, 2002.

라서 $\pi_1(E, e_0)$는 $\pi_1(X, x_0)$의 부분군과 동형(isomorphic)이 된다(따름정리 5.6 참조).

이 결과의 역으로 다음의 물음을 생각해 보자.

물음: *주어진 기본군* $\pi_1(X, x_0)$*의 부분군* H*에 대하여,* $p_*(\pi_1(E, e_0)) = H$*를 만족하는 피복* $p : (E, e_0) \to (X, x_0)$*가 존재하는가?*

이 절에서는 위상공간 X가 국소적으로 축약 가능하고 연결성이 좋은 공간이면 위의 물음에서 구하는 피복이 항상 존재함을 보일 것이다. 우선 부분군 H가 자명한 군일 때부터 생각해 보자.

정의 5.13 피복공간 E가 단순연결일 때, 즉 연결이고 $\pi_1(E) = 0$일 때, 피복 (E, p)를 **범피복공간(universal covering space, 凡被覆空間)**이라고 부른다.

예를 들면,

(i) $p : \mathbb{R}^1 \to S^1, \quad p(t) = e^{2\pi it},$

(ii) $p \times p \ : \ \mathbb{R}^1 \times \mathbb{R}^1 \to S^1 \times S^1, \quad (p \times p)(s, t) = (e^{2\pi is}, e^{2\pi it}),$

(iii) 사영함수 $p : S^2 \to P^2$

들은 범피복이지만,

(v) $p : S^1 \to S^1, \quad p(z) = z^n$

은 범피복이 아니다.

범피복공간은 당연히 정칙피복(regular coveing)이다. 다음의 예는 임의의 위상공간에 대해서 범피복공간이 항상 존재하는 것은 아니다는 것을 보여준다.

예제 **5.22** (*Hawaiian earring은 범피복공간을 가질 수 없다*) 그림 5.9에서와 같은 모양으로 지름의 길이가 점점 영(zero)으로 줄어드는 무한 개의 원 S^1이 한 점 x_0를 공통으로 가지는 공간을 **Hawaiian earring**[21] X라고 부르고, 이 공간은 범피복을 가지지 않는다. 실제적으로, 만일 E가 X의 범피복공간이면 X와 E는 국소적으로 위상동형이라야 한다. 따라서 x_0의 좌표근방과 같은 모양이 E상에서도 있어야 하며 E상에서는 x_0의 좌표근방에 나타나는 모든 작은 닫힌 곡선들이 점으로 변형(deform)되어야 한다(이는, 닫힌 곡선이 한 점에 머무는 상수함수와 호모토픽하다는 뜻이다). 그러나 이러한 사실은 Hawaiian earring X의 구성 상 x_0의 근방에서는 불가능하다. 따라서 X는 범피복공간을 가질 수 없다.

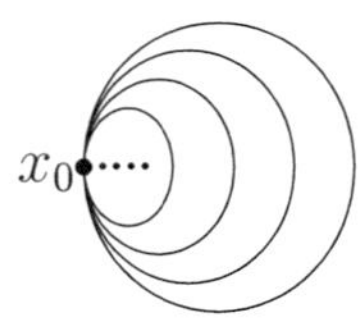

그림 5.9 Hawaiian earring

정의 5.14 위상공간 X의 임의의 점 $x \in X$에 대해서, 점 x의 근방 U가 존재하여, x를 바탕점으로 가지는 U상에서의 모든 닫힌 곡선이 X상에서 점 x로 축약될 수 있을 때(즉, 상수함수와 호모토픽 할 때), 위상공간 X를 **준국소적 단순연결공간**(semilocally simply connected)이라고 부른다. 즉, 포함함수 $i : U \to X$에서 유도되는 준동형함수 $i_* : \pi_1(U, x) \to \pi_1(X, x)$는 자명한 함수이다.

---

[21]Hawaiian earring을 식으로 표현하면,

$$X = \bigcup_{n=1}^{\infty} \left\{ (x, y) \in \mathbb{R}^2 \mid \left(x - \frac{1}{n}\right)^2 + y^2 = \left(\frac{1}{n}\right)^2 \right\}.$$

예를 들면, Hawaiian earring은 준국소적 단순연결공간이 아니다. 하지만 모든 곡면과 그래프는 준국소적 단순연결공간이다.

정리 5.19 공간 X가 준국소적 단순연결, 연결, 국소 경로적 연결공간이면, 위상공간 X는 범피복공간을 가진다.

증명: [22] (i) *집합 E와 함수 $p : E \to X$의 구성*: 점 $x_0 \in X$를 고정하고 x_0에서 시작하는 모든 유향곡선들의 집합

$$P(x_0, X) = \{\alpha \mid \alpha : I \to X\text{는 경로},\ \alpha(0) = x_0\}$$

를 생각하자. 집합 $P(x_0, X)$에서 두 곡선 α와 β에 대하여 만약 (i) $\alpha(1) = \beta(1)$이고 (ii) $\alpha \simeq \beta$ rel $\{0, 1\}$일 때 이들이 동치관계 $\alpha \sim \beta$에 있다고 하자. 이제 $E = P(x_0, X)/\sim$라 두고 함수

$$p : E \to X, \quad p([\alpha]) = \alpha(1)$$

로 정의하자. 여기서 $[\alpha]$는 $\sim$하의 α의 동치류(equivalence class)를 나타낸다.

(ii) *E상의 위상과 함수 $p : E \to X$*: E상의 위상에 대한 기저(basis)를 다음과 같이 정의하자. 임의의 $[\alpha] \in E = P(x_0, X)/\sim$와 $\alpha(1)$의 열린 근방으로서 단순연결인 임의의 집합 U에 대하여, 집합

$$\langle \alpha, U \rangle = \{[\alpha \cdot \beta] \mid \beta\text{는 } U\text{상의 유향곡선},\ \beta(0) = \alpha(1)\}$$

을 생각하자. (여기서 U는 $\alpha(1)$을 포함하고 준국소적 단순연결공간의 정의를 만족하는 $\alpha(1)$의 경로적 연결 근방이다.)

[22] 어렵게 생각되는 독자는 증명을 생략하고 정리를 받아 들여도 좋다. 정리를 읽는 독자는 범피복의 예 $\mathbb{R} \to S^1, t \mapsto e^{2\pi i t}$를 생각하며 읽으면 도움이 될 것이다.

이러한 $\langle \alpha, U \rangle$ 모양의 모든 집합이 E상의 어떤 위상공간의 기저(basis)가 됨을 보이기 위하여, $[\gamma] \in \langle \alpha, U \rangle \cap \langle \alpha', U' \rangle$라 하자. 이 때, W를 $\gamma(1)$의 열린근방으로서 $U \cap U'$의 단순연결인 부분집합을 택하자. 그러면

$$[\gamma] \in \langle \gamma, W \rangle \subset \langle \alpha, U \rangle \cap \langle \alpha', U' \rangle$$

이다. 따라서 $\langle \alpha, U \rangle$ 모양의 모든 집합은 E상의 위상을 정의하는 기저(basis)가 된다. 실제로 E상의 열린집합은 $\langle \alpha, U \rangle$ 모양의 집합들의 모든 가능함 합(union)이 된다. 또한, $p(\langle \alpha, U \rangle)$는 $p([\alpha])$를 포함하는 U의 경로 연결성분이기 때문에 $p : E \to X$는 연속이고 열린함수가 된다. X가 경로 연결공간이므로 p가 전사(surjection)가 됨은 당연하다.

(iii) *좌표근방의 구성:* 주어진 $x \in X$에 대해서, x를 바탕점으로 가지는 U에서의 임의의 닫힌 곡선이 X상에서 x로 줄어들 수 있는 x의 경로적 연결공간 근방 U를 선택하자. 그러면 $p^{-1}(U) = \bigcup_{[\alpha] \in p^{-1}(x)} \langle \alpha, U \rangle$이고, 이는 $p([\alpha]) = x$를 만족하는 $\langle \alpha, U \rangle$들의 공통부분이 없는 합집합(disjoint union)이기 때문에 U는 x의 좌표근방이 된다. 당연히, $p(\langle \alpha, U \rangle) = U$이다. 이 때 $p([\alpha \cdot \beta]) = p([\alpha \cdot \beta'])$이면, β와 β'는 동일한 양 끝점을 가지고, 따라서 U의 선택에 의해 $\beta \simeq \beta'$ rel $\{0, 1\}$이고, $[\alpha \cdot \beta] = [\alpha \cdot \beta']$이다. 따라서 p는 $\langle \alpha, U \rangle$에서 단사이고, 각 $\langle \alpha, U \rangle$에 대해서, $p|_{\langle \alpha, U \rangle} : \langle \alpha, U \rangle \to U$는 위상동형이 된다.

(iv) E는 *단순연결공간:* c_{x_0}를 점 x_0에 머무는 X상의 상수 경로의 동치류라 두자. 우리는 임의로 주어진 점 $[\alpha] \in E$를 E상의 경로

$$\alpha_s(t) = \alpha(st), \;\; \forall s, t \in I$$

에 의하여 c_{x_0}에 연결할 수 있다. 함수

$$\tilde{\alpha} : I \to E;\ \ s \mapsto [\alpha_s]$$

는 c_{x_0}에서 $[\alpha]$로의 E상의 경로임을 쉽게 알 수 있다. 따라서 E는 경로적 연결공간이다. 또한 정의에 의하여 α는 x_0에서 시작하는 X상의 유향곡선이며 $\tilde{\alpha}$는 $\alpha = \tilde{\alpha}(1)$의 올림함수이다. 끝으로, ω를 c_{x_0}에 바탕을 둔 E상의 임의의 닫힌 곡선이라고 두고 $\tau = p \circ \omega$라 하자. 그러면 τ는 X상에서 닫힌 곡선이다. 올림함수의 유일성에 의하여, $\omega = \tilde{\tau}$가 된다. 특별히 $\tilde{\tau}$는 닫힌 곡선이고, 따라서 $[\tau] = \tilde{\tau}(1) = \omega(1) = c_{x_0}$이다. 즉 $\tau \sim c_{x_0}$이고 호모토피-올림정리에 의하여 $\omega = \tilde{\tau} \sim c_{x_0}$이다. 따라서 E는 단순연결공간이다. □

따름정리 5.20 (1) 모든 곡면은 범피복공간을 가진다.

(2) 모든 연결그래프는 범피복공간을 가진다.

문제 5.22 (1) 평면 $\mathbb{R}^2$는 토러스 T와 Klein 병 K^2의 범피복공간이다. 이를 보여라.

(2) 2잎 bouquet B_2의 범피복공간을 구성하여라.

이제 이 절의 시작에서 주어진 물음으로 되돌아가 보자.

정리 5.21 공간 X가 준국소적 단순연결, 연결, 국소 경로적 연결공간일 때, $\pi_1(X, x_0)$의 임의의 부분군 H에 대하여, $p_*(\pi_1(E, e_0)) = H$를 만족하는 피복 $p : (E, e_0) \to (X, x_0)$가 존재한다.

증명: 위상공간 X의 범피복을 $p_0 : (E_0, \varepsilon_0) \to (X, x_0)$라고 하면 이는 정칙피복이고, 정리 5.15에 의하여, 피복 $p_0 : E_0 \to E_0/\mathbf{Aut}(E_0, p_0)$라고 가정할 수 있다.

이 경우, 정리 5.18에 의하여 기본군 $\pi_1(X, x_0)$와 피복변환군 $\mathrm{Aut}(E_0, p_0)$는 군 동형이다. 이 때, 군 동형함수 $\pi_1(X, x_0) \to \mathrm{Aut}(E_0, p_0)$; $[\alpha] \mapsto \varphi$는 (monodromy 작용을 따라) 다음과 같이 구성된다. $[\alpha] \in \pi_1(X, x_0)$에 대하여 $\tilde{\alpha}$를 점 ε_0에서 시작하는 α의 올림 경로라 하자. p_0가 정칙피복이므로, $\varphi(\varepsilon_0) = \tilde{\alpha}(1)$인 피복변환 $\varphi \in \mathrm{Aut}(E_0, p_0)$가 유일하게 존재한다. 이제 $[\alpha] \mapsto \varphi$가 우리가 구하는 군 동형함수 $\pi_1(X, x_0) \to \mathrm{Aut}(E_0, p_0)$이다(문제 5.20 참조).

이제 군 K를 군동형함수 $\pi_1(X, x_0) \simeq \mathrm{Aut}(E_0, p_0)$에서 H에 대응되는 $\mathrm{Aut}(E_0, p_0)$의 부분군이라 하자. 군 K가 $\mathrm{Aut}(E_0, p_0)$의 부분군이기 때문에, K는 E_0상에 진성 불연속으로 작용한다. 따라서 위상공간 $E = E_0/K$로 두면 사영함수 $\pi : E_0 \to E$는 피복이 된다. 한편, 함수 $p = p_0 \circ \pi^{-1} : E \to X$는 잘 정의된 연속함수가 되고 다음의 교환가능한 도형을 얻는다.

$$\begin{array}{ccc} E_0 & \xrightarrow{\quad\pi\quad} & E = E_0/K \\ {\scriptstyle p_0}\downarrow & \swarrow {\scriptstyle p} & \\ X \cong E_0/\mathrm{Aut}(E_0, p_0) & & \end{array}$$

이 때, (E_0, p_0)가 X의 피복공간이고 또한 (E_0, π)는 E의 피복공간임을 이용하여, (E, p)는 X의 피복공간이 됨을 보일 수 있다(문제 5.23 참조). 한 점 $e_0 = \pi(\varepsilon_0) \in p^{-1}(x_0)$를 고정하면, E의 구성과 위에서 기술한 군 동형함수 $\pi_1(X, x_0) \to \mathrm{Aut}(E_0, p_0)$; $[\alpha] \mapsto \varphi$에 의하여, $p_*(\pi_1(E, e_0)) = H$가 됨을 보일 수 있다. 예를 들면, 주어진 $[\alpha] \in H$에 대하여, $\tilde{\alpha}$를 점 ε_0에서 시작하는 (범피복 $p_0 : (E_0, \varepsilon_0) \to (X, x_0)$에서) α의 올림 경로라 하자. 그러면 대응 $H \leftrightarrow K$에 의하여 $\pi \circ \tilde{\alpha}$는 $E = E_0/K$에서 $e_0 = \pi(\varepsilon_0)$에 바탕을 둔 닫힌 경로가 된다. 즉, $[\alpha] \in p_*(\pi_1(E, e_0))$이다. 유사하게 $p_*(\pi_1(E, e_0)) \leq H$를 보일 수도 있다. □

문제 5.23 다음과 같이 주어진 위상공간 X, Y, Z와 연속인 함수 p, q, r의 교환 가능한 도형

$$\begin{array}{ccc} X & \xrightarrow{\ p\ } & Y \\ & {\scriptstyle q}\searrow \quad \swarrow{\scriptstyle r} & \\ & Z & \end{array}$$

에서, (X, p)가 Y의 피복이고 (X, q)가 Z의 피복일 때 (Y, r)은 Z의 피복이 됨을 보여라. 여기서 X, Y, Z는 연결(connected)이고, 국소 경로적 연결인 위상공간이다. (문제 5.3을 이용하여 실제로는 p, q, r 중 어느 두 함수가 피복이면 나머지 함수도 피복임을 보일 수 있다.)

위의 정리와 유사하게 다음 정리를 얻을 수 있다.

정리 5.22 함수 $p : (E, e_0) \to (X, x_0)$를 범피복이라 하자. 공간 (X, x_0)상에 또 다른 피복 $p' : (E', e_0') \to (X, x_0)$가 주어졌을 때 함수 p의 올림함수, 즉 피복 준동형함수(covering homomorphism) $\varphi : (E, e_0) \to (E', e_0')$가 존재한다. 이 때, 올림함수 $\varphi : (E, e_0) \to (E', e_0')$는 피복함수가 된다.

증명: 정리 5.12에 의하여 함수 p의 올림함수 $\varphi : (E, e_0) \to (E', e_0')$가 존재하며, 피복의 국소적 자명성에 의하여 φ도 피복함수가 된다(문제 5.3 이용). □

이제 위상공간 X의 피복공간의 분류를 위하여, 피복들 사이에 동형의 개념을 좀 더 명확히 해보자.

바탕점을 고려한(rooted) 두 피복 $p_i : (E_i, e_i) \to (X, x)$, $i = 1, 2$에 대하여, 만약

$$\begin{array}{ccc} (E_1, e_1) & \xrightarrow{\ \varphi\ } & (E_2, e_2) \\ & {\scriptstyle p_1}\searrow \quad \swarrow{\scriptstyle p_2} & \\ & (X, *) & \end{array}$$

를 교환가능하게 하는 위상동형 함수 $\varphi : (E_1, e_1) \to (E_2, e_2)$가 존재하면, 두 피복은 바탕점을 고려한 피복으로서 동형(rootedly equivalent)이라고 말한다. 여기에서 바탕점을 무시하였을 때, 두 피복은 *바탕점을 고려하지 않은(unrooted)* 피복으로서 동형(unrootedly equivalent)이라 하자. 다시 말하면, 바탕점을 고려하지 않은 피복으로서 동형은 앞서 정의 5.4에서 정의된 피복동형(covering isomorphic, 被服同形), 즉

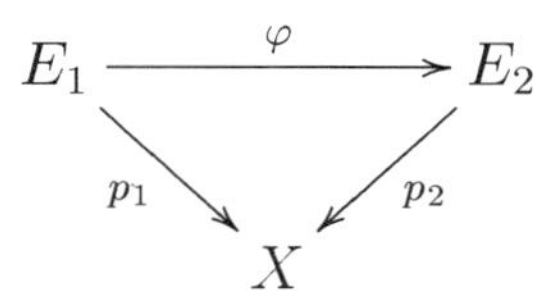

를 교환가능하게 하는 위상동형함수 $\varphi : E_1 \to E_2$가 존재하는 것을 말한다.

정리 5.23 [피복의 분류정리] 공간 X가 준국소적 단순연결, 연결, 국소 경로적 연결공간이라 하자. 그러면

(1) *바탕점 x_0를 고려한 피복으로서* X상의 연결인 피복 동형류의 개수
  $=$ 기본군 $\pi_1(X, x_0)$의 부분군들의 개수이고,

(2) *바탕점을 고려하지 않은 피복으로서* X상의 연결인 피복의 동형류 개수
  $=$ 기본군 $\pi_1(X, x_0)$의 부분군들의 켤레류(conjugacy class)의 개수

이다.

증명: (1) 바탕점을 고려한(rooted) 피복에서 부분군을 대응시키는 함수

$$[\text{피복 } p : (E, e_0) \to (X, x_0)] \quad \mapsto \quad [p_*(\pi_1(E, e_0))]$$

는 잘 정의된 단사함수(injection)가 됨은 정리 5.11에서 보였고, 또한 이는 전사함수(surjection)가 됨을 정리 5.21에서 보였다.

(2) 바탕점을 고려하지 않은(unrooted) 피복에서 부분군을 대응시키는 함수

$$[\text{피복 } p : E \to X] \quad \mapsto \quad [\{p_*(\pi_1(E, e)) \mid e \in p^{-1}(x_0)\}],$$

(여기서 점 $x_0 \in X$는 임의로 고정됨)는 정리 5.7 혹은 정리 5.11에 의하여 주어진 피복 $p : E \to X$에서 바탕점을 움직일 때 대응되는 부분군들은 $\pi_1(X, x_0)$에서 한 켤레류(conjugacy class)를 이룬다. 따라서 우리가 원하는 일대일 대응관계를 얻을 수 있다. □

위 피복의 분류정리 5.23에서의 일대일 대응에서, 주어진 공간 X상에서 바탕점을 고려한 피복으로서 연결인 *정칙피복(regular covering)*의 동형류는 기본군 $\pi_1(X, x_0)$의 *정규부분군(normal subgroup)*에 대응되고, 특별히 범피복은 자명한 군에, 자명한 피복 $id : X \to X$는 전체부분군 $\pi_1(X, x_0)$에 각각 대응된다.[23]

Fibre $p^{-1}(x)$상에 기본군 $\pi_1(X, x)$의 monodromy 작용에 의하여, 집합 $p^{-1}(x)$와 집합 $\pi_1(X, x)/p_*\pi_1(E, \tilde{x})$ 사이에는 일대일 대응관계가 있음을 알고 있다. 따라서 다음의 정리를 얻는다.

따름정리 5.24 위상공간 X상에서 연결이고 n-겹인 *바탕점을 고려하지 않은(unrooted)* 피복동형류들과 기본군 $\pi_1(X, x_0)$의 index n인 부분군들의 켤레류들 사이에 일대일 대응관계가 있다.

마지막으로 지금까지 거론된 대응관계를 이용하여, 실제적으로 피복의 동형류의 개수나 주어진 기본군의 부분군의 개수를 찾는 계수문제(計數問題)를 살펴보자.

---

[23] 정칙피복을 때로는 Galois 피복, 피복변환군을 때로는 Galois 군이라고도 부른다. 이는 정칙피복의 동형류와 기본군의 정규부분군의 대응관계가 대수학 field 이론에서의 Galois정리, 즉 주어진 field extension의 subextension과 주어진 field extension의 Galois군의 부분군의 대응관계와 유사함에 기인한다.

하지만, 주어진 군의 부분군이나 이들의 켤레류의 개수를 찾는 것은 일반적으로 대수학이나 군론에서 쉽게 다룰 수 있는 문제는 아니다.

이 문제는 바탕공간이 그래프일 때 다음과 같이 알려져 있다. 연결인 그래프 G의 기본군은 rank $\beta(G)$인 자유군이다. $\mathcal{F}(\beta)$를 $\beta = \beta(G)$개의 원소에 의하여 생성되는 자유군이라 하고 $\mathcal{S}_{\mathcal{F}(\beta)}(n)$을 $\mathcal{F}(\beta)$의 index n인 부분군들의 개수라 하면, 이 수는 G의 연결이고 *바탕점을 고려한(rooted)* n-겹 피복동형류의 개수와 동일하다. 이 수는 군론학자 M. Hall에 의하여 다음의 점화식(recursive formula)[24]으로 알려졌다. $\mathcal{S}_{\mathcal{F}(\beta)}(1) = 1$는 자명하고

$$\mathcal{S}_{\mathcal{F}(\beta)}(n) = n(n!)^{\beta-1} - \sum_{j=1}^{n-1} ((n-j)!)^{\beta-1}\, \mathcal{S}_{\mathcal{F}(\beta)}(j) \qquad (5.1)$$

이다.

초기의 값 n과 β에 대하여 수 $\mathcal{S}_{\mathcal{F}(\beta)}(n)$는 표 5.1[25]을 참조하여라.

주어진 연결 그래프 G상에서 연결이고 *바탕점을 고려하지 않은(unrooted)* n-겹 피복의 동형류의 개수를 $\mathrm{Isoc}(G; n)$이라고 쓰자. 그러면 $\mathrm{Isoc}(G; n)$은 rank $\beta(G)$인 자유군의 index n 부분군들의 켤레류(conjugacy class)의 개수와 일치한다.

이 수는 다음과 같이 알려져 있다.[26]

---

[24] M. Hall, Jr., *Subgroups of finite index in free groups*, Canadian J. Math. **1**(1949), 187-190에서 증명됨.

[25] 각종 계수문제(計數問題)의 답은 종종 수열(sequence)로 나타난다. 수학에서 나타나는 각종 수열에 대하여는 AT&T Research에서 관리하는 database인 The On-Line Encyclopedia of Integer Sequences: http://www.research.att.com/~njas/sequences/를 방문하여 누구나 이용할 수 있다. 표 5.1도 여기서 확인할 수 있다.

[26] V. Liskovets, *On the enumeration of subgroups of a free group*, Dokl. Akad. Nauk

$\beta(G)$	1	2	3	4	5	6
$n=1$	1	1	1	1	1	1
$n=2$	1	3	7	15	31	63
$n=3$	1	13	97	625	3841	23233
$n=4$	1	71	2143	54335	1321471	31817471
$n=5$	1	461	68641	8563601	1035045121	124374986561
$n=6$	1	3447	3011263	2228419359	1611152548351	1160799620549247

표 5.1 초기의 값 n과 β에 대한 수 $\mathcal{S}_{\mathcal{F}(\beta)}(n)$

정리 5.25

$$\mathrm{Isoc}(G;n) = \frac{1}{n}\sum_{m|n}\mathcal{S}_{\mathcal{F}(\beta)}(m)\sum_{d|\frac{n}{m}}\mu\left(\frac{n}{md}\right)d^{(\beta-1)m+1},$$

여기서 $\beta=\beta(G)$이고 $\mu(n)$는 수론에서의 Möbius 함수[27]이다.

초기의 값 n과 $\beta(G)$에 대한 수 **Isoc** $(G;n)$는 표 5.2를 참조하여라.

BSSR. **15**(1971), 6-9에서 증명됨. 이와 같이 수학의 각 분야를 계수문제(計數問題)에 관심을 두고 연구하는 것은 좋은 연구방법 중 하나이다.

[27]*Möbius* 함수 $\mu:\mathbb{Z}^+\to\{-1,0,1\}$는

$$\mu(n)=\begin{cases}1 & n=1\text{일 때},\\ 0 & p^2|n\text{인 소수(prime) } p\text{가 존재할 때},\\ (-1)^r & n=p_1p_2\cdots p_r\text{가 서로 다른 } r\text{개의 소수(prime) } p_i\text{의 곱일 때}\end{cases}$$

로 정의된다. 한편, μ는 multiplicative 함수이고

$$\sum_{d|n}\mu(d)=\begin{cases}1 & n=1\text{일 때},\\ 0 & n>1\text{일 때}\end{cases}$$

를 만족한다. 여기서 $d|n$은 d가 n의 (양수의) 약수임을 말한다.

$\beta(G)$	1	2	3	4	5	6
$n=1$	1	1	1	1	1	1
$n=2$	1	3	7	15	31	63
$n=3$	1	7	41	235	1361	7987
$n=4$	1	26	604	14120	334576	7987616
$n=5$	1	97	13753	1712845	207009649	24875000437
$n=6$	1	624	504243	371515454	268530771271	193466859054994

표 5.2 초기의 값 n과 $\beta(G)$에 대한 수 **Isoc** $(G;n)$

문제 5.24 M. Hall의 공식 (5.1)의 증명을 시도해 보아라.

문제 5.25 2잎 bouquet G의 기본군은 두 개의 루프에 의하여 생성된 자유군임을 예제 4.5에서 보았다.

(a) bouquet G의 *바탕점을 고려한* 2-겹 혹은 3-겹인 피복의 동형류 개수는 각각 3개, 13개이다(표 5.1 참조). 하지만 *바탕점을 고려하지 않은* 피복의 동형류 개수는 각각 3개, 7개이다(표 5.2 참조). 이들을 가능한 많이 구성하여라.

(b) bouquet G의 피복 중 정칙피복의 예와 정칙피복이 아닌 예를 구하여라.

(c) bouquet G의 피복 중 그래프로는 동형(isomorphic)이지만 피복으로는 동형(isomorphic)이 아닌 예를 찾아라.

5.10 분지된 피복공간을 분류하고 計數해 보자

이 절에서는[28] 앞 절에서 다룬 피복공간의 분류와 計數문제를 확장하여 분지된

[28]독자들의 분별에 따라 이 절은 생략하여도 좋다. 앞 절에서 다룬 計數문제를 어떻게 확장하고 어떤 수학문제가 있는지 소개하는 데 목적이 있다.

피복공간에서 동일한 문제를 다루고자 한다. 우선 피복개념을 확장하여 분지된 피복공간을 소개해보자.

복소함수론에서는 ∞를 하나의 복소수로 간주하는 경우가 종종 있다. 복소평면에 무한원점 ∞를 추가한 확장된 복소평면은 stereographic projection에 의하여 구면 S^2와 위상적으로 동형인 곡면이다. 두 곡면 $\tilde{S}$와 S를 ∞를 추가점으로 갖는 확장된 복소평면이라고 하자. 복소함수 $p : \tilde{S} \to S$를 $p(z) = z^3$으로 정의하면, $p(re^{i\theta}) = r^3 e^{3i\theta}$가 되어, p는 복소평면을 원점을 중심으로 세 번 감싸는 함수이다. 이 때, 점 0와 ∞만이 함수 p의 고정점(fixed point)이 된다. 그리고 곡면에서 0와 ∞점을 제외한 부분공간으로 제한된 함수 $p|_{\tilde{S}-\{0,\infty\}} : \tilde{S}-\{0,\infty\} \to S-\{0,\infty\}$는 3-겹의 피복함수가 되지만 여기에 0와 ∞ 중 어느 한 점이라도 추가하면 피복 정의의 국소적 자명성(local triviality)를 만족하지 않아서 p는 피복함수가 될 수 없다. 우리는 이 함수를 0와 ∞를 분깃점(branch point)으로 가지는 **분지된 피복(branched covering)**이라고 부른다.

분지된 피복을 다룰 본 절에서는 별도로 기술하지 않는 모든 위상공간은 닫힌 곡면이라고 하고 곡면의 피복 혹은 분지된 피복만 다루기로 하자[29].

정의 5.15 곡면에서 연속인 전사함수 $p : \tilde{S} \to S$를 생각하자. 만약 곡면 S상의 유한부분집합 B가 존재하여 구멍난 곡면 $\tilde{S} - p^{-1}(B)$에서 구멍난 곡면 $S - B$로의 전사함수

$$p|_{\tilde{S}-p^{-1}(B)} : \tilde{S} - p^{-1}(B) \to S - B$$

가 피복함수가 되면 우리는 함수 $p : \tilde{S} \to S$를 **분지된 피복(branched covering)**이라고 부른다. 국소적으로 피복함수가 될 수 없는 유한점들의 집합 B를 **분깃점 집합 (branch set)**이라 한다. 분깃점 집합 B의 p에 의한 역상 $p^{-1}(B)$의 각 점들을 **원상분깃점**이라고 부른다. 원상분깃점 z의 **위수(order)**가 m이라는 것은 z의

[29]곡면이 아닌 위상공간의 분지된 피복 이론은 다른 교재를 참조하기 바란다.

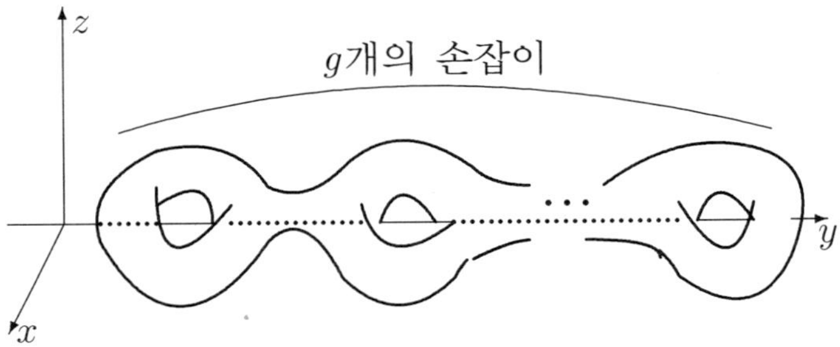

그림 5.10 3차원 상에 매장된 곡면 S_g

작은 근방에서 함수 p가 m대일 (m to 1)일 때를 말한다[30]. 만약에 S가 연결곡면이라면, S상의 분깃점이 아닌 모든 점 z에 대해서 $p^{-1}(z)$의 원소의 수는 항상 같게 되고, 이 값을 분지피복의 **이불 겹(sheet)들의 개수**라고 한다. 분깃점 $b \in B$에 대한 원상분깃점 집합 $p^{-1}(b)$의 원소의 개수는 분지피복의 이불 겹들의 개수보다는 작기 때문에 이 부족한 량을 b의 **결손량(deficiency)**이라 하고 def(b)로 표기한다. 즉, n이 분지피복의 겹들의 개수라고 한다면, def(b)= $n - |p^{-1}(b)|$가 된다.

n-겹의 분지된 피복 $p : \tilde{S} \to S$에서 $b \in B$를 하나의 분깃점이라고 하고 이의 fibre를 $p^{-1}(b) = \{z_1, z_2, \ldots, z_k\}$이라고 하자. 그리고 원상분깃점 z_j의 위수(order)를 m_j라 할 때 $n = \sum_{j=1}^{k} m_j$가 되고 결손량 def(b)는 $n - k$이다. 이때, 겹(sheet)의 개수 n의 자연수 분해인 $n = \sum_{j=1}^{k} m_j$를 분깃점 b의 **분지된 모양(branch type)**이라고 부른다.

서론에서 예로 든 확장된 복소평면에 대한 세 겹의 분지된 피복 함수의 경우에 분깃점 집합은 $\{0, \infty\}$이고, 이 점들의 결손량은 각각 2가 된다. 그리고 점 0와 ∞의 원상은 각각 $0, \infty$가 되어서 원상분깃점의 위수는 3이 된다.

[30]이때, 원상분깃점 z의 근방에서 사영함수 p는 위상적으로 복소함수 $z \mapsto z^m$과 위상적으로 일치한다.

예제 **5.23** g개의 손잡이를 가진 방향을 줄 수 있는 곡면 S_g가 그림 5.10과 같이 3차원 공간상에 매장되었다고 하자. 이 매장에서 우리는 분명히 이 곡면상에 군 $\mathbb{Z}_2$의 작용이 존재함을 알 수 있다. 이 작용의 비항등원인 원소는 y축을 따라서 π만큼 회전하는 것이다. 이 때, 이 작용은 S_g상에서 $2+2g$개의 고정점을 가진다. 이 작용에 의한 곡면 S_g의 상공간은 구면과 위상적 동형이 됨을 알 수 있다. 더욱이 곡면 S_g에서 이 상공간으로의 함수는 $2+2g$개의 분깃점을 갖는 피복이 됨을 알 수 있다.

위 예제를 확장하여 다음의 Alexander 정리를 증명없이 소개한다[31].

정리 **5.26 (Alexander)** 방향을 줄 수 있는 모든 닫힌 곡면 S는 구 S^2의 분지된 피복공간으로 나타난다. 그리고, 방향을 줄 수 없는 모든 닫힌 곡면 N_k는 사영평면 P^2의 분지된 피복공간으로 나타난다.

함수 $p:\tilde{S}\to S$를 분깃점 집합 B를 가지는 분지된 피복이라고 하자. 그러면 피복곡면 $\tilde{S}$와 바탕곡면 S 각각의 Euler 표수(characteristic, 標數)의 관계는 다음과 같이 주어진다. (증명은 Euler-Poincaré 정리(3)인 정리 3.4를 이용하고 그래프의 피복 구조를 생각하면 가능하지만 여기서는 생략하기로 한다.)

정리 **5.27 (Riemann-Hurwitz 식)** 함수 $p:\tilde{S}\to S$가 분깃점 집합 B를 가지는 분지된 곡면 피복이면

$$\chi(\tilde{\mathcal{S}}) = n\cdot\chi(\mathcal{S}) - \sum_{b\in B}\operatorname{def}(b);\quad \operatorname{def}(b) = n - \left|p^{-1}(b)\right|$$

이다.

[31] J. W. Alexander, Note on Riemann spaces, Bull. Amer. Math. Soc. 26 (1920), 370–372. 참조.

분깃점이 없는 즉, $B = \emptyset$인 n-겹 피복에서는 $\chi(\tilde{\mathcal{S}}) = n \cdot \chi(\mathcal{S})$를 얻게 된다. 따라서

(1) 만약 $p : \mathbb{S}_k \to \mathbb{S}_h$가 n-겹 피복이면 $k = n(h-1)+1$이고,

(2) 만약 $p : N_k \to N_h$가 n-겹 피복이면 $k = n(h-2)+2$이다.

이제 곡면의 분지된 피복에 대한 분류와 計數문제를 생각해 보자.

함수 $p : \tilde{S} \to S$를 n-겹의 임의의 분지된 피복이라고 하자. 여기에서 곡면 $\tilde{S}$는 연결되지 않은 곡면이라도 좋다. B를 분깃점 집합이라고 하고 fibre $p^{-1}(*)$를 집합 $\{1, 2, \ldots, n\}$과 동일시하고 $\mathbb{S}_n$을 이 집합의 대칭군이라고 하자. 주어진 분지된 피복함수 p를 집합 $\tilde{S} - p^{-1}(B)$에 제한한 함수 $p|_{\tilde{S}-p^{-1}(B)} : \tilde{S} - p^{-1}(B) \to S - B$는 분깃점이 없는 피복함수가 된다. 군 준동형함수

$$H_p : \pi_1(S - B, *) \to \mathbb{S}_n$$

를 이 피복에서의 기본군 $\pi_1(S - B, *)$의 monodromy 작용이라고 하자.

A. Hurwitz는 1891-1902년 위의 역이 성립함을 보이고 특수한 경우에 분지된 피복을 計數하는 데 성공하였다. 상세히 말하면 임의로 주어진 군 준동형함수 $H : \pi_1(S - B, *) \to \mathbb{S}_n$에 대하여 언제나 이를 monodromy 작용으로 가지는 n-겹의 분지된 피복을 구성할 수 있음을 보였다. 그리고 모든 n-겹의 분지된 피복의 분류는 Hurwitz 계들의 분류에 의해서 이루어진다는 사실도 보였다.

실제로 Hurwitz는 (1891년) 다음을 보였다.

정리 5.28 (1) (**Hurwitz의 존재성 정리**) 닫힌 곡면 S안에 있는 점들의 유한 집합 B와 군 준동형함수 $H : \pi_1(S - B, *) \to \mathbb{S}_n$에 대하여 $\pi_1(S - B, *)$의 monodromy 작용은 $H_p = H$이면서 B에 포함되는 분깃점 집합을 갖는 n-겹의 분지된 피복 $p : \tilde{S} \to S$가 존재한다.

(2) (**Hurwitz의 분류정리**) 두 개의 n-겹의 분지된 피복 $p_i : \tilde{S}_i \to S$, $(i = 1, 2)$이 *바탕점을 고려하지 않은(unrooted) 피복으로* 동형이 될 필요충분조건은 대칭군 $\mathbb{S}_n$의 내부자기동형함수(inner automorphism)를 modulo로 $H_{p_1} : \pi_1(S - B_1, *) \to \mathbb{S}_n$과 $H_{p_2} : \pi_1(S - B_2, *) \to \mathbb{S}_n$가 같아진다는 것이다. 즉, $H_{p_2} = \sigma^{-1} H_{p_1} \sigma$를 만족하는 치환 $\sigma \in \mathbb{S}_n$가 존재한다는 것이다. 여기서, 각각의 $i = 1, 2$에 대해서 B_i는 p_i의 분깃점 집합을 나타낸다.

Hurwitz 計數식: Hurwitz는 1891-1902년의 연구를 통하여 다음의 특수한 경우에 닫힌 곡면 S의 n-겹 분지피복의 計數식을 구하였다.

(1) 바탕 곡면은 구면 S^2, 즉 확장된 복소평면 $S^2 = \mathbb{C} \cup \{\infty\}$이고,

(2) 분깃점 중 단 한 개의 분깃점에서만 (흔히 점 ∞의) 분지된 모양이 n의 자연수 분해 $n = \sum_{j=1}^{k} m_j$로 임의로 주어지고 나머지 모든 분깃점 b에서는 가장 단순한 형의 분지된 모양인 자연수 분해 $n = 2 + 1 + 1 + \cdots + 1$이 되어 $p^{-1}(b)$의 단 한 개의 원상분깃점에서만 p가 국소적으로 $z \mapsto z^2$와 같다고 하자.

위 두 조건을 만족하는 구면 S^2상의 n-겹의 분지된 피복의 (*바탕점을 고려하지 않은(unrooted)*) 동형류의 개수는

$$h_{0,n} = \frac{(n+k-2)!}{|\mathrm{Aut}(\mu)|} \prod_{i=1}^{k} \frac{m_i^{m_i}}{m_i!} n^{k-3}, \qquad n = \sum_{j=1}^{k} m_j$$

이다. 여기서 μ는 (점 ∞의) 분지된 모양을 나타내는 자연수 n의 분해 $n = \sum_{j=1}^{k} m_j$를 의미하며 $\mathrm{Aut}(\mu)$는 다음과 같다: 대칭군 $\mathbb{S}_n$에 속하는 치환(permutation) μ로서 이를 cycle로 분해하여 $\mu = (\cdots)(\cdots)\cdots(\cdots)$로 나타낼 때, 여기서 나타나는 cycle의 길이가 $m_1, m_2, \ldots, m_k$이라고 하자. 이 때

Aut(μ)는

$$\mathrm{Aut}(\mu) = \{\varphi \in \mathbb{S}_n \mid \varphi\mu = \mu\varphi\},$$

즉 μ의 centralizer로 정의된다. (|Aut(μ)|를 구하는 일반식은 제5장 연습문제 16 참조.)

문제 5.26 분깃점 ∞에서 분지된 모양을 나타내는 자연수 n의 분해가 $n = n$으로 μ가 $\mu = (1\ 2\ \cdots\ n)$과 같이 단 한 개의 full cycle로 나타날 때 $h_{0,n} = n^{n-3}$임을 보여라.

실제로 Hurwitz는 위 計數식을 1891년에는 조합적 방법으로, 1902년에는 군(표현)론을 이용한 새로운 방법으로 구하였다. 이 計數식을 시작으로 수학자들은 다음의 計數문제에 도전하고 있다.

일반화된 Hurwitz 計數문제: *곡면 S를 g개의 손잡이를 가지는 방향을 줄 수 있는(orientable) 곡면 S_g, 또는 g개의 crosscap(고깔)을 가지는 방향을 줄 수 없는(nonorientable) 곡면 N_g라 하자. 그리고 $B \subset S$를 유한 부분 집합이라고 하자. 이제 각 자연수 n에 대하여 곡면 S상에서 B를 분깃점 집합으로 가지는 n-겹의 분지 피복의 (바탕점을 고려하지 않은) 동형류의 개수를 구하여라.*

더불어 각 분깃점 $b \in B$의 분지된 모양(branch type)이 미리 주어져 있을 때, 이를 만족하는 분지 피복의 동형류의 개수를 구하여라.

Hurwitz 計數문제는 아직 일부의 경우에만 답이 알려진 세기에 걸친 미해결 문제이며 많은 관련 연구가 현재도 계속되고 있다. 독자들의 이해와 정보를 위하여 관련 참고문헌 일부를 소개하는 것으로 본 절을 마친다[32].

[32]저자의 선택에 중요 논문이 빠져 있을 수 있다. 최근 논문을 중심으로 선별하였다.

(1891) A. Hurwitz, Über Riemann'sche Flächen mit gegebenen Verzweigungspunkten, Math. Ann., 39, 1–61 (1891).

(1902) A. Hurwitz, Über die Anzahl der Riemann'sche Flächen mit gegebenen Verzweigungspunkten, Math. Ann., 55, 51–60 (1902).

(1984) A.D. Mednykh, Nonequivalent coverings of Riemann surfaces with a prescribed ramification type, Siber. Math. J., 25, 606–625 (1984).

(1999) T. Ekedahl, S.K. Lando, M. Shapiro, A. Vainshtein, On Hurwitz numbers and Hodge integrals, C.R. Acad. Sci. Paris Ser I Math., 328, 1175–1180 (1999).

(2000) A. Okounkov, Toda equations for Hurwitz numbers, Math. Res. Lett. 7, 447–453 (2000).

(2001) T. Ekedahl, S.K. Lando, M. Shapiro, A. Vainshtein, Hurwitz numbers and intersections on moduli spaces of curves, Invent. Math., 146, 297–327 (2001).

(2001) I.P. Goulden, D.M. Jackson, R. Vakil, The Gromov-Witten potential of a point, Hurwitz numbers, and Hodge integrals, Proc. London Math. Soc. (3), 83, 563–581 (2001).

(2003) T. Graber, R. Vakil, Hodge integrals and Hurwitz numbers via virtual localization. Compositio Math. 135 (2003), no. 1, 25–36.

(2004) S.K. Lando, A.K. Zvonkin, Graphs on surfaces and their applications, Springer (2004).

(2005) I.P. Goulden, D.M. Jackson, R. Vakil, Towards the geometry of double Hurwitz numbers. Adv. Math. 198 (2005), no. 1, 43–92.

(2006) A. Okounkov, R. Pandharipande, Gromov-Witten theory, Hurwitz theory, and completed cycles, Ann. of Math. (2), 163, 517–560 (2006).

(2007) S. K. Lando, D. Zvonkine, Counting Ramified Coverings and Intersection Theory on Spaces of Rational Functions I (Cohomology of Hurwitz Spaces), Moscow Math. J., 7 (1), 85–107 (2007).

(2008) S. K. Lando, Combinatorial facets of Hurwitz numbers (pp. 109–131), In Applications of group theory to combinatorics. Edited by J. Koolen, J. H. Kwak and M.Y. Xu. CRC Press, Boca Raton, FL, 2008.

(2008) J. H. Kwak, J. Lee, A. Mednykh, Coverings, enumeration and Hurwitz problems (pp. 71–107); In Applications of group theory to combinatorics. Edited by J. Koolen, J. H. Kwak and M.Y. Xu. CRC Press, Boca Raton, FL, 2008.

(2009) A. Okounkov, R. Pandharipande, Gromov-Witten theory, Hurwitz numbers, and matrix models, Algebraic geometry—Seattle 2005. Part 1, pp. 325–414, Proc. Sympos. Pure Math., 80, Part 1, Amer. Math. Soc., Providence, RI, 2009.

(2009) J. H. Kwak, J. Lee, Enumerating coverings. Topics in topological graph theory, pp. 181–198, Encyclopedia Math. Appl., 128, Cambridge Univ. Press, Cambridge, 2009.

저자는 머리말에서 "수학을 공부하는 가장 좋은 방법은 알려진 결과를 답습함에 그치는 것이 아니라, 이와 병행하여 스스로 문제를 차분히 만들고 풀이를 시도하는 것이다."라고 제시하였다.

이제 위에서 다룬 피복의 계수문제(計數問題)를 배우면서 독자들은 어떠한 새로운 문제를 혹은 질문을 만들 수 있는가? 어러분 스스로의 문제를 특수한 경우부터 차분히 풀이를 시도해 볼 수 있을 것이다. 풀이의 열쇠를 찾으면서 수학의 묘미도 느낄 수 있으면 더욱 좋을 것이다.

5.11 Borsuk-Ulam 정리

지금까지 공부한 내용의 응용으로 Borsuk-Ulam 정리를 소개한다. 우선, 임의의 두 자연수 $n > m$에 대하여 m차원 구 S^m은 S^n의 부분공간으로 볼 수 있다. 따라서 $f(-x) = -f(x)$를 만족하는 함수 $f : S^m \to S^n$은 항상 존재한다(예를 들면, 포함함수는 이를 만족한다). 하지만 n, m의 위치가 바뀌면 이는 불가능하다는 것이 Borsuk-Ulam 정리이다.

정리 5.29 [Borsuk-Ulam 정리][33] $n > m \geq 0$일 때 모든 $x \in S^n$에 대해서 $f(-x) = -f(x)$를 만족하는 연속함수 $f : S^n \to S^m$는 존재하지 않는다.

증명: $n = 1$일 때는 당연하다. $n > 2$인 경우의 증명은 이 책에서 다루는 내용 이상의 호몰로지(homology) 지식을 필요로 하기 때문에 생략하기로 하고,[34] $n = 2$인 경우에만 기본군을 이용하여 정리를 증명하기로 한다. 모든 $x \in S^2$에 대해서 $f(-x) = -f(x)$를 만족하는 함수 $f : S^2 \to S^1$가 존재한다고 가정하고 모순을 유도해 보자. 가정에 따라 다음과 같은 교환가능한 도형을 얻는다.

[33] Poland 수학자 S.M. Ulam(1909-1986)에 의하여 문제가 제기되고 K. Borsuk(1905-1982, Poland)에 의하여 증명되었으며, "The Antipodal 정리"로 불린다. Ulam은 수학, 물리학, 전산학 등에서 많은 업적을 남겼으며 von Neumann과 더불어 컴퓨터의 사용을 주창한 초기 과학자이며 20세기의 핵에너지 활용 연구와 처음 핵폭탄을 만든 맨해튼 프로젝트에 참여한 수학자이기도 하다.

[34] 상세한 것은 E.H. Spanier, *Algebraic Topology*, Chelsea Publishing Co., New York, (1966)을 보라.

$$\begin{array}{ccc} S^2 & \xrightarrow{\ f\ } & S^1 \\ {\scriptstyle p}\downarrow & & \downarrow{\scriptstyle q} \\ P^2 & \xrightarrow{\ h\ } & P^1 \end{array}$$

여기서 p, q는 자연사영인 피복함수이고, 따라서 함수 $h = q \circ f \circ p^{-1} : P^2 \to P^1$는 잘 정의된 연속함수이다. $\pi_1(P^2) = \mathbb{Z}_2$이고 $\pi_1(P^1) = \mathbb{Z}$이기 때문에,

$$h_* : \pi_1(P^2) \to \pi_1(P^1)$$

는 자명한 상수함수 $h_* = 0$라야 한다. 이제 바탕점 $y_0 \in S^2$를 고정하고, y_0에서 시작하여 $-y_0$에서 끝나는 S^2상의 임의의 경로 α를 생각하자. (예를 들면 $(1,0,0)$에서 $(-1,0,0)$로의 적도선). 그러면 $h_* = 0$이기 때문에,

$$[q \circ f \circ \alpha] = [h \circ p \circ \alpha] = h_*([p \circ \alpha]) = 0$$

이다. 따라서 $q \circ f \circ \alpha \simeq c_{q(f(y_0))}$ rel $\{0,1\}$이다. 여기서 $c_{q(f(y_0))}$는 $q(f(y_0))$의 값을 가지는 상수함수이다. 이제 피복 $q : S^1 \to P^1$에 대하여 호모토피-올림정리를 적용하면, S^1상에서 $f \circ \alpha \simeq c_{f(y_0)}$ rel $\{0,1\}$이다. 즉 상수인 경로의 올림은 상수이어야 한다. 특히,

$$f(y_0) = f(\alpha(0)) = f(\alpha(1)) = f(-y_0).$$

이것은 가정 $f(-y_0) = -f(y_0)$에 모순이다. □

따름정리 **5.30** 연속함수 $g : S^2 \to \mathbb{R}^2$가 모든 $x \in S^2$에 대해 $g(-x) = -g(x)$를 만족하면 $g(x) = 0$를 만족하는 점 $x \in S^2$가 적어도 한 개 존재한다.

증명: $g(x) = 0$를 만족하는 점 $x \in S^2$가 존재하지 않는다고 가정하고, 함수 $g/||g|| : S^2 \to S^1$에 대하여 Borsuk-Ulam 정리를 이용하면 된다. □

따름정리 **5.31** 모든 연속함수 $h : S^2 \to \mathbb{R}^2$에 대해서, $h(x) = h(-x)$를 만족하는 점 $x \in S^2$가 적어도 한 개 존재한다.

증명: 함수 $g(x) = h(x) - h(-x)$에 대하여 따름정리 5.30를 이용하면 된다. □

따름정리 5.31에 따르면 지구의 표면 중 적어도 한 지점에서는 지구의 그 맞은편과 같은 기압과 같은 온도를 가지게 된다는 것을 알 수 있다. 여기서 우리는 지구 표면상에서 기압과 온도는 항상 연속적으로 변하고 있다고 가정하고 있다.

우리는 피복이론을 공부하여, 주어진 자유군의 부분군의 계수(計數), 혹은 부분군의 켤레류들의 계수(計數), Borsuk-Ulam 정리 등을 배웠다. 앞으로 다양한 수학 분야에서 기본군이나 피복이론에 관련된 응용을 만날 수 있을 것이다. 저자 역시 독자들이 이러한 만남을 많이 가질 수 있기를 기대하며 본 교재를 마친다.[35]

5.12 연습문제

(1) 함수 $p_1 : E_1 \to X_1$와 $p_2 : E_2 \to X_2$이 피복함수이면,

$$p_1 \times p_2 : E_1 \times E_2 \to X_1 \times X_2$$

[35] 본 교재를 마친 독자들에게 저자로서 감사 인사를 남기며, 동시에 완독한 것을 축하한다.

는 피복함수가 됨을 보여라.

(2) 두 위상공간 $E = \{(x, y) \in \mathbb{R}^2 \mid x$ 또는 y는 정수$\}$, $X = \{(z_1, z_2) \in S^1 \times S^1 \mid z_1 = 1$ 또는 $z_2 = 1\}$에 대하여 다음과 같이 정의된 함수

$$p : E \to X,\ \ (x, y) \mapsto (\exp(2\pi ix), (\exp(2\pi iy))$$

는 피복함수임을 보여라.

(3) (a) 토러스 $T = S^1 \times S^1$상에 고정점이 없는 $\mathbb{Z}_2$ 작용을 정의하여 이의 상공간 $T/\mathbb{Z}_2$가 Klein 병(Klein bottle) K^2가 되게 하여라. 이는 2겹 피복 $p : T \to K^2$를 만든다.

(b) 토러스 T상에 고정점이 없는 $\mathbb{Z}_2$ 작용을 정의하여 이의 상공간 $T/\mathbb{Z}_2$가 역시 토러스가 되게 하여라. 이는 2겹 피복 $p : T \to T$를 만든다.

(c) Klein 병(Klein bottle) K^2상에 고정점이 없는 $\mathbb{Z}_2$ 작용을 정의하여 이의 상공간 $K^2/\mathbb{Z}_2$가 역시 Klein 병(Klein bottle) K^2이 되게 하여라. 이는 2겹 피복 $p : K^2 \to K^2$를 만든다.

(d) 평면 $\mathbb{R}^2$상에 평행이동(translation)과 반사(reflection)으로 구성된 Aut$(\mathbb{R}^2)$의 부분군 $\mathcal{A}$로서 $\mathbb{R}^2/\mathcal{A}$가 Klein 병과 위상동형이 되게 하는 $\mathcal{A}$를 찾아라. 이는 범피복의 피복변환군이 된다.

(4) S_g를 g개의 손잡이를 가지는 방향을 줄 수 있는(orientable) 곡면이라고 할 때, 이중 피복 $p : S_3 \to S_2$를 구성하여라.

(5) S_g를 g개의 손잡이를 가지는 방향을 줄 수 있는(orientable) 곡면, N_g를 g개의 crosscap(고깔)을 가지는 방향을 줄 수 없는(nonorientable) 곡면이라 하자. 모든 값 $g \geq 1$에 대하여, S_{g-1}는 N_g의 이중 피복이 될 수 있음을 보여라.

(6) 함수 $p : (E, e_0) \to (X, x_0)$가 정칙피복일 때

$$\mathrm{Aut}(E, p) \cong \pi_1(X, x_0))/p_*\pi_1(E, e_0)$$

인가? 증명 혹은 반례를 들어라.

(7) 토러스 $T = S^1 \times S^1$의 모든 연결인 피복공간을 구성하여라.

(8) 위상공간 E가 경로적 연결공간이고, (E, p)를 X의 정칙피복공간이라 하자. 만일 σ가 X에서 닫힌 경로이면, σ의 올림함수는 모두 닫힌 경로이거나 또는 어느 것도 닫힌 경로가 아님을 보여라.

(9) 피복함수 $p : (E, e_0) \to (X, x_0)$가 위상동형함수일 필요충분조건은 $p_*(\pi_1(E, e_0)) = \pi_1(X, x_0)$임을 증명하여라.

(10) 구면 S^2, 토러스 $T = S^1 \times S^1$, 사영평면 P^2, Klein 병 K^2 각각의 범피복공간(universal covering)을 구성하여라.

(11) $\Delta = \{(x, x) \mid x \in \mathbb{R}^3\}$라 하고 $E = \mathbb{R}^3 \times \mathbb{R}^3 - \Delta$라 하자. 공간 E에서 동치관계 $(x, y) \sim (y, x)$에 대한 상공간 $X = E/\sim$와 위상공간 E의 기본군을 각각 계산하여라.

(12) n차원 공간 $\mathbb{R}^n$의 연결인 피복은 위상동형함수 $p : X \to \mathbb{R}^n$뿐임을 보여라. 이는 $\mathbb{R}^n$ 대신에 어떤 단순연결공간(simply connected)을 생각하여도 마찬가지이다. 특히 n차원 공간 $\mathbb{R}^n$와 구면 S^2의 범 피복은 항등함수 $id_{\mathbb{R}^n}$와 항등함수 id_{S^2}에 각각 피복동형이다. 이를 보여라. (힌트: 문제 5.19 참조)

(13) 다음의 닫힌 곡면들 사이의 피복관계를 보여라.

(1) 구면 S^2의 피복인 곡면은 구면 S^2 뿐이다.
(2) 토러스 T의 피복인 곡면은 토러스 뿐이다.
(3) Klein 병 K^2의 피복인 곡면은 토러스이거나 Klein 병 자신이다.

(14) 군 작용을 이용하기 위하여 때로는 그래프의 자기동형군(automorphism group)의 계산이 필요하다. 이러한 계산은 일반적으로 어려운 경우가 많지만 때로는 유한군을 이해하는 데 도움이 된다. 실제로 군론에서 유명한 simple군들이 그래프의 자기동형군으로 나타나고 있다. 다음을 증명하여라.

(a) $\text{Aut}(K_{m,n}) \cong \mathbb{S}_m \times \mathbb{S}_n$, ($m \neq n$일 때).

(b) $\text{Aut}(K_{n,n}) \cong \text{Aut}(\overline{K_{n,n}}) \cong \text{Aut}(K_n \cup K_n) \cong \mathbb{S}_2[\mathbb{S}_n]$. 여기서 $\mathbb{S}_2[\mathbb{S}_n]$는 두 군의 wreath 곱이다.[36]

(c) $\text{Aut}(K_n \cup \cdots \cup K_n) \cong \mathbb{S}_m[\mathbb{S}_n]$. 여기서 $K_n \cup \cdots \cup K_n$는 m개의 K_n들의 공통부분이 없는 합(disjoint union)이다.

(힌트: 집합 X에 작용하는 치환군 $\mathcal{A}$와 집합 Y에 작용하는 치환군 $\mathcal{B}$에 대하여 두 군의 wreath 곱 $\mathcal{A}[\mathcal{B}]$는 다음과 같이 정의된다.[37] 먼저 $X = \{x_1, \ldots, x_n\}$라 두고, 두 군의 **wreath 곱** $\mathcal{A}[\mathcal{B}] = \{(a; b_1, b_2, \ldots, b_n) \mid a \in \mathcal{A}, b_i \in \mathcal{B}\}$를 곱집합 $X \times Y$에 다음과 같이 작용하는 군으로 정의한다. 곱집합 $X \times Y$의 임의의 원소 (x_i, y)에 대하여 $(a; b_1, b_2, \ldots, b_n)(x_i, y) = (ax_i, b_i y)$로 작용한다. 이는 집합 X를 집합 $\{1, 2, \ldots, n\}$과 동일시하면 $(a; b_1, b_2, \ldots, b_n)(i, y) = (a(i), b_i y)$로 표현된다. 즉,

$$(a; b_1, \ldots, b_n) \cdot (a'; b'_1, \ldots, b'_n) = (aa'; b_{a'(1)}b'_1, \ldots, b_{a'(n)}b'_n)$$

로 정의된다. 한편, $|\mathcal{A}[\mathcal{B}]| = |\mathcal{A}||\mathcal{B}|^n$이다.)

(15) 순환군 $\mathbb{Z}_n$에 대하여, $\text{Aut}(G) \cong \mathbb{Z}_n$이 되는 그래프 G를 구성하여라.

(16) 임의로 주어진 대칭군 $\mathbb{S}_n$의 원소 $\mu \in \mathbb{S}_n$에 대하여 $\text{Aut}(\mu)$는

$$\text{Aut}(\mu) = \{\varphi \in \mathbb{S}_n \mid \varphi\mu = \mu\varphi\},$$

즉 μ의 centralizer로 정의된다. 대칭군 $\mathbb{S}_7$의 원소 $\mu = (1\ 2\ 3)(4\ 5)(6\ 7)$에

---

[36]**정의** 그래프 G의 *complement*는 G와 같은 꼭짓점 집합을 가지는 그래프 $\overline{G}$로서 임의의 두 꼭짓점 u, v에 대하여, u, v가 $\overline{G}$의 변이 될 경우는 u, v가 G의 변이 아닐 때이다. 즉, complement 그래프 $\overline{G}$는 그래프 G에서 변이 없는 자리에 변으로 모두 채운 후에 본래의 G의 변들을 모두 지우는 것으로 구성된다. 따라서 항상 $\text{Aut}(G) \cong \text{Aut}(\overline{G})$이다.

[37]군론에서 wreath product의 정의는 복잡하여 이를 정확히 이해하는 데 많은 사람이 어려움을 느낀다. 여기서 주어진 예로 wreath product를 이해하는 것이 한 방법이다.

대하여 $\mathrm{Aut}(\mu)$를 구하여라. $\mathbb{S}_n$의 원소 $\mu \in \mathbb{S}_n$에 대하여 $|\mathrm{Aut}(\mu)|$를 구하는 일반식을 유도하여라.

문제풀이 도우미

제 1 장: 문제

1.1 토러스 T는 구멍(hole)이 있지만 구면 S^2는 구멍(hole)이 없다.

1.2 $C, L, M, N, S, U, V, W, Z$는 선분 $[0, 1]$과 동형이다. D, O는 원과 동형이다.

1.3 노란색 고무줄의 양끝에 고무로 된 빨간색, 파란색 고리를 하나씩 붙인다. 붙인 두 고리를 자른다. 물체의 자른 단면은 빨간색과 파란색이다. 이것을 공간상에서 마음대로 변형한 후 자른 단면을 다시 같은 색끼리 붙인다. 이렇게 해서 이중토러스를 공간에 넣을 수 있는 모든 방법을 찾을 수 있다.

1.4 울타리가 없는 원판의 임의의 점 x에 대하여, 원판의 중심 O을 출발하여 이 점을 지나는 반직선을 생각하자. 이 반직선과 원판의 울타리와 만나는 점을 y라 두자. x와 y는 서로 달라서 $\varepsilon = d(x, y) \neq 0$이고, x의 ε-근방은 원판에 포함된다. 따라서 울타리가 없는 원판은 열린집합이다.

1.5 "X의 임의의 원소 x와 임의의 양수 ε에 대하여 양수 δ가 존재하여 $d(x, y) < \delta$인 모든 y에 대하여 $d(f(x), f(y)) < \varepsilon$이다"와 "$Y$상의 각 열린집합 U에 대하여 $f^{-1}(U)$가 X의 열린집합이다"가 동치임을 보이면 된다.

증명: "Y상의 각 열린집합 U에 대하여 $f^{-1}(U)$가 X의 열린집합이다"가 참이면 "X의 임의의 원소 x와 임의의 양수 ε에 대하여 양수 δ가 존재하여 $d(x, y) < \delta$인 모든 y에 대하여 $d(f(x), f(y)) < \varepsilon$이다."가 참임을 증명하겠다. 그 역도 참인 증명은 독자에게 남긴다.

X의 원소 x와 양수 ε을 생각하자. 그러면 $f(x)$의 ε-근방 U는 Y의 열린 집합이다. 가정에 의하여 $f^{-1}(U)$는 X의 열린 집합으로 x를 품는다. 따라서

적당한 양수 δ가 있어서 x의 δ-근방 V가 $f^{-1}(U)$에 포함되어야 한다. 한편, $f(f^{-1}(U)) \subset U$이므로, $f(V) \subset U$이다. 즉, $d(x,y) < \delta$ 인 모든 y는 $d(f(x), f(y)) < \varepsilon$를 만족한다는 것이다.

1.6 (1) 실수직선 $\mathbb{R}^1$에서는 어느 한 점이라도 제외하면 연결이 아님(disconnected); 1차원 구 S^1에서는 어느 한 점을 제외해도 연결(connected), 하지만 두 점을 제외하면 연결이 아님(disconnected); 닫힌구간 $[0,1]$에서는 두 점 $0, 1$을 제외해도 연결(connected)이다.

(2) 실수직선 $\mathbb{R}^1$에서는 어느 한 점이라도 제외하면 연결이 아님(disconnected); $\mathbb{R}^n$에서는 어느 한 점을 제외해도 연결(connected)이다.

1.7 주어진 직선 위의 점은 $(at, bt, ct+2)$ $(t \in \mathbb{R})$인 형태이다. 이 가운데 점 $(0,0,1)$과의 거리가 1인 것이 P점이고, z-좌표가 0인 것이 Q임에 착안하여 t를 결정한다. 다른 방법으로 점 $(0,0,2)$를 N으로 표기할 때, 선분 $\overline{NQ}, \overline{NO}, \overline{OQ}$가 만드는 삼각형에서 P점에 의하여 내분되는 선분의 비례 $\overline{OQ} : \overline{PQ}$를 따라 구할 수도 있다. streographic projection $P \mapsto Q$의 방정식은

$$(x,y,z) \mapsto \left(\frac{2x}{1-z}, \frac{2y}{1-z} \right)$$

이고, 이의 역함수 $Q \mapsto P$의 방정식은

$$(x,y) \mapsto \left(\frac{4x}{x^2+y^2+4}, \frac{4y}{x^2+y^2+4}, \frac{x^2+y^2-4}{x^2+y^2+4} \right)$$

이다.

1.8 streographic projection $P \mapsto Q$의 방정식은

$$(x,y,z) \mapsto \left(\frac{x}{1-z}, \frac{y}{1-z} \right)$$

이고, 이의 역함수 $P \mapsto Q$의 방정식은

$$(x, y) \mapsto \left(\frac{2x}{x^2+y^2+1}, \frac{2y}{x^2+y^2+1}, \frac{x^2+y^2-1}{x^2+y^2+1} \right)$$

이다.

1.9 문제 1.7과 같은 방법으로 계산한다.

1.10 어느 경우든 위상공간 X, Y와 연속함수 $f : X \to Y$가 주어졌다고 하자. 만약 f가 열린함수(open map)이고 전사(surjection)이면, $B \subset Y$가 Y에서 열린 집합이 될 필요충분 조건은 $f^{-1}(B)$가 X에서 열린 집합인 것이다.

1.11 함수 $\bar{f} : X/R_X \to Y/R_Y$를 $\bar{f}([x]) = [f(x)]$로 정의하면 $\bar{f}$가 원하는 위상동형 함수가 된다.

제 1 장: 연습문제

(1) (a) $(0,1)$와 $[0,1]$는 연결(connected): 공간 $X = (0,1)$ 또는 $[0,1]$가 연결이 아니라고(disconnected) 가정하고, U와 V를 빈 집합이 아닌(nonempty) 열린 집합(open set)으로 $U \cup V = X$이고 $U \cap V = \emptyset$라 하자. $a \in U$, $b \in V$를 취하고 $a < b$라 가정하자. $s = \sup\{x \in X \mid [a,x) \subset U\}$라 두면, $a \leq s \leq b$이므로 $s \in X = U \cup V$이다. 하지만, $s \in U$와 $s \in V$의 어느 경우든 s의 정의에 모순을 유도한다.

(b) $(0,1)$는 긴밀공간(compact)이 아니다. 열린 구간 $(0,1)$에서 수열 $1, \frac{1}{2}, \frac{1}{3}, \ldots$를 이용하여 유한개의 부분덮개(subcovering)를 갖지 않는 열린덮개(open covering)를 구성할 수 있다.

(c) $[0,1]$는 긴밀공간(compact): Heine-Borel 정리를 쓰자. $[0,1]$의 어떤 열린덮개(open covering) $\mathcal{O}$가 유한개의 부분덮개(subcovering)를 가지지 않는다고 가정하자. 그러면 구간 $[0,1]$을 $\frac{1}{2}$에서 2등분할 때, 왼쪽 반구간이나 오른쪽 반구간 중 적어도 한 구간은 $\mathcal{O}$의 유한 부분 피복으로 덮을 수 없다. 이 구간을 $[a_1, b_1]$이라 하자. 다음은 구간 $[a_1, b_1]$을 중점에서 2등분 하

고 같은 원리에 의하여 이의 반 구간으로서 $\mathcal{O}$의 유한 부분 피복으로 덮을 수 없는 구간 $[a_2, b_2]$가 존재한다. 이를 계속 하였을 때, $\bigcap_{n=1}^{\infty}[a_n, b_n]$는 한 점이 되고, 이로부터 모순을 유도할 수 있다.

(2) S^1는 연속함수 $f:[0,1]\to S^1;\ f(x)=e^{2\pi ix}$의 상(image)이다.

(3) ($\Rightarrow$) 그래프 $G(f)$는 연속함수 $F:[a,b]\to[a,b]\times\mathbb{R};\ F(x)=(x,f(x))$의 Image이고 따라서 긴밀공간(compact), 혹은 동치적으로 닫힌 집합(closed set)이다.

($\Leftarrow$) A를 $f([a,b])$에서 닫힌 집합(closed subset)이라 하자. $G(f)$와 $[a,b]\times A$가 $[a,b]\times f([a,b])$에서 닫힌 집합(closed subset)이기 때문에, $G(f)\cap([a,b]\times A)$는 $[a,b]\times f([a,b])$에서 닫힌 집합이다. 첫째 좌표로 사영함수 $\pi:[a,b]\times f([a,b])\to[a,b]$는 항상 닫힌 함수이므로, $f^{-1}(A)=\pi(G(f)\cap([a,b]\times A))$는 닫힌 집합이다. 따라서 f는 연속이다.

(4) 임의로 주어진 Y의 닫힌 집합 C에 대하여, $f^{-1}(C)$는 A에서 닫힌 집합, $g^{-1}(C)$는 B에서 닫힌 집합이다. A와 B가 X에서 닫힌 집합이므로, $f^{-1}(C)$와 $g^{-1}(C)$도 X에서 닫힌 집합이다. 따라서 $h^{-1}(C)=f^{-1}(C)\cup g^{-1}(C)$도 X에서 닫힌 집합이고, h가 연속이다.

(5) $f(\overline{A})\subset\overline{f(A)}$이므로 f는 연속. 같은 방법으로 f^{-1}도 연속.

(6) (a) $f:X\to Y;\ f(re^{i\theta})=(e^{i\theta},\ r-1)$.

(b) $f:Y\to X;\ f(x)=\tan(\pi x-\frac{\pi}{2})$.

(c) $f:X\to Y;\ f(re^{i\theta})=(e^{i\theta},\ \ln r)$.

(d) $f:X\to Y$ by

$$f(x,y)=\begin{cases}(x,y) & |x|\geq 1\text{일 때,}\\ (x,y-\sqrt{1-x^2}) & |x|\leq 1,\ \ y>0\text{일 때,}\\ (x,y+\sqrt{1-x^2}) & |x|\leq 1,\ \ y<0\text{일 때.}\end{cases}$$

(e) (d)를 응용하여라.

(7) $\{\emptyset, X\}$, $\{\emptyset, \{a\}, X\}$, $\{\emptyset, \{a\}, \{a, b\}, X\}$등이 있고 29가지의 서로 다른 위상이 있다. 서로 위상동형이 아닌것은 9가지가 있다.

(8) $\mathcal{B}$를 기저(basis)로 가지는 X상의 위상 $\mathcal{T}$는 $\mathcal{B}$에 속하는 모든 집합과 이들의 합집합(union)으로 나타나는 모든 집합으로 구성된다.

(9) (i) 상수함수뿐이다.

(ii) $\mathbb{Z}$에서는 각 점이 열린 집합이지만 $\mathbb{Q}$에서는 그렇지 않다.

(10) B 내의 $\mathbf{x} \neq \mathbf{0}$에 대하여 $Bd(B) \cap \{t\mathbf{x} \mid t > 0\} = \{p_{\mathbf{x}}\}$라 하자. 그러면 함수 $f : B \to A$;

$$f(\mathbf{x}) = \begin{cases} \mathbf{0} & \mathbf{x} = \mathbf{0}\text{일 때}, \\ \frac{1}{|p_{\mathbf{x}}|}\mathbf{x} & \mathbf{x} \neq \mathbf{0}\text{일 때} \end{cases}$$

가 위상동형함수가 된다.

(11) 함수 $f : \{(x, y, z) \in \mathbb{R} \mid [(x^2 + y^2)^{\frac{1}{2}} - 2]^2 + z^2 = 1\} \to S^1 \times S^1$;

$$f(x, y, z) = \left(\left(\frac{x}{\sqrt{x^2 + y^2}}, \frac{y}{\sqrt{x^2 + y^2}}\right), \left(\sqrt{x^2 + y^2} - 2, z\right)\right)$$

는 위상동형함수이다.

(12) $f^{-1} : f(X) \to X$가 연속임을 보이기 위하여, 이의 역함수 $f : X \to f(X)$가 닫힌 집합을 닫힌 집합으로 보내는 닫힌 함수임을 보이면 된다. 만약 C가 X의 닫힌 집합이면, X가 긴밀공간(compact)이므로 C도 긴밀공간(compact)이다. 따라서 연속함수인 f의 상(image)인 $f(C)$도 $f(X)$의 긴밀인 부분집합이다. 따라서 $f(C)$는 Hausdorff 공간 $f(X)$의 닫힌 부분집합이고 $f^{-1} : f(X) \to X$는 연속이 된다.

(13) 함수 $f : [0, 1) \to S^1$; $f(x) = e^{2\pi i x}$는 연속이고 전단사함수이지만 열린함수는 아니다.

(14) 위상동형이 아니다: 의자의 울타리(boundary)의 연결성분(component)을 헤아려라.

(15) 주어진 점에서 경로로 연결가능한 모든 점의 집합은 열린 집합인 동시에 닫힌 집합이다. $\mathbb{R}^2$의 부분공간

$$X = \{(x,0) \mid x \geqq 0\} \bigcup \left(\bigcup_{n=1}^{\infty} \left\{ \left(x, \frac{x}{n}\right) \mid x \geqq 0 \right\} \right)$$

는 경로적 연결공간(pathwise connected)이지만 국소적 경로 연결공간(locally pathwise connected)은 아니다.

(16) 각 점 $x \in X$에 대하여, $B(x, \delta_x) \subset U_j$를 만족하는 j와 $\delta_x > 0$를 택하자. 그러면 공간 X의 열린 덮개(open covering) $\{B(x, \frac{\delta_x}{2})\}$는 유한개로 생성된 부분덮개(subcovering) $\{B(x_i, \frac{\delta_{x_i}}{2}) \mid i = 1, \ldots, n\}$를 가진다. 이제 $\delta = \min\{\frac{\delta_{x_1}}{2}, \ldots, \frac{\delta_{x_n}}{2}\}(> 0)$가 Lebesque 수가 된다.

제 2 장: 문제

2.1 K_n의 변의 수는 $\binom{n}{2} = \frac{n(n-1)}{2}$이고, $K_{m,n}$의 변의 수는 mn이다.

2.2 홀수꼭짓점의 수가 두 개 이하인 연결그래프는 한붓그리기가 가능하다.

2.3 (c)와 (d)가 동형이다.

2.4 $K_{1,2n}$에서, 차수가 1인 꼭짓점을 한쌍식 변으로 연결하여 얻어진 그래프의 1차원 베티수 β_1은 n이다.

2.5 $\chi(G) = \beta_0 - \beta_1 = 0 - 17 = -17$.

2.6 각자 시도해 보자.

2.7 변이 없고 꼭짓점만 n개 있는 그래프.

2.8 얻어진 G'에 대하여, $v' - e' + f' = 2$이다. 이제 t개의 그래프를 연결한 $t-1$개의 변을 제거하면 G가 되고, G와 G'의 면의 수는 같다. 따라서 $v - e + f = v' - (e' - t + 1) + f' = 2 + t - 1 = 1 + t = 1 + \beta_0(G)$이다.

2.9 먼저 $\beta_1(G) = 0$인 경우는 G가 나무이므로, 면의 수는 1이고, $v - e = 1$이다. 따라서 $v - e + f = 1 + 1 = 2$가 성립한다. 이제 $\beta_1(G) = k \geq 0$인 경우 정리가 성립한다고 가정하고, $\beta_1(G) = k + 1$인 그래프 G를 생각하자. G에는 최소한 1개의 변 x가 있어서 그것을 제거해도 연결 성분이 늘어나지 않는다. 따라서 이변 x는 G의 cycle에 포함된다. 이제 Jordan 곡선 정리를 사용하면, x는 G의 서로 다른 두 영역의 울타리가 된다. 이제 G에서 x를 제거한 그래프 G'를 생각하자. G'는 평면 연결그래프이고, $\beta_1(G) = k$이다. 귀납법 가정에 의하여 $v' - e' + f' = 2$이다. 한편 G는 G'보다 변의 수와 면의 수가 각각 하나씩 많으므로, $v - e + f = v' - (e' + 1) + (f' + 1) = v' - e' + f' = 2$이다.

2.10 각 면이 삼각형인 매장. 정4면체, 정8면체, 정20면체의 꼭짓점과 모서리로 이루어진 그래프.

2.11 각자 시도해보기 바란다.

2.12 실선은 어느 부분을 잘라도 두 조각남을 생각하면, 실선에 매장되는 연결그래프도, 어느 부분을 잘라도 두 조각이 나야 한다. 따라서 실선에 매장되는 연결그래프는 나무로서 각 꼭짓점의 차수가 2 이하여야 한다. 즉, 선분을 잇대어 붙인 그래프 path뿐이다.

2.13 도형의 외부에 한 점을 잡고, 그 점과 주어진 x를 연결하는 선분이 도형과 만나는 점의 수를 헤아린다(이때, 접하여 만나는 경우는 2로 계산한다). 이렇게 하여 만나는 점의 수가 짝수이면 x는 외부에 있고, 홀수이면 x는 내부에 있다.

2.14 각자 시도해보기 바란다.

제 2 장: 연습문제

(1) 그래프 G가 경로 $a_1a_2\cdots a_na_1$으로 한붓그리기가 가능하다고 가정하자. 먼저 $a_1a_2\cdots a_na_1$가 순환길이면 OK. 순환길이 아니면 $a_i = a_j (i < j)$인 꼭짓점이 존재한다. 이 꼭짓점을 이용하여 주어진 경로를 두 개로 나눈다: $a_1a_2\cdots a_na_1 = a_1a_2\cdots a_ia_{j+1}\cdots a_na_1 \cup a_ia_{i+1}\cdots a_j$. 두 부분경로 $a_1a_2\cdots a_ia_{j+1}\cdots a_na_1$과

$a_i a_{i+1} \cdots a_j$이 순환길이면 OK. 만약 둘 중 하나라도 순환길이 아니면 이 작업을 반복한다. 그러면 각각의 길의 길이는 작아지므로 유한번의 작업으로 순환길들의 합으로 나타난다.

(2) $|V(Q_n)| = 2^n$, $|E(Q_n)| = n2^{n-1}$.

(3) $|V(T_n)| = 3^n$, $|E(T_n)| = n3^n$.

(4) 그래프동형⇒위상동형: 그래프 동형함수가 그래프를 위상공간으로 보았을 때, 실제로 위상동형 함수가 된다.

위상동형 $\not\Rightarrow$ 그래프동형: 길이가 3인 순환길과 길이가 4인 순환길을 생각하라.

(5) 임의로 고정한 꼭짓점 u에 대해

$U = \{v \in V(G) \mid uv \notin E(G)\}, V = \{v \in V(G) \mid uv \in E(G)\}$를 구성하자. 그러면 U, V는 모두 빈 집합(emptyset)이 아니다. 각 집합 내에서 어떤 두 꼭짓점도 변으로 연결되어 있지 않다면 끝. 그렇지 않은 원소 v_i, v_j에 대해서는 변 $v_i v_j$를 $v_i x_{ij} v_j$로 세분하고 x_{ij}를 v_i가 속하지 않은 집합에 포함시킨다. 그러면 G와 조합적동형인 이분그래프가 구성된다.

(7) K_n; 홀수점이 2개인 경우는 $n = 2$, 홀수점이 없는 경우는 n은 모든 홀수.

$K_{n,m}$; 홀수점이 2개인 경우는 $n = 1, m = 2$ or $n = 2, m = 1$ or $n = 1, m = 1$, 홀수점이 없는 경우는 n, m은 임의의 짝수.

(8) 19개와 181개

(9) $(a) \Rightarrow (b)$: G가 연결이므로 임의의 두 꼭짓점을 연결하는 길이가 가장 작은 길을 택하면 그 길에 나타나는 꼭짓점은 단 한 번씩만 나타나게 된다. 그리고 나무이므로 유일하게 존재한다.

$(b) \Rightarrow (a)$: 길이 있으므로 연결, 단 한 개이므로 순환길은 없다.

(10) Euler 공식에 의해 나무는 $v - e = 1$을 만족하므로 두 명제는 동치이다.

(11) $\chi(K_n) = \frac{-n^2+3n}{2}$.

(12) $\chi(K_{m,n}) = m + n - mn$.

(13) 두 경우 모두 매장이 있다. 구성해 보아라.

(15) $2^{\mathbb{N}}$에서 $2^{\mathbb{N}} \times 2^{\mathbb{N}}$로의 함수 f를 $f((a_1, 1_2, \cdots)) = ((a_1, a_3, \cdots), (a_2, a_4, \cdots))$라 정의하면 위상동형함수가 되며, Cantor 집합에서 $[0,1]$로 정의된 함수 $g(\sum_{n=1}^{\infty} \frac{2a_n}{3^n}) = \sum_{n=1}^{\infty} \frac{a_n}{2^n}$는 전사이며 연속인 함수이다.

(16) $I = [0,1]$을 normal 공간인 $\partial(I \times I)$ (∂는 울타리(boundary)를 뜻함)의 닫힌 집합 $I \times \{0\}$로 보고 매장함수를 Tietz 확장 정리에 의해 $\partial(I \times I)$에서의 매장함수로 확장시켜 보아라. 그리고, Jordan 닫힌 곡선정리를 이용하여라.

제 3 장: 문제

3.1 속이 찬 정4면체는 4개의 0-차원 cell; 6개의 1-차원 cell; 4개의 2-차원 cell; 1개의 3-차원 cell로 구성된 복체이다. 다른 정다면체도 유사하게 기술할 수 있다.

3.2 속이 찬 삼각뿔은 속이 찬 정4면체이고 위와 같이 ℓ-골격을 표현할 수 있다. 예를 들면, 2-골격은 속이 빈 정4면체이다.

3.3 그림 3.7(b)의 속이 빈 공에서 두 꼭짓점 사이에는 다중변이 있다. 이는 cell 표현은 가지지만, ekscp(simplex)로는 표현되지 않으므로 단순복체로 표현할 수 없다.

3.4 직접 잘라보자!

3.6 힌트: $\mathbb{R}^3$의 1차원 부분벡터공간과 구면 S^2가 만나는 점은 $\{x, -x\}$의 모양이다.

3.7 그림 3.32에서도 알 수 있다.

3.8 둘 다 방향을 줄 수 없다(둘다 Möbius 띠를 가진다).

3.9 붙인 부분을 제외하고는 곡면의 조건을 만족한다. 붙인 부분에서는 붙이기 전의 각 조각에서 반반씩 기여하여 그 결과가 원판과 같으므로 두 곡면의 연결합은 곡면이다. 구면에 원판을 오려내면 남아 있는 부분이 원판이어서, 구면과 주어진 곡면의 연결합은 그 결과가 주어진 곡면에 원판을 오려내고 다시 원판을 기워넣는 것과 같다. 따라서 구면과 주어진 곡면의 연결합은 주어진 곡면과 위상동형이다.

3.10 $K^2 = a_1a_1a_2a_2$, $P = aa$: 짝지어진 변이 같은 방향이므로 방향을 줄 수 없다. $T = aba^{-1}b^{-1}$, $2T = a_1b_1a_1^{-1}b_1^{-1}a_2b_2a_2^{-1}b_2^{-1}$: 짝지어진 변이 서로 반대방향이므로 방향을 줄 수 있다.

3.11 하나는 $4T$와 동형이어서 원을 4개 잘라도 연결상태를 보존할 수 있다. 그러나 다른 하나는 $3T$와 동형이어서 연결상태를 보존하면서 4개의 원을 잘라낼 수 없다. 따라서 두 도형은 위상적으로 동형이 아니다.

3.12 사영공간 P^2이다. 연습문제 3.9(3)을 보아라.

3.13 (1) 차례로 6개, 5개, 3개, 4개, 10개, 14개, (2) 각자 시도해 보자!

3.14 $(2m+n)P^2$이다.

3.15 그림 3.43과 그림 3.56 참조. 제3장: 연습문제 (5) 참조.

3.16 만약 $a = 3$이라면, $b = 3$일 때 $e = 6$이므로 정4면체이고, $b = 4$일 때 $e = 12$이므로 정8면체이다. $b = 5$일 때는 정20면체이다. 만약 $a = 4$라면, $b = 3$일 때 $e = 12$이므로 정6면체이다. 만약 $a = 5$라면, $b = 3$일 때 정12면체이다.

3.17 각자 구성해 보자!

3.18 (a) 실제로 Mon $(\mathcal{T})$와 Aut$(\mathcal{T})$는 군동형이다. 군동형함수 Mon $(\mathcal{T}) \to$ Aut$(\mathcal{T})$, $W \mapsto \varphi$는 관계식 $(01)W = \varphi(01)$에 의하여 정의된다. 즉

$$\begin{aligned} e &= (01)(02)\cdots(30) &&\mapsto e \\ R &= (01\ \ 03\ \ 02)(10\ \ 12\ \ 13)(20\ \ 23\ \ 21)(30\ \ 31\ \ 32) &&\mapsto \alpha^2 \\ R^2 &= (01\ \ 02\ \ 03)(10\ \ 13\ \ 12)(21\ \ 23\ \ 20)(30\ \ 32\ \ 31) &&\mapsto \alpha \end{aligned}$$

$$\begin{aligned} L &= (01\ \ 10)(02\ \ 20)(03\ \ 30)(12\ \ 21)(13\ \ 31)(23\ \ 32) &&\mapsto \beta\alpha\beta\alpha^2 \\ RL &= (01\ \ 30\ \ 13)(03\ \ 20\ \ 32)(02\ \ 10\ \ 21)(12\ \ 31\ \ 23) &&\mapsto \alpha\beta\alpha \\ R^2L &= (01\ \ 20\ \ 12)(03\ \ 10\ \ 31)(02\ \ 30\ \ 23)(13\ \ 21\ \ 32) &&\mapsto \beta\alpha \end{aligned}$$

$$\begin{aligned}
LR &= (01\ \ 12\ \ 20)(03\ \ 31\ \ 10)(02\ \ 23\ \ 30)(13\ \ 32\ \ 21) &&\mapsto \beta\alpha\beta\alpha\\
RLR &= (01\ \ 31\ \ 21)(03\ \ 23\ \ 13)(02\ \ 12\ \ 32)(10\ \ 20\ \ 30) &&\mapsto \alpha\beta\\
R^2LR &= (01\ \ 23)(30\ \ 12)(02\ \ 31)(10\ \ 32)(13\ \ 20)(21\ \ 30) &&\mapsto \beta
\end{aligned}$$

$$\begin{aligned}
LRL &= (01\ \ 21\ \ 31)(03\ \ 13\ \ 23)(02\ \ 32\ \ 12)(10\ \ 30\ \ 20) &&\mapsto \beta\alpha^2\\
LR^2 &= (01\ \ 13\ \ 30)(03\ \ 32\ \ 20)(02\ \ 21\ \ 10)(12\ \ 23\ \ 31) &&\mapsto \beta\alpha\beta\\
RLR^2 &= (01\ \ 32)(03\ \ 21)(02\ \ 13)(10\ \ 23)(12\ \ 30)(20\ \ 31) &&\mapsto \alpha\beta\alpha^2
\end{aligned}$$

그리고 $RLRL = LR^2, R^2LRL = RLR^2$이다.

(b) 힌트:

$$\begin{aligned}
R\alpha &= (01)(02)(03)(10\ \ 23\ \ 32)(20\ \ 31\ \ 13)(30\ \ 12\ \ 21) &&= \alpha R\\
L\alpha &= (01\ \ 20\ \ 03\ \ 10\ \ 02\ \ 30)(12\ \ 32\ \ 31\ \ 21\ \ 23\ \ 13) &&= \alpha L\\
R\beta &= (01\ \ 21\ \ 02\ \ 23\ \ 03\ \ 20)(10\ \ 30\ \ 13\ \ 32\ \ 12\ \ 31) &&= \beta R\\
L\beta &= (01\ \ 32)(02)(03\ \ 12)(10\ \ 23)(13)(20)(21\ \ 30)(31) &&= \beta L.
\end{aligned}$$

3.19 정4면체의 자기동형함수군은 교대군 A_4로 위수는 12; 정6면체와 정8면체의 자기동형함수군은 대칭군 $\mathbb{S}_4$로 위수는 24; 정12면체와 정20면체의 자기동형함수군은 교대군 A_5로 위수는 60이다. 각 경우 위수는 대응되는 정다면체의 유향선분의 개수와 일치한다.

3.20 원점에서 출발하고 x-축의 단위벡터로 나타나는 유향선분을 원점에서 출발하고 y-축의 단위벡터로 나타나는 유향선분으로 보내는 자기동형함수가 없다. 따라서 자기동형함수군이 매장된 그래프의 유향선분(dart) 집합에 정규적으로(regularly) 작용할 수 없다.

3.21 $S_2 \setminus \{$세 개의 원판$\}$와 $S_3 \setminus \{1$개의 원판$\}$.

제 3 장: 연습문제

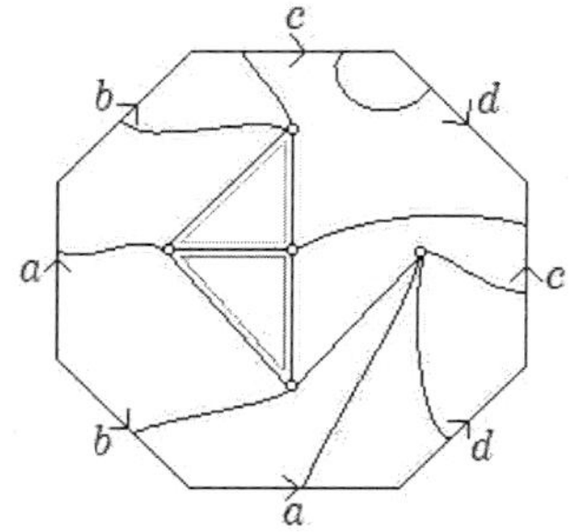

그림 5.11 K_5의 2-cell 매장

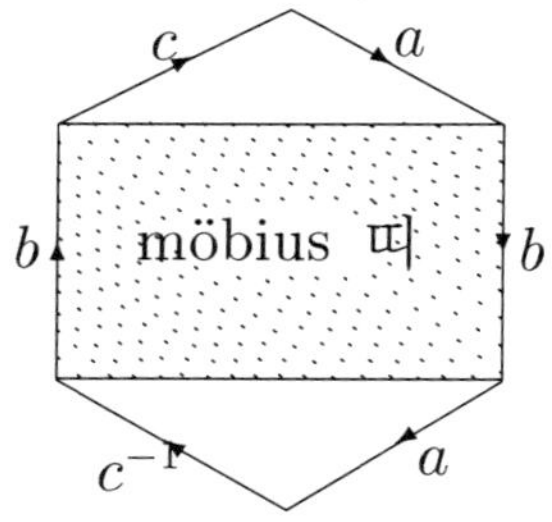

그림 5.12 $abac^{-1}bc$의 펼친그림

(1) 그림 3.40와 3.44의 펼친 그림을 이용하여 꼭짓점의 수 − 변의 수 + 영역의 수를 계산하면, $\chi(mT) = \chi(S_m) = 2 - 2m, \chi(nP^2) = \chi(N_n) = 2 - n$이다.

(2) 단순복체의 k-골격의 원소 σ의 부분집합은 단순복체에 포함되며 차원은 σ보다 낮은 차원을 가진다. 따라서 k-골격 또한 단순복체가 된다.

(3) 그림 5.11 참조. 이 매장에 의해서 결정되는 영역의 수는 3이다.

(4) 그림 5.12 참조. $v = 1, e = 3, f = 1$이므로 N_3.

그림 5.13 참조. $v = 2, e = 3, f = 1$이므로 N_2.

그림 5.14 참조. $v = 1, e = 6, f = 1$이므로 S_3.

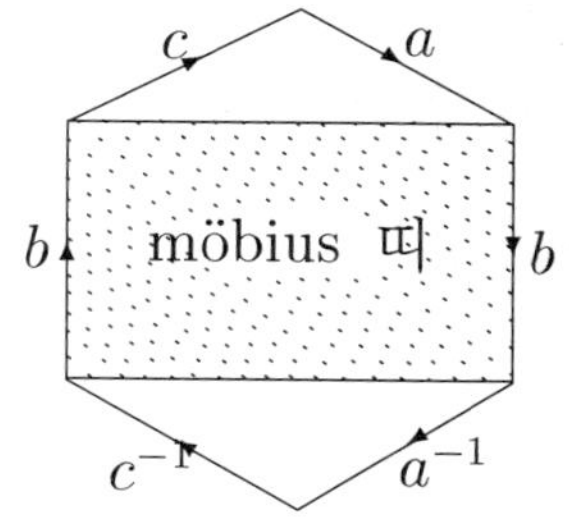

그림 5.13 $aba^{-1}c^{-1}bc$의 펼친그림

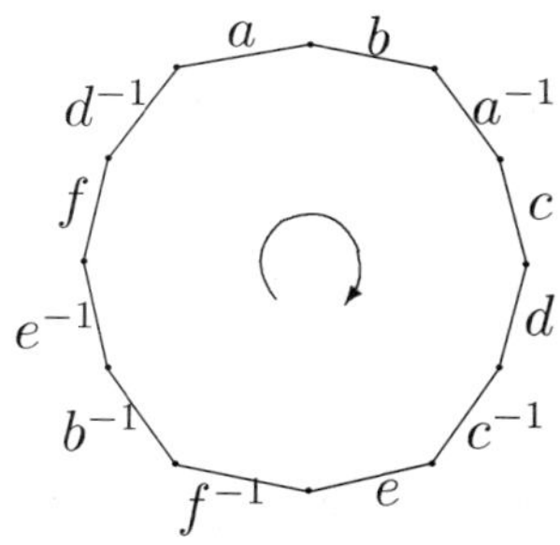

그림 5.14 $aba^{-1}cdc^{-1}ef^{-1}b^{-1}e^{-1}fd^{-1}$의 펼친그림

(5) (a) 그림 5.15 참조. (b) 그림 5.16 참조.

(6) 그림 5.17 참조. 모두 Klein 병이다.

(7) 그림 5.18을 제외한 나머지는 모두 위상동형이다.

(8) 3차원 복체 1가지,

2차원 복체 7가지(면 4개-1가지, 면 3개-1가지, 면 2개-2가지, 면 1개-3가지),

1차원 복체 4가지(각 꼭짓점의 차수가 2222, 1221, 2121, 3212)

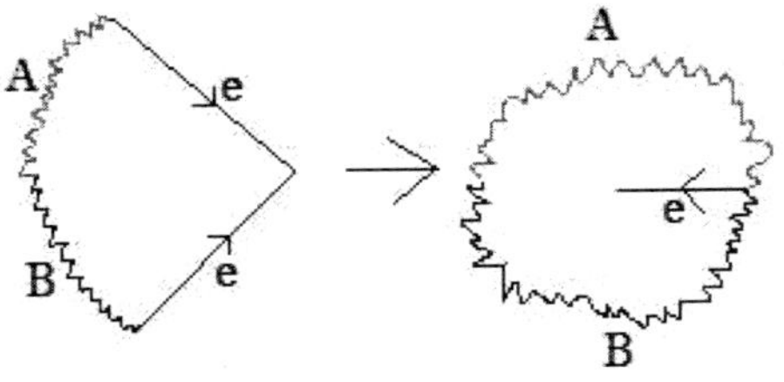

그림 5.15 $Aee^{-1}B \simeq AB$

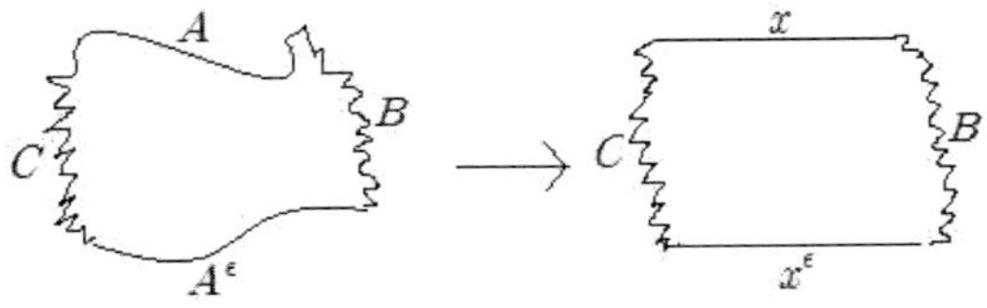

그림 5.16 $ABA^\varepsilon C \sim xBx^{-1}C$

(9) $V_{K\cup L} = V_K + V_L - V_{K\cap L}, E_{K\cup L} = E_K + E_L - E_{K\cap L}, F_{K\cup L} = F_K + F_L - F_{K\cap L}$이므로 $\chi(K\cup L) = \chi(K) + \chi(L) - \chi(K\cap L)$이다.

(10) 그림 5.19 참조.

(11) $K_5 \subset K_7$이므로 K_5는 S_0에 매장되지 않는다. 그러나 그림 3.48에 의해 S_1에는 매장 가능하다.

(12) 그림 5.20 참조. n이 짝수일 때, $v=1, e=n, f=1$이므로 $S_{\frac{n}{2}}$.
n이 홀수일 때, $v=2, e=n, f=1$이므로 $S_{\frac{n-1}{2}}$.

(13) 정리 3.1의 $T\#P^2 = 3P^2$을 이용하여라.

(a) $3T\#2P^2 = 2T\#(T\#P^2)\#P^2 = 2T\#3P^2\#P^2 = T\#5P^2)\ \#P^2 = 7P^2\#P^2 = N_8$. 이의 펼친 그림의 대수적 표현은 $a_1a_1a_2a_2\cdots a_8a_8$.

(b) $3P^2\#2K^2 = 3P^2\#2(2P^2) = N_7$. 펼친 그림 대수적 표현: $a_1a_1a_2a_2\cdots a_7a_7$.

(c) $4T\#3K^2 = 3T\#T\#6P^2 = 3T\#(T\#P)\#5P^2 = 3T\#8P^2 = 2T\#10P^2 = T\#12P^2 = 14P^2 = N_{14}$. 펼친 그림의 대수적 표현: $a_1a_1a_2a_2\cdots a_{14}a_{14}$.

(14) (a) 모든 가능한 대수적 표현에서, 인접한 aa^{-1}를 삭제할 수 있는 경우를 생각하면 문제의 답은 $\lfloor\frac{n}{2}\rfloor + 1$개.

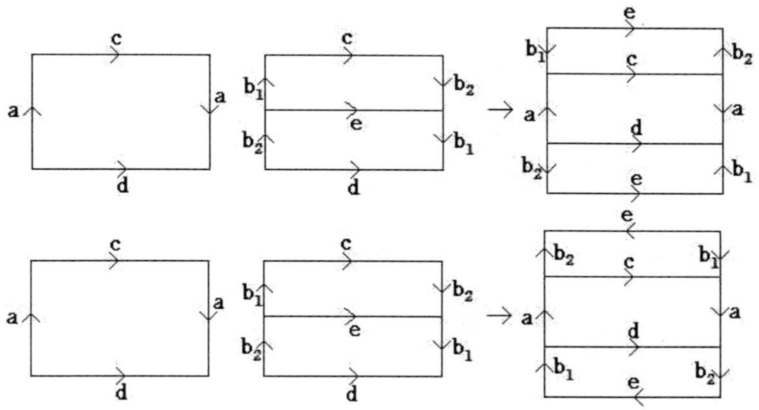

그림 5.17 Klein 병

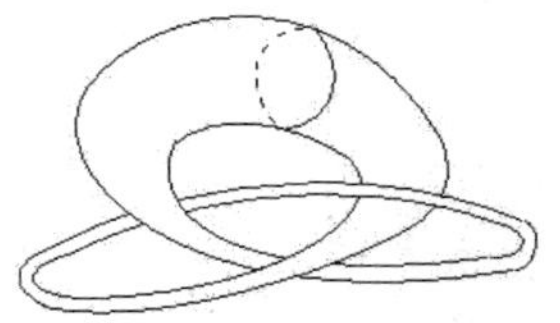

그림 5.18 genus 1인 토러스의 매장

(b) n개.

(c) $2n$개의 변을 짝짓기 할 수 있는 경우의 수는 $(2n-1)!! = (2n-1)(2n-3)\cdots 5\cdot 3\cdot 1$이다. 하지만 이를 각 종수(genus)에 따라 나누는 일은 어려운 문제다. 한편 항상 Euler 식 $v-n+1=2-2g$를 만족한다. 초기값은 표 5.3 참조.

(d) 작은 수 $n=1,2,3,4$에 대하여 시도해 보아라.

(15) 힌트: 만약 만나는 현(crossing chord)이 존재하면 문제 3.15 성질 (1)에 의하여 손잡이(handle)를 만든다. 따라서 종수(genus) g가 1보다 커지게 된다.

(16) C_n에 대한 점화식(recursive formula)을 시도하라. 그림 3.68은 $C_3=5$임을 보여준다.

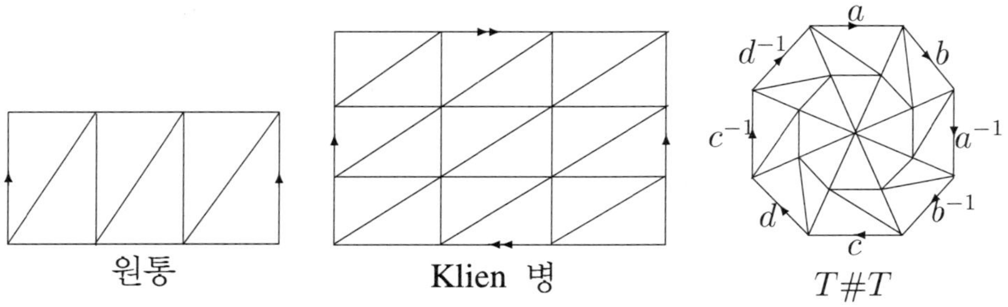

그림 5.19 원통(cylinder), Klein 병, $T\#T$의 삼각화

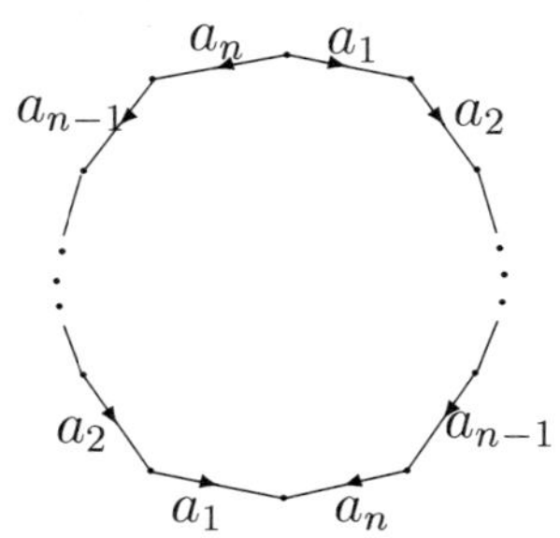

그림 5.20 $a_1a_2\ldots a_na_1^{-1}\ldots a_n^{-1}$의 펼친그림

(17) $v_S = v_{S^*}+k, e_S = e_{S^*}+2k, f_S = f_{S^*}$이므로

$$\begin{aligned}
\chi(S) = v_S - e_S + f_S &= (v_{S^*}+k)-(e_{S^*}+2k)+(f_{S^*}) \\
&= \chi(S^*) - k = \begin{cases} 2-2g-k & \text{if } S = S_g \\ 2-t-k & \text{if } S = N_t \end{cases} \\
&\leq 2-k
\end{aligned}$$

(18) S가 방향을 줄 수 있는 곡면일 때, $\frac{1}{2}(2-\chi(S)-k(S)) = \frac{1}{2}(2-(2-2g(S))-k(S) = g(S)$. S가 방향을 줄 수 없는 곡면일 때, $2-\chi(S)-k(S) =$

$n \backslash g = \frac{1}{2}(n+1-V)$	0	1	2	3	Total
0	1	0	0	0	1
1	1	0	0	0	1!!=1
2	2	1	0	0	3!!=3
3	5	10	0	0	5!!=15
4	14	70	21	0	7!!=105
5	42	420	483	0	9!!=945

표 5.3 $2n$의 울타리 변을 짝지어 곡면 S_g를 만드는 경우의 수

$2-(2-g(S)-k(S))-k(S)=g(S)$.

(19) 방향이 있는 곡면의 경우 종수가 0일 때 울타리가 $0,1,2,3,4$개, 종수가 1일 때 울타리가 $0,1,2$개, 종수가 2일 때, 울타리가 0개. 방향이 없는 곡면의 경우 종수가 1일 때, 울타리가 $0,1,2,3$개, 종수가 2일 때 울타리가 $0,1,2$개, 종수가 3일 때 울타리가 $0,1$개, 종수가 4일 때, 울타리가 0개.

(20) $v = v_{S_k} - \sum_{i=1}^{t} n_i(m_i-1), e = e_{S_k}, f = f_{S_k}$이므로 $v-e-f = v_{S_k} - e_{S_k} + f_{S_k} - \sum_{i=1}^{t} n_i(m_i-1) = 2-2k-\sum_{i=1}^{t} n_i(m_i-1)$.

제 4 장: 문제

4.1 $I=[-1,1]$. Möbius 띠는 $M \equiv I\times I/_{(-1,y)\sim(1,-y)}$; 원 S^1은 $S^1 \equiv I\times\{0\}/_{(-1,0)\sim(1,0)}$. 이제 $f: M\to S^1$은 $f((x,y))=(x,0)$로, $g: S^1\to M$은 $g((x,0))=(x,0)$로 정의하면 $f\circ g\simeq id_{S^1}$이다. 더욱이 $H((x,y),t)=(x,ty)$은 $g\circ f$와 id_M사이의 호모토피이므로 $g\circ f\simeq id_M$ 이다. 따라서 Möbius 띠와 원 S^1은 같은 호모토피형이다.

또한, 원통 $S^1\times I$의 울타리는 두 개의 원, Möbius 띠의 울타리는 한 개의 원임에 유의하자. 따라서 $S^1\times I$와 M은 위상동형이 아니다. 하지만 $S^1\equiv[-1,1]/_{-1\sim1}$로 보고 함수 $f: M\to S^1\times I$를 $f((x,y))=(x,0)$로, $g: S^1\times I\to M$를

$g((x,y)) = (x,0)$로 정의하면, $f \circ g \simeq id_{S^1 \times I}, g \circ f \simeq id_M$. 따라서 M and 원통 $S^1 \times I$는 같은 호모토피형이다.

4.2

$$F(s,t) = \begin{cases} \alpha^{-1}(3s) & 0 \le s \le \frac{1-t}{3} \\ G(\frac{3s+t-1}{2t+1}, t) & \frac{1-t}{3} \le s \le \frac{t+2}{3} \\ \alpha(3s-2) & \frac{t+2}{3} \le s \le 1. \end{cases}$$

4.3 만약 수축함수 $f : D^2 \to S^1$, $f|_{S^1} = id_{S^1}$가 존재하면, 포함함수 $j : S^1 \to D^2$에 대하여 $f \circ j = id_{S^1}$이다. 따라서 $f_* \circ j_* = id_*$이다. 하지만 $\pi_1(D^2) = 0$이므로, $id_* = f_* \circ j_*$는 자명한 군 동형함수이다. 그러나 id_*는 그렇지 않으므로 모순이다.

4.4 i : Möbius 띠 $\hookrightarrow \mathbb{R}^3$와 $i : S^1 \times I \hookrightarrow \mathbb{R}^2 \times I$. (문제 4.1 참조)

4.5 원통은 위상적으로 $S^1 \times [0,1]$과 동형이다. 따라서 원통의 기본군은 $\mathbb{Z}$이다. 한편, 중심원이 Möbius 띠의 강한변형수축이므로, Möbius 띠의 기본군도 $\mathbb{Z}$이다.(원통일 때도 이 방법을 적용할 수 있다.)

4.6 속이 꽉찬 토러스는 $D^2 \times S^1$과 동형이다. 따라서 속이 꽉찬 토러스의 기본군은 $\mathbb{Z}$이다.

4.7 $C, E, F, G, H, I, J, K, L, M, N, S, T, U, V, W, X, Y, Z$ - 자명한 군

A, D, O, P, Q, R - $\mathbb{Z}$와 동형

B - $\mathbb{Z} * \mathbb{Z}$와 동형

4.8 구면의 기본군은 $\{0\}$이고, 토러스의 기본군은 $\mathbb{Z} \times \mathbb{Z}$이다. 따라서 두 면은 위상적으로 동형일 수 없다.

4.9 $D^2 - \{2$ 내부점$\}$은 2잎 bouquet를 강한변형수축으로 가진다. 따라서 2잎 장미의 기본군과 $D^2 - \{2$ 내부점$\}$의 기본군은 동형이다. 즉, $\pi_1(D^2 - \{2$ 내부점$\}) = \mathbb{Z} * \mathbb{Z}$이다. 속이 꽉찬 이중토러스도 2잎 bouquet를 강한변형수축으로 가지므로, 이것의 기본군도 $\mathbb{Z} * \mathbb{Z}$이다.

4.10 nT의 펼친도형의 중심을 포함하는 원판 하나를 잡고, 그 원판의 내부에 더 조그마한 원판 D를 잡자. U를 원판으로 두고, $V = nT - D$로 두자. 그러면 U의 기본군은 $\{0\}$, 원판 D의 장미의 울타리인 $2n$잎 bouquet는 V의 강한변형수축, $U \cap V$는 원 S^1의 강한변형수축이다. 이제 Seifert-Van Kampen정리를 적용하면,

$$\pi_1(nT) = \langle\, a_1, a_2, \ldots, a_n, b_1, b_2, \ldots, b_n |\, a_1 b_1 a_1^{-1} b_1^{-1} \cdots a_n b_n a_n^{-1} b_n^{-1} = 1\,\rangle$$

임을 알 수 있다. 같은 방법으로,

$$\pi_1(nP^2) = \langle\, a_1, a_2, \ldots, a_n \,|\, a_1^2 a_2^2 \cdots a_n^2 = 1\,\rangle$$

을 얻는다.

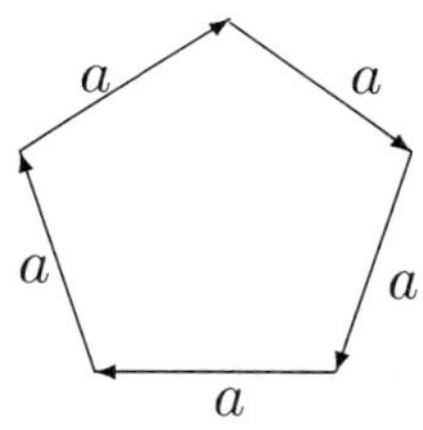

그림 5.21 유한 순환군 $\mathbb{Z}_5$를 기본군으로 가지는 공간

4.11 변의 동일시 정보의 대수적 표현이 $aaaaa$인 정5각형. 이 도형은 $X = D^2 \cup_f S^1$와 위상동형이다. 단, $f : S^1 \to S^1$, $f(z) = z^5$.

4.12 nT의 1차 호몰로지군은 $\mathbb{Z}^{2n}$이고, nP^2의 1차 호몰로지군은 $\mathbb{Z}^{n-1} \times \mathbb{Z}_2$이다.

$$\begin{aligned} \pi_1(nP^2)/\text{abelianize} &= \langle x_1, \ldots, x_{n-1}, x_n \,|\, x_1^2 \cdots x_n^2 = 1, x_i x_j = x_j x_i \rangle \\ &\cong \langle x_1, \ldots, x_{n-1}, y_n \,|\, y_n^2 = 1, x_i x_j = x_j x_i, x_i y_n = y_n x_i \rangle \end{aligned}$$

이때, $y_n = x_1 \cdots x_n$이다.

4.13 문제 4.12의 해에 의하여 두 곡면이 동형일 필요충분조건은 곡면의 1차 호몰로지군이 동형임을 알 수 있다.

4.14 $\beta(G) = 1 - \chi(G) = 1 - v + e$이므로, $\pi_1(K_5)$는 6개의 생성원을 가지는 자유군이고, $\pi_1(K_{3,4})$도 6개의 생성원을 가지는 자유군이다.

4.15 V_1은 토러스와 같은 호모토피형, V_2는 축약가능(contractible), $V_1 \cap V_2$는 S^1과 같은 호모토피형이다.

4.16 두 매듭군은 모두 $\langle a, b \,|\, a^2 = b^3 \rangle$으로 표현이 가능하여 동형이다.

4.17 $\left\langle a_1, a_2, a_3 \mid a_1 a_3^{-1} a_2^{-1} a_3,\ a_3 a_2^{-1} a_1^{-1} a_2,\ a_2 a_1^{-1} a_3^{-1} a_1 \right\rangle \simeq \langle a, b \mid a^2 = b^3 \rangle$
거울상(mirror image)은
$\left\langle a_1, a_2, a_3 \mid a_2^{-1} a_3 a_2 a_1^{-1},\ a_2^{-1} a_3^{-1} a_1 a_3,\ a_1 a_3^{-1} a_1^{-1} a_2 \right\rangle \simeq \langle a, b \mid a^2 = b^3 \rangle$

4.18 $\pi_1(\mathbb{R}^3 - t_{m,n}) \cong \langle a, b \mid a^m = b^n \rangle$에서 $abab \cdots ab$를 생각해 보아라.

제 4 장: 연습문제

(1) 집합 $[P, X]$는 집합 $[P, X]_\emptyset$를 의미한다(정리 4.1 참조). 따라서 $P = \{p\}$가 한 점일 때, 두 연속함수 $f, g : P \to X$가 호모토픽일 필요충분조건은 $f(p)$와 $g(p)$가 경로로 연결이 가능할 때이다. 그래서 집합 $[P, X]$와 X의 경로 연결성분의 집합 사이에 $1-1$ 대응을 찾을 수 있다.

(2) $id_X \simeq c_x$이므로 임의의 $g \in [X, Y]$에 대하여, $g = g \circ id_X \simeq g \circ c_x = c_{g(x)}$이다. 한편, Y가 경로적 연결공간으므로 임의의 두 점 $y_1, y_2 \in Y$에 대하여, 두 상수함수 c_{y_1}와 c_{y_2}는 호모토픽이다.

(3) $id_Y \simeq c_y$ (c_y는 상수함수)이므로, 임의의 $f \in [X, Y]$에 대하여, $f = id_Y \circ f \simeq c_y \circ f = c_y$이다.

(4) 함수 $\alpha : I \to S^1$를 $\alpha(i) = e^{2\pi i}$로 정의하고 이를 이용하여, 함수 $\Phi : [(S^1, 1), (X, x_0)] \to [(I, \{0, 1\}), (X, x_0)]_{\{0,1\}}$를 $\Phi([f]) = [f \circ \alpha]$로 정의하자. 이제 Φ가 잘 정의된 위상동형함수임을 보일 수 있다.

(5) 임의의 $[f] \in \pi_1(X, x_0)$에 대하여, $f \simeq c_{x_f}$를 만족하는 $x_f \in X$가 존재한다. $H : I \times I \to X$를 $H(t, 0) = f(t)$과 $H(t, 1) = c_{x_0}$를 만족하는 호모토피라 하자. 그러면, $H(0, s)(s \in I)$는 x_0와 x_f를 연결하는 경로가 되는데 이 경로를 α라 하자. H를 이용하여 f와 $\alpha^{-1} \circ \alpha$사이의 호모토피 $F : I \times I \to X$를 다음과 같이 정의할 수 있다.

$$F(t,s) = \begin{cases} H(0, 2t) & t \leq \frac{s}{2}\text{일 때} \\ H(\frac{1}{1-s}(t - \frac{s}{2}), s) & \frac{s}{2} < t < 1 - \frac{s}{2}\text{일 때} \\ H(0, -2(t-1)) & 1 - \frac{s}{2} \leq t \leq 1\text{일 때} \end{cases}$$

그러면 F는 $F(0, s) = F(1, s) = x_0$, $F(t, 0) = f(t)$ 그리고 $F(t, 1) = \alpha^{-1} \circ \alpha$를 만족하는 연속함수임을 알 수 있다. 따라서 $[f] = [\alpha^{-1} \circ \alpha] = 0$이다. $[f]$가 $\pi_1(X, x_0)$의 임의의 원소이므로 $\pi_1(X, x_0) = 0$이다.

(6) $f(x) \neq -g(x), \forall x \in X$이므로, $f(x)$와 $g(x)$를 연결하는 직선은 평면에서의 원점 0을 지나지 않는다. 따라서 $H(x, t) = \frac{tf(x)+(1-t)g(x)}{||tf(x)+(1-t)g(x)||}$로 정의된 함수 $H : X \times I \to S^1$는 잘 정의된 연속함수이고, $H(x, 0) = f(x)$, $H(x, 1) = g(x)$이고, 따라서 $f \simeq g$이다.

(7) 연속함수 $f : [0, 1] \to \mathbb{Z}$(또는 $\mathbb{Q}$)는 상수함수뿐이므로 $\pi_1(\mathbb{Z}, n_0) = 0$이고 $\pi_1(\mathbb{Q}, q_0) = 0$이다.

(8) $X \simeq Y$(호모토피 동치)라고 하자. 정의에 의하여 $g \circ f \simeq id_X$와 $f \circ g \simeq id_Y$를 만족하는 연속함수 $f : X \to Y$와 $g : Y \to X$가 존재한다. $H : Y \times I \to Y$를 $H(y, 0) = y$와 $H(y, 1) = (f \circ g)(y) \forall y \in Y$를 만족하는 호모토피라 하자. H_y를 $H_y(t) = H(y, t)$로 정의된 y와 $(f \circ g)(y)$ 사이의 경로라 하자. 그러면 $f(g(Y)) \subseteq f(X)$이고, $Y = f(X) \cup (\cup_{y \in Y} H_y)$이므로 Y도 연결이 된다.

(9) (a)⇒(b) 임의의 연속함수 $f : S^1 \to X$에 대하여, $\pi_1(X) = 0, f \simeq c_x$가 된다. $H : S^1 \times I \to X$를 $H(x, 0) = c_x, H(x, 1) = f(x)$인 호모토피(homotopy)라 하

자. 그러면 $H' : D^2 \to X$, $H'(re^{i\theta}) = H(e^{i\theta}, r)$이 우리가 원하는 함수가 된다.

(b)⇒(c) σ, τ가 X에서 같은 시작점과 끝점을 가지는 경로라 하자. 그러면 경로 $\tau^{-1} \cdot \sigma : S^1 \to X$이므로, $\tau^{-1} \cdot \sigma$의 확장함수 $(\tau^{-1} \cdot \sigma)' : D^2 \to X$가 존재한다. 이제

$$H(x,t) = \begin{cases} (\tau^{-1}\sigma)'((1-2t)e^{i\pi x}) & t \in [0, \frac{1}{2}]\text{일 때} \\ (\tau^{-1}\sigma)'((2t-1)e^{2i\pi - i\pi x}) & t \in [\frac{1}{2}, 1]\text{일 때} \end{cases}$$

로 정의된 호모토피 $H : I \times I \to X$에 의하여 $\sigma \simeq \tau$ rel $\{0,1\}$를 얻게 된다.

(c)⇒(a) $\forall \sigma \in \pi_1(X, x_0)$에 대하여, $\sigma \simeq c_{x_0}$이고 따라서 $\pi_1(X) = 0$이다.

(10) (⇒) 함수 $f : X \to Y$가 상수함수 c_{y_0}와 호모토픽이고 이를 위한 호모토피를 $H : X \times I \to Y$, $H(x,0) = c_{y_0}$, $H(x,1) = f(x)$라고 하자. 함수 $g : CX \to Y$를 $g(x,t) = H(x,t)$로 정의하면 원하는 확장함수가 된다.

(⇐) $f : X \to Y$의 확장함수 $g : (X \times I)/_{X \times \{0\}} \to Y$가 주어지면,

$$H(x,t) = \begin{cases} g(x,t) & t \neq 0\text{일 때} \\ g(X \times \{0\} & t = 0\text{일 때} \end{cases}$$

로 정의된 함수 $H : X \times I \to Y$가 $c_{g(X \times \{0\})} \simeq f$를 보인다.

(11) $(f \circ p)(x,y) = (x, y_0)$이고 $Y \simeq \{y_0\}$이므로, $f \circ p \simeq id_{X \times Y}$이다. 더욱이 $(p \circ f)(x) = x = id_X(x)$이다. 따라서 f와 p는 모두 호모토피 동치이다.

(12) 두 함수 $f, g : S^n \to S^n$가 모든 $x \in S^n$에 대해서 $f(x) \neq -g(x)$이면, $H(x,t) = \frac{tf(x)+(1-t)g(x)}{\|tf(x)+(1-t)g(x)\|}$로 정의된 호모토피 $H : S^n \times I \to S^n$에 의하여 $f \simeq g$(호모토픽 동치(homotopic))이다. 만일 $f(x_0) = g(x_0)$를 만족하는 점 $x_0 \in S^n$이 존재하면 $H(x_0, t) = f(x_0) = g(x_0)$이고 따라서 $f \simeq g$ rel $\{x_0\}$.

(13) $X = [0,1], Y = S^1$. $f : X \to Y$; $f(x) = e^{2\pi i x}$.

(14) $\pi_1(S^1 \times \cdots \times S^1) \cong \pi_1(S^1) \times \cdots \times \pi_1(S^1) \cong \mathbb{Z} \times \cdots \times \mathbb{Z}$

(15) $Bd(D^2) = S^1$ $f(S^1) = S^1$.

(16) (1) 4잎 bouquet: $\mathbb{Z} * \mathbb{Z} * \mathbb{Z} * \mathbb{Z}$; n잎 bouquet: $\mathbb{Z} * \mathbb{Z} * \cdots * \mathbb{Z}$ (n 번),

(2) $D^2 - \{$두 내부점$\}$: $\langle a, b, c \mid ab = c \rangle = \langle a, b \mid \emptyset \rangle \cong \mathbb{Z} * \mathbb{Z}$; 또는 $D^2 - \{n$ 내부점$\}$: $\langle a_1, a_2, \cdots, a_n, c \mid a_1 a_2 \cdots a_n = c \rangle \cong \mathbb{Z} * \mathbb{Z} * \cdots * \mathbb{Z}$ (n 번)

(3) 3차원 공간 $\mathbb{R}^3 - \{n$ 내부점$\}$: 자명한 군

(4) 3차원 공간 $\mathbb{R}^3 - \{x, y, z\text{-axes}\} \simeq S^2 - \{6$ 내부점$\}$,

(5) 속이 찬 토러스 $- \{n$ 내부점$\}$: $\mathbb{Z}$

(6) 곡면 $mT - \{n$ 내부점$\}$:

$$\left\langle a_1, \cdots, a_m, b_1, \cdots, b_m, c_1, \cdots, c_n \;\middle|\; \prod_{i=1}^{m} a_i b_i a_i^{-1} b_i^{-1} \prod_{i=1}^{n} c_i = 1 \right\rangle$$

(7) 곡면 $mP^2 - \{n$ 내부점$\}$: $\langle a_1, \cdots, a_m, b_1, \cdots, b_n \mid \prod_{i=1}^{m} a_i^2 \prod_{i=1}^{n} b_i = 1 \rangle$

(17) S^2의 펼친그림 aa^{-1}를 이용하여라. 답: $\mathbb{Z} * \mathbb{Z}$.

(18) (a) $\langle a_1, a_2, a_3 \mid a_1 a_1 a_2 a_2 a_3 a_3 = 1 \rangle$

(b) $\left\langle a_1, a_2, b_1, b_2 \mid (a_1 a_2)^3 = (b_1 b_2)^2 \right\rangle \cong \left\langle a, b \mid a^3 = b^2 \right\rangle$

(19) $\pi_1(S^1) \cong \mathbb{Z}, \pi_1(S^n) \simeq 0 (n \geq 2)$이므로 $S^1 \not\cong S^n (n \geq 2)$이다. 만약 $\mathbb{R}^2$과 $\mathbb{R}^n$ $((n \geq 3))$가 위상동형함수 f에 의하여 위상동형이라고 가정하자. 그러면 $\mathbb{R}^2 - \{0\}$와 $\mathbb{R}^n - \{f(0)\}$는 위상동형이 된다. 이제 $\mathbb{R}^m - \{1 \text{ pt}\}$와 S^{m-1}이 호모토피 동치다는 성질을 쓰면, S^1과 S^{n-1}이 호모토피 동치가 되어 모순이 생긴다.

(20) 공간 X의 내부점을 x_0라 하고 x_0의 ε-근방 $B_\varepsilon = \{x \in X \mid \|x - x_0\| < \varepsilon\}$을 생각하자. 그러면 B_ε은 축약가능이고 이의 울타리는 구면 S^2와 위상동형이어서 이의 기본군도 자명한 군이다. 이제 Seifert-Van Kampen정리를 이용하여라.

(21) (a), (b) 모두 $\mathbb{Z}$.

(22) (a) $\langle a_1, a_2, a_3, a_4 \mid a_1a_4^{-1}a_1^{-1}a_3, a_3^{-1}a_1a_3a_2^{-1}, a_2a_4a_2^{-1}a_1^{-1}, a_3^{-1}a_4a_2a_4^{-1}\rangle$

(b) $\langle a_1, a_2, a_3, a_4, a_5 \mid a_1^{-1}a_4^{-1}a_1a_3, a_1a_4^{-1}a_2^{-1}a_4, a_2a_4a_2^{-1}a_5^{-1}, a_3^{-1}a_5a_2a_5^{-1}, a_1^{-1}a_3a_5a_3^{-1}\rangle$

(c) $\langle a_1, a_2, a_3, a_4, a_5, a_6 \mid a_1^{-1}a_4a_1a_5^{-1}, a_1a_4a_2^{-1}a_4^{-1}, a_1^{-1}a_2a_6a_2^{-1}, a_5a_2a_5^{-1}a_3^{-1}, a_5a_3^{-1}a_6^{-1}a_3, a_6^{-1}a_4^{-1}a_6a_3\rangle$

(24) 예제 4.10 풀이와 같은 방법을 이용하여라. 공간 $\mathbb{R}^3 \setminus (K_1 \cup K_2)$은 linking이 없는 경우는 $(S^2 \vee S^1) \vee (S^2 \vee S^1)$에, Hopf link의 경우는 $S^2 \vee (S^1 \vee S^1)$으로 변형수축될 수 있다. 따라서 기본군은 전자의 경우는 자유군 $\mathbb{Z} * \mathbb{Z}$, 후자의 경우는 자유순환군 $\mathbb{Z} \times \mathbb{Z}$가 된다.

제 5 장: 문제

5.2 (1) $\mathbb{Z}_n$; (2) $\mathbb{Z} \times \mathbb{Z}$.

5.3 우선 $x_0 \in X$를 바탕점으로 하고 $y_0 = p(x_0) \in Y$, $z_0 = q(x_0) \in Z$를 각 공간의 바탕점으로 생각하자.

p는 sujection: 임의의 점 $y \in Y$와 Y상에서 y_0에서 점 y로의 경로 α를 택하자. 그러면 $r \circ \alpha$는 X상에서 x_0에서 점 $r(y)$로의 경로이다. q가 피복함수임을 이용하여 경로 $r \circ \alpha$의 올림 경로로서 x_0에 시작하는 것을 택하자. 이 올림경로의 끝점을 x라 하면 도형의 교환성과 피복 r에서의 경로올림의 유일성을 이용하여 $p(x) = y$를 보일 수 있다. 즉, p는 전사함수이다.

Local triviality: 임의의 점 $y \in Y$에서 국소적 자명성을 보이기 위하여, $z = r(y) \in Z$라 하자. 함수 q, r이 모두 Z를 바탕공간으로 하는 피복함수임을 이용하여 이 두 피복의 국소적 자명성을 동시에 만족하는 z의 좌표근방을 U라 고하자. (이는 각각의 경우의 좌표근방의 공통집합으로 하면 된다.) 더욱이 U를 경로적 연결이라고 가정할 수 있다. 이제 $r^{-1}(U)$에서 점 y를 포함하는 겹이불(sheet)을 택하면 이것이 p가 피복함수가 되게 하는 y의 좌표근방이 됨을 보일 수 있다.

5.4 $p : (\mathbb{R}, 0) \to (S^1, 1)$, $p(t) = e^{2\pi i t}$. $Y = \{x, y\}$. $f : (Y, x) \to (S^1, 1)$, $f(x) = f(y) = 1$. 그러면 $i = 1, 2$에 대하여 $\tilde{f}_i : (Y, x) \to (\mathbb{R}, 0)$, $\tilde{f}_i(x) = 0$, $\tilde{f}_i(y) = i$로 정의된 두 함수는 f의 올림함수이다.

5.5 점 $x_0 \in X$를 고정하면, 피복의 국소적 자명성에 의하여 x_0의 좌표근방의 모든 점 x에 대하여 $|p^{-1}(x)| = |p^{-1}(x_0)|$이다. 이제 정리 5.3의 증명에서와 같이 집합 $A = \{x \in X \mid |p^{-1}(x)| = |p^{-1}(x_0)|\}$는 빈 집합이 아니고 열린집합인 동시에 닫힌 집합임을 보일 수 있다.

5.6 $\pi_1(S^1, 1)$는 교환가능군(abelian)이고, 켤레류(conjugacy class)는 부분군 $n\mathbb{Z}$ 한 개로 이루어진다.

5.7 정규성: (1) 피복공간에 어떤 점을 잡아도, 피복함수에 의해서 유도되는 기본군들 사이의 준동형함수는 항등함수이다. (2)번과 (3)번 피복에 대한 기저공간의 기본군이 가환군이어서 모든 부분군이 정규부분군이다. 한편, 피복공간이 연결이므로, 피복공간에 어떤 두 점을 잡아도 그 기본군은 켤레(conjugate)하고 그것의 피복함수에서 유도되는 준동형함수의 상은 기저공간의 같은 부분군이 된다. 두 번째 질문에 대해서는 각자 답해보기 바란다(문제 5.25 참조).

5.8 $\phi_g \circ \phi_{g^{-1}} = \phi_{gg^{-1}} = \phi_1 = identity = \phi_{g^{-1}} \circ \phi_g$. 따라서 $\phi_g^{-1} = \phi_{g^{-1}}$이다.

5.9 $x_0 \in X$를 고정하면, 함수 $g \mapsto g \cdot x_0$는 $\mathcal{A} \to X$의 전단사함수가 된다.

5.10 $1(x) = x$, $1 \in \mathrm{Stab}(x)$이므로 $\mathrm{Stab}(x) \neq \emptyset$. 만약 $g_1, g_2 \in \mathrm{Stab}(x)$이면 $g_1(x) = x = g_2(x)$이고

$$g_1^{-1}g_2(x) = g_1^{-1}g_1(x) = (g_1^{-1}g_1)(x) = 1(x) = x,$$

이므로 $g_1^{-1}g_2 \in \mathrm{Stab}(x)$이다. 따라서 $\mathrm{Stab}(x)$는 부분군이다.

5.11 집합 U를 X에서 열린집합이라고 두자. 그러면

$$\begin{aligned} p^{-1}(p(U)) &= \{x \in X \mid p(x) \in p(U)\} \\ &= \{x \in X \mid \mathcal{A}\cdot x = \mathcal{A}\cdot y, \text{ 어떤 } y \in U \text{ 에 대하여}\} \\ &= \{x \in X \mid x = g\cdot y, \text{ 어떤 } y \in U, \text{ 어떤 } g \in \mathcal{A} \text{ 에 대하여}\} \\ &= \{x \in X \mid x \in g\cdot U, \text{ 어떤 } g \in \mathcal{A} \text{ 에 대하여}\} \\ &= \bigcup_{g\in\mathcal{A}} g\cdot U. \end{aligned}$$

각 $g \in \mathcal{A}$의 작용이 위상동형함수이기 때문에 $g\cdot U$는 열린집합이다. 따라서 $p^{-1}(p(U))$는 열린집합이며, 상공간 $X/\mathcal{A}$의 정의에 의하여 $p(U)$는 $X/\mathcal{A}$에서 열린집합이다.

5.12 3-큐브 Q_3에서 중심점의 점대칭인 antipodal 작용이다.

5.13 힌트: 변(edge)의 개수에 대하여 귀납법을 사용하여라. 또한, 나무의 자기동형함수는 차수가 1인 꼭짓점은 차수가 1인 꼭짓점으로 보낸다.

5.14 (1) 우선 점 $x_0 \in X$를 임의로 고정하고, 함수

$$\Psi : \mathrm{Aut}_{\mathcal{A}}(X) \to N_{\mathcal{A}}(\mathrm{Stab}_{\mathcal{A}}(x_0))/\mathrm{Stab}_{\mathcal{A}}(x_0)$$

를 다음의 합성함수로 정의하자.

$$\begin{array}{ccccc} \mathrm{Aut}_{\mathcal{A}}(X) & \longrightarrow & N_{\mathcal{A}}(\mathrm{Stab}_{\mathcal{A}}(x_0)) & \longrightarrow & N_{\mathcal{A}}(\mathrm{Stab}_{\mathcal{A}}(x_0))/\mathrm{Stab}_{\mathcal{A}}(x_0) \\ \text{via} \quad \varphi & \longmapsto & g & \longmapsto & [g] \end{array}$$

여기서 $g \in \mathcal{A}$는 $\varphi(x_0) = x_0 \cdot g$를 만족하는 원소이다. 다음을 차례로 보일 수 있다. 먼저 군 $\mathcal{A}$가 집합 X상에 추이적으로 작용하므로 $X = \mathcal{A}(x_0)$임에 유의하자.

(i) well-defined: $\varphi(x_0) = x_0 \cdot g$이면 $g \in N_{\mathcal{A}}(\mathrm{Stab}_{\mathcal{A}}(x_0))$이다: ${}^{\forall}\sigma \in$

$\mathrm{Stab}_{\mathcal{A}}(x_0)$에 대하여 $x_0 \cdot (g\sigma g^{-1}) = \varphi(x_0) \cdot (\sigma g^{-1}) = (\varphi(x_0) \cdot \sigma) \cdot g^{-1} = \varphi(x_0 \cdot \sigma) \cdot g^{-1} = \varphi(x_0) \cdot g^{-1} = x_0 \cdot (gg^{-1}) = x_0$. $\varphi(x_0) = x_0 \cdot g$를 만족하는 두 개의 원소 g_1, g_2가 있다면 $g_1 g_2^{-1} \in \mathrm{Stab}_{\mathcal{A}}(x_0)$이고 따라서 $[g_1] = [g_2]$이다.

(ii) homo: 만약 $\varphi \mapsto g_1, \psi \mapsto g_2$이면 $\varphi(x_0) = x_0 \cdot g_1$이고 $\psi(x_0) = x_0 \cdot g_2$이다. 따라서 $\psi(\varphi(x_0)) = \psi(x_0 \cdot g_1) = \psi(x_0) \cdot g_1 = (x_0 \cdot g_2) \cdot g_1 = x_0 \cdot (g_2 g_1)$이므로 $\psi \circ \varphi \mapsto g_2 g_1$이다.

(iii) 단사: $\varphi \mapsto [g] = \mathrm{Stab}_{\mathcal{A}}(x_0)$, 즉 $\varphi \in \mathrm{Ker}(\Psi)$라 하자. 그러면 $\varphi(x_0) = x_0 \cdot g = x_0$이다. 이제 임의의 $x \in X$에 대하여 $x = x_0 \cdot h$를 만족하는 원소 $h \in \mathcal{A}$가 있다. 따라서 $\varphi(x) = \varphi(x_0 \cdot h) = \varphi(x_0) \cdot h = (x_0 \cdot g) \cdot h = x_0 \cdot h = x$. 따라서 $\varphi = id$.

(iv) 전사: 임의의 $[g] \in N_{\mathcal{A}}(\mathrm{Stab}_{\mathcal{A}}(x_0))/\mathrm{Stab}_{\mathcal{A}}(x_0)$에 대하여, 함수 $\varphi_g : X \to X$를 $\varphi_g(x_0 \cdot h) = (x_0 \cdot g) \cdot h$로 정의하자. 이는 잘 정의된다. 또한 $(\varphi_g)^{-1} = \varphi_{g^{-1}}$이므로 φ_g는 전단사 함수이다. 임의의 $\ell \in \mathcal{A}$와 임의의 $x_0 \cdot h \in X$에 대하여,

$\varphi_g((x_0 \cdot h) \cdot \ell) = (x_0 \cdot g) \cdot h\ell = \varphi_g(x_0 \cdot h) \cdot \ell$이다. 따라서 $\varphi_g \in \mathrm{Aut}_{\mathcal{A}}(X)$이고, $\Psi(\varphi_g) = [g]$이다.

왼쪽 작용을 이용하여 표현하면 다음과 같다.

우선 점 $x_0 \in X$를 임의로 고정하고, 함수

$$\Psi : \mathrm{Aut}_{\mathcal{A}}(X) \to N_{\mathcal{A}}(\mathrm{Stab}_{\mathcal{A}}(x_0))/\mathrm{Stab}_{\mathcal{A}}(x_0)$$

를 다음의 합성함수로 정의하자.

$$\mathrm{Aut}_{\mathcal{A}}(X) \longrightarrow N_{\mathcal{A}}(\mathrm{Stab}_{\mathcal{A}}(x_0)) \longrightarrow N_{\mathcal{A}}(\mathrm{Stab}_{\mathcal{A}}(x_0))/\mathrm{Stab}_{\mathcal{A}}(x_0)$$

$$\text{via} \quad \varphi \longmapsto \quad g \quad \longmapsto \quad [g]$$

여기서 $g \in \mathcal{A}$는 $\varphi(x_0) = g \cdot x_0$를 만족하는 원소이다. 다음을 차례로 보일 수 있다. 먼저 군 $\mathcal{A}$가 집합 X상에 추이적으로 작용하므로 $X = \mathcal{A}(x_0)$임에 유의하자.

(i) well-defined: $\varphi(x_0) = g \cdot x_0$이면 $g \in N_{\mathcal{A}}(\mathrm{Stab}_{\mathcal{A}}(x_0))$이다: ${}^{\forall}\sigma \in \mathrm{Stab}_{\mathcal{A}}(x_0)$에 대하여 $(g^{-1}\sigma g)(x_0) = (g^{-1}\sigma)\varphi(x_0) = g^{-1}(\sigma\varphi)(x_0) = g^{-1}(\varphi\sigma)(x_0) = g^{-1}(\varphi(x_0)) = g^{-1}g(x_0) = x_0$. $\varphi(x_0) = g \cdot x_0$를 만족하는 두 개의 원소 g_1, g_2가 있다면 $g_1^{-1}g_2 \in \mathrm{Stab}_{\mathcal{A}}(x_0)$이고 따라서 $[g_1] = [g_2]$이다.

(ii) homo: 만약 $\varphi \mapsto g_1, \psi \mapsto g_2$이면 $\varphi(x_0) = g_1 \cdot x_0$이고 $\psi(x_0) = g_2 \cdot x_0$이다. 따라서 $\psi(\varphi(x_0)) = \psi(g_1 \cdot x_0) = g_1 \cdot \psi(x_0) = g_1 \cdot (g_2 \cdot x_0) = x_0^{g_2g_1} = (g_2g_1) \cdot x_0$이므로 $\psi \circ \varphi \mapsto g_2g_1$이다.

(iii) 단사: $\varphi \mapsto [g] = \mathrm{Stab}_{\mathcal{A}}(x_0)$, 즉 $\varphi \in \mathrm{Ker}(\Psi)$라 하자. 그러면 $\varphi(x_0) = g \cdot x_0 = x_0$이다. 이제 임의의 $x \in X$에 대하여 $x = h \cdot x_0$를 만족하는 원소 $h \in \mathcal{A}$가 있다. 따라서 $\varphi(x) = \varphi(h \cdot x_0) = h \cdot (\varphi(x_0)) = h \cdot (g \cdot x_0) = h \cdot x_0 = x$. 따라서 $\varphi = id$.

(iv) 전사: 임의의 $[g] \in N_{\mathcal{A}}(\mathrm{Stab}_{\mathcal{A}}(x_0))/\mathrm{Stab}_{\mathcal{A}}(x_0)$에 대하여, 함수 $\varphi_g : X \to X$를 $\varphi_g(h \cdot x_0) = h \cdot (g \cdot x_0)$로 정의하자. 이는 잘 정의된다. 또한 $(\varphi_g)^{-1} = \varphi_{g^{-1}}$이므로 φ_g는 전단사 함수이다. 임의의 $\ell \in \mathcal{A}$와 임의의 $h \cdot x_0 \in X$에 대하여, $\varphi_g(\ell \cdot (h \cdot x_0)) = \ell \cdot (h \cdot (g \cdot x_0)) = \ell \cdot (\varphi_g(h \cdot x_0))$이다. 따라서 $\varphi_g \in \mathrm{Aut}_{\mathcal{A}}(X)$이고, $\Psi(\varphi_g) = [g]$이다.

(2) 군 $\mathcal{A}$가 집합 X상에 정규적으로 작용하면 $\mathrm{Stab}_{\mathcal{A}}(x)$는 $\{1\}$, 즉 자명하고 따라서 $N_{\mathcal{A}}(\mathrm{Stab}_{\mathcal{A}}(x)) = \mathcal{A}$이다.

5.15 집합 $S = \{(g, x) \mid g \cdot x = x\}$를 생각하자. 각 g에 대하여 $|\mathrm{fix}(g)|$개의 pair (g, x)가 S에 있다. 따라서 $|S| = \sum_{g \in \mathcal{A}} |\mathrm{fix}(g)|$이다. 각 x에 대하여,

$|\mathrm{Stab}_{\mathcal{A}}(x)|$개의 pair (g, x)가 S에 있다. $|X/\mathcal{A}| = n$라 하고, $O_1, \ldots, O_n$를 orbit라 하자. 그러면 $|S| = \sum_{i=1}^{n} \sum_{x \in O_i} |\mathrm{Stab}_{\mathcal{A}}(x)| = \sum_{i=1}^{n} |\mathcal{A}{\cdot}x||\mathrm{Stab}_{\mathcal{A}}(x)| = n|\mathcal{A}|$, (Orbit-Stabilizer 정리에 의하여). 따라서 $n|\mathcal{A}| = \sum_{g \in \mathcal{A}} |\mathrm{fix}_X(g)|$이다.

5.17 (3) Orbit-Stabilizer 정리에서 자명하다. (구체적 기술: $H = p_*(\pi_1(E, e))$라 두고 $p^{-1}(x_0) = \{e_1, e_2, \ldots, e_n\}, e = e_1$이라 하자. 그리고 ω_i를 e에서 e_i로의 경로라 하자. 그러면 부분군 H는 n개의 coset를 가지며, 이들은 $[p \circ \omega_1]H$, $[p \circ \omega_2]H$, $\ldots$, $[p \circ \omega_n]H$이다.)

5.19 Fibre $p^{-1}(x)$상의 기본군 $\pi_1(X, x)$의 monodromy작용의 성질 (3)에 의하여, $|p^{-1}(x)| = |\pi_1(X, x)|$이다. 특히 $\pi_1(X, x) = 1$이면 피복함수 p는 단사함수이다. 피복함수는 항상 연속이고 전사이고 열린함수(open map)이므로 이는 위상동형함수가 된다.

5.20 Aut$(E, p) \to \pi_1(X, x_0)$ *via* $\varphi \mapsto [\alpha]$*의 구성:* 주어진 $\varphi \in$ Aut(E, p)에 대하여 e_0와 $\varphi(e_0)$는 동시에 $p^{-1}(x_0)$에 있고, e_0에서 $\varphi(e_0)$로의 임의의 경로 σ를 택하여 $p \circ \sigma = \alpha$로 두면 잘 정의된다.

역함수 $\pi_1(X, x_0) \to$ Aut(E, p) *via* $[\alpha] \mapsto \varphi$*의 구성:* 주어진 $[\alpha] \in \pi_1(X, x_0)$에 대하여 e_0에서 시작하는 α의 올림함수의 끝점을 e라 하자. p가 정칙피복이므로 e_0를 e로 보내는 피복변환함수 $\varphi \in$ Aut(E, p)가 있다. 이때 $[\alpha] \mapsto \varphi$가 잘 정의된 역함수이다(정리 5.14와 정리 5.18 참조).

5.21 (1) 함수 Aut$(E, p) \to$ Aut$_{\mathcal{A}}(F)$; $\varphi \mapsto \varphi|_F$로 정의하자.

"well-defined:" 임의의 $[\alpha] \in \pi_1(X, x_0))$에 대하여 $e \cdot [\alpha] = \tilde{\alpha}(1)$ (여기서 $\tilde{\alpha}$는 e를 시작점으로 하는 α의 올림함수)이고, 이때 $\varphi \circ \tilde{\alpha}$는 $\varphi(e)$를 시작점으로 하고 $\varphi(\tilde{\alpha}(1))$를 끝점으로 α의 올림함수이다. 따라서 $\varphi(e \cdot [\alpha]) = \varphi(e) \cdot [\alpha]$이고 따라서 $\varphi|_F \in$ Aut$_{\mathcal{A}}(F)$이다.

"$1 - 1$"은 자명하다.

"전사:" (그림 5.22 참조) 임의의 $\omega \in$ Aut$_{\mathcal{A}}(F)$에 대하여 피복변환군 φ_ω를 다

음과 같이 정의하자. 임의의 $y \in E$에 대하여 $\tilde{\tau}$를 바탕점 e_0에서 시작하여 y에서 끝나는 경로라 하자. 이제 $\varphi_\omega(y)$를 $\omega(e_0)$에서 시작하는 $\tau = p \circ \tilde{\tau}$의 올림경로의 끝점으로 정의하자. 이때, 성질 $\omega(e \cdot [\alpha]) = (\omega(e) \cdot [\alpha]), \forall [\alpha] \in \pi_1(X, x_0)$를 이용하면 함수 φ_ω는 경로 $\tilde{\tau}$의 선택과 무관하게 독립적으로 잘 정의됨을 보일 수 있다. 그리고 $(\varphi_\omega)^{-1} = \varphi_{\omega^{-1}}$이다. 이제 φ_ω가 피복변환임은 자명하다.

더욱이 $p : (E, e_0) \to (X, x_0)$가 정칙피복이면, 임의의 $x \in F$에 대하여 $\mathrm{Stab}_{\mathcal{A}}(x) = p_*\pi_1(E, e_0)$이고 $N_{\mathcal{A}}(p_*\pi_1(E, e_0)) = \mathcal{A}$이므로 자명하다.

(2) 문제 5.14, 278쪽의 stabilizer 계산과 위 (1)을 이용하면 자명하다. 별도로 직접 증명을 시도하면 다음과 같다.

(i) 피복을 $p : (E, e_0) \to (X, x_0)$라 하고, 먼저 $\sigma \in N(p_*\pi_1(E, e_0))$에 대하여 함수 $\varphi_\sigma : E \to E$를 다음과 같이 정의하자. 임의로 주어진 $y \in E$에 대하여 바탕점 e_0로부터 y로의 경로를 택하고 이를 $\tilde{\tau}$라 하고 $\tau := p \circ \tilde{\tau}$라 하자. 이제 바탕 그래프 X에서 $p(y)$에서 시작하는 경로 $\tau^{-1} \cdot \sigma$를 생각하고 y에서 시작하는 이의 올림 경로의 끝점을 e라 하자. 이제 e에서 시작하는 경로 τ의 올림 경로의 끝점을 $\varphi_\sigma(y)$로 정의하자(그림 5.22 참조).

(ii) 함수 $\varphi_\sigma : E \to E$는 경로 $\tilde{\tau}$의 선택에 무관하게 잘 정의된다. 더욱이 $\sigma \in N(p_*\pi_1(E, e_0))$이므로 연속이다. 또 $(\varphi_\sigma)^{-1} = \varphi_{\sigma^{-1}}$이다.

(iii) 함수 $\varphi_\sigma : E \to E$는 피복변환이 된다.

(iv) 함수 $\sigma \mapsto \varphi_\sigma$는 $N(p_*\pi_1(E, e_0)) \to \mathrm{Aut}(E, p)$는 전사인 군 준동형함수이고, 이의 kernel은 $p_*\pi_1(E, e_0)$가 된다.

5.23 q가 전사이고 $q = r \circ p$이므로, r은 전사이다. 임의의 점 $z \in Z$에 대하여 피복 q에 대한 좌표근방으로서 경로적 연결인 U를 택하자. 교환성 $q = r \circ p$를 이용하여 U가 r이 피복함수가 되게 하는 z의 좌표근방임을 보일 수 있다.

5.24 http://www.research.att.com/∼njas/sequences/를 방문하여 가장 좋은 증명 방법을 찾아 보아라. research(연구)란 search(탐구, 찾기)를 반복하는 것이 아닐까?

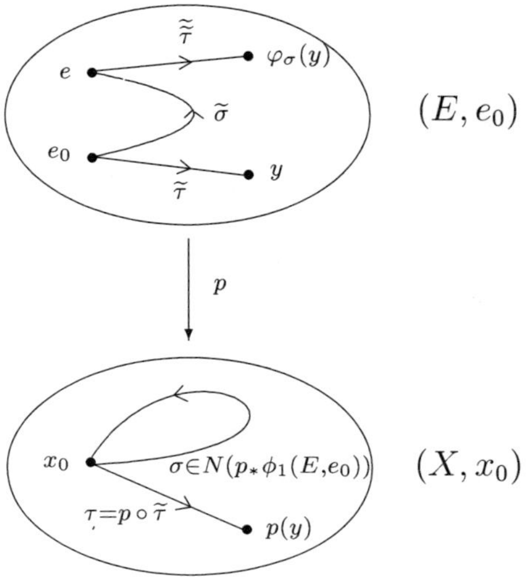

그림 5.22 함수 $\varphi_\sigma(y)$의 정의

증명: $r = 1$일 때는 자명하다. 우선 β개의 잎을 가지는 bouquet B_β의 기본군은 rank β인 자유군 $\mathcal{F}(\beta)$임에 유의하자. bouquet B_β의 바탕점을 고려한 연결인 n-겹 피복들의 동형류의 개수는 바로 우리가 구하는 수 $\mathcal{S}_{\mathcal{F}(\beta)}(n)$다.

이 $\mathcal{S}_{\mathcal{F}(\beta)}(n)$를 $\mathcal{F}(\beta)$의 index n인 부분군들의 개수라 하면, 이 수는 연결이고 바탕점을 고려한 G의 n-겹 피복들의 동형류 개수와 동일하다. B_β의 모든 (연결이거나 연결이 아닌) n-겹 피복은 $S_n \times \cdots \times S_n = S_n^\beta$의 원소 $\sigma = (\sigma_1, \ldots, \sigma_\beta)$에 의해 생성된다. ($n$-겹 피복 공간의 꼭짓점 집합을 $\{1, 2, \ldots, n\}$이라 하고 각 꼭짓점을 출발점으로 하는 B_β의 각 루프 ℓ_i에 대한 올림(lifting)을 생각하자. 이 올림의 출발점 $\mapsto$ 끝점을 대응시키는 순열(permutation) σ_i에 의해 피복이 생성된 것으로 볼 수 있다. 이때, 이러한 n개의 올림이 루프 ℓ_i의 fibre가 된다.)

(i) 피복공간의 바탕점을 1이라 하자. 주어진 $\sigma = (\sigma_1, \ldots, \sigma_\beta)$에 의해 생성되는 S_n의 부분군 $\langle \sigma_1, \ldots, \sigma_\beta \rangle$이 꼭짓점 집합에 작용할 때 바탕점 1의 궤도를 $\{1, b_1, \ldots, b_t\}$라 하면, 이는 피복그래프 B_β^σ에서 바탕점 1을 포함하는 연결성분의 꼭짓점들이 되고 이 연결피복공간의 기본군은 $\mathcal{F}(\beta)$의 index

t인 부분군 $H := \pi_1(B^{\sigma}_{\beta}, 1)$이 된다.

(ii) 주어진 $\sigma = (\sigma_1, \ldots, \sigma_\beta)$의 바탕점을 고려한 피복의 동형류를 計數해 보자. 두 피복이 동형인 것은 피복공간의 기본군 $H = \pi_1(B^{\sigma}_{\beta}, 1)$이 동일한 것과 동치이며, 이는 부분군을 결정하는 요소인 1의 연결성분의 꼭짓점의 relabelling에 불과하다. (relabelling은 S_n^β상에 S_n의 coordinate conjugate 작용을 의미한다. 즉, $\omega \in S_n$이 존재하여 $\omega(1) = 1$을 만족하고 동형인 두 피복에 대응되는 $\sigma = (\sigma_1, \ldots, \sigma_\beta)$와 $\sigma' = (\sigma_1', \ldots, \sigma_\beta')$의 모든 성분이 $\sigma_i = \omega \cdot \sigma_i' \cdot \omega$를 만족한다는 것을 뜻한다.) 이때 σ와 σ'은 1-similar하다고 부른다.

따라서 1의 궤도, 혹은 연결성분에서 $\omega \in S_n$의 작용에 의해 relabelling되는 경우의 수는 $(n-1)\cdots(n-t+1)$이며(그림 5.23 참조), 각 σ_i에 대하여 1의 연결성분이 아닌 그 외의 꼭짓점을 relabelling하는 모든 경우의 수는 $(n-t)!$이다.

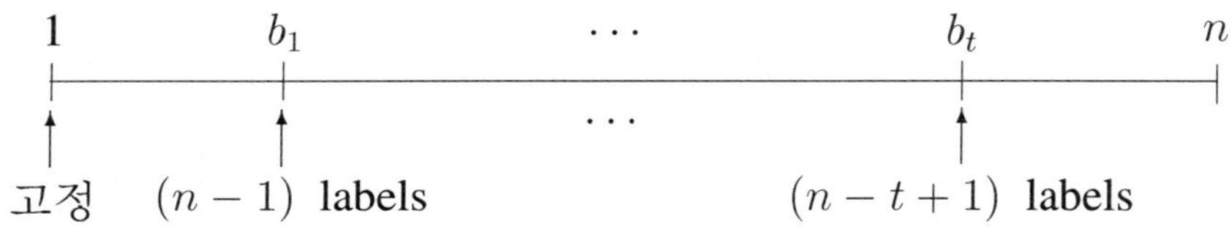

그림 5.23 σ의 1-similar 동치류의 계수

모든 $\sigma_1, \ldots, \sigma_\beta$는 1의 연결성분에 있는 꼭짓점에서는 relabelling이 같아야 하지만, 연결성분에 있는 않는 꼭짓점에서는 어떠한 labelling이든 상관없다는 점에 유의하자. 따라서 σ에 1-similar한 모든 $\sigma' = (\sigma_1', \ldots, \sigma_\beta')$의 총 개수는

$$(n-1)\cdots(n-t+1)[(n-t)!]^\beta = (n-1)![(n-t)!]^\beta$$

이다.

(iii) $\mathcal{F}(\beta)$의 index t인 부분군의 개수를 $S_{\mathcal{F}(\beta)}(t)$라 하자. $|(S_n)^\beta| = (n!)^\beta$이고, (ii)에 의해 다음 식을 얻는다.

$$(n!)^\beta = \sum_{t=1}^{n}(n-1)!\{(n-t)!\}^{\beta-1}S_{\mathcal{F}(\beta)}(t).$$

양 변을 $(n-1)!$로 나누면,

$$n(n!)^{\beta-1} = \sum_{t=1}^{n-1}\{(n-t)!\}^{\beta-1}S_{\mathcal{F}(\beta)}(t) + S_{\mathcal{F}(\beta)}(n).$$

5.25 (a) 그림 5.24의 (1), (2)는 2-겹, 나머지는 3-겹인 피복이다. 그림에서 굵게 그린 꼭짓점을 바탕점으로 할 때, 각 피복의 기본군은 a, b에 의하여 생성되고 이들의 관계식은 그림 5.24의 각 경우에서와 같이 표현된다.

(b) 모든 군에서 index 2인 부분군은 항상 정규부분군이다. 따라서 2-겹은 항상 정칙피복이다. 그림 5.24에서 (3), (4)는 정칙피복이 아니고 나머지는 모두 정칙피복이다. 정칙피복에서는 임의의 꼭짓점을 나머지 꼭짓점으로 보내는 피복동형함수가 있음을 확인할 수 있다. 따라서 그만큼 그래프의 대칭성도 좋다.

(c) 그림 5.24의 (5)와 (6). 따라서 이들의 두 기본군은 군 동형이지만, 바탕 그래프인 2잎 bouquet G의 기본군 내에서 켤레는 아니다.

제 5 장: 연습문제

(1) $p_1 \times p_2$가 연속이고 전사함수가 됨은 자명하다. 그리고 V_i가 피복 p_i의 좌표근방이면, $V_1 \times V_2$는 $p_1 \times p_2$의 좌표근방이 된다.

(2) 위상공간 X는 2잎 장미이고, 위상공간 E는 x 또는 y의 값이 정수인 격자무늬(바둑판)이므로, 주어진 함수 p는 연속이고 전사이다. 그리고 X에서 반경이 충분히 작은 근방을 취하여 국소적 자명성을 보일 수 있다.

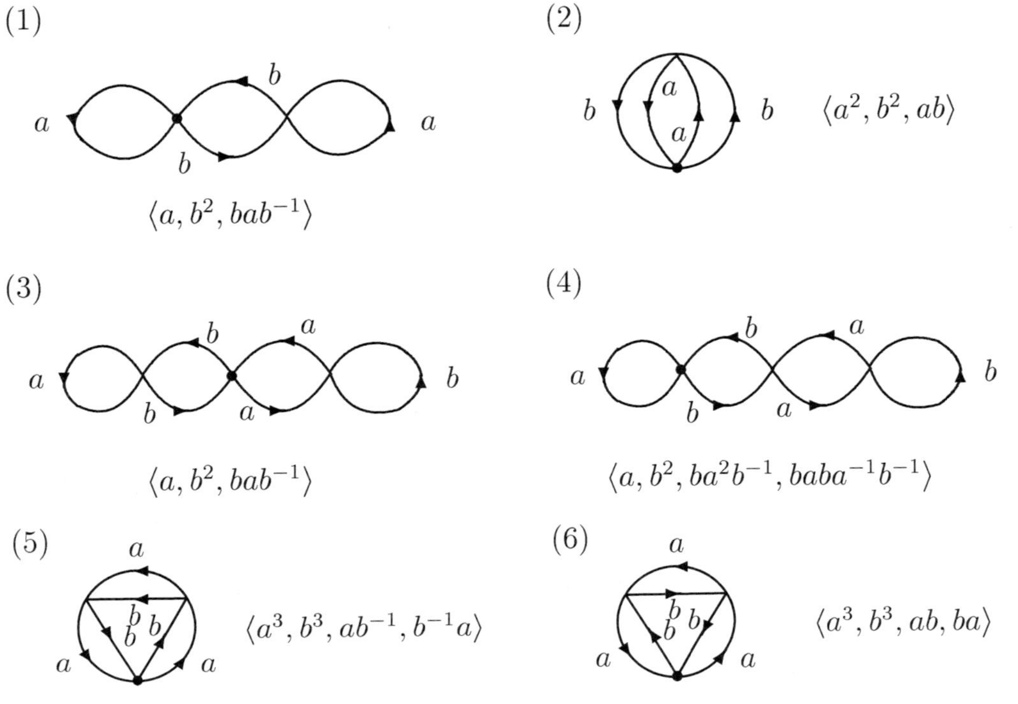

그림 5.24 B_2 피복의 예

(3) (a) 그림 5.25에서 면 A를 뒤집어 B에 붙이면 Klein병이 된다. 즉, 그림 5.25을 $[-1\ \ 1]\times[-1\ \ 1]$에서 울타리인 사각형을 동일시하여 토러스 T를 만들었다고 가정하면 위의 '뒤집어 붙이기'는 $(x, y)\mapsto(-x, y+\frac{1}{2})$에 의하여 (고정점이 없이) 생성되는 $\mathbb{Z}_2$ 작용에 대응된다. 만약 토러스 T를 그림 1.3으로 생각하면 위의 $\mathbb{Z}_2$ 작용은 그림 1.3 토러스에서 hole 속에 있는 중점에 의한 점대칭에 대응된다.

(b) 토러스 T를 그림 1.3으로 생각하면 구하는 $\mathbb{Z}_2$ 작용은 그림 1.3 토러스에서 구멍(hole) 속에 있는 중점을 지나는 수직선을 중심으로 (고정점이 없는) 180° 회전에 의하여 생성된다.

(d) 그림 5.25을 tile로 하는 평면의 tiling을 만들고 이를 이용하여라.

(4) S_3의 중심점에서 180° 회전은 (고정점이 없는) $\mathbb{Z}_2$-작용이고 상공간은 S_2이다(그림 5.26 참조).

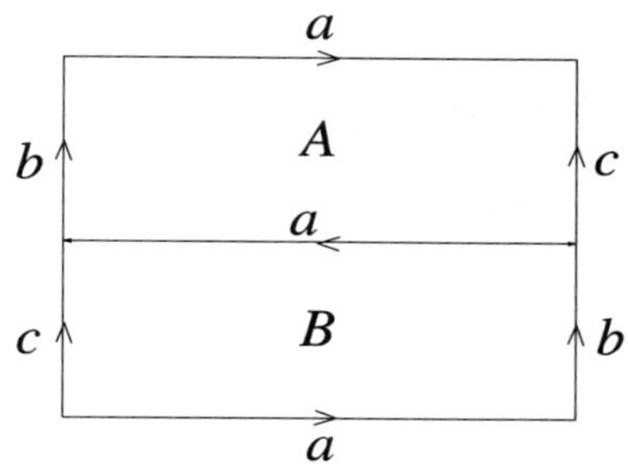

그림 5.25 피복 $p : T \to K^2$

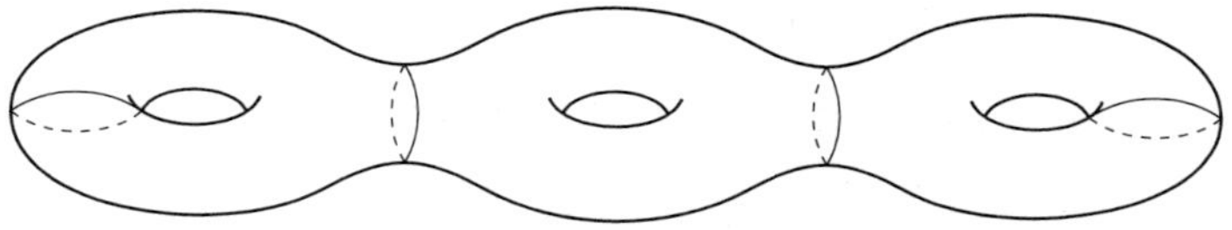

그림 5.26 genus 3인 곡면 S_3

(5) 모든 S_g의 중심점에서 점대칭을 생각하라.

(6) E가 단순연결공간이면? 제5장 연습문제 3의 경우는?

(7) 토러스 $T = S^1 \times S^1$의 기본군은 $\mathbb{Z} \times \mathbb{Z}$이고, 이의 부분군은 $m\mathbb{Z} \times n\mathbb{Z}$ $(m, n \geq 0$은 정수)이다. 피복은 각 부분군에 대응된다. 예를 들면, $2\mathbb{Z} \times 3\mathbb{Z}$에 대응되는 피복은 $S^1 \times S^1 \to S^1 \times S^1$; $(z, w) \mapsto (z^2, w^3)$이다.

(8) 경로-올림정리에 의하여 임의의 $e_1 \in p^{-1}(x_0)$에 대하여 e_1에서 σ의 올림경로 $\tilde{\sigma}$가 존재한다. 이 올림경로가 닫혀 있다고 하자. 이제 임의의 $e_2 \in p^{-1}(x_0)$에 대하여 (E, p)가 정칙피복이므로 $\varphi(e_1) = e_2$를 만족하는 피복변환 φ가 존재하고 $\varphi \circ \tilde{\sigma}$는 e_2에서 닫힌 경로로서 이는 e_2에서 시작하는 σ의 닫힌 올림경로이다. 따라서 올림함수의 유일성에 의하여 증명이 완성된다.

(9) (⇒)은 당연하다. (⇐): 주어진 피복함수 p와 또다른 피복함수 $id : (X, x_0) \to (X, x_0)$를 생각하자. 올림판정정리에 의하여 p와 id의 올림함수 $\tilde{p}$와 $\tilde{id}$가 존재하고 $\tilde{p} \circ \tilde{id} = id_{(X,x_0)}$이고 $\tilde{id} \circ \tilde{p} = id_{(E,e_0)}$이다(보조정리 5.10 참조). 따라서

p는 위상동형함수이다.

(10) 구면 S^2와 사영평면 P^2의 범피복공간은 구면 S^2이고, 토러스 $T = S^1 \times S^1$와 Klein 병 K^2의 범피복공간은 평면 $\mathbb{R}^1 \times \mathbb{R}^1$이다.

(11) 오른쪽 대각선 Δ에 반하여 왼쪽 대각선(orthogonal complement인) $\Delta^\perp = \{(x, -x) \mid x \in \mathbb{R}^3\} \setminus \{(0,0)\}$을 생각하자. 그러면 $\Delta^\perp \subseteq E = \mathbb{R}^3 \times \mathbb{R}^3 - \Delta$이고, $r(x,y) = (\frac{x-y}{2}, \frac{y-x}{2})$로 정의된 함수 $r : E \to \Delta^\perp$는 수축함수(retraction)이다. 실제, r은 대각선 Δ의 방향을 따라 $\mathbb{R}^3 \times \mathbb{R}^3 - \Delta$를 $\Delta^\perp$에 투영하는 함수이다. 더욱이 $H((x,y),t) = t(x,y) + (1-t)(\frac{x-y}{2}, \frac{y-x}{2})$로 정의된 호모토피 $H : E \times I \to E$에 의하여 $H : i \circ r \simeq id_E$ (rel $\Delta^\perp$)가 되어 함수 $r : E \to \Delta^\perp$는 (강한) 변형수축함수(strong deformation retraction)가 된다. 따라서 공간 E와 $\Delta^\perp$는 같은 호모토피형이다. 한편 공간 $\Delta^\perp$는 $\mathbb{R}^3 \setminus \{0\}$와 위상동형이고 공간 $\mathbb{R}^3 \setminus \{0\}$는 2차원 구면 S^2와 같은 호모토피형(same homotopy type)이다. 따라서 주어진 공간 $E = \mathbb{R}^3 \times \mathbb{R}^3 - \Delta$는 단순연결공간(simply connected)이 된다. 그리하여, 상공간 $X = E/\sim$와 위상공간 E의 기본군은 각각 $\mathbb{Z}_2$와 0이다.

(12) 함수 $p : X \to \mathbb{R}^n$가 $\mathbb{R}^n$의 피복이면 공간 X는 단순연결공간이 된다. 이제 항등함수 $id_{\mathbb{R}^n}$는 범피복이 되고, 올림판정정리를 이용하면, 두 피복이 동형이 됨을 보일 수 있다.

(13) 정리 5.27의 Riemann-Hurwitz 식을 이용하여라.

(14) (2) 그래프 $G_1 = G_2 = K_n$의 꼭짓점들 $v_1, v_2, \ldots, v_n$에 대하여, $V(G_1) = \{(1,i) \mid 1 \le i \le n\}, V(G_2) = \{(-1,j) | 1 \le j \le n\}$이라고 두자. 그래프 $\overline{K_{n,n}}$의 두 연결성분그래프 G_1, G_2에 대한 치환으로써 $S_2 = \mathbb{Z}_2 = \{1, -1\}$를 생각하자. 그러면 $S_2[S_n]$은 $\overline{K_{n,n}}$에 작용한다. 예를 들어보면, 임의의 $(\alpha, i) \in V(\overline{K_{n,n}})$에 대하여,

$$(-1; \phi_1, \phi_2)(\alpha, i) = \begin{cases} (-1, \phi_1(i)) & \alpha = 1\text{일 때} \\ (1, \phi_2(i)) & \alpha = -1\text{일 때,} \end{cases}$$

그리고

$$(\alpha'; \phi_1', \phi_2')(-1; \phi_1, \phi_2)(\alpha, i) = \begin{cases} (-1; \phi_2'\phi_1(i)) & \alpha = 1, \alpha' = 1\text{일 때}, \\ (1; \phi_1'\phi_2(i)) & \alpha = -1, \alpha' = -1\text{일 때}, \end{cases}$$

$$(\alpha'; \phi_1', \phi_2')(-1; \phi_1, \phi_2)(\alpha, i) = \begin{cases} (1; \phi_2'\phi_1(i)) & \alpha = 1, \alpha' = 1\text{일 때}, \\ (-1; \phi_1'\phi_2(i)) & \alpha = -1, \alpha' = -1\text{일 때} \end{cases}$$

와 같이 모든 가능한 경우를 일일이 따져보면 $\mathrm{Aut}(\overline{K_{n,n}}) = S_2[S_n]$임을 알 수 있다.

(15) 순환길 그래프 C_n의 $\mathrm{Aut}(C_n)$는 정이면체군(dihedral group) $\mathbb{D}_n$이다. 이제 C_8을 예를 들어 그림 5.27과 같이 C_8의 각 꼭짓점에 길이 2인 경로(path)를 붙이고, 각 변에 꼭짓점 한 개와 길이 1인 경로(path)를 추가로 붙인 그래프를 G라 하자. 그러면 $\mathbb{D}_8$의 반사작용은 그래프 G의 자기동형함수가 되지 않고 회전작용만이 자기동형함수가 되어 결국 자기동형군은 $\mathbb{Z}_8$이 된다. 같은 방법을 일반 C_n에도 적용할 수 있다.

(16) μ를 cycle의 곱으로 분해하여 이의 cycle type을 $\ell_1 + 2\ell_2 + \cdots + n\ell_n = n$이라 할 때, $|\mathrm{Aut}(\mu)| = \ell_1!\, 2^{\ell_2}\ell_2! \cdots n^{\ell_n}\ell_n!$이다.

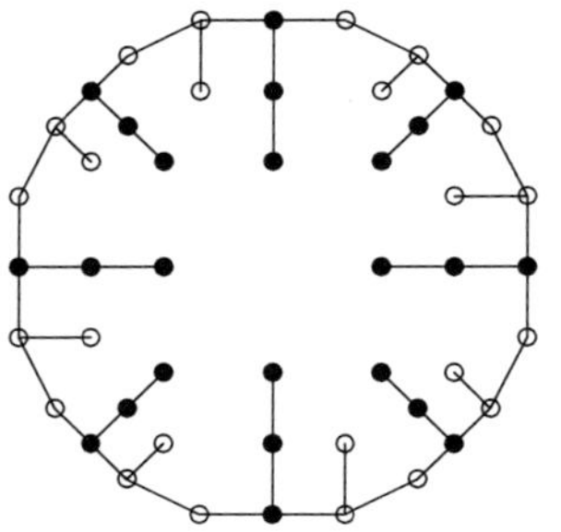

그림 5.27 Aut(G)가 $\mathbb{Z}_8$과 동형인 그래프

참고문헌

(1) A. Hatcher, *Algebraic Topology*, Cambridge University Press, Cambridge, 2002.

(2) C. Kosniowski, *A first course in algebraic topology*, Cambridge University Press, Cambridge, 1980.

(3) J.M. Lee, *Introduction to Topological Manifolds*, GTM 202 Springer-Verlag, New York, 2000.

(4) W.S. Massey, *Algebraic Topology: An Introduction*, Springer-Verlag, New York, 1989.

(5) E.E. Moise. *Geometric Topology in Dimensions 2 and 3*, Springer-Verlag, New York, 1977.

(6) E.H. Spanier, *Algebraic Topology*, Chelsea Publishing Co., New York, 1966.

(7) J. Stillwell. *Classical Topology and Combinatorial Group Theory*, Springer Verlag, New York, second edition, 1993.

(8) W.P. Thurston, *Three-dimensional geometry and topology*, volume 1. Princeton University Press, Princeton, 1997.

찾아보기

■ 저자 약력

곽진호

경북대학교 수학과 이학사
미국 인디애나대학교 이학박사
전, 경북대학교 수학과 교수
전, 미국 미시건대학교 수학과 객원교수
전, 영국 케임브리지대학교 수학과 객원교수
전, 미국 컬럼비아대학교 전산과 객원교수
전, 중국 청화대학교 수학과 객원교수
전, 포항공과대학교 학생처장, 교무처장, 한국과학재단 지정 전산수학 연구센터 소장
현재 한국과학기술한림원 정회원
현재 포항공과대학교 수학과 교수

이재운

경북대학교 수학과 이학사
경북대학교 수학과 이학석사·박사
전, 캐나다 워털루대학교 조합론 및 최적화과 객원교수
현재 영남대학교 이과대학 수학과 교수

아름다움을 만날 수 있는 수학

조합적 곡면위상론 제4판

지은이 곽진호 · 이재운
펴낸이 박문규
펴낸곳 KM 경문사
펴낸날 2011년 3월 5일 4판 1쇄
등 록 1979년 11월 9일 제9-9호
주 소 121-818, 서울특별시 마포구 동교동 184-17
전 화 (02)332-2004 팩스 (02)336-5193
이메일 kyungmoon@kyungmoon.com

값 22,000원

ISBN 978-89-6105-445-4